高等职业教育精品工程系列教材·微视频版

PLC 应用技术图解项目化教程

（西门子 S7-300）

（第 3 版）

郑长山　编著

电子工业出版社
Publishing House of Electronics Industry
北京·BEIJING

内 容 简 介

本书以西门子 S7-300 PLC 为样机，从工程应用角度出发，以项目为载体，突出实践性，从以下方面介绍 PLC 的应用：

（1）PLC 的组成及工作原理。

（2）S7-300 PLC 的硬件系统、组态和指令系统。

（3）STEP 7 编程软件的使用。

（4）PLCSIM 仿真软件的功能与应用。

（5）S7-300 PLC 的 MPI 通信、PROFIBUS-DP 通信及工业以太网通信。

（6）人机界面 WinCC 的功能、组态及应用。

全书共 20 个项目，其中大部分项目按照输入/输出信号器件分析、硬件组态、地址分配、画接线图、建符号表、编写程序、PLCSIM 的仿真调试或 WinCC 调试、联机调试的工程步骤编写。

本书项目典型、图文并茂、标注详细、深入浅出，适合初学者学习。本书配有电子课件和微视频讲解（扫码观看），书中介绍的颜色变化效果可在上述电子资源中查看。

本书可作为高等职业院校和应用本科院校自动化、机电一体化、应用电子及机电维修等相关专业的教材，也可作为成人教育及企业培训教材，还可作为相关技能大赛参考教材和从事 PLC 应用技术工作的工程技术人员的自学用书。

未经许可，不得以任何方式复制或抄袭本书之部分或全部内容。
版权所有，侵权必究。

图书在版编目（CIP）数据

PLC 应用技术图解项目化教程：西门子 S7-300 / 郑长山编著. —3 版. —北京：电子工业出版社，2023.6
ISBN 978-7-121-45764-7

Ⅰ. ①P… Ⅱ. ①郑… Ⅲ. ①PLC 技术—高等职业教育—教材 Ⅳ. ①TM571.6

中国国家版本馆 CIP 数据核字（2023）第 103637 号

责任编辑：郭乃明　　特约编辑：田学清
印　　刷：天津嘉恒印务有限公司
装　　订：天津嘉恒印务有限公司
出版发行：电子工业出版社
　　　　　北京市海淀区万寿路 173 信箱　邮编　100036
开　　本：787×1 092　1/16　印张：20　字数：499.2 千字
版　　次：2014 年 6 月第 1 版
　　　　　2023 年 6 月第 3 版
印　　次：2024 年 12 月第 3 次印刷
定　　价：57.00 元

凡所购买电子工业出版社图书有缺损问题，请向购买书店调换。若书店售缺，请与本社发行部联系，联系及邮购电话：(010) 88254888，88258888。
质量投诉请发邮件至 zlts@phei.com.cn，盗版侵权举报请发邮件至 dbqq@phei.com.cn。
本书咨询联系方式：(010) 88254561，34825072@qq.com。

本书自 2018 年 8 月第 2 版出版以来,深受广大读者喜爱,畅销至今,本次修订仍然保持原来的编写风格,大部分内容保持不变,增加了讲解项目要求、讲解接线图的微视频等共计 50 个,进一步细化了项目解决步骤,让读者学习起来更轻松。通信项目增加了案例引入,让读者了解所学项目在企业中的应用;增加了实训任务参考,供讲授 PLC 实训课的老师选择;增加了毕业设计任务参考,供需要进行毕业设计的读者选择;进一步完善了教学资源,其他变化不一一列举。

在我国现代工业应用中,西门子 S7-300 PLC 被广泛使用,市场占有率高。如何高效、轻松地学习 S7-300 PLC 应用技术已成为很多 PLC 学习者面临的迫切问题。

本人作为高校教师,经过多年教学实践发现,以项目化方式讲解西门子 S7-300 PLC 应用技术,课堂学习目标达成度高,技术掌握有针对性,随学随用,效果甚佳。**目前,有关西门子 S7-300 PLC 应用技术的学习用书中,以项目化统领知识讲解的教材极少,这给实际教学和自学带来很大不便。**鉴于此,本人决定选取典型项目,以图解标注的方式进行本书的编写。

本书从 PLC 应用能力要求和实际工作的需求出发,在结构和组织方面大胆突破,根据项目提取学习目标,通过设计不同的项目,巧妙地将知识点和技能训练融入各个项目中。各个项目按照知识点与技能要求循序渐进,由简单到复杂进行编排,每个项目均通过"项目要求""学习目标""相关知识""项目解决步骤""巩固练习"等环节详解项目知识点和操作步骤。相关知识与技能学习贯穿于整个项目之中,真正实现了"知能合一"的学习效果。

本书与同类学习用书相比具有以下创新点:

(1)选取典型项目,项目化讲解,强调技术应用。

本书内容全部根据知识目标和能力目标精选典型项目进行讲解。为确保程序的正确性,书中程序均运行调试过。

(2)项目解决步骤采用图片解说形式呈现,标注详细,直观易学。

本书强调动手实践,读者可以通过学习书中的项目,按照解决步骤分步操作,从而达成学习目标。步骤讲解以图片解说形式呈现,在图片上还给出了详细文字标注。这一方式可以变枯燥地学为有兴趣地学。学生一边看书一边用 STEP 7 编程软件、PLCSIM 仿真软件、WinCC 软件及 S7-300 PLC(简称 S7-300)等进行操作,能轻松、快速地掌握 PLC 基本应用技术。

(3)项目由简单到复杂,符合认知规律。

本书在编排项目时,注重循序渐进,从简单的项目 1 "认识 PLC" 到复杂的项目 20 "两台 S7-300 PLC 之间的工业以太网通信(S7 连接)",难度从易到难,符合认知规律。

（4）知识与技能有机结合。

本书遵循"学中做，做中学"的讲解思路，按照项目解决步骤详解整个实践操作过程，还将相关知识、编程原则、注意事项等穿插于整本书中，使知识与技能有机结合。

（5）在本书部分项目中，学习使用 WinCC 组态、调试和监控，学习两地控制，对 PLC 学习者来说，既可激发对 PLC 学习的兴趣，也学习了 WinCC 知识。

使用 WinCC 监控与调试在 PLC 工程项目中应用十分广泛。本书在部分项目讲解中，通过 PLC 与 WinCC 的有机结合，与工业实际应用实现"无缝对接"，同时，WinCC 本身形象的画面、两地控制等功能也将极大激发读者的学习兴趣。

（6）本书配有大量微视频讲解，读者通过扫描书中二维码即可观看微视频，学习更轻松。

本书可作为高等职业院校和应用本科院校自动化、机电一体化、应用电子及机电维修等相关专业的教材，也可作为成人教育及企业培训教材，还可作为相关技能大赛参考教材和从事 PLC 应用技术工作的工程技术人员的自学用书。

由于作者水平有限，书中难免有错漏之处，恳请广大读者批评指正。对本书的意见或建议请发电子邮件至 zhengchangs@126.com 或加 QQ 答疑群 1040531458 讨论。

PLC 教材 QQ 答疑群
群号：1040531458

作　者

2022 年

目录

项目 1　认识 PLC 1

    1.1　项目要求及学习目标 1

    1.2　相关知识 1

        1.2.1　PLC 发展史 1

        1.2.2　PLC 的主要特点 2

        1.2.3　PLC 的主要功能 3

        1.2.4　PLC 的分类、应用及发展 4

        1.2.5　PLC 应用技术的学习方法 7

    1.3　项目解决步骤 7

    巩固练习一 7

项目 2　典型 S7-300 PLC 硬件控制系统的安装 9

    2.1　项目要求及学习目标 9

    2.2　相关知识 9

        2.2.1　S7-300 PLC 的硬件结构 9

        2.2.2　CPU 模块 10

        2.2.3　信号模块（SM） 13

        2.2.4　电源（PS）模块 PS307 19

        2.2.5　编程器 20

        2.2.6　智能 I/O 接口 20

        2.2.7　通信模块 21

        2.2.8　人机界面 21

        2.2.9　S7-300 PLC 结构特点 21

        2.2.10　S7-300 PLC 的安装与维护 22

    2.3　项目解决步骤 24

    巩固练习二 27

项目 3　硬件组态过程 28

    3.1　项目要求 28

    3.2　学习目标 28

    3.3　相关知识 28

  3.3.1 STEP 7 标准软件包的组成 ··· 28
  3.3.2 SIMATIC 管理器 ··· 29
  3.3.3 硬件组态编辑器 ·· 30
  3.3.4 程序编辑器（LAD/STL/FBD）··· 31
  3.3.5 符号编辑器 ·· 33
  3.3.6 通信组态编辑器 ·· 34
  3.3.7 硬件诊断工具 ··· 34
  3.3.8 S7-300 PLC 的插槽地址 ·· 34
  3.3.9 S7-300 PLC 数字量 I/O 模块的组态 ······································· 34
  3.3.10 S7-300 PLC 模拟量 I/O 模块的组态 ····································· 35
 3.4 项目解决步骤 ··· 36
 巩固练习三 ·· 39

项目 4 STEP 7 数据存储及程序结构 ··· 40

 4.1 项目要求及学习目标 ·· 40
 4.2 相关知识 ··· 40
  4.2.1 数制与基本数据类型 ·· 40
  4.2.2 CPU 的存储区 ··· 42
  4.2.3 直接寻址 ··· 44
  4.2.4 STEP 7 中的块 ·· 48
  4.2.5 STEP 7 的程序结构 ·· 50
 4.3 项目解决步骤 ··· 51
 巩固练习四 ·· 52

项目 5 电动机启停的 PLC 控制 ··· 53

 5.1 项目要求 ··· 53
 5.2 学习目标 ··· 53
 5.3 相关知识 ··· 54
  5.3.1 常开触点 ··· 54
  5.3.2 常闭触点 ··· 54
  5.3.3 输出线圈 ··· 54
  5.3.4 PLC 的基本工作原理 ·· 55
  5.3.5 程序的状态监控 ·· 58
  5.3.6 真实 S7-300 PLC 的 PC 适配器下载 ······································ 58
  5.3.7 上传 ··· 63
 5.4 项目解决步骤 ··· 63
 巩固练习五 ·· 73

项目 6 电动机正反转的 PLC 控制 ··· 74

 6.1 项目要求 ··· 74

6.2 学习目标···74
6.3 项目解决步骤···75
6.4 相关知识··79
    6.4.1 在 S7-PLCSIM 中使用符号地址···79
    6.4.2 用变量表监控和调试程序··81
    6.4.3 置位与复位指令··84
    6.4.4 触发器··86
    6.4.5 跳变沿检测指令··86
6.5 项目解决方法拓展··88
巩固练习六··91

项目 7 小车往复运动的 PLC 控制

7.1 项目要求··93
7.2 学习目标··93
7.3 项目解决步骤···94
7.4 项目解决方法拓展··99
巩固练习七··101

项目 8 三相异步电动机星—三角形降压启动的 PLC 控制

8.1 项目要求··103
8.2 学习目标··104
8.3 相关知识··104
    8.3.1 定时器指令··104
    8.3.2 接通延时定时器··106
8.4 项目解决步骤···108
8.5 项目解决方法拓展··112
巩固练习八··113

项目 9 四节传送带的 PLC 控制

9.1 项目要求··115
9.2 学习目标··115
9.3 相关知识：梯形图与电气控制电路的比较··116
9.4 项目解决步骤···116
巩固练习九··121

项目 10 液体混合的 PLC 控制

10.1 项目要求··124
10.2 学习目标··125

10.3 项目解决步骤 ... 125
10.4 知识拓展——不带参数功能 FC 的应用（分部式编程） ... 131
巩固练习十 ... 133

项目 11　WinCC 监控及两地控制 ... 135

11.1 项目要求 ... 135
11.2 学习目标 ... 136
11.3 相关知识 ... 136
 11.3.1 WinCC 简介 ... 136
 11.3.2 WinCC 主要功能 ... 136
11.4 项目解决步骤 ... 137
巩固练习十一 ... 145

项目 12　十字路口交通灯的 PLC 控制及 WinCC 监控 ... 146

12.1 项目要求 ... 146
12.2 学习目标 ... 147
12.3 相关知识 ... 147
12.4 项目解决步骤 ... 148
巩固练习十二 ... 156

项目 13　货物转运仓库的 PLC 控制 ... 159

13.1 项目要求 ... 159
13.2 学习目标 ... 159
13.3 相关知识 ... 160
 13.3.1 计数器指令 ... 160
 13.3.2 数据传送与转换指令 ... 162
 13.3.3 整数运算指令 ... 165
 13.3.4 浮点数运算指令 ... 166
 13.3.5 字逻辑运算指令 ... 167
 13.3.6 比较指令 ... 168
13.4 项目解决步骤 ... 169
巩固练习十三 ... 175

项目 14　机械手的 PLC 控制 ... 179

14.1 项目要求 ... 179
14.2 学习目标 ... 180
14.3 相关知识 ... 181
 14.3.1 移位和循环移位指令 ... 181

14.3.2　移位和循环移位指令举例 ·· 182
　14.4　项目解决步骤 ··· 183
　14.5　知识拓展 ··· 193
　　14.5.1　编程界面的查找/替换 ··· 193
　　14.5.2　交叉参考与分配的使用 ··· 195
　巩固练习十四 ··· 196

项目 15　工程数据转换器功能 FC105 的应用 ·································· 198

　15.1　项目要求 ··· 198
　15.2　学习目标 ··· 198
　15.3　相关知识 ··· 198
　　15.3.1　模拟量的检测 ··· 198
　　15.3.2　比例变换块 FC105 的调用 ·· 198
　15.4　项目解决步骤 ··· 199
　巩固练习十五 ··· 201

项目 16　运煤输送 PLC 控制系统 ··· 202

　16.1　项目要求 ··· 202
　16.2　学习目标 ··· 202
　16.3　相关知识 ··· 203
　　16.3.1　逻辑块的结构 ··· 203
　　16.3.2　逻辑块的编程 ··· 204
　　16.3.3　带参数功能 FC 的应用（结构化编程） ································ 205
　16.4　项目解决步骤 ··· 205
　巩固练习十六 ··· 213

项目 17　两台 S7-300 PLC 之间的全局数据 MPI 通信 ······················ 216

　17.1　案例引入和项目要求 ·· 216
　17.2　学习目标 ··· 217
　17.3　相关知识 ··· 217
　17.4　项目解决步骤 ··· 218
　巩固练习十七 ··· 228

项目 18　两台 S7-300 PLC 之间的 PROFIBUS-DP 不打包通信 ········· 230

　18.1　案例引入和项目要求 ·· 230
　18.2　学习目标 ··· 231
　18.3　相关知识（不打包通信） ·· 231
　18.4　项目解决步骤 ··· 231

18.5　知识拓展（三台 PLC 之间的 PROFIBUS-DP 不打包通信） ········ 248
巩固练习十八 ········ 252

项目 19　两台 S7-300 PLC 之间的 PROFIBUS-DP 打包通信 ········ 253

19.1　案例引入和项目要求 ········ 253
19.2　学习目标 ········ 253
19.3　相关知识 ········ 254
    19.3.1　SFC15 指令的应用 ········ 254
    19.3.2　SFC14 指令的应用 ········ 254
19.4　项目解决步骤 ········ 255
巩固练习十九 ········ 268

项目 20　两台 S7-300 PLC 之间的工业以太网通信（S7 连接） ········ 270

20.1　案例引入和项目要求 ········ 270
20.2　学习目标 ········ 271
20.3　相关知识 ········ 272
    20.3.1　工业以太网定义及通信介质 ········ 272
    20.3.2　四芯双绞线与 RJ45 接头连接过程 ········ 272
    20.3.3　带 PN 接口的 CPU 模块外形 ········ 273
    20.3.4　FB12（BSEND）发送指令的应用 ········ 273
    20.3.5　FB13（BRCV）接收指令的应用 ········ 274
    20.3.6　真实 S7-300 PLC 的以太网下载 ········ 275
20.4　项目解决步骤 ········ 280
20.5　知识拓展 ········ 288
巩固练习二十 ········ 289

附录 A　PLC 实训参考任务 ········ 290

附录 B　PLC 毕业设计参考任务和参考目录 ········ 292

附录 C　参考试卷 ········ 298

参考文献 ········ 301

项目 1　认识 PLC

1.1　项目要求及学习目标

（1）在理解的基础上掌握 PLC 的定义并能够独立对其进行解释。
（2）在理解的基础上掌握 PLC 的主要特点、各种功能及其分类，并能够进行讲解。
（3）在理解的基础上掌握 PLC 的应用范围及未来发展方向，并能够进行讲述。
（4）掌握 PLC 技术的学习方法并能够实施。

1.2　相关知识

1.2.1　PLC 发展史

1. PLC 的定义

可编程序控制器，英文称 Programmable Controller，简称 PC。由于该简称容易和个人计算机（Personal Computer）的简称混淆，故人们习惯用 PLC 作为可编程序控制器的缩写。PLC 是英文 Programmable Logic Controller 的缩写。可编程序控制器是一种根据数字运算结果进行操作的电子系统，专为在工业环境下应用而设计。

2. PLC 的产生

在 20 世纪 60 年代，汽车生产流水线的自动控制系统基本上都是由继电器控制装置构成的。当时汽车的每一次改型都直接导致继电器控制装置的重新设计和安装。随着生产的发展、人们要求的提高，汽车型号更新的周期越来越短，这样，继电器控制装置就需要经常地重新设计和安装，既浪费时间又费工费料，甚至延长了更新的周期。为了改变这一情况，美国通用汽车公司公开招标，要求用新的控制装置取代继电器控制装置，并提出了十项招标指标，要求编程方便、现场可修改程序、维修方便、采用模块化结构等。1969 年，美国数字设备公司（DEC）研制出第一台 PLC，在美国通用汽车公司自动装配线上试用，并获得成功。

早期的 PLC 主要用来代替继电器实现逻辑控制。随着技术的发展，PLC 的功能已经突破了逻辑控制的范围。为了控制机器和生产过程，人们又为 PLC 增加了功能，如顺序控制、计时、计数、算术运算和模拟量控制等，目前 PLC 已经广泛应用在复杂的自动化生产和控制行业中。

1971 年，日本从美国引进了这项技术，很快研制出日本第一台 PLC。1973 年，西欧国家也研制出他们的第一台 PLC。中国从 1974 年开始研制 PLC，于 1977 年开始将其投入工业应用。

1.2.2　PLC 的主要特点

1. 可靠性高，抗干扰能力强

PLC 控制系统中，大量的开关动作是由无触点的半导体电路完成的，因触点接触不良等原因造成的故障大大减少。

在硬件方面 PLC 采用了优质元件，采用合理的系统结构，安装以坚固、简化为原则，使它能抗振动、冲击。在 PLC 的设计、制造方面，对印制电路板的设计、加工及焊接都采取了极为严格的工艺措施；对于工业生产过程中最常见的瞬间强干扰，采取的措施主要是隔离和滤波技术。PLC 的输入和输出电路一般都用光电耦合器传递信号，做到电浮空，使 CPU 与外部电路完全切断了电的联系，有效地抑制了外部干扰对 PLC 的影响。

在软件方面，PLC 具有良好的自诊断功能，一旦电源或其他功能单元发生异常情况，CPU 立即采取有效措施，以防止故障扩大。PLC 设置了看门狗定时器（Watching Dog Timer），如果程序执行的时间超过了规定值，则表明程序已经进入死循环，此时 PLC 可以立即报警。

对于大型 PLC 控制系统，还可以采用双 CPU 构成冗余系统或三 CPU 构成表决系统，使系统的可靠性进一步提高。

2. 编程简单、易学

PLC 控制系统的设计是面向工业企业中一般电气工程技术人员的，它采用易于理解和掌握的梯形图语言，以及面向工业控制的简单指令。这种梯形图语言既继承了传统继电器控制系统的表达形式（如线圈、触点、常开、常闭），又兼顾了工业企业中的电气工程技术人员读图习惯和微机应用水平。梯形图语言对于企业中熟悉继电器控制线路图的电气工程技术人员来说是非常亲切的，它形象、直观、简单、易学。因此，无论是在生产线的设计中，还是在传统设备的改造中，电气工程技术人员都特别欢迎和愿意使用 PLC。

3. 硬件配套齐全，用户使用、维护方便

PLC 已经标准化、系列化、模块化，配备有功能齐全的各种配套装置供用户选用，用户能灵活、方便地进行系统配置，组成不同功能、不同规模的系统。

在生产工艺流程改变、生产线设备更新或系统控制要求改变，需要变更 PLC 控制系统的功能时，一般不必改变或很少改变输入/输出通道的外部接线，只要改变存储器中的控制程序即可，这在传统的继电器控制时期是很难想象的。PLC 有较强的带负载能力。

编程器不仅能对 PLC 控制程序进行写入、读出、检测、修改，还能对 PLC 的工作进行监控，根据 PLC 输入/输出 LED 指示灯提供的信息，可以快速查明问题原因，根据原因进行修理，如果是 PLC 本身故障，在维修时只需要更换插入式模块或其他易损件即可，既方便又快捷。

4. 设计、施工、调试周期短

用 PLC 完成一项控制工程时，由于其硬、软件齐全，设计和施工可同时进行。由于用软件编程取代了继电器硬接线实现控制功能，使得控制柜的设计更简单，安装接线工作量大为减少，缩短了施工周期。同时，由于用户程序大都可以在实验室模拟调试，模拟调试好后再用 PLC 控制系统在生产现场进行联机调试，使得调试方便、快速、安全，因此大大缩短了设计和投运周期。

5．体积小，能耗低

PLC 的结构紧凑、体积小，复杂的控制系统使用 PLC 后，可以减少大量的中间继电器和时间继电器。小型 PLC 体积仅相当于几个继电器的大小。PLC 控制系统与继电器控制系统相比，配线用量和安装接线所需工时减少，能耗降低，加上开关柜体积的缩小，可以减少大量的费用。

6．功能强，性价比高

一台小型 PLC 有成百上千个可供用户使用的编程元件，可以实现非常复杂的控制功能。与实现相同功能的继电器控制系统相比，具有很高的性价比。

1.2.3 PLC 的主要功能

1．顺序逻辑控制

顺序逻辑控制是 PLC 最基本、应用最广泛的功能，使 PLC 可以取代继电器，实现逻辑控制和顺序控制。它既可用于单机控制或多机控制，又可用于自动化生产线的控制。PLC 根据操作按钮、限位开关及其他现场给出的指令信号和传感器信号，控制机械运动部件进行相应的操作。

2．运动控制

很多 PLC 制造厂家已提供了拖动步进电动机或伺服电动机的单轴或多轴位置控制模块。在多数情况下，PLC 把描述目标位置的数据送给该模块，该模块移动一个轴或数个轴到目标位置。当每个轴移动时，单轴或多轴位置控制模块保持适当的速度和加速度，确保运动平滑。这一功能目前已用于控制无芯磨削、冲压、复杂零件分段冲裁、滚削、磨削等应用中。

3．定时控制

PLC 为用户提供了一定数量的定时器，一般每个定时器可实现 0.1 秒～999.9 秒或 0.01 秒～99.99 秒的定时控制，也可按一定方式进行定时时间的扩展，定时精度高，定时设定方便、灵活。同时，PLC 还提供了高精度的时钟脉冲，用于准确的实时控制。

4．计数控制

PLC 为用户提供的计数器分为普通计数器、可逆计数器、高速计数器等，用来完成不同用途的计数控制。当计数器的当前计数值等于计数器的设定值，或在某一数值范围时，PLC 发出控制命令。计数器的计数值可以在运行中被读出，也可以在运行中被修改。

5. 步进控制

PLC 为用户提供了一定数量的移位寄存器，用移位寄存器可方便地完成步进控制功能：在一道工序完成之后，自动进行下一道工序；一个工作周期结束后，自动进入下一个工作周期。有些 PLC 还专门设有步进控制指令，使得步进控制更为方便。

6. 数据处理

大部分 PLC 都具有不同程度的数据处理功能，能完成算术运算（加、减、乘、除、乘方、开方等）、逻辑运算（字与、字或、字异或、求反等）、移位、数据比较、数据传送及数值的转换等操作。

7. 过程控制

PLC 可以接收温度、压力、流量等连续变化的模拟量，实现模拟量和数字量之间的转换，并对被控模拟量实行闭环 PID 控制。

8. 通信及联网

目前绝大多数 PLC 都具备了通信能力，把 PLC 作为下位机，与上位机或同级的 PLC 进行通信，可完成信息的交换，实现对整个生产过程的信息控制和管理，因此 PLC 是工厂自动化的理想控制器。

1.2.4 PLC 的分类、应用及发展

1. 根据 I/O 点数分类

PLC 的 I/O 点数表明了 PLC 可从外部接收/向外部发出多少路信号，实际上就是 PLC 的 I/O 端子数。根据 I/O 点数的多少可将 PLC 分为微型机（I/O 点数为 64 点及以下，内存容量为 256B～1KB）、小型机（I/O 点数为 65～128 点，内存容量为 1KB～3.6KB）、中型机（I/O 点数为 129～512 点，内存容量为 3.6KB～13KB）、大型机（I/O 点数为 513～896 点）和巨型机（I/O 点数大于 896 点）。一般来说，I/O 点数多的 PLC，功能也相应较强。

上述划分方式并不十分严格，也不是一成不变的。随着 PLC 的发展，划分方式也会修改。

2. 根据结构形式分类

1）整体式 PLC

一般的微型机和小型机多为整体式结构。这种结构 PLC 的电源、CPU、I/O 部件都集中配置在一个箱体中，有的甚至全部装在一块印制电路板上。如图 1-1 所示的西门子公司的 S7-200 SMART CPU SR40 的结构即是整体式结构。

它的优点：结构紧凑、体积小、成本低、容易装配在工业控制设备内部，比较适合单机控制。缺点：I/O 点数是固定的，使用不够灵活，维修也较麻烦。

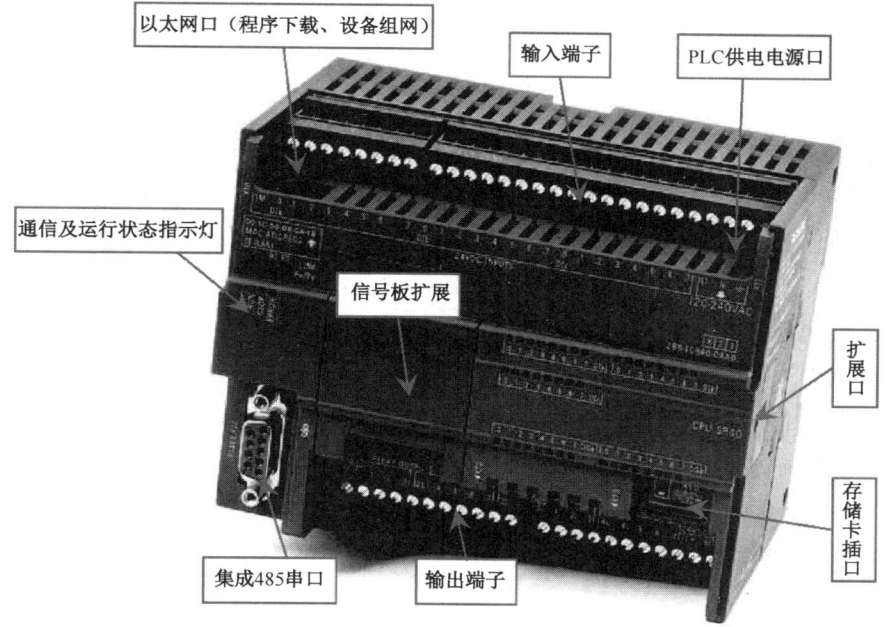

图 1-1　S7-200 SMART CPU SR40

2）模块式 PLC

模块式 PLC 各部分以单独的模块分开设置，如电源模块、CPU 模块、输入模块、输出模块及其他智能模块等。S7-300 PLC 采用串行连接方式，没有底板，各个模块安装在机架（导轨）上，而各个模块之间是通过背板总线连接的。模块式 PLC 的优点是配置灵活，装配方便，维修简单，易于扩展，可根据控制要求灵活配置所需模块，构成功能不同的各种控制系统。模块式 PLC 的缺点是结构较复杂，体积比较大，各种插件多，因而增加了造价。S7-300 PLC 种类很多，其外形一般如图 1-2 所示。

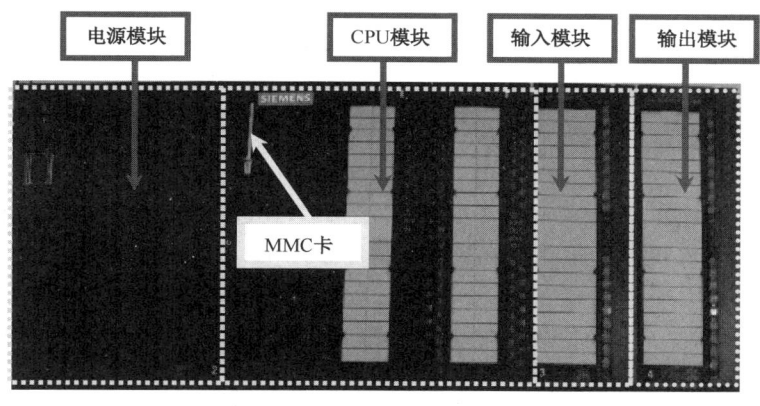

图 1-2　S7-300 PLC 的外形

3. 根据生产厂家分类

（1）德国西门子（SIEMENS）公司的 S5 系列、S7 系列。

（2）日本欧姆龙（OMRON）公司的 C 系列。

（3）日本三菱（MITSUBISHI）公司的 FX 系列。

（4）日本松下（PANASONIC）公司的 FP 系列。

（5）法国施耐德（SCHNEIDER）公司的 TWIDO 系列。

（6）美国通用电气（GE）公司的 GE-FANUC 系列。

（7）美国 AB 公司的 PLC-5 系列。

还有很多生产厂家生产的 PLC，就不一一列举了。

4．PLC 的应用范围

PLC 应用

PLC 控制技术代表了当今电气控制技术的世界先进水平，它与计算机辅助设计与制造（CAD/CAM）、工业机器人并列为工业自动化的三大支柱。

作为一种通用的工业控制器，PLC 可用于所有的工业领域。当前国内外已广泛地将 PLC 成功地应用到机械、冶金、化工、交通、电力、电信、采矿、建材、食品、造纸、家电等各个领域，并且取得了相当可观的技术经济效益。

5．PLC 的发展趋势

1）系列化、模块化

每个生产 PLC 的厂家都有自己的系列化产品，同一系列的产品，其指令集向上兼容，以便扩展设备容量，满足新机型的推广和使用。要形成自己的系列化产品，与其他 PLC 生产厂家竞争，就必然要开发各种模块，使系统的构成更加灵活、方便。一般的 PLC 可分为主模块、扩展模块、I/O 模块及各种智能模块等，每种模块的体积都较小，相互连接方便，使用简单，通用性强。

2）小型机功能强化

从 PLC 出现以来，小型机的发展速度大大高于中、大型机。随着微电子技术的进一步发展，PLC 的结构必将更为紧凑，体积更小，安装和使用更为方便。有的小型机只有手掌大小，很容易用其制成机电一体化产品。有的小型机的 I/O 通道可以由用户配置、更换或维修。很多小型机不仅有开关量 I/O 通道，还有模拟量 I/O 通道、高速计数器、高速直接输出通道和 PWM 输出通道等。小型机一般都有通信功能，可联网运行。

3）中、大型机高速度、强功能、大容量

现在对中、大型机处理数据的速度要求越来越高，SIEMENS 公司的 TI555 采用了多微处理器的结构，每条基本指令的扫描时间为 0.068 微秒。

所谓强功能是指具有函数运算和浮点运算，数据处理和文字处理，队列、矩阵运算，PID 运算及超前、滞后补偿，多段斜坡曲线生成，处方、配方、批处理，菜单组合报警，故障搜索，自诊断等功能。

在存储器的容量上，OMRON 公司的 CV 系列的用户存储器容量为 64K 字，数据存储器容量为 24K 字，文件存储器容量为 1M 字。

4）低成本

随着新型元件的不断涌现，PLC 主要部件成本的不断下降，人们在大幅度加强 PLC 功能的同时，也大幅度降低了 PLC 的成本。同时，价格的不断降低，也使 PLC 真正成为继电器的替代物。

5）多功能

PLC 的功能不断加强，以适应各种控制需要。同时，计算、处理功能的进一步完善，使 PLC 可以代替计算机进行管理、监控。智能 I/O 组件也将进一步发展，用来帮助 PLC 完成各种专门的任务（如位置控制、温度控制、中断控制、PID 调节、远程通信、音响输出等）。

6）网络通信功能

PLC 不再是信息孤岛，网络化和增强通信能力是 PLC 的一个重要发展方向。很多工业控制产品（如变频器）可以与 PLC 通信，PLC 与 PLC 之间也可以通信，通过双绞线、同轴电缆或光纤联网，信息可以传送到很远的地方，通过 Modem 和互联网，PLC 可以与世界上其他地方的计算机通信。

组态软件引发的上位计算机编程革命，使上位计算机与 PLC 交换数据信息很容易实现，节约了设计时间，提高了系统可靠性，使工作人员可以直观地监控系统运行状态。组态软件有 WinCC、Intouch、Fix、组态王、力控等。

7）外部诊断功能

在 PLC 控制系统中，80%的故障发生在外围，外部诊断功能可帮助工作人员快速、准确地诊断故障，极大减少维护时间。

1.2.5　PLC 应用技术的学习方法

PLC 应用技术是一门强调实践的课程，如果不动手，只是看书，是不能学好 PLC 应用技术的。看十遍书，不如动一次手，所以学习 PLC 应用技术的过程就是实践、实践、再实践。读者在学习本书时应边学边做，先完成本书全部项目，再完成每个项目后的巩固练习，当然课前预习、课后复习也必不可少。

1.3　项目解决步骤

步骤 1　讲述 PLC 定义。
步骤 2　讲述 PLC 是如何产生的。
步骤 3　讲述 PLC 特点及功能。
步骤 4　举例说明 PLC 分类、应用范围及未来 PLC 发展趋势。
步骤 5　讲述 PLC 应用技术的学习方法。

巩固练习一

（1）PLC 是如何产生的？

（2）整体式 PLC 与模块式 PLC 各有什么特点？

（3）如何对 PLC 进行分类？

（4）当代 PLC 的发展趋势是什么？

（5）上网查找关于 PLC 用途的图片和视频，并附上简短文字，用于课堂交流。

（6）上网查找市场上销量较大的 PLC 品牌，并搜集这些品牌 PLC 的图片，制作成 PPT，用于课堂交流。

项目 2 典型 S7-300 PLC 硬件控制系统的安装

2.1 项目要求及学习目标

（1）掌握中央处理器（CPU）的功能并能够对其进行讲述。
（2）掌握典型 S7-300 PLC 硬件外观结构、CPU 模块种类并能够独立叙述。
（3）掌握信号模块、电源模块、编程器的功能及应用并能够独立叙述。
（4）了解智能 I/O 接口、通信接口、HMI 及 S7-300 PLC 结构特点并能够独立叙述。
（5）能独立完成典型 S7-300 PLC 硬件的安装。
（6）掌握典型 S7-300 PLC 的硬件安装注意事项并能够独立叙述。

2.2 相关知识

2.2.1 S7-300 PLC 的硬件结构

S7-300 PLC 是中型模块式 PLC，各种模块（CPU 模块、信号模块 SM、功能模块 FM、通信模块 CP、电源模块 PS 等）及人机界面（HMI）可以根据控制要求进行广泛的组合和扩展。典型 S7-300 PLC 的硬件外观结构如图 2-1 所示。

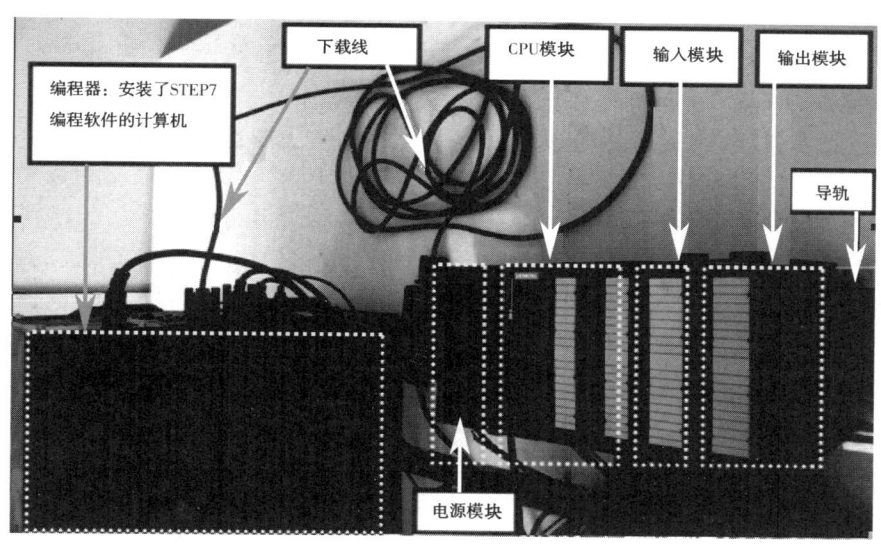

图 2-1 典型 S7-300 PLC 的硬件外观结构

基于模块化结构设计的 S7-300 PLC 的安装如图 2-2 所示。背板总线集成在模块上，除了电源模块，其他模块之间通过总线连接器相连。

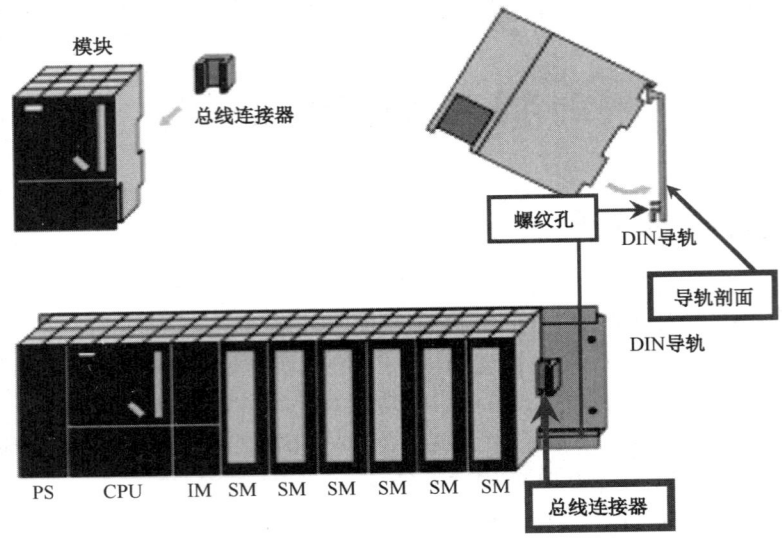

图 2-2 S7-300 PLC 的安装

2.2.2 CPU 模块

1. CPU 的功能

（1）接收与存储用户由编程器输入的用户程序和数据。

（2）检查编程过程中的语法错误，诊断电源及 PLC 内部的工作故障。

（3）用扫描方式工作，接收来自现场的输入信号，并将其输入到输入映像寄存器和数据存储器中。

（4）在进入运行模式后，从存储器中逐条读取并执行用户程序，完成用户程序所规定的逻辑运算、算术运算及其他数据处理。

（5）根据运算结果，更新有关标志位的状态，刷新输出映像寄存器的内容，再经输出部件实现输出控制、打印制表或数据通信等功能。

S7-300 PLC 有各种型号的 CPU（称为 S7-300 CPU），适用于不同等级的控制要求，有的 CPU 集成了数字量 I/O 接口，有的同时集成了数字量 I/O 接口和模拟量 I/O 接口。

CPU 模块内的元件封装在一个精致的塑料壳内，面板上有状态和故障 LED 指示灯、模式选择开关和各种通信接口等（如图 2-3 所示）。微存储卡（MMC 卡）插槽可以插入容量多达数兆字节的 MMC 卡，用于断电后程序和数据的保存。MMC 卡是 CPU 模块的装载存储器，程序和数据下载后保存在 MMC 卡内。

2. CPU 模块的分类

1）紧凑型 CPU 模块

S7-31xC 有 6 种紧凑型 CPU 模块：CPU312C、CPU313C、CPU313C-2PtP、CPU313C-2DP、

CPU314C-2PtP、CPU314C-2DP。它们均集成了数字量 I/O 接口，有的集成了模拟量 I/O 接口，还有些集成了高速计数、频率测量、脉冲输出、闭环控制和定位等功能单元，脉宽调制频率最高为 2.5kHz。CPU 模块运行时需要插入 MMC 卡。型号中带 DP 的 CPU 模块有 DP 接口，型号中带 PtP 的 CPU 模块有点对点串行通信接口。

2）标准型 CPU 模块

标准型 CPU 模块包括 CPU312、CPU314、CPU315-2DP、CPU315-2PN/DP、CPU317-2DP、CPU317-2PN/DP 和 CPU319-3 PN/DP。型号中带有 PN/DP 的 CPU 模块带有以太网 PN 接口和 MPI/DP 接口。

3）技术功能型 CPU 模块

CPU315T-2DP 和 CPU317T-2DP 有极高的处理速度，用于对 PLC 性能及运动控制功能具有较高要求的设备。除了具备单轴准确定位功能外，上述两款 CPU 模块还适用于复杂的同步运动控制，且都有两个通信接口：一个通信接口是 DP/MPI 接口，另一个通信接口用于连接带 PROFIBUS 接口的驱动系统。技术功能型 CPU 模块还有本机集成的 4 点数字量输入和 8 点数字量输出，允许用户使用标准的编程语言编程，不需要专用的运动控制语言。

4）故障安全型 CPU 模块

故障安全型 CPU 模块包括 CPU315F-2DP、CPU315F-2PN/DP、CPU317F-2DP 和 CPU317F-2PN/DP。它们用于组成故障安全型自动化控制系统，以满足安全运行的需要，使用内置的 DP 接口和 PROFIsafe 协议，可以在标准数据报文中传输带有安全功能的用户数据。不需要对故障安全型 CPU 模块进行额外的布线，就可以实现与故障安全有关的通信。

5）SIPLUS 型 CPU 模块

SIPLUS 型 CPU 模块包括 SIPLUS 紧凑型 CPU 模块、SIPLUS 标准型 CPU 模块和 SIPLUS 故障安全型 CPU 模块。这些模块可以在环境温度介于 −25～+70℃ 和含有有害气体的环境中运行。

CPU 31xC 系列 CPU 模块的结构如图 2-3 所示。

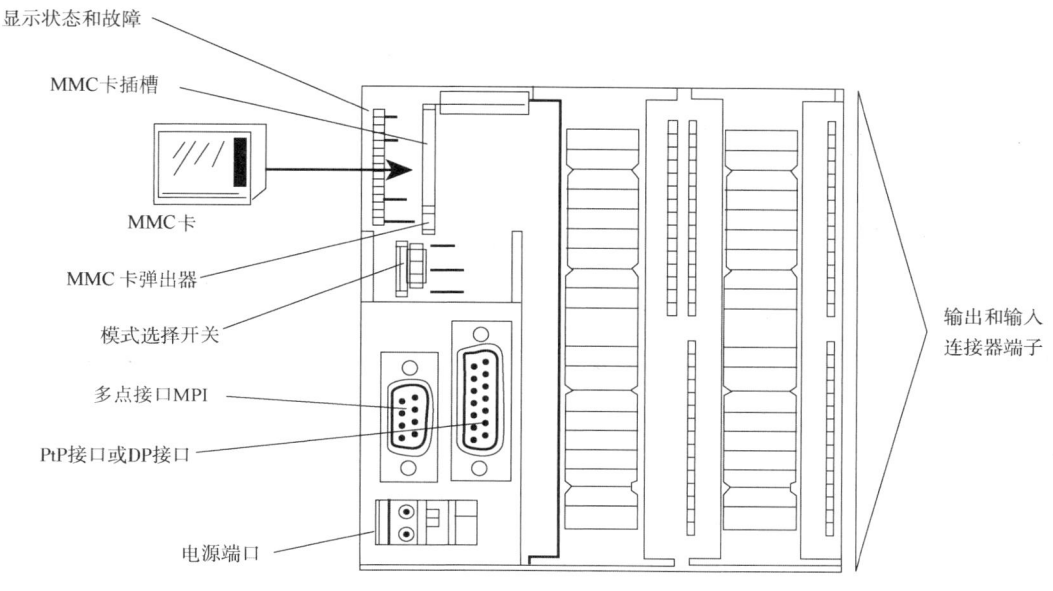

图 2-3 CPU 31xC 系列 CPU 模块的结构

3. 常用 S7-300 CPU 模块的主要特性

常用 S7-300 CPU 模块的主要特性如表 2-1 所示。

表 2-1 常用 S7-300 CPU 模块的主要特性

参数	CPU 312	CPU 312C	CPU 313C	CPU313C -2PtP	CPU313C -2DP	CPU 314	CPU314C -PtP	CPU314C -2DP	CPU315 -2DP	CPU317 -2DP
用户内存（KB）	16	16	32	32	32	48	48	48	128	512
MMC 卡最大容量（MB）	4	4	8	8	8	8	8	8	8	8
自由编址	YES	YES	YES	YES	YES	YES	YES	YES	YES	YES
DI/DO（点）	256	256/256	992/992	992/992	992/992	1024	992/992	992/992	1024	1024
AI/AO（点）	64	64/32	246/124	248/124	248/124	256	248/124	248/124	256	256
处理1KB指令时间（ms）	0.2	0.1	0.1	0.1	0.1	0.1	0.1	0.1	0.1	0.1
位存储器（B）	1024	1024	2048	2024	2048	2048	2048	2048	16 384	32 768
计数器（B）	128	128	256	256	256	256	256	256	256	512
定时器（B）	128	128	256	256	256	256	256	256	256	512
集成通信连接 MPI/DP/ PtP	Y/N/N	Y/N/N	Y/N/N	Y/N/Y	Y/Y/N	Y/N/N	Y/N/Y	Y/Y/N	Y/Y/N	Y/Y/N
集成 DI/DO（点）	0/0	10/6	24/16	16/16	16/16	0/0	24/16	24/16	0/0	0/0
集成 AI/AO（点）	0/0	0/0	4+1/2	0/0	0/0	0/0	4+1/2	4+1/2	0/0	0/0

4．CPU 模块的模式选择开关

（1）RUN 位置：执行用户程序。
（2）STOP 位置：不执行用户程序。
（3）MRES 位置：复位存储器，拨至 MRES 后不能保持，会弹回去。

5．复位存储器（MRES）的操作步骤

将模式选择开关拨到 MRES 并保持（按住不松手），直到 STOP 指示灯第二次亮起并持续点亮，再释放模式选择开关，在 3 秒内，将模式选择开关拨回到 MRES，STOP 指示灯开始快速闪烁，表示正在执行复位，当 STOP 指示灯再次恢复常亮时，存储器复位完成。

对于新型免维护 S7-300 CPU 模块，使用模式选择开关进行复位将无法删除 MMC 卡中的数据，只能删除工作存储器中内容，并复位所有的位存储器 M、定时器 T、计数器 C 和 DB 数据块中的实际值。

新型 CPU 模块是免维护的，用户程序保存在 MMC 卡中，不需要电池。

6．用于状态和故障显示的 LED 指示灯

LED 指示灯位置如图 2-4 所示。
SF 灯（红色）亮：CPU 硬件发生故障或软件运行错误。

BF 指示灯（红色）亮：通信接口或总线有故障。
DC5V 指示灯：用于指示电源状态，正常则灯亮。
FRCE 指示灯亮：表示 CPU 处在强制状态。
RUN 指示灯亮：表示 CPU 处在运行状态。
STOP 指示灯亮：表示 CPU 处于"STOP"或"HOLD"或"重新启动"状态。

7．MMC 卡

MMC 卡即 SIMATIC 微存储卡（简称微存储卡），用于断电时保存用户程序和某些数据，可以扩展 CPU 模块的存储器容量，也可以将有些操作系统保存于其中，这对操作系统的升级是非常方便的。如果在使用 PLC 过程中拔下 MMC 卡，卡中的数据会被破坏。

注意：只有在断电状态或 CPU 处于 STOP 状态，并且编程器未向 MMC 卡中写入数据的情况下，才能取下 MMC 卡，严禁带电插拔 MMC 卡，以免烧坏。读写及格式化 MMC 卡需要通过西门子公司的编程器或西门子公司专有的读卡器进行。容量为 64KB 的 MMC 卡如图 2-5 所示。

图 2-4　LED 指示灯位置

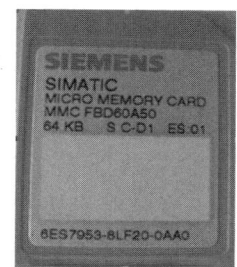

图 2-5　容量为 64KB 的 MMC 卡

8．MPI 及其他

所有的 CPU 模块都有一个 MPI（多点接口），用于实现 PLC 与编程器的通信。根据型号不同，S7-300 CPU 上有 PROFIBUS-DP 接口（DP 接口）或 PtP 接口。

电源模块上的 L+和 M 端子分别是 DC24V 输出电压的正极和负极，可以用专用的电源连接器或导线连接电源模块和 CPU 模块的 L+和 M 端子。

2.2.3　信号模块（SM）

信号模块（SM）包括数字量（开关量）输入（DI）模块、数字量（开关量）输出（DO）模块、数字量输入/输出（DI/DO）模块、模拟量输入（AI）模块、模拟量输出（AO）模块、模拟量输入/输出（AI/AO）模块、FM 模块等。

S7-300 PLC 的信号模块的外部接线接在插入式前连接器的端子上，前连接器插在前门后面的凹槽内。这样不需要断开前连接器上的外部接线，就可以迅速地更换模块。第一次在某类型的模块中插入前连接器时，它被编码，以后该前连接器只能插入同样类型的模块中。

信号模块上的 LED 指示灯用来显示各数字量输入/输出通道的信号状态，现场输入通道接通时，相应地址的模块上 LED 指示灯亮；当有输出信号时，相应地址的模块上 LED 灯亮。根据这一特点，结合程序的监控状态来调试程序是很方便的。模块安装在 DIN 标准导轨上，通过总线连接器与相邻的模块连接。模块的默认地址由模块所在位置决定，也可以用 STEP 7 软件在硬件组态中指定模块的地址。

前连接器、前门和模块上 LED 指示灯的位置如图 2-6 所示。

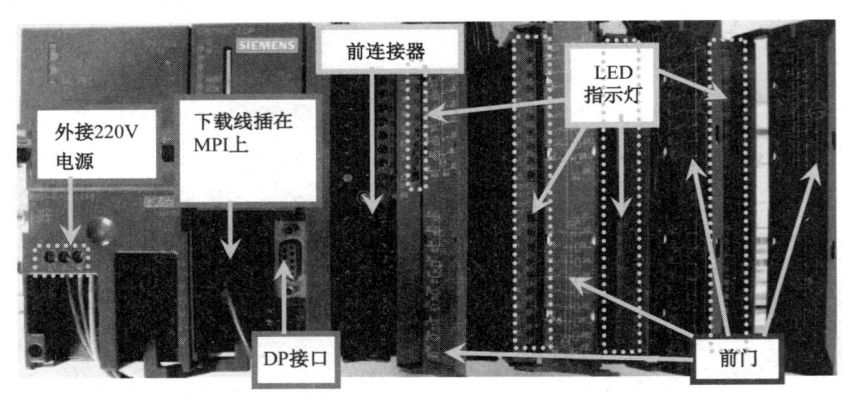

图 2-6　前连接器、前门和模块上 LED 指示灯的位置

1．数字量模块

1）数字量输入（DI）模块（SM321）

来自现场的开关信号有按钮信号、各种行程开关信号、过载信号、继电器触点的断开和闭合信号、传感器信号等。数字量输入模块将来自现场的开关信号电平转换成 PLC 内部信号电平，经过光电隔离和滤波后，送到输入缓冲区等待 CPU 采样，采样信号经过背板总线进入输入映像寄存器区。

用于采集直流信号的模块称为直流输入模块，其名称含有的 24V DC 表示额定输入电压为直流 24V；用于采集交流信号的模块称为交流输入模块，其名称含有的 120/230V AC 表示额定输入电压为交流 120V 或 230V。如果信号线不太长，PLC 所处的物理环境较好，电磁干扰较弱，应考虑优先选用 24V DC 的直流输入模块。交流输入方式适合在有油雾、粉尘的恶劣环境下使用。

对用户来说，数字量输入模块有多种型号可供选择，分别是直流 16 点输入、直流 32 点输入、交流 16 点输入、交流 8 点输入。

数字量输入模块上每个输入点的输入状态是用一个绿色的 LED 指示灯来显示的，输入开关闭合，LED 指示灯点亮。反之，输入开关断开时，LED 指示灯灭。

直流 16 点数字量输入模块的端子接线图如图 2-7 所示。

2）数字量输出（DO）模块（SM322）

由 PLC 产生的各种输出控制信号经输出接口去控制和驱动负载（如指示灯的亮灭，电动机的启停或正反转，设备的转动、平移、升降，阀门的通断等），所以 PLC 输出接口所带的负载，通常是接触器的线圈、电磁阀的线圈、指示灯等。

按负载回路使用的电源不同，数字量输出模块可以分为直流输出模块、交流输出模块、交直流两用输出模块。

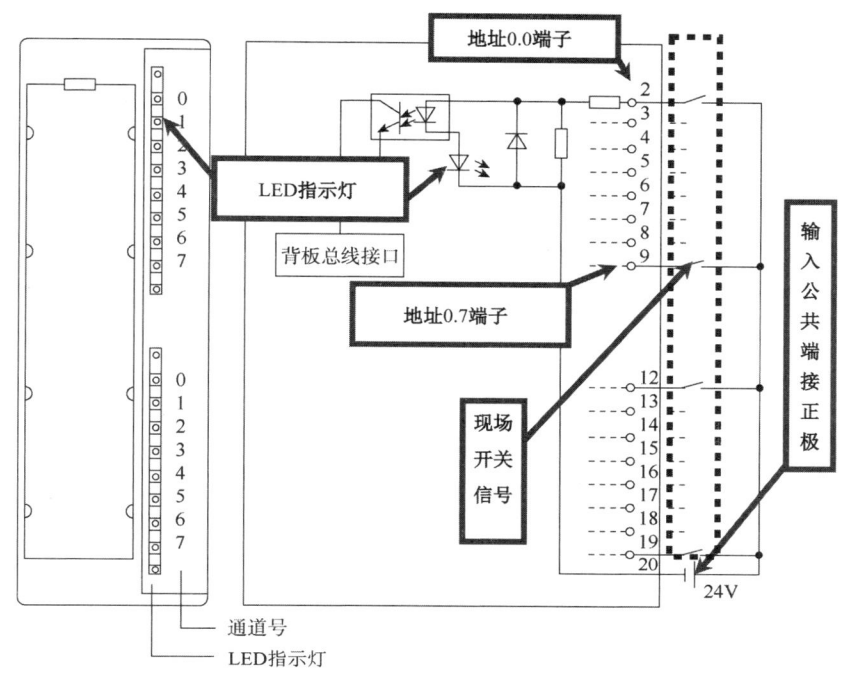

图 2-7　直流 16 点数字量输入模块的端子接线图

按输出开关元件的种类不同，数字量输出模块可分为晶体管输出型数字量输出模块（简称晶体管输出型）、双向晶闸管（可控硅）输出型数字量输出模块[简称双向晶闸管（可控硅）输出型]和继电器输出型数字量输出模块（简称继电器输出型），如图 2-8、图 2-9、图 2-10 所示。

以上两种分类方式有密不可分的关系。晶体管输出型用于直流负载或 TTL 电路，属于直流输出模块；双向晶闸管（可控硅）输出型适用于交流负载，属于交流输出模块；继电器输出型既可用于直流负载，又可用于交流负载，属于交直流两用输出模块。从响应速度上看，晶体管输出型响应最快，继电器输出型响应最慢；从安全隔离效果及应用灵活性角度看，继

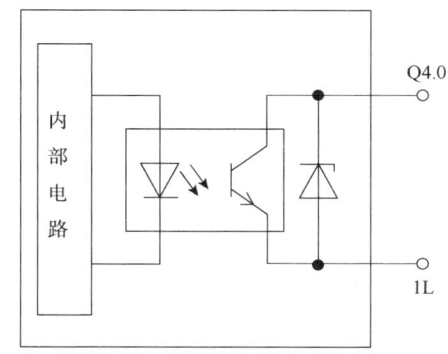

图 2-8　晶体管输出型

电器输出型的性能是最好的，使用时，只要外接一个与负载要求相符的电源即可，因而采用继电器输出型，对用户来说显得方便和灵活，但由于它采用有触点输出方式，所以它的工作频率不能很高，工作寿命不如无触点的半导体元件长。

如果采用继电器输出型来接通或断开，作为数字量的输出，则更为自由和方便，而且它的适用场合更普遍。因此，在对动作时间和动作频率要求不高的情况下，常采用继电器输出型。

继电器输出型的接口在交流电压不高于 250V 的电路中的驱动能力为：纯电阻负载为 2A/1 点；感性负载为 80V·A 以下（AC 100V 或 AC 200V）；灯负载为 100W 以下（AC 100V 或 AC 200V）。继电器输出型的接口响应时间最长，从输出继电器的线圈得电（或断电）到输出接点 ON（或 OFF）的响应时间均为 10ms。

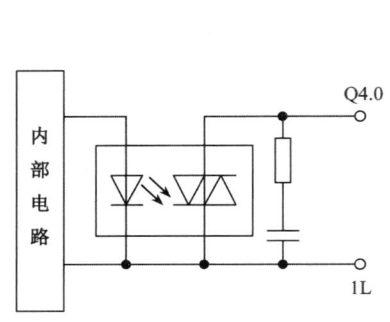

图 2-9　双向晶闸管（可控硅）输出型　　　　图 2-10　继电器输出型

根据输出点数的不同，数字量输出模块有 7 种，32 点晶体管输出型的端子接线图如图 2-11 所示。

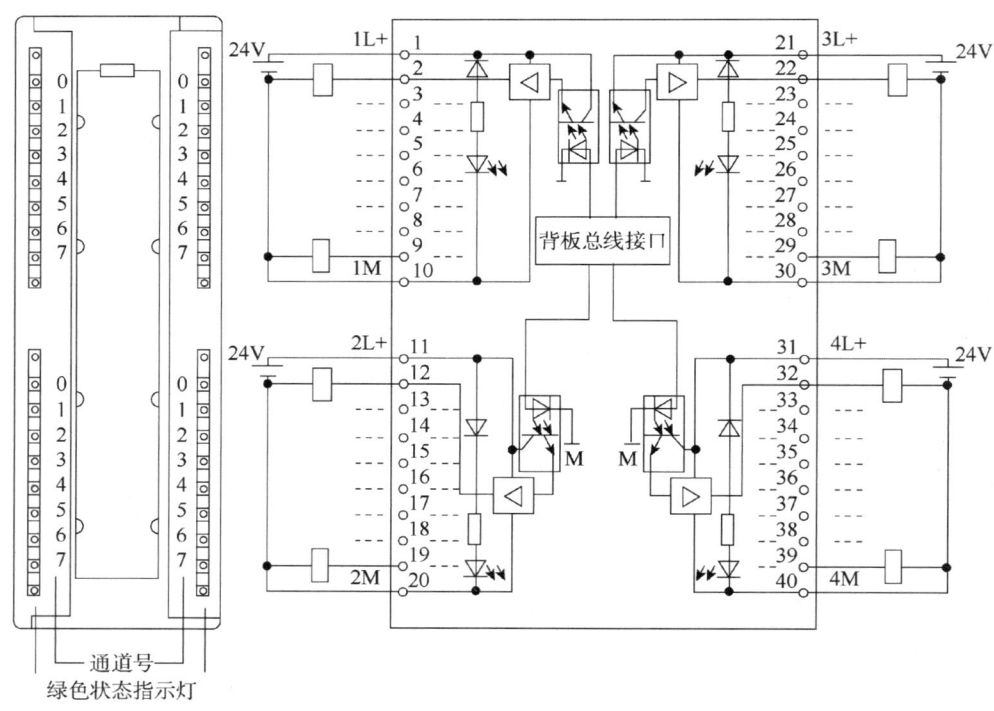

图 2-11　32 点晶体管输出型的端子接线图

16 点继电器输出型的端子接线图如图 2-12 所示。
各种类型的数字量输出模块具体参数如表 2-2 所示。

项目 2 典型 S7-300 PLC 硬件控制系统的安装

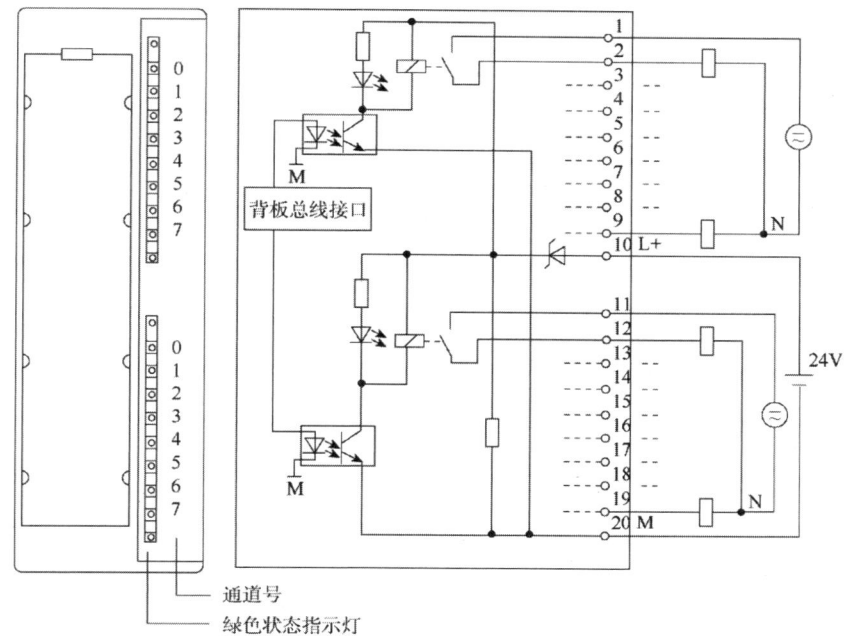

图 2-12 16 点继电器输出型的端子接线图

表 2-2 各种类型的数字量输出模块具体参数

各种类型的数字量输出模块		16 点晶体管输出型	32 点晶体管输出型	16 点双向晶闸管（可控硅）输出型	8 点晶体管输出型	8 点双向晶闸管（可控硅）输出型	8 点继电器输出型	16 点继电器输出型
输出点数		16	32	16	8	8	8	16
额定电压（V）		DC24	DC24	AC120	DC24	AC120/230	—	—
额定电压范围（V）		DC20.4~28.8	DC20.4~28.8	AC93~132	DC20.4~28.8	AC93~264	—	—
与总线隔离方式		光耦合	光耦合	光耦合	光耦合	光耦合	光耦合	光耦合
最大输出电流	"1"信号（A）	0.5	0.5	0.5	2	1	—	—
	"0"信号（mA）	0.5	0.5	0.5	0.5	2	—	—
最小输出电流（"1"信号）（mA）		5	5	5	5	10	—	—
触点开关容量（A）		—	—	—	—	—	2	2
触点开关频率（Hz）	阻性负载	100	100	100	100	10	2	2
	感性负载	0.5	0.5	0.5	0.5	0.5	0.5	0.5
	灯负载	100	100	100	100	1	2	2
触点使用寿命/次		—	—	—	—	—	10^6	10^6
短路保护		电子保护	电子保护	熔断保护	电子保护	熔断保护	—	—
诊断		—	—	红色 LED 指示灯	—	红色 LED 指示灯	—	—
最大电流消耗（mA）	从背板总线	80	90	184	40	100	40	100
	从 L+	120	200	3	60	2	—	—
功率损耗（W）		4.9	5	9	6.8	8.6	2.2	4.5

3）数字量输入/输出（DI/DO）模块（SM323）

数字量输入/输出模块的特点是在一块模块上同时具有数字量输入点和数字量输出点，有两种类型：一种带有 8 个共地输入点和 8 个共地输出点，另一种带有 16 个共地输入点和 16 个共地输出点，这两种模块的输入/输出特性相同。输入/输出额定负载电压为 DC24V，输入电压："1"信号电平为 11~30V，"0"信号电平为 -3~+5V，通过光耦合的方式与背板总线隔离。在额定输入电压下，输入延迟为 1.2~4.8ms。输出具有短路保护功能。

8 点输入/8 点输出的数字量输入/输出模块的端子接线图如图 2-13 所示。

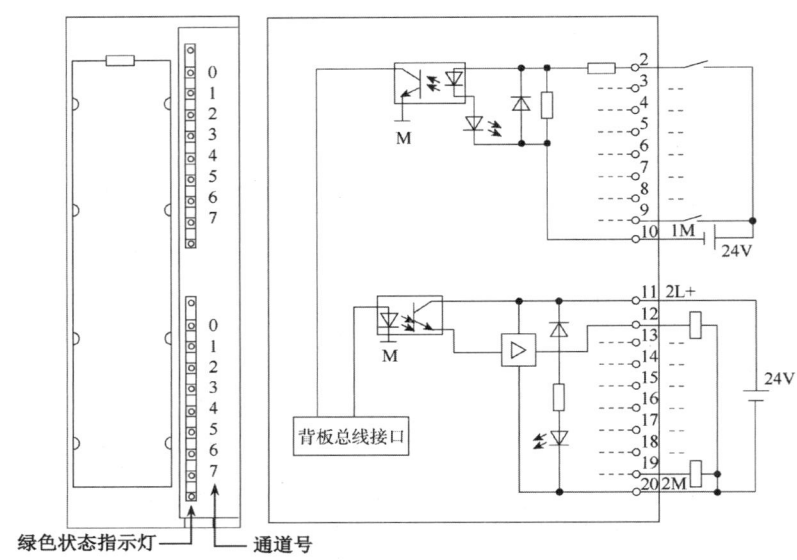

图 2-13　8 点输入/8 点输出的数字量输入/输出模块的端子接线图

2．模拟量模块

在生产过程中，存在大量模拟量，如压力、温度、速度、流量、黏度等，而 PLC 作为数字控制器不能够直接处理模拟量。因此，必须对这些模拟量进行离散化，这就是模/数（A/D）转换。另外，产生这些模拟量的执行器多数接收的也是模拟量，所以，PLC 处理过的数据还必须进行数/模（D/A）转换，变成连续的模拟量（如电压、电流）来驱动执行器动作。

在生产过程中，大量连续变化的模拟量需要用 PLC 来测量或控制，如压力、温度、速度、液位、电压、电流等，变送器用于将传感器提供的非电量或电量转换为标准量程的直流电压或直流电流信号，如 DC0~10V 和 DC4~20 mA。

模拟量模块的模拟输入信号或模拟输出信号可以是电压，也可以是电流；可以是单极性的，如 0~10V、1~5V、4~20mA 等，也可以是双极性的，如 ±10V、±20mA 等。

1）模拟量输入（AI）模块（SM331）

模拟量输入模块主要由 A/D 转换器、切换开关、恒流源、补偿电路、光电隔离器及逻辑电路组成。它将控制过程中的模拟信号转换为 PLC 内部处理用的数字信号。

2）模拟量输出（AO）模块（SM332）

模拟量输出模块用于将 PLC 的数字信号转换成模拟信号，以控制模拟量调节器或执行器，目前有 4 种规格：8×12 位、4×12 位、2×12 位和 4×16 位。

3）模拟量输入/输出（AI/AO）模块（SM334）

模拟量输入/输出模块是在一块模块上同时具有模拟量输入/输出功能，目前有两种规格，都是 AI4/AO2。一种是输入/输出精度为 8 位的模块，另一种是输入/输出精度为 12 位的模块。

2.2.4 电源（PS）模块 PS307

PLC 的外部工作电源一般为单相 85～260V、50/60Hz 交流电源，也有采用 24～26V 直流电源的。使用单相交流电源的 PLC，往往还能同时提供 24V 直流电源，供直流输入使用。PLC 对于外部工作电源的稳定度要求不高，一般可允许±15%左右的波动。

对于在 PLC 的输出端子上接的负载所需的负载工作电源，必须由用户提供。

PLC 的内部电源系统一般有三类：第一类是供 PLC 中的 TTL 芯片和集成运算放大器使用的基本电源（+5V 和±15V 直流电源）；第二类是供输出接口使用的高压大电流的功率电源；第三类是锂电池及其充电电源。考虑到系统的可靠性及光电隔离器的使用，不同类电源具有不同的地线。此外，根据 PLC 的规模及所允许扩展的接口模块数，各种 PLC 的电源种类和容量往往是不同的。

电源模块 PS307 用于将 120/230V 交流电压转换为 24V 直流电压，根据输出电流的不同，有三种规格的电源模块可选：2A、5A、10A。

电源模块 PS307 的外观如图 2-14 所示。

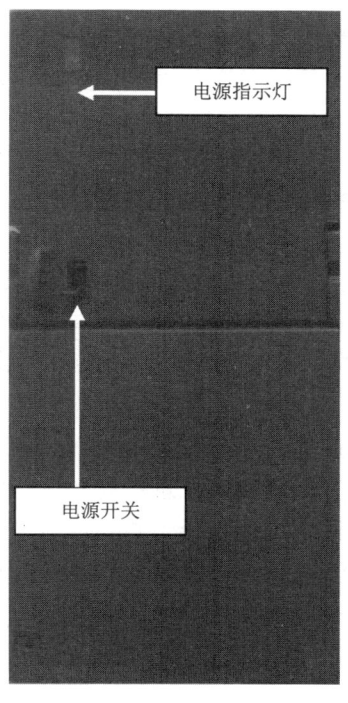

图 2-14　电源模块 PS307 的外观

2.2.5 编程器

编程器用于用户程序的输入、编辑、调试和监视，还可以根据键盘的输入去调用和显示 PLC 的一些内部继电器状态和系统参数。它经过编程器接口与 CPU 联系，完成人机对话。

用 PC 作为编程器：目前在不需要用专用编程器进行实时监控的场合，经常采用能够运行 STEP 7 编程软件的 PC 作为编程器。

由 PLC 生产厂家生产的专用编程器使用范围有限，价格一般也较高。在 PC 不断更新换代的今天，出现了以 PC（IBM PC/AT 及其兼容机）为基础的编程系统。大多数厂家只向用户提供编程软件，而 PC 则由用户自己选择。由 PLC 生产厂家提供的 PC 被改装，以适应工业现场相当恶劣的环境，如对键盘和机箱加以密封，并采用密封型的磁盘驱动器，以防止外部脏物进入 PC，使敏感的电子元件失效。这样，被改装的 PC 就可以工作在较高的温度和湿度条件下，能够在类似于 PLC 的运行环境中长期可靠地工作。

这种方法的主要优点是使用了价格较便宜的、功能很强的通用 PC，因此，可以用较少的投资获取高性能的 PLC 程序开发系统。对于不同厂家和型号的 PLC，只需要更换编程软件即可。这种系统的另一个优点是可以使用一台 PC 为所有的工业智能控制设备编程，PC 还可以作为 CNC、机器人、工业电视系统和各种智能分析仪器的软件开发工具。

PC 的 PLC 程序开发系统软件一般包括以下几个部分。

（1）编程软件：这是最基本的软件，它允许用户生成、编辑、储存和打印梯形图程序和其他形式的程序。

（2）文件编制软件：它与编程软件一起使用，可以给梯形图中的每一个触点和线圈加上英文注释，指出它们在程序中的作用，并能在梯形图中提供附加的注释，解释某一段程序的功能，使程序容易被阅读和理解。

（3）数据采集和分析软件：在工业控制计算机中，这类软件已相当常见。PC 可以从 PLC 控制系统中采集数据，并可用各种方法分析这些数据，然后将结果用条形统计图或扇形统计图的形式显示出来。

（4）实时操作员接口软件：这一类软件向 PC 提供实时操作的人机接口，被用来作为系统的监控装置，通过显示器告诉操作员系统的状况和可能发生的各种报警信息。操作员可以通过操作员接口键盘（有时也可能直接用 PC 的键盘）输入各种控制指令，处理系统中出现的各种问题。

（5）仿真软件：它允许工业控制计算机对工厂生产过程进行系统仿真，过去这一功能只有大型计算机系统才有。它可以对现有的系统进行有效的检测、分析和调试，也允许系统的设计者在实际系统建立之前，反复地进行系统仿真，用这个方法，可以及时发现系统中存在的问题，并加以修改。应用仿真软件还可以缩短系统设计、安装和调试的工期，避免不必要的浪费和因设计不当造成的损失。

2.2.6 智能 I/O 接口

为适应和满足更加复杂控制功能的需要，PLC 生产厂家均在其 PLC 产品上设置了各种不同功能的智能 I/O 接口,这些智能 I/O 接口一般都配有独立的微处理器和控制软件,可以独立地工作,以便减少 CPU 模块的压力。

在众多的智能 I/O 接口模块中,常见的有满足位置控制需要的位置闭环控制接口模块、带快速 PID 调节器的闭环控制接口模块、满足计数频率高达一百千赫甚至数兆赫的高速计数器接口模块。用户可根据控制系统的特殊要求,选择相应的智能 I/O 接口模块。

2.2.7 通信模块

通信模块上的接口有串行接口和并行接口两种,它们都在专用系统软件的控制下,遵循国际上多种规范的通信协议来工作。用户应根据不同的设备要求选择相应的通信方式并配置合适的通信接口。

通信模块是专门用于数据通信的一种智能模块,它主要用于人机对话或机机对话。PLC 通过通信模块可以与打印机、监视器相连,也可与其他 PLC 或上位计算机相连,构成多机局部网络系统或多级分布式控制系统,或实现管理与控制相结合的综合系统。

2.2.8 人机界面

人机界面(Human Machine Interface,HMI)用于实现操作和监控,以及显示事件信息、配方、数据记录等功能。

1. 触摸屏

触摸屏是允许操作员通过触摸其画面上的按钮即可进行直观操作的装置。它可以对要监控的机器和生产过程进行真实的图形显示。WinCC Flexible 是西门子触摸屏软件。

2. 组态软件 SIMATIC WinCC

组态软件是用于机床和工厂生产过程的监控及操作的基本系统,适用于所有自动化领域。组态软件具有一组强大的功能模块:

变量管理器:用于管理内部变量和外部变量。
图形编辑器:用于可自由组态的监控和操作。
报警记录编辑器:用于在 DIN19-235 的基础上获取事件和存档。
变量记录编辑器:用于压缩和存储被测数值和菜单处理。
报表编辑器:用于编辑受时间控制和事件驱动的项目文件。

2.2.9 S7-300 PLC 结构特点

1. 采用集成的背板总线

S7-300 PLC 改变了以往模块式 PLC 采用的总线底板结构,从硬件上省去总线底板和排风扇,而采用了背板总线,即将总线集成在每个模块上,所有模块通过总线连接器进行级联扩展，使得结构较为简单。

2．采用 DIN 标准导轨，安装和更换模块方便

由于省去了总线底板，使得安装各个模块的机架只有 DIN 导轨（以下简称导轨），可以选择水平或者垂直安装。安装模块时只需要将模块勾在导轨上，转动到位后用螺丝锁紧即可。如要更换前连接器，只需要松开安装螺丝，拔下已经接线的前连接器，即可更换。

3．硬件组态灵活

所有模块都有相同的安装深度，因此信号模块和通信模块可以不受限制地插到 SM 区的任何插槽上，使得硬件组态非常灵活。

4．机架扩展方便

每个机架上最多可安装 8 个信号模块（SM），当需要的信号模块超过 8 个时，可以通过 IM365（机架距离最远 1 米）或者 IM360/361（机架距离最远 10 米）安装扩展机架，每个扩展机架上最多可安装 8 个信号模块，一个 S7-300 PLC 系统最多可安装 3 个扩展机架，最多可安装 32 个模块。

2.2.10　S7-300 PLC 的安装与维护

系统能正常工作，很大程度上取决于正确的安装，所以要严格按照电气安装规范来安装。

1．PLC 的安装环境

PLC 适用于大多数工业现场，虽然其具有很高的可靠性，并且有很强的抗干扰能力，但在过于恶劣的环境下，有可能引起 PLC 内部信息的破坏而导致控制混乱，甚至造成内部元件损坏。改善 PLC 的工作环境，可以有效地提高它的工作可靠性和使用寿命。在安装 PLC 时，应注意以下几个方面的问题。

1）环境温度

各生产厂家对 PLC 的运行环境温度都有一定的规定。通常 PLC 允许的环境温度在 0～55℃范围内。因此，安装时不要把发热量大的元件放在 PLC 下方；PLC 四周要有足够的通风散热空间；不要把 PLC 安装在阳光直射或离暖气、加热器、大功率电源等发热元件很近的位置；安装 PLC 的控制柜最好有通风的百叶窗，如控制柜温度太高，应该在柜内安装风扇散热。

2）环境湿度

PLC 工作环境的空气相对湿度一般要求在 35%～85%范围内，以保证 PLC 的绝缘性能。湿度还会影响模拟量输入/输出装置的精度。因此，不能将 PLC 安装在结露、雨淋的场所。

3）环境污染

PLC 不宜安装在有大量污染物（如灰尘、油烟、铁粉等）、腐蚀性气体和可燃性气体的场所，尤其是有腐蚀性气体的地方，易造成元件及印制电路板的腐蚀。如果只能安装在这种场所，在温度允许的条件下，可将 PLC 封闭，或将 PLC 安装在密闭性较高的控制室内，并安装空气净化装置。

4）避免震动和冲击

安装 PLC 的控制柜应远离有强烈震动和冲击的场所，尤其应远离连续、频繁的震动。必要时可采取措施来减轻震动和冲击的影响，以免造成接线或插件的松动。

5）远离干扰源

PLC 应远离强干扰源，如大功率晶闸管装置、高频设备和大型动力设备等，同时 PLC 还应远离强电磁场和强放射源，以及易产生强静电的地方。

2．安装导轨

导轨即 S7-300 PLC 的机械安装导轨（机架），该导轨用螺丝固定。

一台 S7-300 PLC 由一个主机架和若干个扩展机架组成（如果需要的话）。如果主机架的容量不能满足应用要求，可以使用扩展机架。安装有 CPU 模块的机架作为主机架。

安装导轨应注意：

（1）安装导轨时，为了散热，要留有足够的空间，尤其在系统中有扩展机架时，更要注意每个机架的位置安排，模块上下至少应有高 40mm 的空间，左右至少应有宽 20mm 的空间。

（2）在安装表面上画好安装孔，然后在所画的安装孔上钻直径为 6.5±0.2mm 的孔。

（3）用 M6 螺钉安装导轨。

（4）把保护接地线连到导轨上（通过保护接地螺丝！），应保证保护接地线的低阻抗连接。为此，可使用尽可能短的低阻抗电缆连接到一个较大的接触表面上。保护接地线的最小截面积为 $10mm^2$。

使用多机架安装：

接口模块总是安装在 3 号插槽（1 号插槽安装电源模块；2 号插槽安装 CPU 模块；3 号插槽安装接口模块，然后是信号模块等）。每个机架上不能安装超过 8 个模块（SM、CP），信号模块总是位于接口模块的右边（水平安装时）。能插入的模块数受到 S7-300 PLC 背板总线所提供电流的限制。每个机架总线上的耗电量不应超过 1.2A。

3．安装模块

S7-300 PLC 允许的安装方式包括水平安装和垂直安装两种，建议选择水平安装。对于水平安装，将模块安装在导轨上，从左边到右边依次是：电源模块、CPU 模块、接口模块和其他模块。对于垂直安装，电源模块在最下端，向上依次为 CPU 模块、接口模块和其他模块。

对于不同的安装方式，放置 PLC 的控制柜的温度要求是不同的，水平安装的允许温度为 0～60℃，垂直安装的允许温度为 0～40℃。

模块的安装步骤：

（1）将总线连接器插入 CPU 模块和信号模块/功能模块/接口模块/通信模块，插入总线连接器时，必须从 CPU 模块开始，最后一个模块不能安装总线连接器。

（2）选择水平安装时，从左到右安装模块，依次是：电源模块、CPU 模块、接口模块、信号模块等，将所有模块悬挂在导轨上，然后按顺序安装模块。

（3）用螺丝将模块固定在导轨的螺纹槽中，需要更换模块时，应先解锁前连接器，然后旋下螺丝，取下模块。

（4）模块安装完毕后，给各个模块插入槽号。在相应模块上插入标签。

（5）前连接器用于将系统中的传感器和按钮等连接至 S7-300 PLC。将前连接器插入模块中。在模块和前连接器之间有一个机械编码器，可以避免以后把前连接器认错。

前连接器按端子密度分两种类型：20 针和 40 针；按连接方式又可分为弹簧负载型和螺钉型。

注意事项：

（1）如果不用扩展机架时，2 号槽的 CPU 模块和 4 号槽的模块是靠在一起的，此时 3 号插槽仍然被实际不存在的接口模块占用。另外硬件组态中 3 号插槽空着。

（2）在使用信号模块前，必须先给模块供电，否则将不能正常使用。

4．控制柜选型与安装

控制柜

大型设备运行或安装环境中有干扰和污染时，应将 PLC 安装在一个控制柜中，在选择控制柜时，应注意以下事项：

（1）控制柜安装位置处的环境条件（温度、湿度、尘埃及化学物品的影响、爆炸危险）决定了控制柜所需的防护等级（IPxx）。

（2）模块机架（导轨）间的安装间隙应达标。

（3）控制柜中所有组件的总功率消耗应达标。

2.3 项目解决步骤

步骤 1． 画出典型 S7-300 PLC 的硬件外观结构图。

步骤 2． 理解并熟悉 CPU 的功能及 CPU 模块种类。

步骤 3． 讲述信号模块、电源模块、编程器的功能及应用。

步骤 4． 讲述智能 I/O 接口、通信模块、HMI 及 S7-300 PLC 结构的特点。

步骤 5． 讲述 PLC 安装环境要求。能独立操作完成典型 S7-300 PLC 的硬件安装过程（如下所述）。

（1）安装导轨，必须安装保护接地线，导轨的安装距离要符合标准。

（2）在导轨上安装电源模块。将电源模块一端勾在导轨凸起处，旋转向下，用螺丝旋紧，将市电接入电源模块上的三个端子（L1、N、接地）上，暂时不送电，如图 2-15 所示。

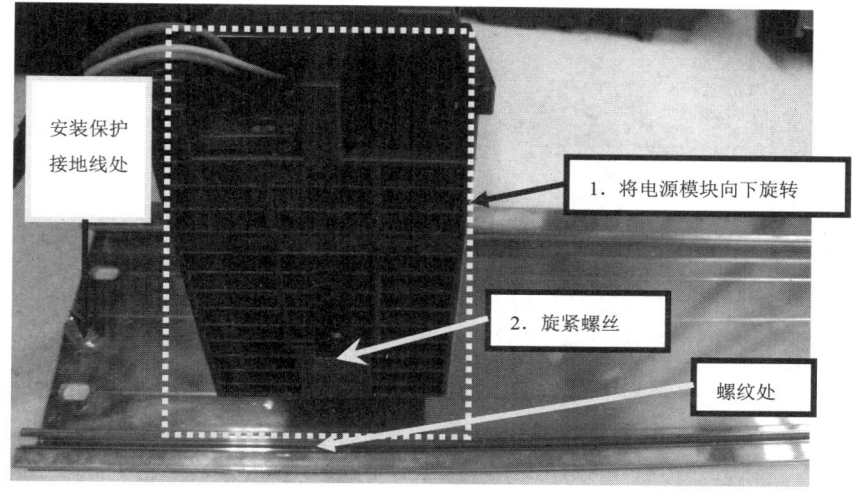

图 2-15　安装电源模块

（3）不需要扩展机架时，CPU 模块紧挨着电源模块安装，将总线连接器插到 CPU 模块背板总线处，一端勾在导轨的凸起处，另一端向下旋转，到达导轨位置后，旋紧螺丝，此时可以将标签插到模块上，如图 2-16 所示。将电源模块的输出端（DC24V）连到 CPU 模块的 L+和 M。

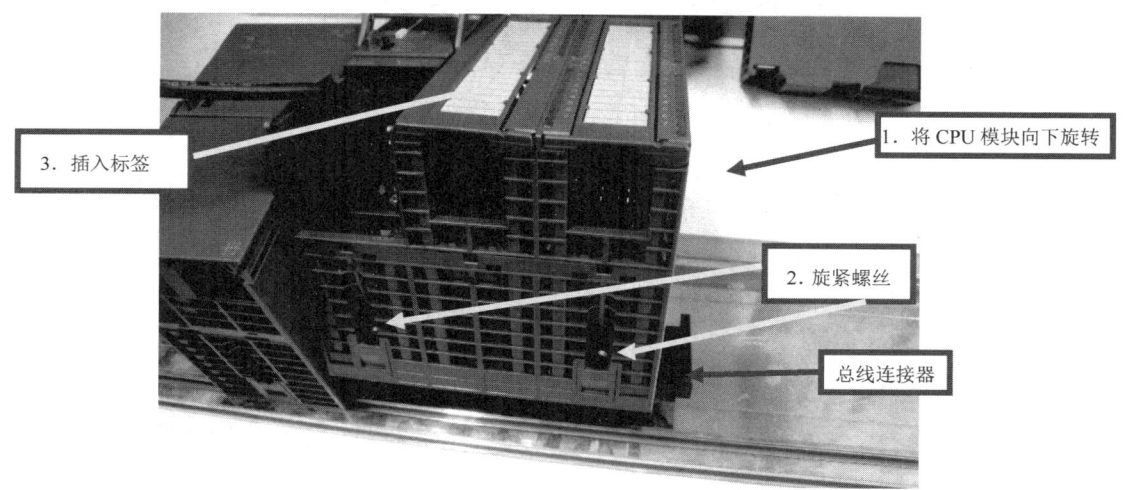

图 2-16　安装 CPU 模块

（4）在输入模块背板总线一侧插入总线连接器，并将其一端勾在导轨凸起处，在背板总线另一侧插入跟 CPU 模块相连的总线连接器，并使其另一端向下旋转，到达导轨位置后，旋紧螺丝。此时可以将槽号插入到模块上，如图 2-17 所示。

（5）把输出模块背板总线一侧插入跟输入模块相连的总线连接器，其他操作同上。

（6）接前连接器（即接线端子）信号线与电源线，如图 2-18 所示。

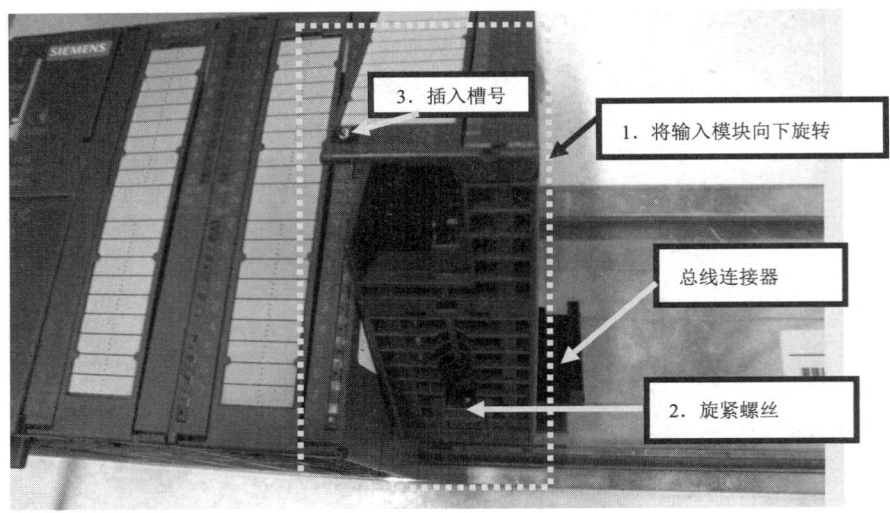

图 2-17　安装输入模块

图 2-18　前连接器接线

（7）如图 2-19 所示，按照箭头向上方向对应的模块位置，将前连接器垂直向下插到模块里，左侧两个 40 针前连接器插入模块后旋紧螺丝，右侧两个 20 针前连接器插入模块后自动卡住。

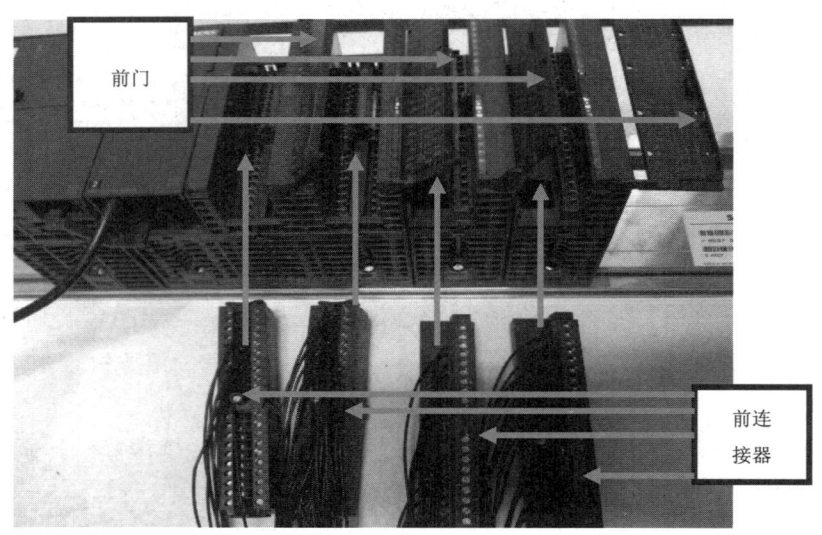

图 2-19　安装前连接器

（8）给电源模块、输入模块和输出模块连接电源。

步骤 6． 总结 S7-300 PLC 硬件安装注意事项。

巩固练习二

（1）典型 S7-300 PLC 的硬件结构由哪几部分构成？

（2）简述 CPU 的功能及 CPU 模块的种类。

（3）讲述典型 S7-300 PLC 的硬件安装过程。

（4）S7-300 PLC 硬件安装注意事项有哪些？

项目 3　硬件组态过程

3.1　项目要求

通过 STEP 7 完成某项目的硬件组态。在硬件组态界面双击 Rail，安装导轨（机架），插入电源模块，必须安装在 1 号插槽上。CPU 模块的安装位置紧挨着电源模块，安装在 2 号插槽上。用于连接扩展机架的接口模块（IM）安装在 3 号插槽上，如果不用扩展机架，该插槽空着。各种信号模块（SM）安装在 4 号～11 号插槽上。从 4 号插槽开始，CPU 为信号模块分配 I/O 地址。学生应理解默认地址的概念并掌握其应用。

3.2　学习目标

（1）学习并掌握 STEP 7 标准软件包的使用并能够结合软件界面进行介绍。
（2）学习并掌握硬件组态过程并能够独立操作完成。
（3）理解默认地址的分配含义并能结合软件界面进行讲述。

3.3　相关知识

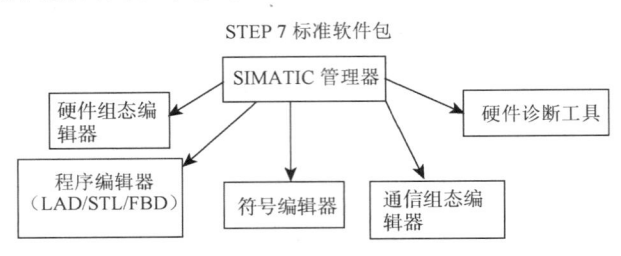

3.3.1　STEP 7 标准软件包的组成

STEP 7 标准软件包适用于 SIMATIC S7-300/400、SIMATIC M7-300/400、SIMATIC C7 等。
STEP 7 标准软件包不是一个单一的应用程序，而是集成了一系列的应用程序（工具），包括：SIMATIC 管理器、硬件组态编辑器、程序编辑器、符号编辑器、通信组态编辑器等，使用时，不必将所有工具都打开，只须选择相应的工具，或打开某一对象，相应的工具会自行启动。STEP 7 标准软件包的各项工具如图 3-1 所示。

图 3-1　STEP 7 标准软件包的各项工具

3.3.2 SIMATIC 管理器

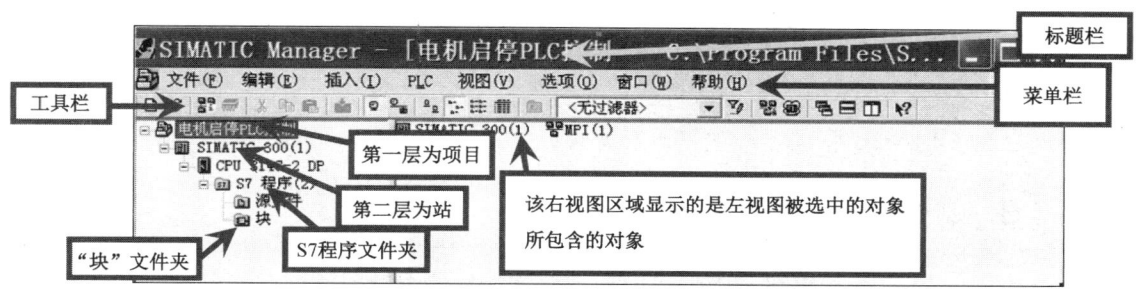

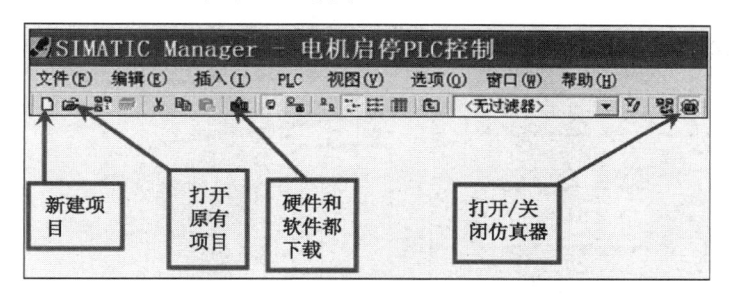

1. SIMATIC 管理器（SIMATIC Manager）运行界面

SIMATIC 管理器用于管理自动化控制项目数据，提供了 STEP 7 标准软件包集成统一界面。在桌面上以鼠标左键双击 SIMATIC 管理器图标，打开的 SIMATIC 管理器运行界面如图 3-2 所示。在项目中，数据在分层结构中以对象的形式保存。左视图中显示项目结构，第一层为项目，第二层为站，站是硬件组态的起点，S7 程序文件夹是编写程序的起点。选中某一层对象，管理器右边工作区（右视图）将显示该文件夹内的内容和下一级的文件夹，双击其中某个对象，可以打开和编辑该对象。项目刚生成时，"块"文件夹中只有主程序 OB1。

图 3-2 SIMATIC 管理器运行界面

SIMATIC 管理器常用工具栏如图 3-3 所示。

图 3-3 SIMATIC 管理器常用工具栏

2. 更改语言

SIMATIC 管理器的默认语言为中文，可以改为英文，方法是在菜单栏单击"选项"按钮，再单击出现的"自定义"选项，如图 3-4 所示。

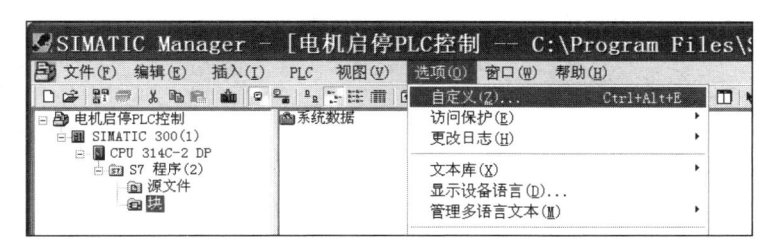

图 3-4 单击"自定义"选项

单击"语言"页签,如图 3-5 所示。单击"english",单击"确定"按钮。

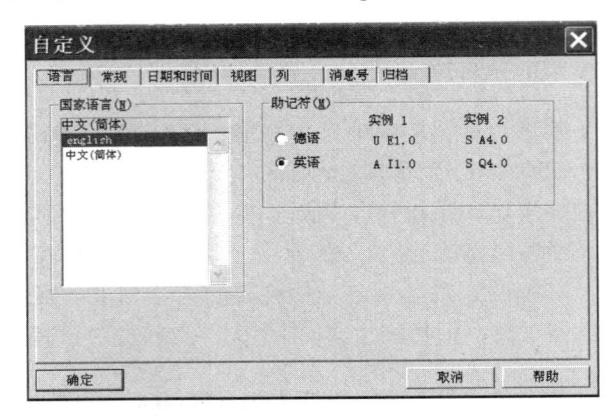

图 3-5 "语言"页签

重新启动 SIMATIC 管理器,项目语言变成英语。

3.3.3 硬件组态编辑器

"HW Config"一般翻译成"硬件组态",STEP 7 软件中的硬件组态编辑器为用户提供组态实际 PLC 硬件系统的编辑环境,可将电源模块、CPU 模块和信号模块等设备插到相应机架(导轨)上,并对 PLC 各个硬件模块的参数进行设置和修改,其界面如图 3-6 所示。

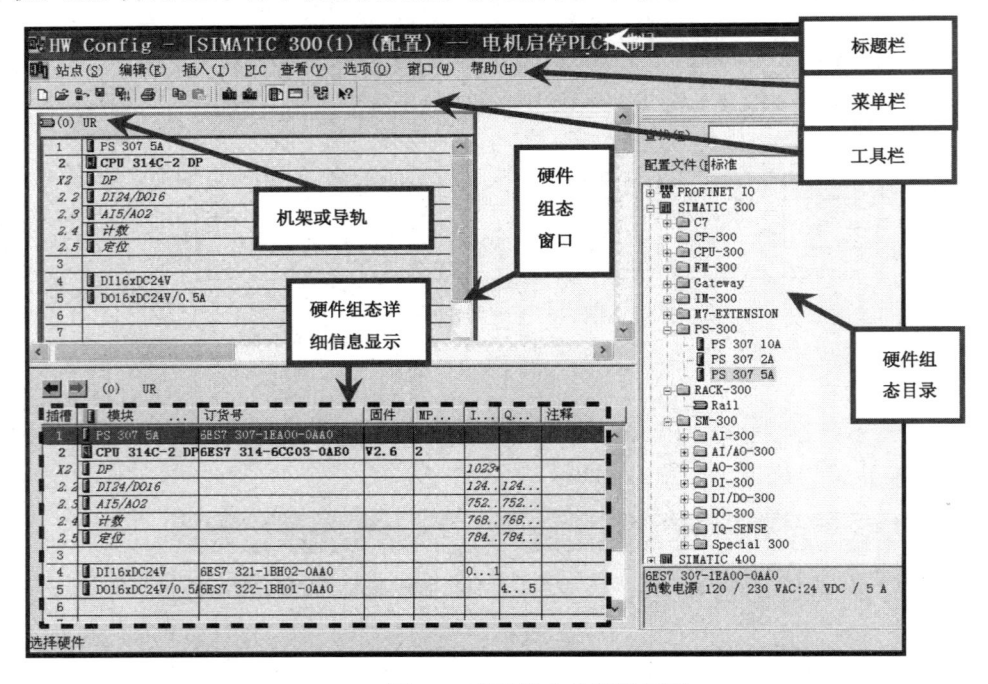

图 3-6 硬件组态编辑器界面

在硬件组态之前,应根据控制任务,分析输入和输出信号的个数和性质、对控制系统的要求和是否留有余量等来选择实际硬件系统，然后在软件中进行硬件组态，组态完成后要将组态结果下载到 PLC 里。另外一定要注意的就是硬件组态将组态出跟实际硬件系统完全一样的系统，包括插槽位置、各个模块型号、订货号和版本号都应相同。硬件组态自动确定了输入地址和输出地址，用户可以根据默认地址进行输入/输出地址分配和编程。

硬件组态目录：图 3-6 的右边是硬件组态目录，单击"+"号可展开目录看到详细内容，CP-300 是通信模块，CPU-300 是 CPU 模块，IM-300 是接口模块，PS-300 是电源模块，RACK-300 是机架或导轨，SM-300 是信号模块，DI 表示数字量输入模块，DO 表示数字量输出模块，AI 表示模拟量输入模块，AO 表示模拟量输出模块，FM-300 是功能模块。

硬件组态详细信息：图 3-6 的下边是硬件组态详细信息的显示窗口，通过按钮 ← → 来切换硬件组态详细信息显示。在窗口中可以看到模块订货号、CPU 版本号（例如，V2.6 就是 2.6 版本），输入模块和输出模块的地址等。

3.3.4 程序编辑器（LAD/STL/FBD）

程序编辑器集成了梯形图（LAD）、语句表（STL）和功能块图（FBD）三种编程语言，可以在此进行程序的输入、编辑、调试、保存等。程序编辑器界面如图 3-7 所示。

1. 编程元件列表

编程元件列表根据当前使用的编程语言自动显示相应的编程元件，用户可通过鼠标左键选中，按住左键将元件拖到程序代码编辑区需要放置的位置，也可双击元件，将其加入到程序代码编辑区。

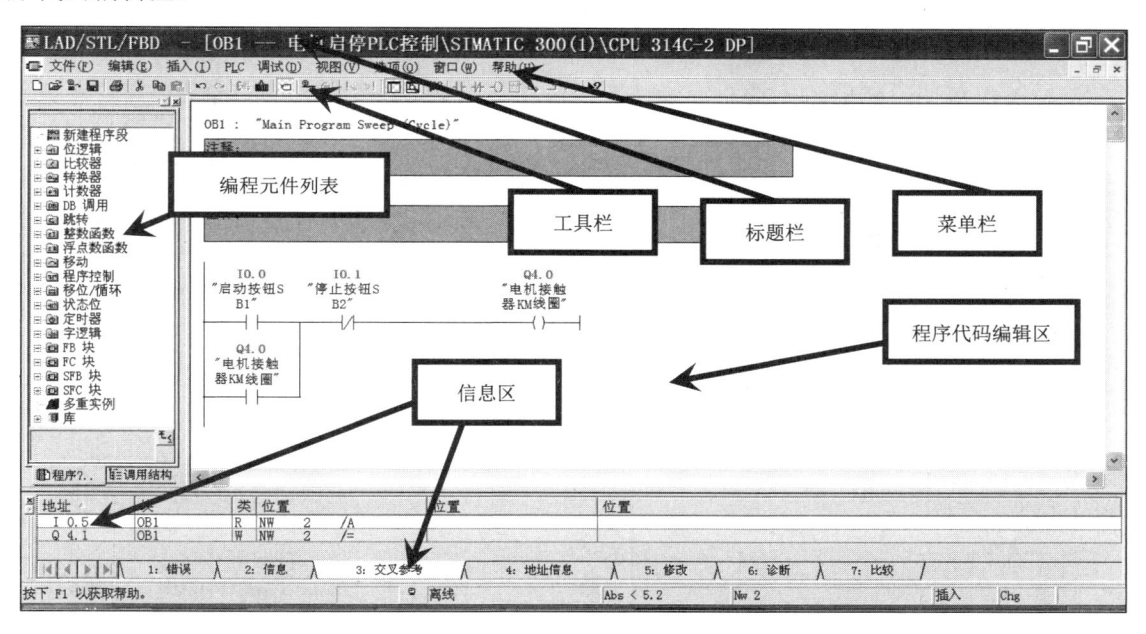

图 3-7 程序编辑器界面

常用梯形图工具栏中各项含义如图 3-8 所示。

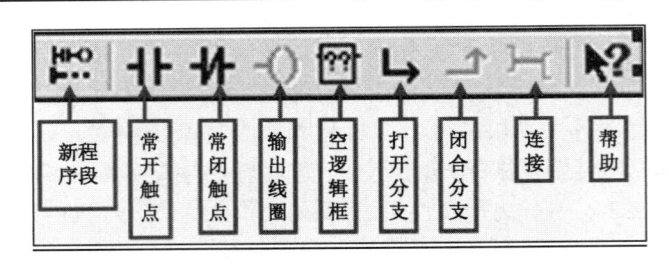

图 3-8 常用梯形图工具栏中各项含义

部分程序编辑器工具栏如图 3-9 所示。

图 3-9 程序编辑器工具栏（部分）

2．程序代码编辑区

用户可以用三种语言在该编辑区编辑程序，编程时可将程序分为多个程序段，划分程序段可以让编程的思路和程序的结构更加清晰。一般情况下，建议一个程序段完成一个功能。在工具栏上单击"新程序段"按钮就可以插入新程序段。

3．编程语言

用户不仅可使用梯形图（LAD）、语句表（STL）和功能块图（FBD）编程语言，还可以根据控制任务的需要，选择其他编程语言和组态工具，如顺序功能图（SFC）、标准控制语言（SCL）、顺序控制流程图（S7-GRAPH）、状态图（S7-HiGraph）和高级语言（如 S7 SLC 和 M7-Pro/C＋＋等）。

梯形图（LAD）使用较多，以启停控制为例，如图 3-10 所示。

语句表（STL），以启停控制为例，如图 3-11 所示。

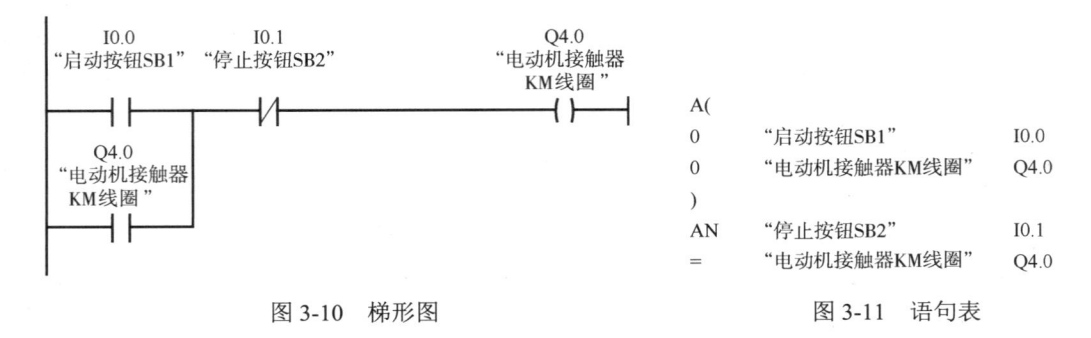

图 3-10 梯形图

```
A(
  0    "启动按钮SB1"           I0.0
  0    "电动机接触器KM线圈"    Q4.0
)
AN     "停止按钮SB2"           I0.1
=      "电动机接触器KM线圈"    Q4.0
```

图 3-11 语句表

功能块图（FBD），以启停控制为例，如图 3-12 所示。

图 3-12 功能块图

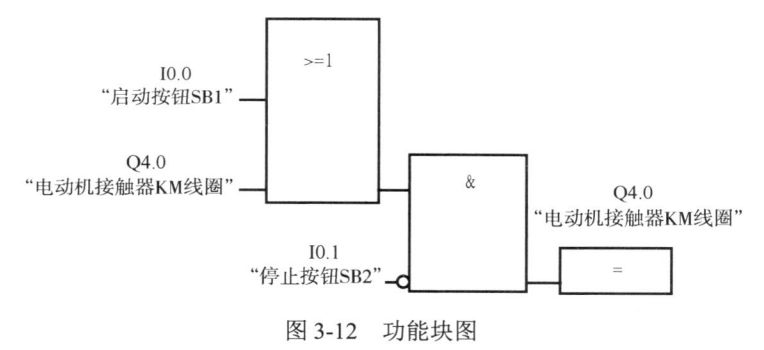

4. 信息区

信息区有很多页签,每个页签对应一个子窗口,如图 3-13 所示。

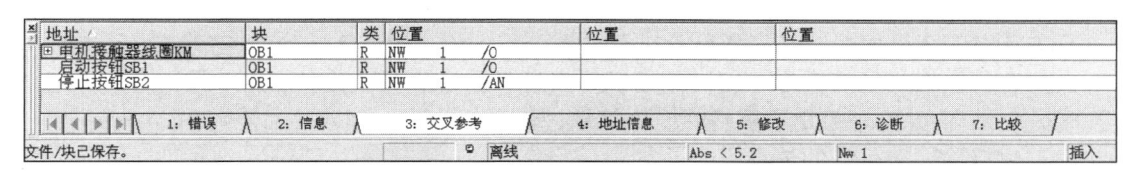

图 3-13 程序编辑器信息区

3.3.5 符号编辑器

在开始编程之前将已经设计好的地址分配表输入到符号编辑器中,即创建了一个符号表,这样可为以后的编程、修改和调试带来很多方便。建立符号表的方法为在程序编辑器菜单栏单击"选项"→"符号表"菜单命令,如图 3-14 所示。

图 3-14 建立符号表

在符号编辑器中可设置符号、地址和数据类型等,如图 3-15 所示。

图 3-15 符号编辑器

符号编辑器可以管理所有的共享符号,具有以下功能:设置输入/输出信号、设置位存储器、给各种功能块设定符号名和注释、排序、导入/导出符号等。符号编辑器生成的符号可提供给其他工具使用,例如,可以将 STEP 7 中的变量导入到组态软件 WinCC 中直接使用,一个符号属性的变化可以在整个项目中自动更新。

3.3.6 通信组态编辑器

通信组态编辑器用来组态整个项目中的网络，包括以下功能：选择建立通信网络的类型（如 MPI、PROFIBUS、工业以太网等），选择网络上连接的站点类型，设置通信连接、网络组态，以及进行通信连接信息的下载等。

3.3.7 硬件诊断工具

硬件诊断工具用于提供 PLC 的工作概况，帮助用户快速浏览 CPU 数据和用户程序在运行中的故障原因。

硬件诊断工具存储了 PLC 的状态信息，指示每个模块是否正常，双击故障信息条目可以显示有关故障的详细信息。主要包括：

（1）有关模块的一般信息（如订货号、版本、名称）及模块状态（如故障）。
（2）主站和分布式（DP）从站的模块信息（如通信故障）。
（3）来自诊断缓存区的消息报文。

对于 CPU，硬件诊断工具还可显示以下附加信息。

（1）用户程序处理过程中的故障原因。
（2）循环时间（最长的、最短的和最近一次的）。
（3）MPI 的通信可能性和负载。
（4）性能数据（可能的输入/输出信息、位存储、计数、定时和块的数量等）。

3.3.8 S7-300 PLC 的插槽地址

S7-300 PLC 的各个模块安装在机架的插槽上，不同模块在插槽上的安装位置是固定的。

（1）如果选择了电源模块，则其必须安装在 1 号插槽上。
（2）CPU 模块的安装位置紧挨着电源模块，安装在 2 号插槽上。
（3）用于连接扩展机架的接口模块（IM），安装在 3 号插槽上。如暂不需要扩展，3 号插槽可以空着。
（4）各种信号模块（SM），安装在 4 号～11 号插槽上。从 4 号插槽开始，CPU 为信号模块分配 I/O 地址（根据信号模块的类型）。

3.3.9 S7-300 PLC 数字量 I/O 模块的组态

在机架信号模块区的插槽上安装的数字量 I/O 模块，可以是数字量输入模块，也可以是数字量输出模块，CPU 可自动识别模块的类型。但是 CPU 为每个插槽分配的地址范围是固定的。

在 S7-300 PLC 中，默认的数字量 I/O 模块地址如图 3-16 所示。

CPU 为每个数字量 I/O 模块所占的插槽分配了 4 字节（32 个 I/O 点）的地址范围，在实际使用中要根据具体的模块确定实际的地址范围，例如，在机架 0 的 4 号插槽安装的是 DI16×DC24V（16 点的数字量输入模块），则实际可以使用的编程元件地址范围为 I0.0～I0.7

及 I1.0～I1.7，编程元件地址 I2.0～I2.7 和 I3.0～I3.7 跟实际模块没有任何关系，不能参与实际模块的地址分配，但可以作为存储器使用。如果在机架 0 的 4 号插槽安装的是 DO16×DC24V/0.5A（16 点的数字量输出模块），则实际使用的地址范围为 Q0.0～Q0.7 和 Q1.0～Q1.7，可以将这些地址分配给实际模块。地址 Q2.0～Q3.7 跟实际模块没有任何关系，不能参与实际模块的地址分配。

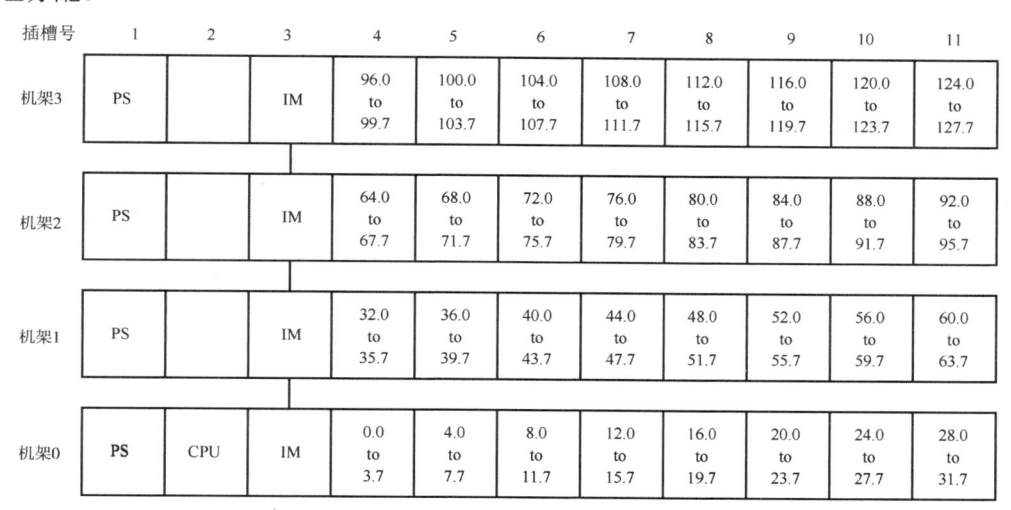

插槽号	1	2	3	4	5	6	7	8	9	10	11
机架3	PS		IM	96.0 to 99.7	100.0 to 103.7	104.0 to 107.7	108.0 to 111.7	112.0 to 115.7	116.0 to 119.7	120.0 to 123.7	124.0 to 127.7
机架2	PS		IM	64.0 to 67.7	68.0 to 71.7	72.0 to 75.7	76.0 to 79.7	80.0 to 83.7	84.0 to 87.7	88.0 to 91.7	92.0 to 95.7
机架1	PS		IM	32.0 to 35.7	36.0 to 39.7	40.0 to 43.7	44.0 to 47.7	48.0 to 51.7	52.0 to 55.7	56.0 to 59.7	60.0 to 63.7
机架0	PS	CPU	IM	0.0 to 3.7	4.0 to 7.7	8.0 to 11.7	12.0 to 15.7	16.0 to 19.7	20.0 to 23.7	24.0 to 27.7	28.0 to 31.7

图 3-16 默认的数字量 I/O 模块地址

3.3.10 S7-300 PLC 模拟量 I/O 模块的组态

对于在机架的信号模块区安装的模拟量 I/O 模块，CPU 为其所占的每个插槽分配了 16 字节（8 个模拟量通道）的地址，每个模拟量通道占用 1 个字地址（2 字节）。

默认分配的模拟量 I/O 模块地址范围如图 3-17 所示。

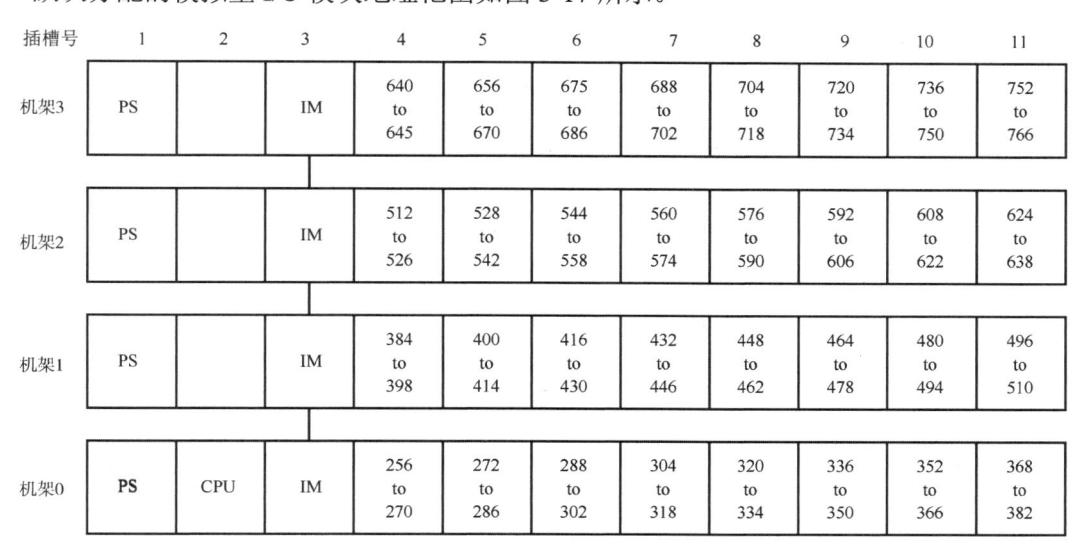

插槽号	1	2	3	4	5	6	7	8	9	10	11
机架3	PS		IM	640 to 645	656 to 670	675 to 686	688 to 702	704 to 718	720 to 734	736 to 750	752 to 766
机架2	PS		IM	512 to 526	528 to 542	544 to 558	560 to 574	576 to 590	592 to 606	608 to 622	624 to 638
机架1	PS		IM	384 to 398	400 to 414	416 to 430	432 to 446	448 to 462	464 to 478	480 to 494	496 to 510
机架0	PS	CPU	IM	256 to 270	272 to 286	288 to 302	304 to 318	320 to 334	336 to 350	352 to 366	368 to 382

图 3-17 默认分配的模拟量 I/O 模块地址范围

在实际使用中要根据具体的模块确定实际的地址范围，例如，在机架 0 的 4 号插槽安装的是4通道的模拟量输入模块，则实际使用的地址范围为PIW256、PIW258、PIW260和PIW262；如果在机架0的4号插槽安装的是2通道的模拟量输出模块，则实际使用的地址为PQW256和PQW258。

3.4 项目解决步骤

根据实际使用的模块进行硬件组态。

步骤1. 在桌面上双击图标 打开SIMATIC管理器。

步骤2. 单击"新建项目"按钮，如图3-18所示。

步骤3. 将新建项目命名为"硬件组态"。在项目名称"硬件组态"上面单击右键，选择"插入新对象"→"SIMATIC 300站点"，如图3-19所示。双击"SIMATIC 300站点"，然后双击"硬件"，出现硬件组态界面。

（左侧二维码：硬件组态过程）

图3-18 新建项目

步骤4. 双击"Rail"，显示（0）UR（即0号导轨或机架），在1号插槽上单击使其变成深蓝色，如图3-20所示（彩色效果见电子课件，后同）。

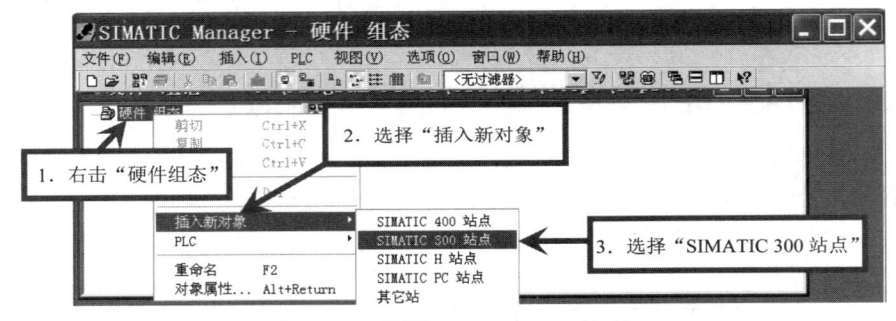

图3-19 选择SIMATIC 300站点

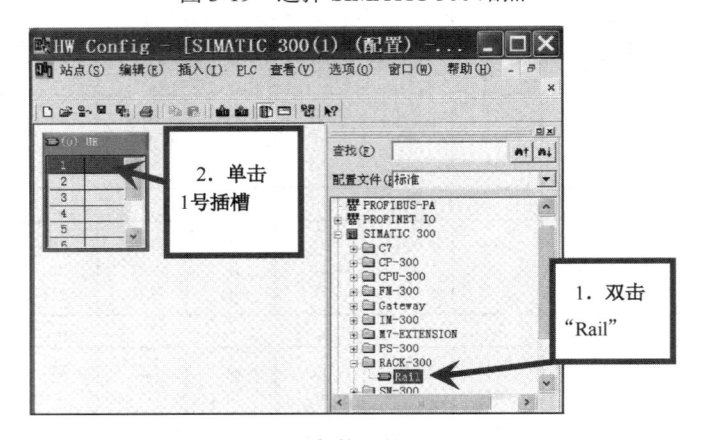

图3-20 安装导轨（Rail）

步骤5. 双击电源模块"PS 307 5A"，注意订货号是模块之间互相区别的根本标志，单击

2号插槽，插槽变蓝色，如图 3-21 所示。

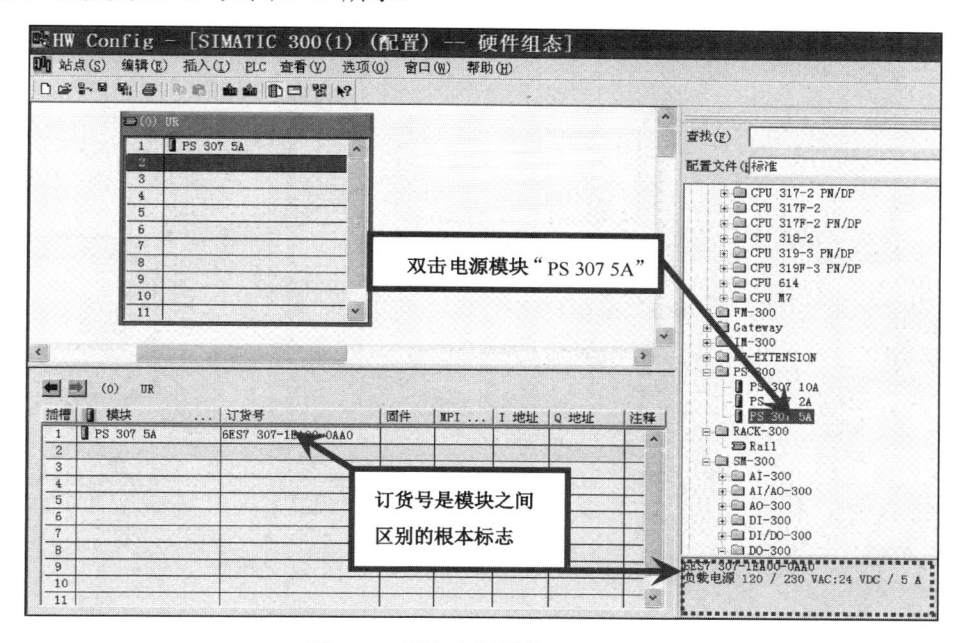

图 3-21　插入电源模块 PS 307 5A

步骤 6. 双击 CPU 模块 CPU 314C-2 DP 的版本号"V2.6"，如图 3-22 所示。

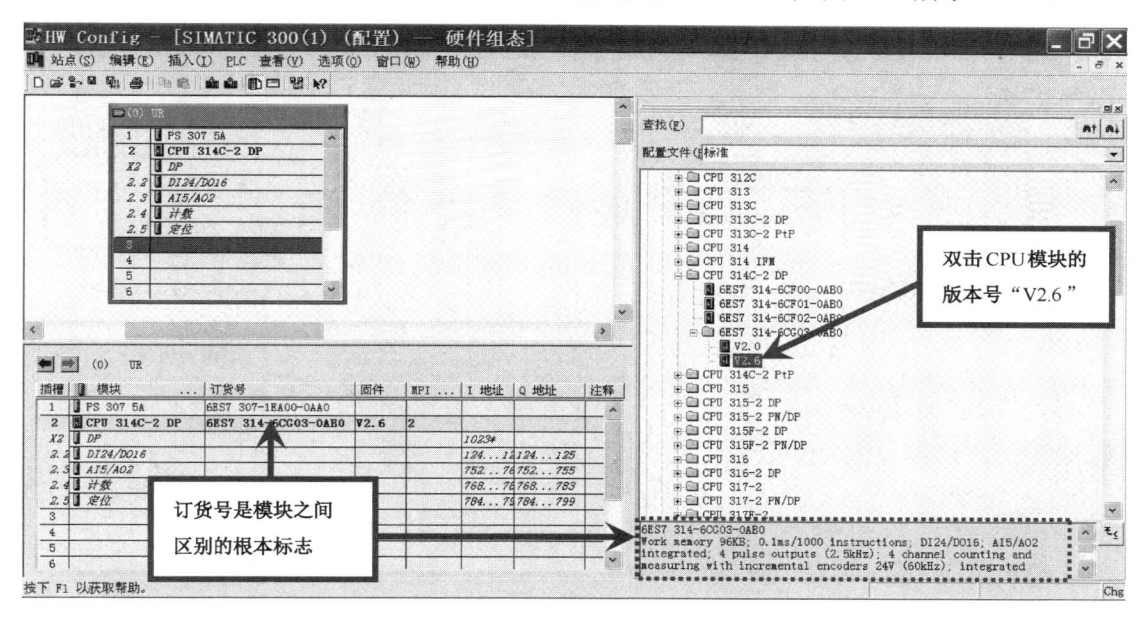

图 3-22　插入 CPU 模块 CPU 314C-2 DP（V2.6 版本）

步骤 7. 用于连接扩展机架的接口模块 IM，安装在 3 号插槽上。如果一个机架不够用，通过它可以进行扩展，由于本例中不用扩展，所以使其空闲。双击信号模块 SM 中的输入模块"SM 321 DI16×DC24V"，如图 3-23 所示。

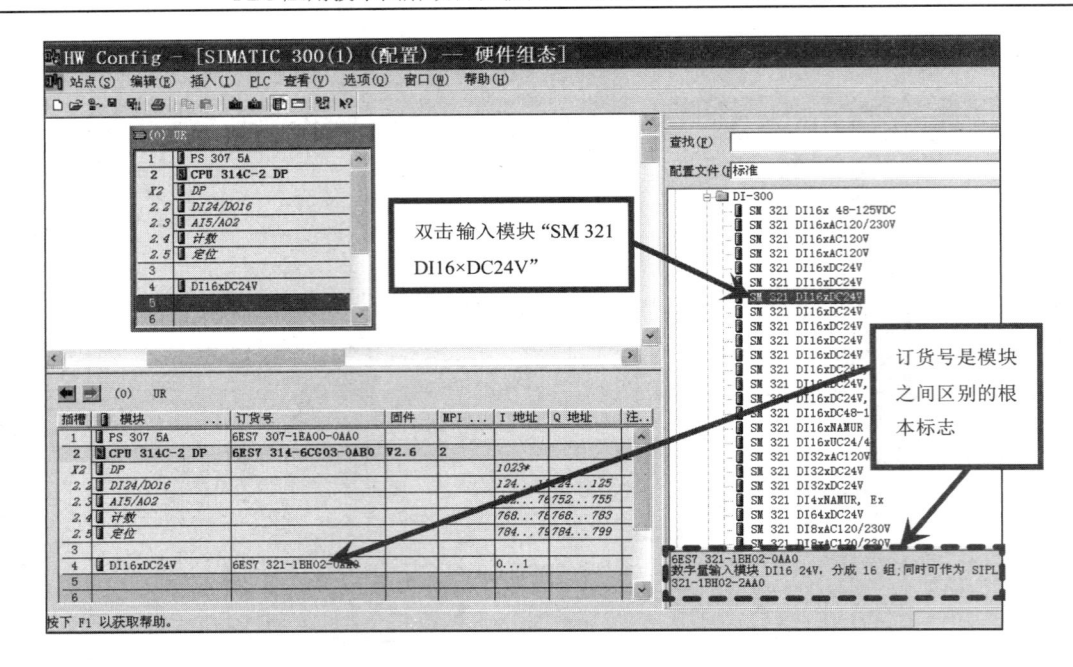

图 3-23 插入输入模块 SM 321 DI16×DC24V

步骤 8. 在 5 号插槽插入输出模块,双击"SM 322 DO16×DC24V/0.5A",如需要插入其他模块,方法类似。完成插入后保存并且编译,如图 3-24 所示。

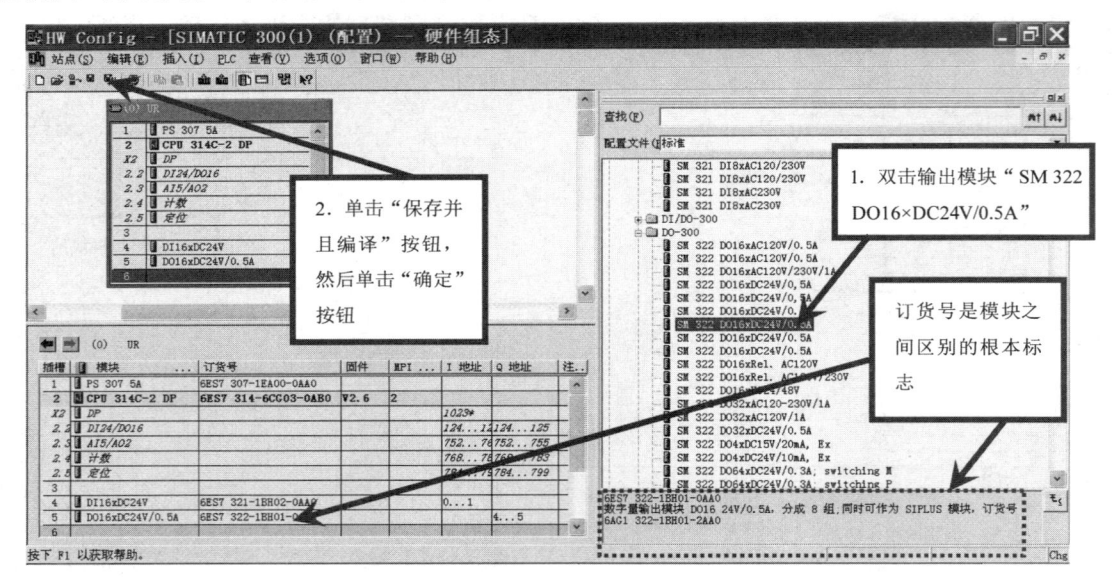

图 3-24 插入输出模块 SM 322 DO16×DC24V/0.5A

巩固练习三

（1）简述 STEP 7 标准软件包的组成。
（2）简述 SIMATIC 管理器功能及使用方法。
（3）简述程序编辑器与符号编辑器的使用方法。
（4）简述硬件组态编辑器的作用。
（5）举例说明 S7-300 PLC 的插槽地址的含义。
（6）举例说明 S7-300 PLC 数字量 I/O 模块的组态。
（7）举例说明 S7-300 PLC 模拟量 I/O 模块的组态。
（8）操作：完成导轨、电源模块、CPU 模块、模拟量输入模块和模拟量输出模块的硬件组态。

项目 4 STEP 7 数据存储及程序结构

4.1 项目要求及学习目标

（1）掌握数制、基本数据类型的相关知识并能够独立叙述。
（2）掌握 S7-300 CPU 的存储区的组成并能够独立叙述。
（3）掌握输入继电器和输出继电器的含义并能够举例说明。
（4）掌握直接寻址的分类及含义并能够举例说明。
（5）掌握 STEP 7 的程序结构类型及特点并能够独立叙述。
（6）掌握 S7-300 CPU 的系统存储器的分类并能够独立叙述。
（7）理解 STEP 7 中逻辑块和数据块的含义并能够举例说明。
（8）理解功能块 FB 和功能 FC 的区别并能够举例说明。
（9）掌握插入功能、功能块及各种组织块的作用并能够独立完成相关操作。

4.2 相关知识

4.2.1 数制与基本数据类型

1. 数制

1）二进制数

二进制数的 1 位（bit）只有 0 和 1 两种取值，可用来表示开关量（或称数字量）的两种状态，如触点的断开和接通、线圈的通电和断电等。如果某位为 1，则表示梯形图中对应的编程元件的线圈"通电"，其常开触点接通，常闭触点断开。如果某位为 0，则表示梯形图中对应的编程元件的线圈"断电"，其常开触点断开，常闭触点接通。二进制数常用 2#表示，如 2#1111 0110 1000 1011 是一个 16 位二进制数。

2）十六进制数

十六进制数的 16 个数码由 0～9 这 10 个数字及 A（表示 10）、B（表示 11）、C（表示 12）、D（表示 13）、E（表示 14）、F（表示 15）6 个字母构成。其运算规则为逢十六进一，在 SIMATIC 中，B#16#、W#16#、DW#16#分别用来表示十六进制字节、十六制字和十六进制双字常数，如 W#1B3F。

3）BCD 码

BCD 码是将一个十进制数的每一位都用 4 位二进制数表示（即 0～9 分别用 0000～1001 表示，而剩余六种组合 1010～1111 则没有使用）的表示方法。

BCD 码的最高 4 位二进制数用来表示符号，所以 16 位 BCD 码对应的十进制数的范围为 –999～999。32 位 BCD 码对应的十进制数的范围为–9999999～9999999。

十进制数可以方便地转换为 BCD 码，例如，十进制数 235 对应的 BCD 码为 0000 0010 0011 0101。

2．基本数据类型

PLC 中的基本数据类型有很多种，用于定义不超过 32 位的数据，每种数据类型在分配存储空间时有确定的位数，如布尔（BOOL）型数据为 1 位，字节（BYTE）型数据为 8 位，字（WORD）型数据为 16 位，双字（DWORD）型数据为 32 位。

1）位数据类型

布尔型数据的值 1 和 0 常用英语单词 TRUE（真）和 FALSE（假）来表示。8 位布尔型数据组成 1 字节（BYTE），其中第 0 位为最低位（LSB），第 7 位为最高位（MSB）。2 字节组成 1 字（WORD），2 字组成 1 双字（DWORD）。

2）算术数据类型

整数（INT 或 Integer）型数据是 16 位有符号数，其最高位是符号位（0 表示正，1 表示负），取值范围：–32768～32767。负数用补码来表示。

双整数（DINT 或 Double Integer）型数据为 32 位有符号数，其最高位是符号位（0 表示正，1 表示负），和整数型数据一样可以用于整数运算。

实数型数据又称为 32 位浮点数，是含有小数点的数，如模拟量的输入和输出值。用浮点数处理这些数据需要进行浮点数和整数之间的转换。基本数据类型详细情况如表 4-1 所示。

表 4-1 基本数据类型详细情况

数据类型	位数	格式选择	说明
布尔（BOOL）	1	布尔量	位，范围：是或非（1，0）
字节（BYTE）	8	十六进制	范围：B#16#00～B#16#FF
字（WORD）	16	二进制	范围：2#0～2#1111111111111111
		十六进制	范围：W#16#0～W#16#FFFF
		BCD 码	范围：C#0～C#999
		无符号十进制数	范围：B#（0,0）～B#（255,255）
双字（DWORD）	32	二进制	范围：2#0～2#11111111111111111111111111111111；
		十六进制	范围：DW#16#00000000～DW#16#FFFFFFFF
		无符号数	范围：B#（0,0,0,0）～B#（255,255,255,255）
字符（CHAR）	8	字符	任何可打印的字符（ASCII 码大于 31），除去 DEL 和"
整数（INT）	16	有符号十进制数	范围：–32768～32767
双整数（DINT）	32	有符号十进制数	范围：L#–2147483648～L#2147483647
实数（REAL）	32	IEEE 浮点数	正数范围：1.175495e-38～3.402823e+38 负数范围：–3.402823e+38～–1.175495e-38
时间（TIME）	32	IEC 时间精度 1ms	范围：T#–24D_20H_31M_23S_648MS～T#24D_20H_31M_23S_647MS
日期（DATE）	32	IEC 时间精度 1 天	范围：D#1990_1_1～D#2168_12_31
每天时间 TOD（TIME-OF-DAY）	32	时间精度 1ms	范围：TOD#0:0:0.0～TOD#23:59:59.999 小时（0～23），分（0～59），秒（0～59），毫秒（0～999）
系统时间 S5TIME	32	S5 时间，时基：10ms（默认）	范围：S5T#0H_0M_0S_0MS～ S5T#2H_46M_30S_0MS

4.2.2 CPU 的存储区

CPU 的存储区包括 3 个基本区域，即装载存储区、工作存储区和系统存储区，还有一定数量的临时本地数据存储器或称 L 堆栈（L 堆栈中的数据在程序块工作时有效，并一直保持，当新的块被调用时，L 堆栈被重新分配），以及两个累加器、两个地址寄存器、两个数据块地址寄存器、一个状态字寄存器、外设 I/O 存储区。S7-300 CPU 存储区如图 4-1 所示。

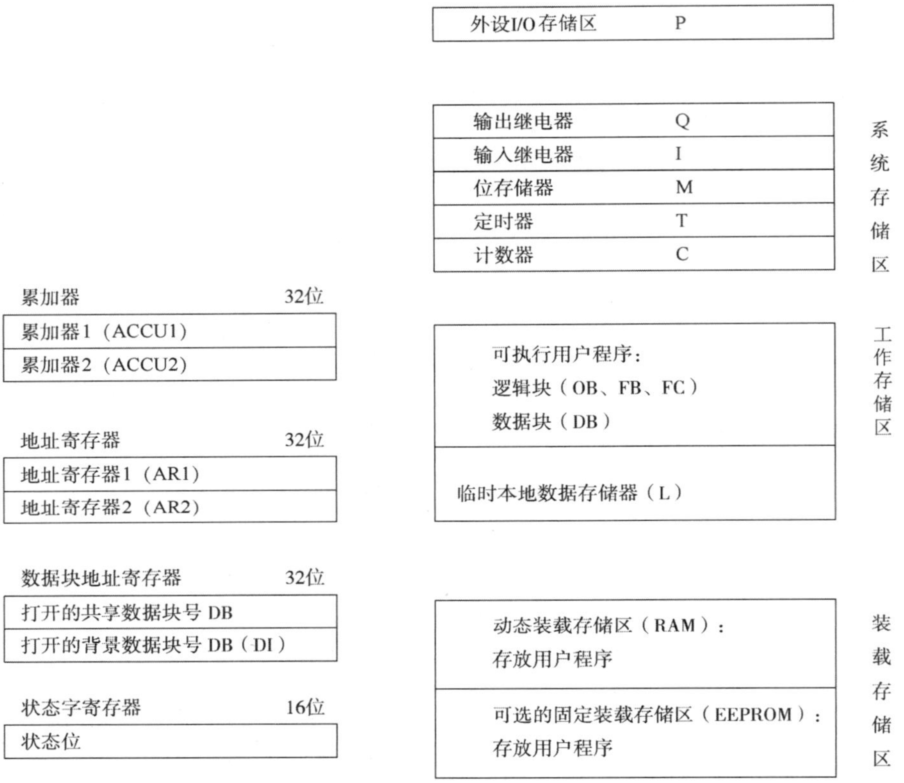

```
累加器                    32位
┌─────────────────────────────┐
│ 累加器1（ACCU1）            │
│ 累加器2（ACCU2）            │
└─────────────────────────────┘

地址寄存器                32位
┌─────────────────────────────┐
│ 地址寄存器1（AR1）          │
│ 地址寄存器2（AR2）          │
└─────────────────────────────┘

数据块地址寄存器          32位
┌─────────────────────────────┐
│ 打开的共享数据块号 DB       │
│ 打开的背景数据块号 DB（DI） │
└─────────────────────────────┘

状态字寄存器              16位
┌─────────────────────────────┐
│ 状态位                      │
└─────────────────────────────┘
```

外设I/O存储区	P

系统存储区：
输出继电器	Q
输入继电器	I
位存储器	M
定时器	T
计数器	C

工作存储区：
可执行用户程序：
　逻辑块（OB、FB、FC）
　数据块（DB）
临时本地数据存储器（L）

装载存储区：
动态装载存储区（RAM）：
　存放用户程序
可选的固定装载存储区（EEPROM）：
　存放用户程序

图 4-1　S7-300 CPU 存储区

1. 工作存储区

工作存储区是集成的高速存取存储器（RAM），用于存储 CPU 运行时的用户程序和数据，为了保证程序执行的快速性和不过多地占用工作存储区，只有与程序执行有关的块被装入工作存储区。

复位 CPU 的存储区时，RAM 中的程序被清除，Flash EPROM 中的程序不会被清除。

2. 装载存储区

装载存储区可以是 RAM 或 EEPROM，用于存储用户程序和系统数据（组态、连接和模块参数等），但不包括符号地址赋值和注释。部分 CPU 有集成的装载存储区，有的 CPU 则需要用 MMC 卡来扩展。CPU31xC 的用户程序只能装入插入式的 MMC 卡中。断电时数据保存在 MMC 卡中，因此数据块的内容基本上被永久保留。

下载程序时，用户程序被下载到 CPU 的装载存储区中，CPU 把可执行部分复制到工作存储区中，符号表和注释保存在编程设备中。

3．系统存储区

系统存储区还提供临时存储区，用来存储程序块被调用的临时数据。访问局域数据比访问数据块中的数据更快。用户生成块时，可以声明临时变量，它们只在执行该块时有效，执行完后就被覆盖了。

在 PLC 存储区中，分有不同的区域，由于系统赋予的功能不同，这些区域构成了各种内部元件，如输入继电器 I（又称过程映像输入区或输入映像寄存器）和输出继电器 Q（又称过程映像输出区或输出映像寄存器），定时器 T、计数器 C 和位存储器 M（又称中间继电器）等都有对应的存储区。

CPU 在程序循环的处理过程中，不直接访问输入模块的输入端子和输出模块的输出端子，而是访问 CPU 内部的输入继电器和输出继电器。

1）输入继电器

输入继电器每一位对应一个数字量输入模块的输入端子，在每个扫描周期的开始，CPU 对输入端子采样，并将采样值存入输入继电器中。CPU 在本扫描周期中不改变输入继电器的值，要到下一个扫描周期输入采样阶段才进行更新。

输入继电器的作用是接收来自现场的控制按钮、行程开关及各种传感器等的输入信号。通过输入继电器，使 PLC 的存储系统与外部输入端子（输入点）建立起明确对应的连接关系。输入继电器的状态（"1"或者"0"）来自在每个扫描周期的输入采样阶段接收到由现场送来的输入信号的状态（接通或断开）。由于 S7-300 PLC 的输入继电器是以字节为单位的寄存器，CPU 一般按"字节.位"的编址方式来读取一个输入继电器的状态，也可以按字节（8 位）来读取相邻一组 8 个输入继电器的状态，或者按字（2 个字节、16 位）/双字（4 个字节、32 位）来读取相邻 16 个/32 个输入继电器的状态。实际可使用的输入继电器的数量取决于 CPU 模块的型号及数字量输入模块的配置。

2）输出继电器

输出继电器的每一位对应一个数字量输出模块的输出端子，在扫描周期的末尾，CPU 将输出继电器中的数据传送给输出模块，再由后者驱动外部负载。

通过输出继电器，使 PLC 的存储系统与外部输出端子（输出点）建立起明确对应的连接关系。S7-300 PLC 的输出继电器也是以字节为单位的寄存器，一般采用"字节.位"的编址方法，也可以按字节（8 位）来读取相邻的 8 个输出继电器的状态，或者按字（2 个字节、16 位）/双字（4 个字节、32 位）来读取相邻 16 个/32 个输出继电器的状态。输出继电器的状态可以由输入继电器的触点、其他内部元件的触点及它自己的触点来驱动，即它的状态完全由编程的方式决定。

输出继电器仅有一个实际的常开触点与输出端子相连，用来接通负载。这个常开触点可以是有触点的（继电器输出型），也可以是无触点的（晶体管输出型或双向晶闸管输出型）。实际可使用的输出继电器的数量取决于 CPU 模块的型号及数字量输出模块的配置。

3）位存储器

位存储器用来保存控制继电器的中间操作状态或其他控制信息。

在逻辑运算中，经常需要用到一些辅助继电器（即位存储器），其功能与传统的继电器控制线路中的中间继电器相同。辅助继电器与外部没有任何联系，不可能直接驱动任何负载。每个辅助继电器对应着位存储器的一个基本单元，它可以由所有的编程元件的触点（当然包括它自己的触点）来驱动。它的状态同样可以无限制地使用。借助于辅助继电器的编程，可使输入输出之间建立复杂的逻辑关系，以满足不同的控制要求。在 S7-300 PLC 中，有时也称辅助继电器为位存储器的内部标志位（Marker），所以辅助继电器一般以位为单位使用，采用"字节.位"的编址方式，1 位相当于 1 个中间继电器，S7-300 PLC 的辅助继电器的数量为 2048 个（256 Byte，2048 bit）。辅助继电器也可以字节、字、双字为单位，用于存储数据。

4）定时器（共 5 种）

定时器是 PLC 的重要编程元件，它的作用与继电器控制线路中的时间继电器相似，用于实现或监控时间序列。定时器是由位存储单元和字存储单元组成的复合存储单元，定时器的触点状态用位存储单元表示，字存储单元用于存储定时器的定时时间值。

S7-300 PLC 提供了 5 种形式的定时器：

① 脉冲定时器 SP。

② 扩展定时器 SE。

③ 接通延时定时器 SD。

④ 保持型接通延时定时器 SS。

⑤ 关断延时定时器 SF。

S7-300 PLC 的定时时间由时基和定时值组成，定时时间等于时基与定时值（1～999）的乘积，当定时器运行时，当前值不断减少，减到 0 表示定时时间到，定时器的触点将动作。

5）计数器（共 3 种）

S7-300 PLC 中的计数器用于对 RLO 的正跳沿计数。计数器也是由位存储单元与字存储单元组成的复合单元，计数器的触点状态用位存储单元表示，字存储单元用于存储计数器当前计数值。计数范围为 1～999。

计数器的计数方式有 3 种：递增计数、递减计数和增/减计数。递增计数是从 0（或预置值）开始的。当计数器的计数值达到上限 999 时，停止累加。递减计数是从预置值开始的，当计数器的计数值减到 0 时，将不再减少。

在对计数器设定预置值时，累加器 1 低字中的内容（预置值）作为计数器的初始值被装入计数器的字存储单元中，计数器中的计数值在预置值的基础上增加或减少。

4.2.3　直接寻址

寻址方式：对数据存储区进行读写访问的方式。S7-300 PLC 的寻址方式有立即寻址、直接寻址和间接寻址三大类。立即寻址：数据在指令中以常数形式出现；直接寻址是指在指令中直接给出要访问的存储器或寄存器的名称和地址编号，直接存取数据；间接寻址是指使用地址指针间接给出要访问的存储器或寄存器的地址。下面介绍直接寻址（定时器和计数器除外）的四种形式。

存储器的最小组成部分是位（bit），可存放一个二进制变量的状态（"1"或"0"）。位与字节、字及双字的关系如下：

8 位（bit）=1 字节（Byte）（简写为 B）

16 位（bit）=2 字节=1 字（Word）（简写为 W）

32 位（bit）=4 字节=2 字=1 双字（Double Word）（简写为 D）

STEP 7 中的主标识符有：I（输入映像寄存器）；Q（输出映像寄存器）；M（位存储器）；PI（外部输入寄存器）；PQ（外部输出寄存器）；T（定时器）；C（计数器）；DB（数据块寄存器）；L（本地数据寄存器）。

STEP 7 中的辅助标识符有：X（位）；B（字节）；W（字）；D（双字）。

在学习 STEP 7 编程过程中，掌握位与字节、字和双字的关系及其结构组成是很关键的，下面将逐一介绍。

1. 位寻址

位寻址是最小存储单元的寻址方式，是对存储器中的某一位进行读写访问。寻址时，采用以下结构：

存储区标识符（如表 4-2 所示）+字节地址+位地址

例如：Q4.3

Q：表示输出映像寄存器。

4：表示第 4 个字节；字节地址从第 4 个字节开始，最大值由该存储区的大小决定。

3：表示第 4 个字节的第 3 位，位地址的取值范围是 0～7（默认规定）。

QB4 如图 4-2 所示。

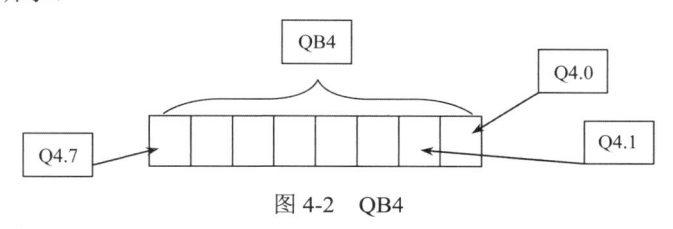

图 4-2　QB4

表 4-2　S7-300 PLC 存储区功能及标识符

存储区名称	功能	访问方式	寻址范围	标识符	举例
输入映像寄存器（I）	在扫描循环的开始，操作系统从现场（又称过程）读取控制按钮、行程开关及各种传感器等送来的输入信号，并存入输入映像寄存器中，其每一位对应数字输入模块的一个输入端子	输入位	0.0～65535.7	I	I0.0 I2.0
		输入字节	0～65535	IB	IB2 IB6
		输入字	0～65534	IW	IW0 IW100
		输入双字	0～65532	ID	ID50 ID60
输出映像寄存器（Q）	在扫描循环时，逻辑运算的结果存入输出映像寄存器。在扫描循环结束前，操作系统从输出映像寄存器读出最终结果，并将其传送到数字量输出模块，直接控制 PLC 外部的指示灯、接触器、执行器等控制对象	输出位	0.0～65535.7	Q	Q4.0 Q4.5
		输出字节	0～65535	QB	QB0 QB5
		输出字	0～65534	QW	QW5 QW10
		输出双字	0～65532	QD	QD60

续表

存储区名称	功 能	访问方式		寻址范围	标识符	举 例
位存储器（M）	位存储器与PLC外部对象没有任何关系，其功能类似于继电器控制电路中的中间继电器，主要用来存储程序运算过程中的临时结果，可为编程提供无数量限制的触点，可以被驱动但不能直接驱动任何负载	存储位		0.0~255.7	M	M0.0
		存储字节		0~255	MB	MB10
		存储字		0~254	MW	MW10
		存储双字		0~252	MD	MD20
外部输入寄存器（PI）	通过外部输入寄存器，用户程序可以直接访问模拟量输入模块，以便接收来自现场的模拟量输入信号	外部输入字节		0~65535	PIB	PIB752
		外部输入字		0~65534	PIW	PIW752
		外部输入双字		0~65532	PID	PID500
外部输出寄存器（PQ）	通过外部输出寄存器，用户程序可以直接访问模拟量输出模块，以便将模拟量输出信号送给现场的执行器	外部输出字节		0~65535	PQB	PQB40
		外部输出字		0~65534	PQW	PQW50
		外部输出双字		0~65532	PQD	PQD60
定时器（T）	用于定时，访问相应的存储区可获得定时器的剩余时间	定时器		0~255	T	T0 T5 T10
计数器（C）	用于计数，访问相应的存储区可获得计数器的当前值	计数器		0~255	C	C0 C5
数据块寄存器（DB）	本区域含有所有数据块的数据。可根据需要同时打开两个不同的数据块。可用OPN DB打开一个数据块。在用OPN DI打开数据块时，打开的是功能块FB和与系统功能块SFB相关联的背景数据块	用OPN DB指令	数据位	0.0~65535.7	DBX	DBX0.0
			数据字节	0~65535	DBB	DBB2
			数据字	0~65534	DBW	DBW20
			数据双字	0~65532	DBD	DBD25
		用OPN DI指令	数据位	0.0~65535.7	DIX	DIX10.5
			数据字节	0~65535	DIB	DIB10
			数据字	0~65534	DIW	DIW15
			数据双字	0~65532	DID	DID35
本地数据寄存器（又称本地数据）（L）	本地数据寄存器用来存储逻辑块（OB、FB或FC）中所使用的临时数据，一般作为中间暂存器。由于这些数据实际存放在本地数据堆栈（又称L堆栈）中，因此当逻辑块执行结束时，数据自然丢失	本地数据位		0.0~65535.7	L	L0.0
		本地数据字节		0~65535	LB	LB2
		本地数据字		0~65534	LW	LW10
		本地数据双字		0~65532	LD	LD5

特别强调：在访问数据块时，如果没有预先打开数据块，可以采用数据块号加地址的方法，例如，DB10.DBX30.5是指数据块号为10的第30个字节的第5位。

2．字节寻址

采用字节寻址时，访问的是一个8位的存储区域，采用以下结构进行寻址：
存储区标识符（如表4-2所示）+字节地址

例如：MB0、IB0、MB4

M：表示位存储区。

B：表示字节。

MB0：表示位存储区第 0 个字节，其中最低位的位地址为 M0.0，最高位的位地址为 M0.7。MB0 如图 4-3 所示。

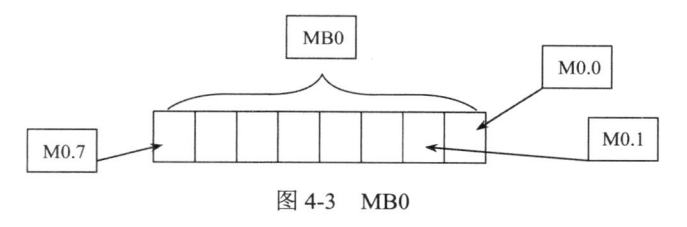

图 4-3　MB0

IB0：表示输入映像寄存器第 0 个字节，其中最低位的位地址为 I0.0，最高位的位地址为 I0.7。IB0 如图 4-4 所示。

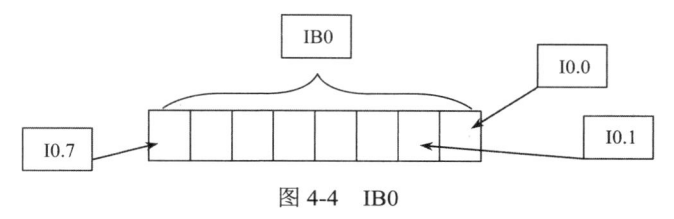

图 4-4　IB0

3. 字寻址

采用字寻址时，访问的是一个 16 位的存储区域，包含 2 字节。寻址时采用以下结构：

存储区标识符（如表 4-2 所示）+数值小的那个字节的字节号

例如：IW5、MW2

I：表示输入映像寄存器。

W：表示字。

5：表示从第 5 个字节开始，包括 2 字节的存储空间，即 IB5 和 IB6。

IW5 如图 4-5 所示。

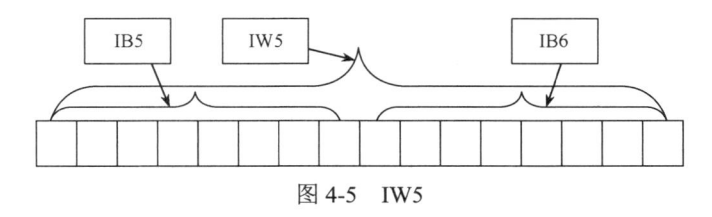

图 4-5　IW5

对于字寻址中字结构的理解，需要注意两点：

字中包含两个字节，但在表达时只指明其中数值小那个字节的字节号。例如，MW2 包括 MB2 和 MB3 两个字节，而不是 MB1 和 MB2 两个字节。

MW2 中，MB2 是高 8 位字节，MB3 是低 8 位字节。MW2 如图 4-6 所示。

图 4-6 MW2

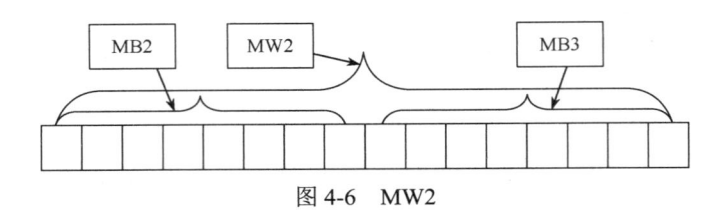

4. 双字寻址

采用双字寻址时，访问的是一个 32 位的存储区域，包含 4 字节。寻址时采用以下结构：
存储区标识符（如表 4-2 所示）+第 1 字节的地址
例如：MD4
M：表示位存储器。
D：表示双字。
4：表示从第 4 个字节开始，包括 4 字节的存储空间。

双字的结构与字的结构类似，理解时可参考对字的理解。双字寻址访问的是 32 位的空间，占 4 字节。MD4 包括 MB4、MB5、MB6、MB7 这 4 字节。其中 MB4 为最高字节，MB7 为最低字节。MD4 最高位的位地址为 M4.7，MD4 最低位的位地址为 M7.0。MD4 如图 4-7 所示。

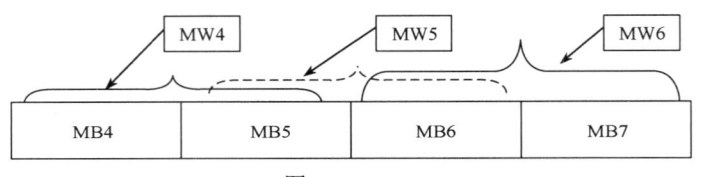

图 4-7 MD4

注意：在访问存储区时，尽量避免地址重叠情况的发生。例如，MW5 与 MW6 都包含 MB6，因此在使用字寻址时，尽量用偶数，双字寻址时可采用可被 4 整除的数寻址，如 MD0、MD4、MD8、MD12 等。

在 STEP 7 中，若需要访问定时器或计数器时，可采用以下结构进行访问：
- 定时器标识符（T）+定时器号
- 计数器标识符（C）+计数器号

如 T0、T1、C10、C11 等，定时器和计数器的区域是相互独立的，因此在使用了 C0 以后，完全可以使用 T0。

特别强调：最大地址范围不一定是实际可使用的地址范围，实际可使用的地址范围取决于 PLC 的型号和硬件配置。

4.2.4 STEP 7 中的块

在 STEP 7 中，组织块、功能和功能块统称为逻辑块或者程序块。

1. 组织块（Organization Block，OB）

组织块是操作系统与用户程序的接口，用于控制用户程序的运行。组织块由操作系统调用，并控制程序的循环、中断程序的执行、PLC 的启动方式和对诊断错误的响应方式。在 OB1 中的用户程序是循环执行的主程序，它可以调用除其他组织块外的任何程序块。不同的 CPU 具有组织块的数量是不同的。

2. 功能（Function，FC）

功能是用户子程序，功能不需要背景数据块，功能执行结束后，数据不能保持，因此在调用功能后必须立即处理所有的初始值。

3. 功能块（Function Block，FB）

功能块是用户子程序。每个功能块由两部分组成：
（1）变量声明表，用于说明当前功能块中的局部数据。
（2）指令组成的程序（在程序中要用到变量声明表给出的局部数据），用于完成指定的控制任务。

当调用功能块时，需要提供执行当前功能块的数据或变量，即将外部数据传递给功能块，称为参数传递。通过参数传递，使功能块具有通用性，可以被其他块调用，从而完成多个类似的控制任务。

功能块配有一个附属于该功能块，并随功能块的调用而打开，随功能块的结束而关闭的数据块，称为背景数据块，二者的参数的数据结构完全相同。

4. 数据块（Data Block，DB）

数据块用于存放执行用户程序时的数据，在数据块中没有指令，STEP 7 按数据生成的顺序自动地为数据块中的变量分配地址。数据块的最大允许容量与 CPU 的型号有关。数据块分共享数据块和背景数据块。

共享数据块：存储的是全局数据，所有 FB、FC 或 OB 都可以从共享数据块中读取数据或者将某个数据写入共享数据块。

背景数据块：其中的数据是伴随 FB 或 SFB 自动生成的，存储 FB 或 SFB 变量声明表中的数据，不含临时变量 TEMP。它用于传递参数，FB 的实参和静态数据存储在背景数据块中，调用功能块，应同时指定背景数据块的编号。

对数据块必须遵循先定义、后使用的原则，否则将造成系统错误。

5. 系统功能（System Function，SFC）和系统功能块（System Function Block，SFB）

SFC 是集成在 CPU 操作系统中的预先编好程序的逻辑块，如时间功能和块传送功能等。SFC 可以在用户程序中调用。SFC 不需要背景数据块。

SFB 是已经编好程序的块，可以在用户程序中调用这些块，但是用户不能修改其内容。SFB 的各种变量保存在指定给它的背景数据块中。

6. 系统数据块（System Data Block，SDB）

SDB 是由 STEP 7 产生的程序存储区，包含系统组态数据，如硬件模块参数和通信连接参数等用于 CPU 操作系统的数据。

4.2.5　STEP 7 的程序结构

用 STEP 7 编写 PLC 的控制程序可以选择 3 种程序结构：线性编程、分部编程和结构化编程。在启动完成后，CPU 不断循环调用组织块 OB1，OB1 是用户程序的主程序，它可以调用别的程序块，并且允许各个块之间的相互调用。块的调用指令终止当前块（调用块）的运行，转而执行被调用块的指令。只有被调用块指令执行完毕，调用块才会继续执行调用指令后的指令。

STEP 7 典型程序结构如图 4-8 所示。

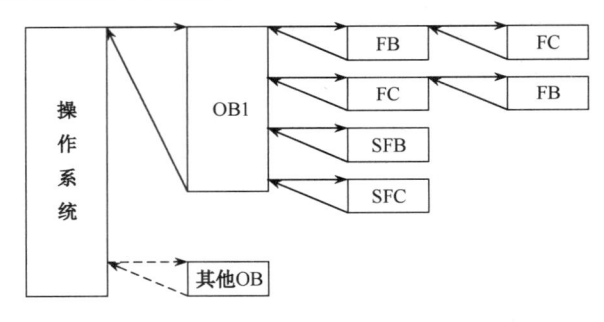

图 4-8　STEP 7 典型程序结构

程序由若干指令组成，指令在存储器中按先后顺序排列。在没有跳转指令和块调用指令时，CPU 从第一条指令开始，逐条顺序地执行用户程序，直到最后一条指令执行完，再进行循环。在执行指令时，CPU 从输入继电器或者其他存储区将有关编程元件的状态（如"0""1"）读出来，根据用户程序的指令要求执行相应的逻辑运算，并将运算的结果写到相应的存储单元。

1. 线性编程

线性编程就是将用户程序连续放置在一个循环程序块（OB1）中，系统按顺序执行每条指令，并反复执行 OB1 来实现自动化任务。这种程序具有简单、直接的结构。事实上所有的程序都可以用线性编程的方式来编写，由于所有的指令都放置在 OB1 内，其软件的管理功能非常简单。这种编程方法适用于由一个人来编写小型控制程序。

2. 分部编程（分块编程）

分部编程是将一项控制任务分解成若干个独立的子任务，每个子任务由一个功能（FC）完成，而这些功能的运行是靠组织块 OB1 内的指令来调用的。在进行分部编程时，既无数据交换，也无重复利用的代码。分部编程效率比线性编程有所提高，程序测试也较为方便，对程序员的要求也不太高，对不太复杂的程序可以考虑这种结构。这种编程方法允许多个设计人员同时编程，而不必考虑因涉及同一内容可能出现的冲突。

3. 结构化编程

结构化编程是指对系统中控制过程和控制要求相近或类似的功能进行分类，编写通用的指令模块（FB 或 FC），通过向这些指令模块以参数形式提供有关信息，使得结构化程序可以重复调用这些通用的指令模块。

结构化编程的特点是每个块在 OB1 中可能会被多次调用，完成具有相同工艺要求的不同控制任务，这种结构简化的程序设计过程缩短了代码长度、提高了编程效率，比较适合较复杂自动化控制程序的设计。

4.3 项目解决步骤

步骤 1. 在理解的基础上，叙述数制并举例说明。
步骤 2. 能写出基本数据类型并举例说明。
步骤 3. 讲述 CPU 的存储区的组成，并把 CPU 存储区示意图画出来。
步骤 4. 讲述输入继电器和输出继电器的含义。
步骤 5. 写出直接寻址的分类及含义。
步骤 6. 讲述 STEP 7 的程序结构类型及特点。
步骤 7. 讲述 S7-300 PLC 的系统存储器的分类。
步骤 8. 讲述 STEP 7 中逻辑块和数据块的含义。
步骤 9. 讲述功能块 FB 和功能 FC 的区别。
步骤 10. 操作：插入功能、功能块及各种组织块。

（1）插入功能，以鼠标右键单击如图 4-9 所示的"块"，选择"插入新对象"→"功能"。
（2）将符号名设置为"手动控制"，然后单击"确定"按钮，如图 4-10 所示。

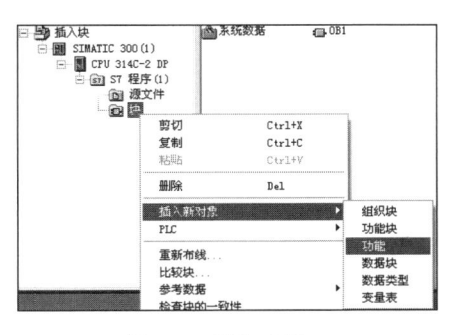

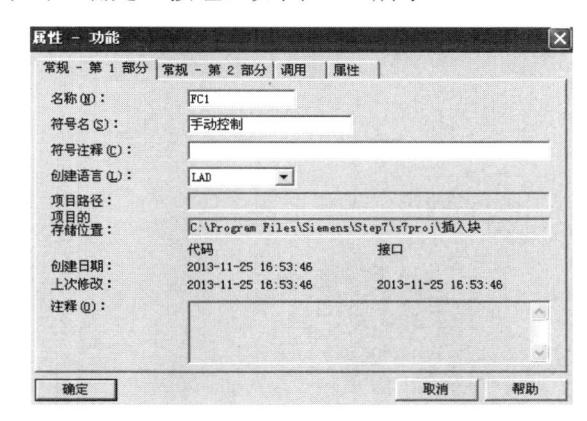

图 4-9　插入功能　　　　　　　　　　图 4-10　功能的符号名设置

（3）通过多次执行上述操作，可以插入组织块、功能块、数据块、数据类型、变量表，如图 4-11 所示。

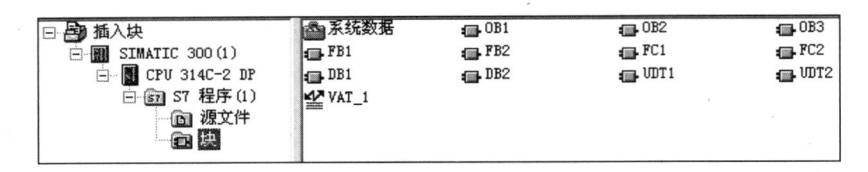

图 4-11 插入的内容

（4）在 OB1 中，通过双击功能 FC1 和 FC2 进入相应程序段，如图 4-12 所示。

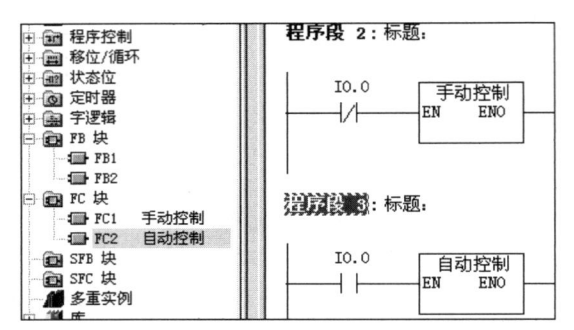

图 4-12 双击 FC1 和 FC2 进入相应程序段

巩固练习四

（1）简述直接寻址的定义并举例。
（2）论述 S7-300 PLC 存储区功能及标识符。
（3）STEP 7 的程序类型有几种？各有什么特点？
（4）详述 S7-300 PLC 的系统存储区。
（5）独立操作：插入功能、功能块及各种组织块。

项目 5 电动机启停的 PLC 控制

5.1 项目要求

当按下启动按钮 SB1 时,中间继电器(线圈电压为直流 24V,触点电压为交流 380V)KA 的线圈得电,KA 的常开触点闭合,使得电动机交流接触器 KM 线圈得电,KM 主触点闭合,电动机 M 启动运行;当按下停止按钮 SB2 时,中间继电器 KA 线圈失电,KA 常开触点断开,使得电动机交流接触器 KM 线圈失电,KM 主触点断开,电动机 M 停止运行,如图 5-1 所示。

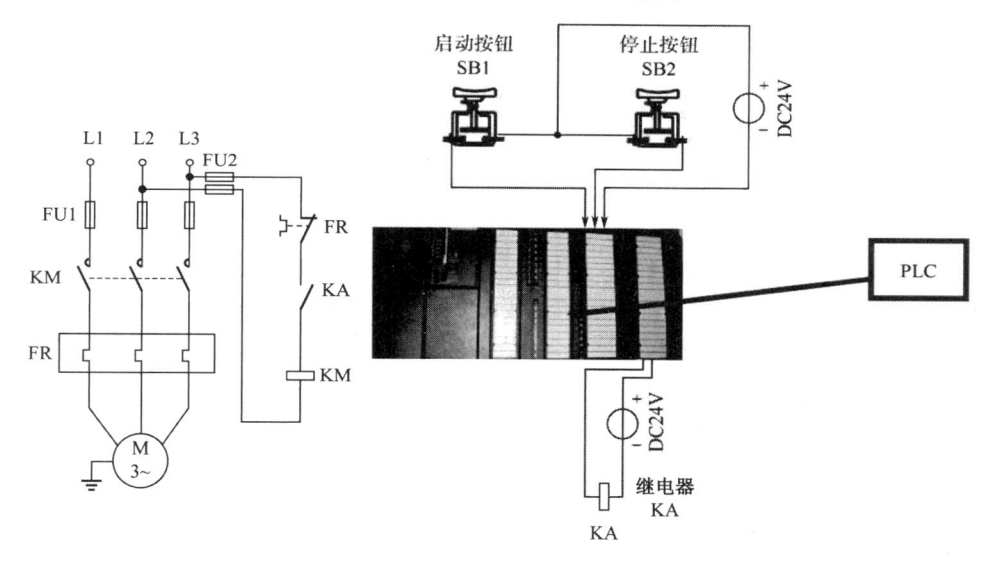

图 5-1 电动机启停的 PLC 控制示意图

5.2 学习目标

(1)灵活掌握常开、常闭触点及输出线圈的使用并能用它们编写电动机启停 PLC 控制程序。
(2)掌握 PLC 工作原理并能叙述。
(3)灵活掌握 PLCSIM 仿真软件的下载和调试方法并能够针对上述项目要求进行调试。
(4)灵活掌握程序的状态监控并能够针对本书项目 5 程序进行状态监控。
(5)掌握真实 S7-300 PLC 的 PC 适配器下载与上传的操作要领并能够完成操作。

5.3 相关知识

5.3.1 常开触点

常开触点又称动合触点，其符号为 ─┤ ├─（位地址）。

常开触点对应的位地址存储单元是"1"状态时，常开触点取对应位地址存储单元的原状态，该常开触点闭合。

常开触点对应的位地址存储单元是"0"状态时，常开触点取对应位地址存储单元的原状态，该常开触点断开。

触点指令放在线圈的左边（布尔型，只有两种状态）。

常开触点位地址存储单元可以是输入继电器I、输出继电器Q、位存储器M等。

特别强调：梯形图程序中常开触点个数无限制。

5.3.2 常闭触点

常闭触点又称动断触点，其符号为 ─┤/├─（位地址）。

常闭触点对应的位地址存储单元是"1"状态时，常闭触点取对应位地址存储单元的反状态，该常闭触点断开。

常闭触点对应的位地址存储单元是"0"状态时，常闭触点取对应位地址存储单元的反状态，该常闭触点闭合。

触点指令放在线圈的左边（布尔型，只有两种状态）。

常闭触点位地址存储单元可以是输入继电器I、输出继电器Q、位存储器M等。

特别强调：梯形图程序中常闭触点个数无限制。

5.3.3 输出线圈

输出线圈又称输出指令（逻辑串输出指令），其符号为 ─( )─（位地址）。

程序中驱动输出线圈的触点接通时，输出线圈"得电"，这个"电"是"概念电流"或者"能流"，而不是真正的物理电流。位地址对应的输出线圈"得电"，该位地址存储单元为"1"。位地址对应的输出线圈"断电"，该位地址存储单元为"0"。输出线圈属于布尔型，只有两种状态。

输出线圈应放在梯形图的最右边。

输出线圈位地址存储单元可以是输出继电器Q、位存储器M等。

特别强调：避免双线圈输出，所谓双线圈输出是指在程序中同一个地址的输出线圈出现2次或者2次以上。另外，程序中不能出现输入继电器I的输出线圈。

5.3.4 PLC 的基本工作原理

在 PLC 中，CPU 是以分时操作方式来处理各项任务的。CPU 在每一瞬间只能做一件事，所以，程序的执行是按顺序依次完成相应程序段上的动作的，因此它属于串行工作方式。下面阐述 PLC 工作原理。

1．PLC 控制系统的等效工作电路

PLC 控制系统等效工作电路由输入部分、内部控制电路、输出部分组成。输入部分的作用是采集输入信号，输出部分是系统的执行部件，这两部分的作用与继电器控制电路相同，内部控制电路通过编程的方法实现控制逻辑，用软件编程代替继电器电路的功能。PLC 控制系统的等效工作电路如图 5-2 所示。

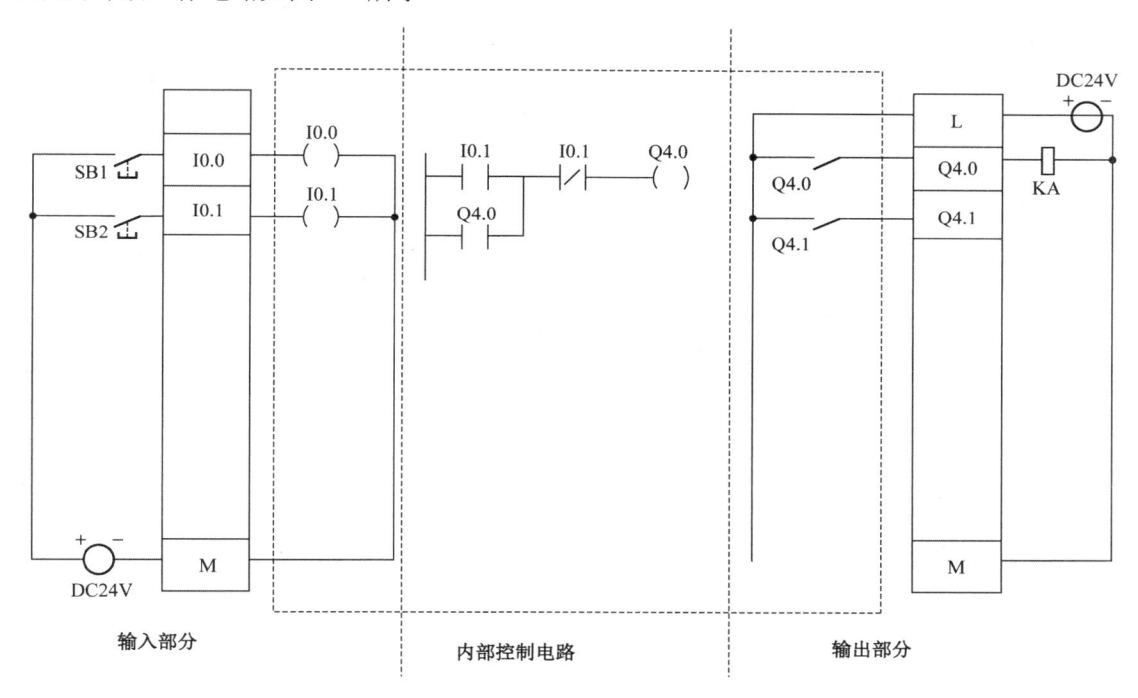

图 5-2 PLC 控制系统的等效工作电路

1）输入部分

输入部分由外部输入电路、输入端子和输入继电器组成。每个输入端子和与其编号相同的输入继电器有着确定的唯一对应关系。当外部输入电路处于接通状态时（如 SB1 被按下），对应的输入继电器线圈"得电"。

特别注意：这里所说的输入继电器是 PLC 内部的"软继电器"，就是存储器基本单元的某一位，如果输入继电器线圈"得电"，存储器基本单元对应某一位是"1"，如果输入继电器线圈"断电"，存储器基本单元对应某一位是"0"。

输入继电器线圈只能由来自现场的输入元件（如控制按钮、行程开关的触点、三极管的发射结、各种检测及保护元件的触点等）驱动，而不能用编程的方式去控制。因此，在梯形

图程序中，只能使用输入继电器的常开触点和常闭触点，不能使用输入继电器的线圈。

2）内部控制电路

内部控制电路体现了用户所编写的程序形成的、用"软继电器"来代替硬继电器的控制逻辑。它的作用是按照用户程序规定的逻辑关系，对输入信号和输出信号的状态进行检测、判断、运算和处理，然后得到相应的输出。

一般用户程序是用梯形图语言编制的，它看起来很像继电器控制线路图。在继电器控制线路中，继电器的触点可瞬时动作，也可延时动作，而 PLC 梯形图程序中的触点是瞬时动作的。如果需要延时，可由 PLC 提供的定时器来完成。延时时间可根据需要在编程时设定，其定时精度及范围远远优于时间继电器。在 PLC 中还提供了计数器、位存储器及某些特殊功能继电器。PLC 的这些元件所提供的逻辑控制功能，可在编程时根据需要选用，且只能在 PLC 的内部控制电路中使用。

编程时注意：

① 应根据自左至右、自上而下的原则进行控制。线圈右边不能有任何触点。

② PLC 的梯形图程序应符合"上重下轻""左重右轻"的编程规则，使程序结构精简，运行速度快。在几个串联回路并联时，应将触点最多的那个串联回路放在最上面。在几个并联回路串联时，应将触点最多的并联回路放在最左边。

③ 梯形图程序的每一行最左侧总是触点，最右侧总为线圈，各种触点的状态决定了线圈是否接通。梯形图程序中的一个触点上不应有双向电流通过。

3）输出部分

输出部分是由在 PLC 内部且与内部控制电路隔离的输出继电器的外部实际常开触点、输出端子和外部驱动电路组成的，用来驱动外部负载。

PLC 内部控制电路中有许多输出继电器，每个输出继电器除了为内部控制电路提供编程用的任意多个常开触点、常闭触点外，还为外部驱动电路提供了一个实际的常开触点与输出端子相连。

驱动外部负载电路的电源必须由外部电源提供，电源种类及规格可根据负载要求去配备，只要在 PLC 允许的电压范围内工作即可。

2．PLC 的扫描工作过程

PLC 的工作方式有两个显著特点：周期性顺序扫描，集中批处理。

周期性顺序扫描是 PLC 特有的工作方式，PLC 通电后，为了使 PLC 的输出及时地响应各种输入信号，初始化后的 PLC 反复不停地分步处理各种不同任务，总是处在不断循环的顺序扫描过程中。每次扫描所用的时间称为扫描时间，又称为扫描周期或工作周期。

由于 PLC 的输入/输出点数较多，采用集中批处理的方法，可以简化操作过程，便于控制，提高系统可靠性，因此 PLC 的另一个特点就是对输入采样、执行用户程序、刷新输出实施集中批处理。

当 PLC 启动后，先进行初始化操作，包括对工作内存的初始化、复位所有的定时器、将输入/输出继电器清零、检查输入/输出单元连接是否完好，如有异常则发出报警信号。初始化之后，PLC 就进入周期性顺序扫描过程。

一个扫描周期分为四个扫描阶段：

1）公共处理扫描阶段

公共处理扫描阶段的工作内容包括 PLC 自检、执行来自外设的命令、对警戒时钟（又称监视定时器或看门狗定时器 WDT——Watch Dog Timer）清零等。

PLC 自检就是 CPU 检测 PLC 各单元的状态，如出现异常再进行诊断，并给出故障信号，或自行进行相应处理，这将有助于及时发现或提前预报系统的故障，提高系统的可靠性。

自检结束后，PLC 就检查是否有外设请求，如是否需要进入编程状态、是否需要通信服务、是否需要启动磁带机或打印机等。

采用 WDT 也是提高系统可靠性的一个有效措施，WDT 是在 PLC 内部设置的一个监视定时器，是一个硬件时钟，是为了监视 PLC 的每次扫描时间而设置的，对它预先设定好规定值，PLC 工作时，WDT 在每个扫描周期都要监视扫描时间是否超过规定值。如果程序运行正常，则在每次扫描周期的公共处理阶段对 WDT 进行清零（复位），避免由于 PLC 在执行程序的过程中进入死循环，或者由于 PLC 执行非预定的程序而造成系统故障，从而导致系统瘫痪。如果程序运行失常进入死循环，则 WDT 得不到按时清零而造成超时溢出，从而给出报警信号或停止 PLC 的工作。

2）输入采样扫描阶段

在 PLC 存储器中，设置了一部分区域来存放输入信号，称为输入映像寄存器，CPU 以字节（8 位）为单位来读输入映像寄存器。这是第一个集中批处理过程。在这个阶段，PLC 按顺序逐个采集所有输入端子上的信号（不论输入端子上是否接线），将所有采集到的一批输入信号写到输入映像寄存器中。在当前的扫描周期内，用户程序依据的输入信号的状态（ON 或 OFF），均从输入映像寄存器中去读取，而不管此时外部输入信号的状态是否变化（即使此时外部输入信号的状态发生了变化，也只能在下一个扫描周期的输入采样扫描阶段去读取），对于这种采集输入信号的集中批处理过程，虽然严格意义上说每个信号被采集的时刻有先有后，但由于 PLC 的扫描周期很短，这个差异对一般工程应用来说可忽略，所以可认为这些采集到的输入信息是同一时刻的，输入采样及其后续扫描阶段如图 5-3 所示。

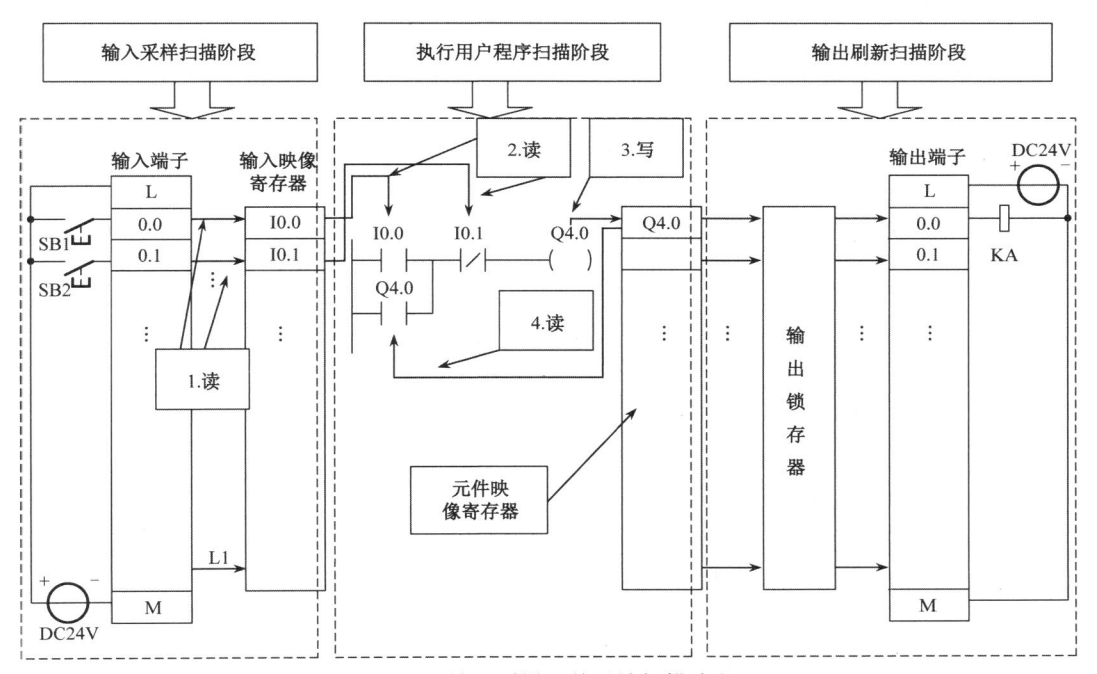

图 5-3 输入采样及其后续扫描阶段

3) 执行用户程序扫描阶段

这是第二个集中批处理过程。在执行用户程序扫描阶段，CPU 对用户程序按顺序进行扫描。如果程序用梯形图表示，则总是按先上后下，从左至右的顺序进行扫描。每扫描到一条指令，所需要的输入信息的状态均从输入映像寄存器中读取，而不是直接使用现场的输入信号。对其他信息，则是从 PLC 的元件映像寄存器中读取。在执行用户程序时，每一次运算的中间结果都立即写入元件映像寄存器中，这样该元素的状态马上就可以被后面的指令所利用。对程序中输出线圈接通得电的扫描结果，也不是马上去驱动外部负载，而是将该结果写入输出映像寄存器，待输出刷新扫描阶段集中进行批处理。

在这个阶段，除了输入映像寄存器外，各个元件映像寄存器的内容随着程序的执行而不断变化。

4) 输出刷新扫描阶段

这是第三个集中批处理过程。当 CPU 对全部用户程序扫描结束后，将各输出映像寄存器的状态同时送到输出锁存器中，再由输出锁存器经输出端子去驱动各输出映像寄存器对应的负载。

在输出刷新扫描阶段结束后，CPU 进入下一个扫描周期。

5.3.5 程序的状态监控

STEP 7 提供了各种用于调试程序的工具。通过程序编辑器中的程序状态监视工具可以对程序进行监测和调试（模拟调试和联机调试）。单击工具栏眼镜模样的按钮 ，可以进入程序监视状态，采用不同的编程语言，程序监视界面是不同的。

当进入程序监视状态时，不能编辑和修改程序，也不能进行编程语言的显示切换。此时，系统只显示正在执行的指令状态，当 CPU 在停止模式或块未被调用时，系统不显示监视信息。

在 LAD 程序中，程序的监视界面中每个逻辑行流过的不是物理电流，而是"概念电流"或者"能流"，从左流向右，其两端没有电源。这个"概念电流"只用来形象地描述用户程序执行中应满足的线路接通条件。线路处于接通状态时显示为绿色实线，处于断开状态时显示为蓝色虚线。

5.3.6 真实 S7-300 PLC 的 PC 适配器下载

注意：必须要保证程序在仿真调试时满足要求之后，再关闭仿真器。

本例用 PC 适配器（PC Adapter）COM 接口的下载线，一端连接计算机的 COM 接口，另一端连接 PLC 的 MPI 接口。断电连接完成后，送电。

还有一种 PC 适配器（PC Adapter）USB 接口的下载线，使用时一端连接计算机的 USB 接口，另一端连接 PLC 的 MPI 接口。

下载的讲解

在下载整个项目（包括硬件组态和程序等）之前，最好先下载硬件组态，这样下载整个项目的时候系统会默认使用硬件组态时指定的目的站地址进行下载。

步骤 1．硬件组态的下载

设置 PG/PC 接口。在 SIMATIC 管理器界面中，单击"选项"→"设置 PG/PC 接口"菜单命令，如图 5-4 所示。

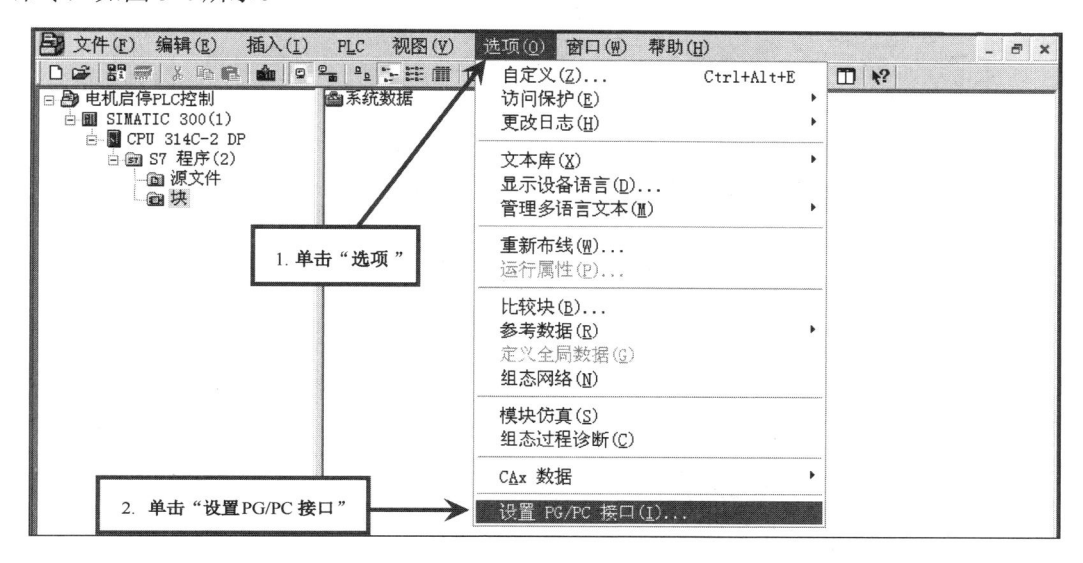

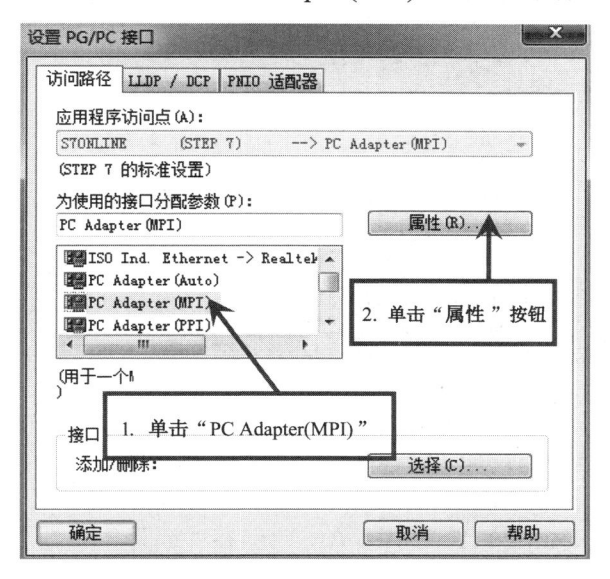

图 5-4　设置 PG/PC 接口（1）

在设置 PG/PC 接口界面中，单击"PC Adapter(MPI)"，单击"属性"按钮，如图 5-5 所示。

图 5-5　设置 PG/PC 接口（2）

注意：在设置 PG/PC 接口界面中，如果找不到"PC Adapter(MPI)"，可单击设置 PG/PC 接口界面中"选择"按钮，出现如图 5-6 所示界面。在左边单击要安装的协议，单击"安装"

按钮，右边显示已经安装的协议。

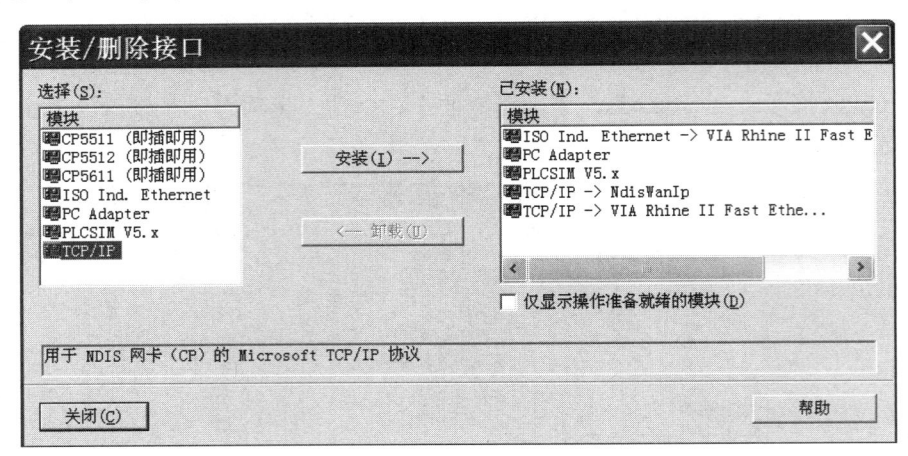

图 5-6 从左到右安装协议

在属性-PC Adapter(MPI)界面中，单击"MPI"页签，传输率选择"19.2kbps"（要与下载线设置的速率一致），如图 5-7 所示。

单击"本地连接"页签，如果下载线与计算机（编程器）通过 USB 接口连接，单击"USB"，本例中下载线与计算机（编程器）通过 COM 接口连接，选择"COM1"，如图 5-8 所示。传输率选择"19.2kbps"（要与下载线设置的速率一致），单击"确定"按钮。

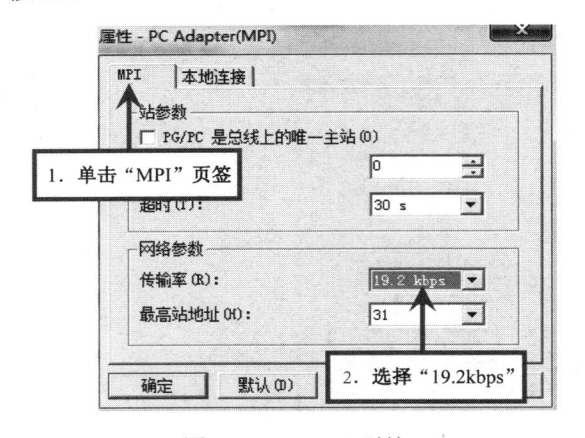

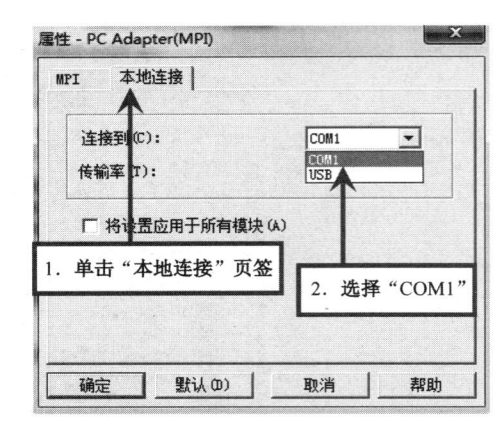

图 5-7 "MPI"页签　　　　　　　　图 5-8 "本地连接"页签

回到设置 PG/PC 接口界面中，单击"确定"按钮。出现警告界面，提示访问路径已更改，单击"确定"按钮，如图 5-9 所示。

在硬件组态（HW Config）界面中，单击"保存并编译"按钮，单击"下载"按钮，如图 5-10 所示。

在弹出的选择目标模块界面中，单击"确定"按钮，如图 5-11 所示。

图 5-9　路径更改

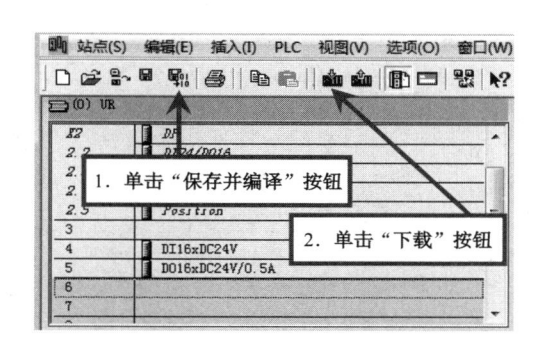

图 5-10　硬件组态

出现选择节点地址界面,单击"显示"按钮,出现可访问的节点,如图 5-12 所示。

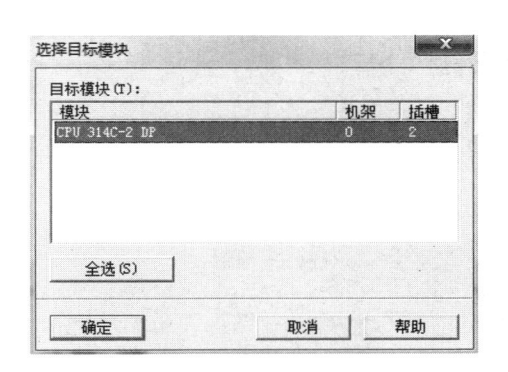

图 5-11　选择目标模块

图 5-12　选择节点地址(1)

选择可访问的节点,然后单击"更新"按钮,单击"确定"按钮,如图 5-13 所示。

在停止目标模块界面中,单击"确定"按钮,如图 5-14 所示。

随后弹出下载界面,提示如图 5-15 所示,单击"是"按钮。

至此,硬件组态就成功下载了。

步骤 2. SIMATIC 300(1)站点的下载

上面硬件组态下载成功后, 在 SIMATIC Manager 管理器界面中,单击"SIMATIC 300(1)",单击工具栏的"下载"按钮,可以把整个项目(**包括硬件组态、程序等**)下载到 CPU 中,如图 5-16 所示。

下载过程中会出现如图 5-17 所示界面,单击"确定"按钮即可。

之后会弹出如图 5-18 所示界面,单击"是"按钮。

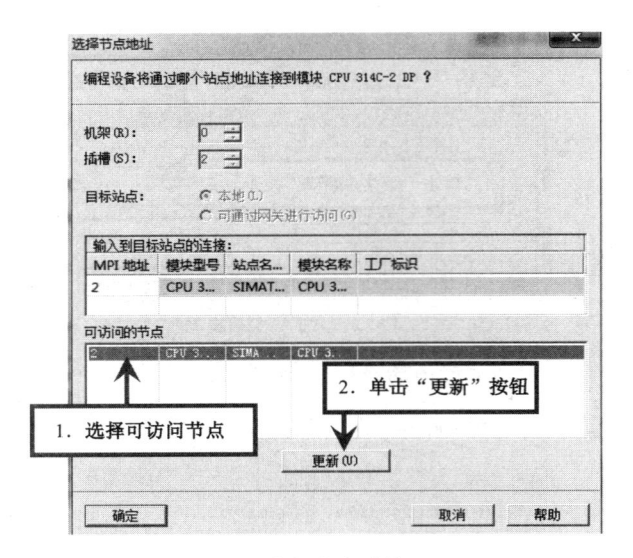

图 5-13 选择节点地址（2）

图 5-14 停止目标模块（1）

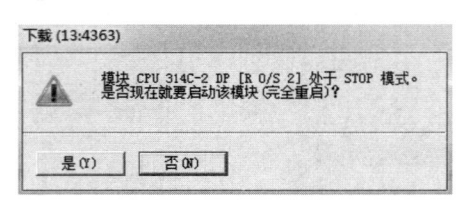

图 5-15 下载（1）

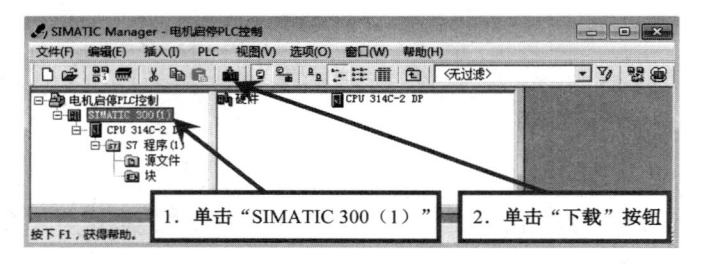

图 5-16 SIMATIC 300（1）站点的下载

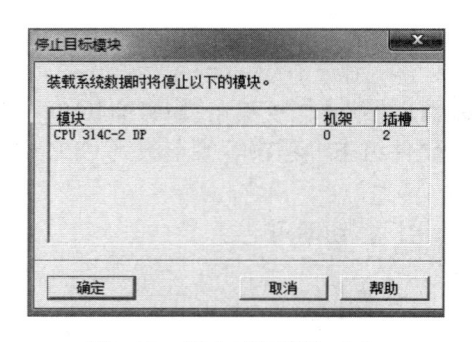

图 5-17 停止目标模块（2）

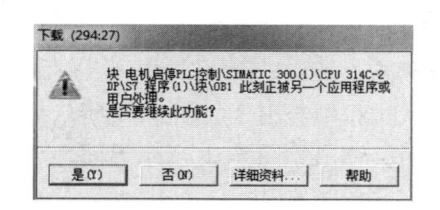

图 5-18 下载（2）

接下来会弹出如图 5-19 所示界面，单击"是"按钮。

SIMATIC 300（1）站点的下载到此结束，可以进行程序监控、联机调试了，如果还要下载，可以继续用上述下载方式下载。

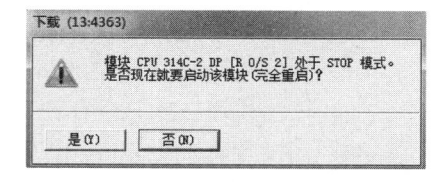

图 5-19　下载（3）

5.3.7　上传

将真实 S7-300 PLC 的硬件组态、程序等上传到编程器的步骤如下：
（1）在 SIMATIC Manager 管理器中新建项目，取名为"上传"，选择菜单命令"PLC"→"将站点上传到 PG"，如图 5-20 所示。
（2）设置机架为"0"，插槽为"2"，输入 MPI 地址为"2"，单击"确定"按钮，将该 PLC 站点的项目内容上传到当前编程器（计算机）上，如图 5-21 所示。

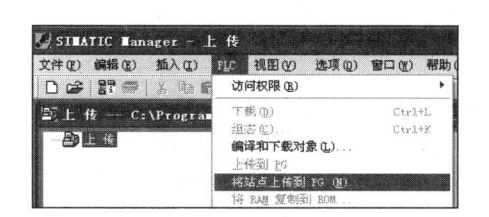

图 5-20　上传（1） 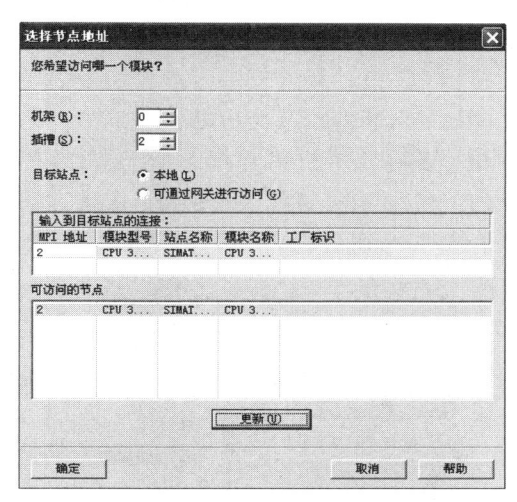　　　　　　　　图 5-21　上传（2）

5.4　项目解决步骤

用心熟读项目 5 相关要求，找出输入和输出信号元件，输入信号元件一般是各种控制按钮、行程开关、传感器、保护元件等。
输出信号元件一般是各种信号灯、指示灯、接触器线圈、电磁阀线圈和继电器线圈等。
步骤 1. 分析输入和输出信号元件
输入信号元件：启动按钮 SB1、停止按钮 SB2。
输出信号元件：电动机继电器 KA 线圈。
步骤 2. 硬件与软件配置
硬件：
（1）电源模块（PS 307 5A）1 个。
（2）紧凑型 S7-300 CPU 模块（CPU 314C-2 DP）1 个。

(3) MMC 卡 1 张。
(4) 输入模块（DI16×DC24V）1 个。
(5) 输出模块（DO16×DC24V/0.5A）1 个。
(6) DIN 导轨 1 根。
(7) PC 适配器下载线（USB 接口，适用于 S7-200/S7-300/S7-400 PLC）1 根。
(8) 装有 STEP 7 编程软件的计算机（也称编程器）1 台。
(9) 启动和停止按钮各 1 个。
(10) 中间继电器 KA（线圈电压 DC24V）1 个，接触器 KM（线圈电压 AC380V）1 个。
(11) 熔断器 5 个，热继电器 1 个，三相异步电动机 1 台，导线若干根，接线端子排 2 排，走线槽和号码管多个。

软件：STEP 7 V5.4 及以上版本编程软件。

注：硬件配置可以根据实际情况变化。

步骤 3．PLC 硬件安装（参见项目 2）

步骤 4．硬件组态（参见项目 3）

根据实际使用的 PLC 配置情况进行硬件组态。

（1）启动 SIMATIC Manager，取消 STEP 7 向导。新建项目并将其名称设为"电动机启停 PLC 控制"，如图 5-22 所示。然后单击"确定"按钮，出现新建项目界面。

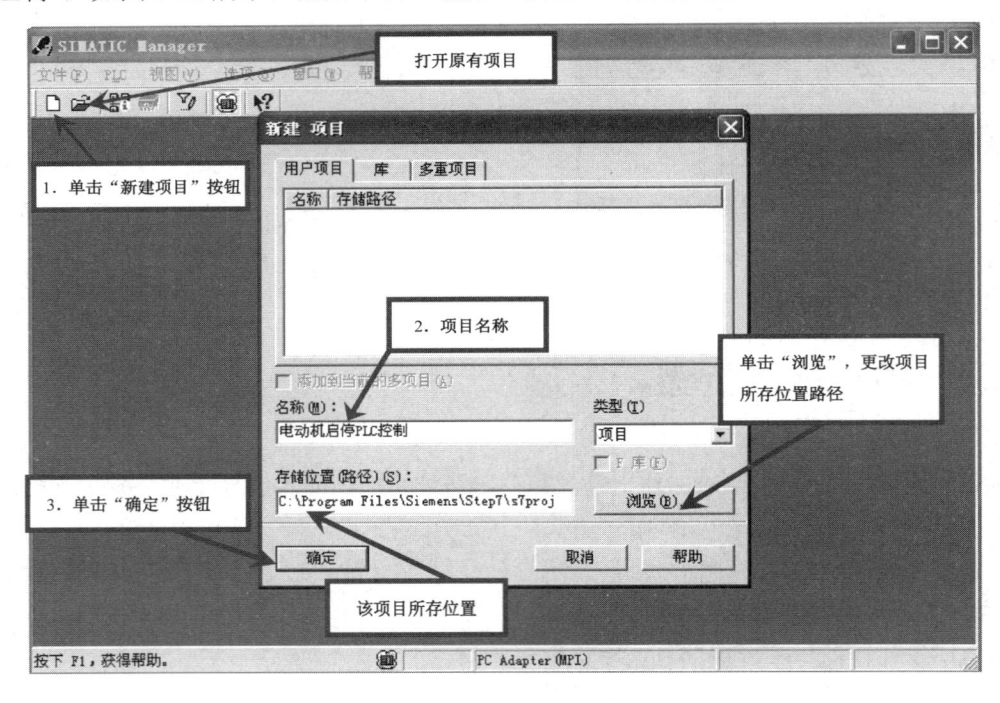

图 5-22 新建项目

（2）右键单击项目名称"电动机启停 PLC 控制"，选择"插入新对象"→"SIMATIC 300"菜单命令。

（3）双击"SIMATIC 300"站点，双击"硬件"，单击右侧的"SIMATIC 300"，单击

"RACK-300",双击"Rail"。

(4)单击 1 号插槽,使其变为蓝色,在 1 号插槽中插入电源模块,实际中使用哪一块电源模块,硬件组态中就选择哪块电源模块。本例中选用的 PLC 电源模块是 PS 307 5A,所以在界面中选择"PS 307 5A"。

(5)在 2 号插槽中插入 CPU 模块。根据实际使用的模块选择,本例中选用的模块是 CPU 314C-2 DP(V2.6 版本)。

(6)3 号插槽用于扩展,现在不使用,空着。在 4 号插槽中插入信号模块,根据实际使用模块选择,本例使用的输入模块是 DI16×DC24V(SM321),在右边列表中双击它即可。

(7)在 5 号插槽中插入信号模块,根据实际使用模块选择,本例使用的输出模块是 DO16×DC24V/0.5A(SM322),在右边列表中双击它即可。

(8)保存并且编译,然后单击"确定"按钮。

步骤 5. 输入/输出地址分配

输入/输出地址分配如表 5-1 所示。

表 5-1 输入/输出地址分配

序 号	输入信号元件名称	编程元件地址（输入端子）	序 号	输出信号元件名称	编程元件地址（输出端子）
1	启动按钮 SB1（常开触点）	I0.0	1	电动机继电器 KA 线圈	Q4.0
2	停止按钮 SB2（常开触点）	I0.1			

步骤 6. 画出接线图

输入模块和输出模块前连接器的接线端子共 20 针,编号从 1 到 20,输出模块只画出编号 1~10。电动机启停 PLC 控制接线图如图 5-23 所示。

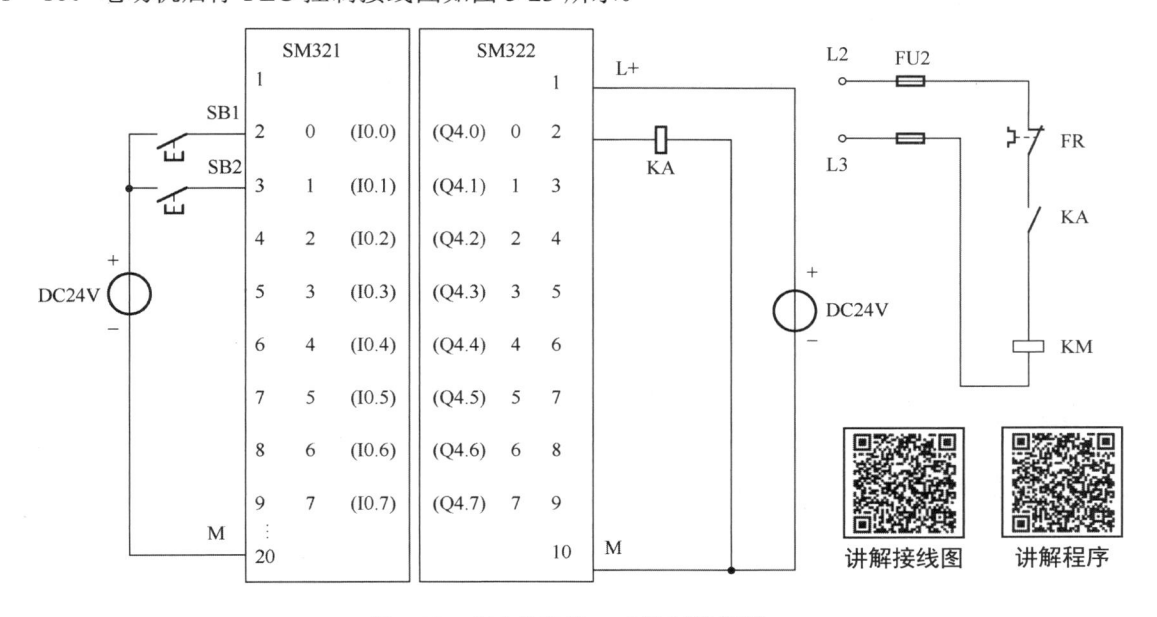

图 5-23 电动机启停 PLC 控制接线图

步骤 7． 编写启停控制程序

按下启动按钮 SB1→SB1 常开触点闭合形成回路→对应的输入继电器的 I0.0 线圈"得电"→输入继电器存储单元 I0.0 位为"1"→梯形图 I0.0 常开触点闭合→输出继电器 Q4.0 线圈"得电"→Q4.0 常开物理触点闭合→电源和 KA 线圈形成闭合回路→KA 线圈得电→KA 常开触点闭合→接触器 KM 线圈得电→电动机接触器 KM 主触点闭合→电动机启动，如图 5-24 所示。

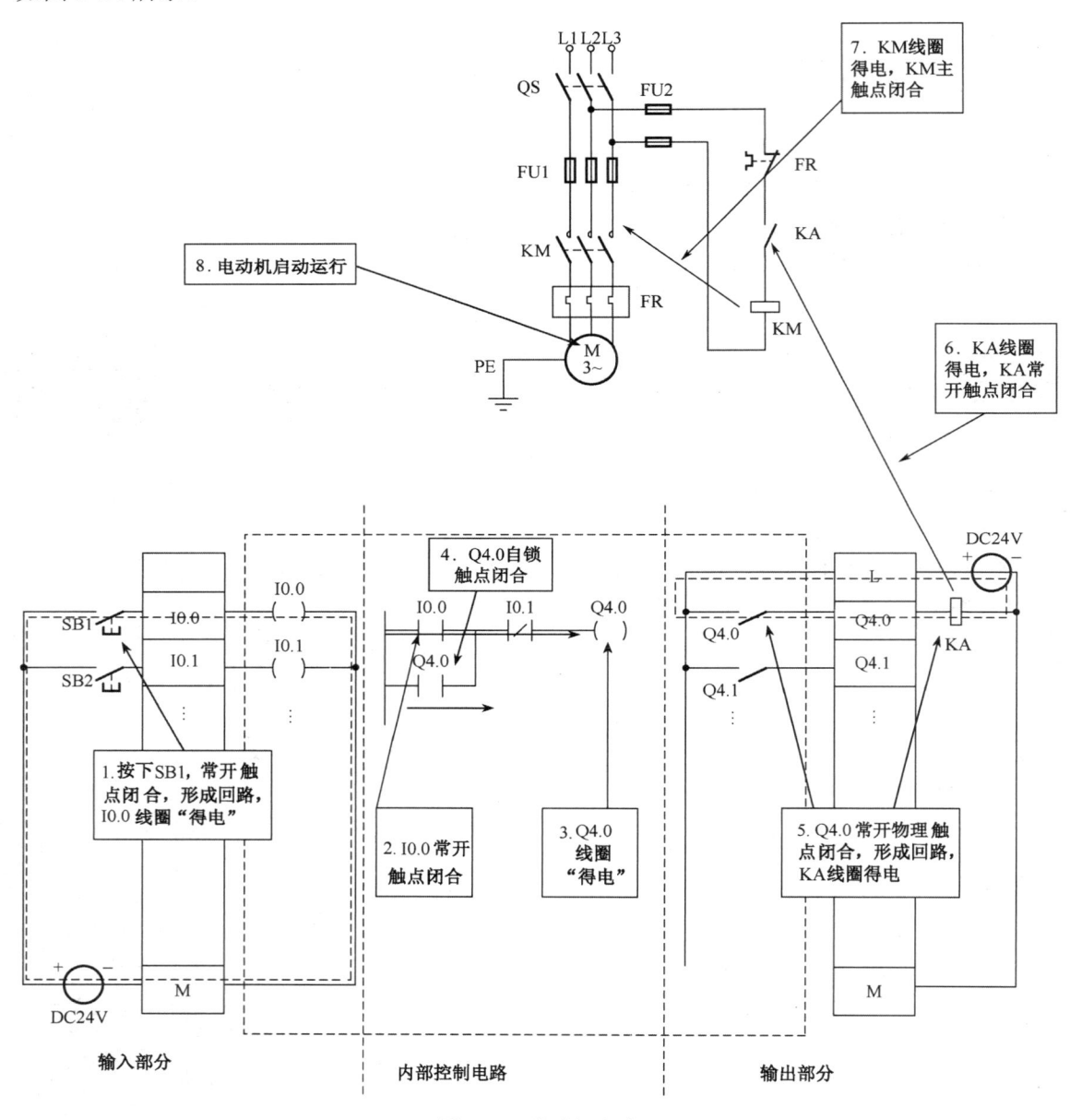

图 5-24 电动机启动

按下停止按钮 SB2→SB2 常开触点接通形成回路→对应输入继电器的 I0.1 线圈"得电"

项目 5　电动机启停的 PLC 控制

→输入继电器的存储单元 I0.1 位是"1"→梯形图常闭触点 I0.1 断开→输出继电器 Q4.0 线圈"失电"→Q4.0 常开物理触点断开→断开了电源和 KA 线圈形成的回路→KA 线圈失电→KA 常开触点断开→接触器 KM 线圈失电→电动机接触器 KM 主触点断开→电动机停止，如图 5-25 所示。

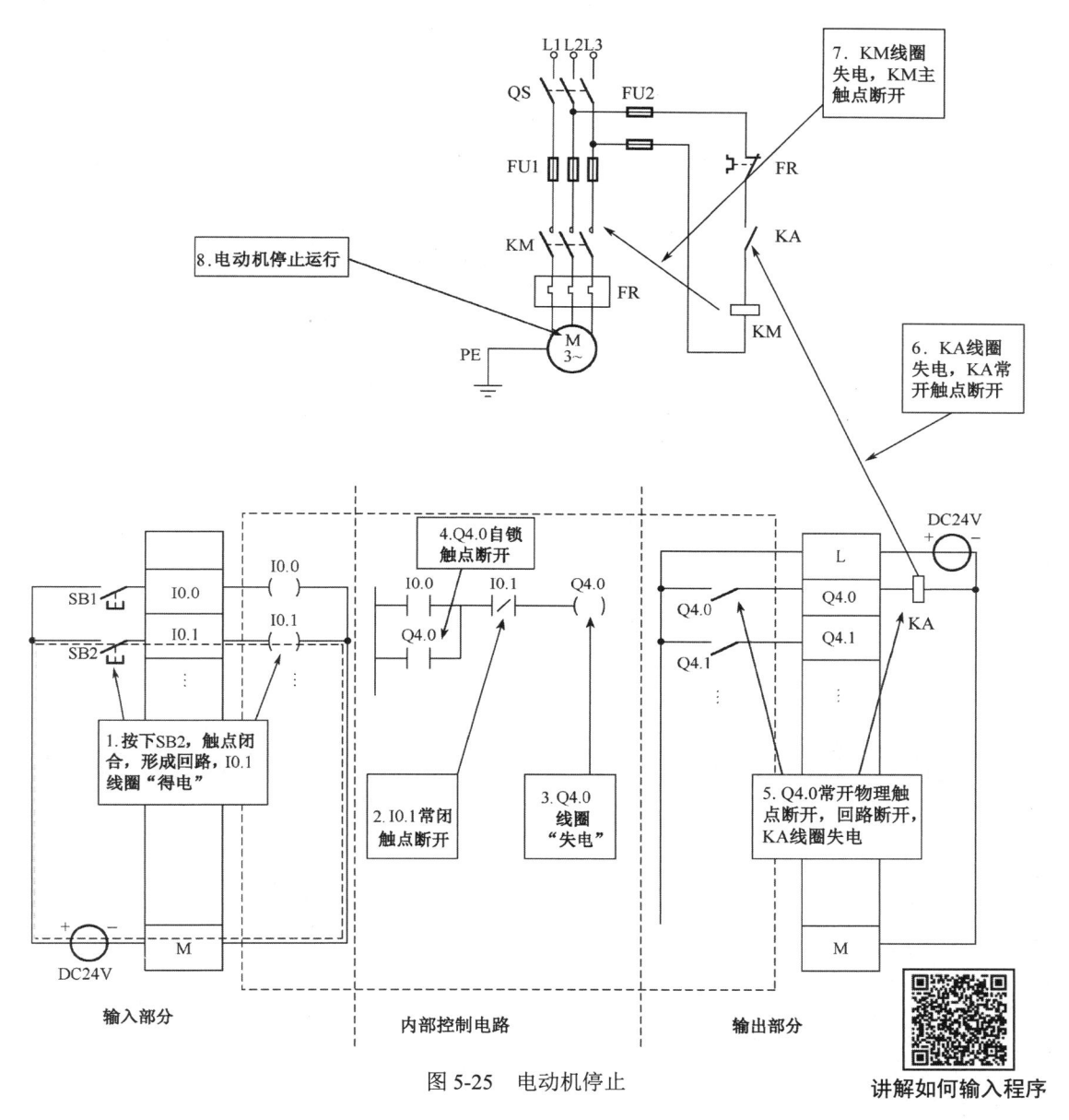

图 5-25　电动机停止

下面将通过 STEP 7 软件来输入程序：
（1）在 SIMATIC Manager 管理器界面中，单击"块"（如图 5-26 所示），然后双击"OB1"。

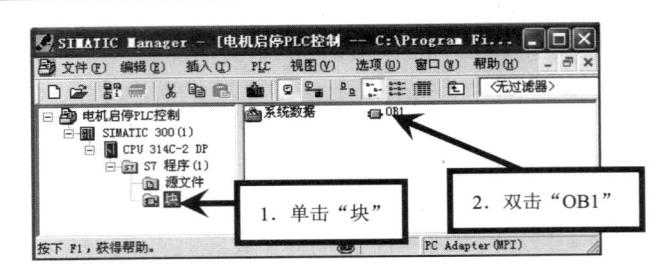

图 5-26 选择 OB1

（2）在"属性—组织块"界面将编程语言设为"LAD"，即使用梯形图语言来编程，如图 5-27 所示。单击"确定"按钮后出现程序编辑器界面。

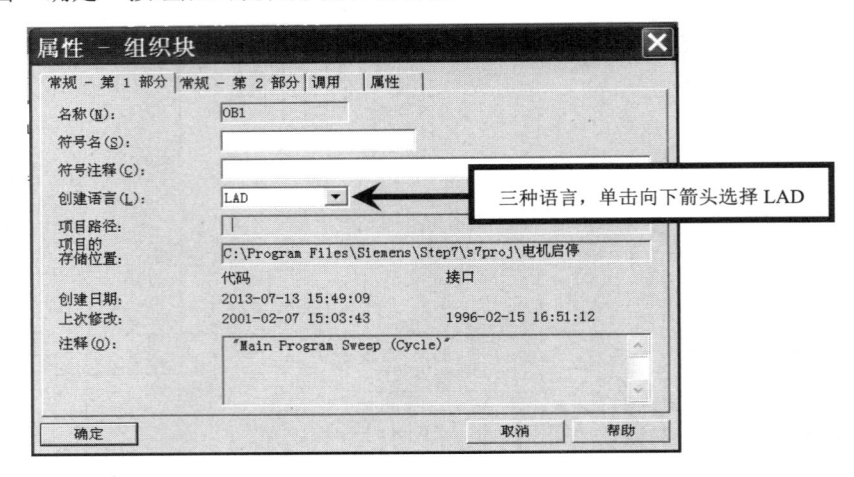

图 5-27 选择编程语言

（3）程序编辑器界面如图 5-28 所示（彩色效果见电子课件，后同）。

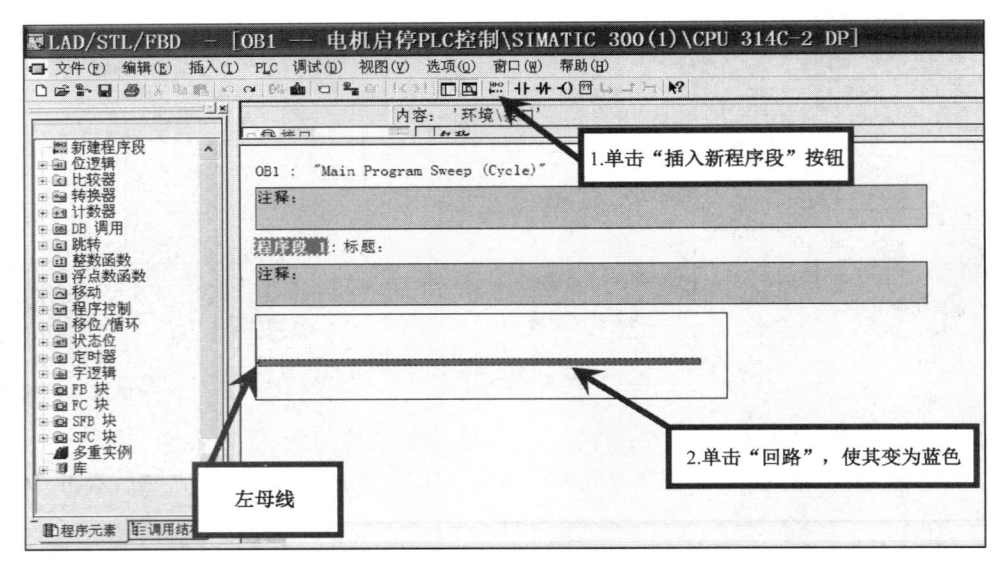

图 5-28 程序编辑器界面

(4) 用梯形图语言来输入程序，按从左到右、自上而下的顺序排列。每一逻辑行起始于左母线，在工具栏上依次单击常开触点、常闭触点、输出线圈对应的按钮，并联自锁常开触点，具体按照图 5-29 上所标明的顺序执行。

(5) 用键盘在梯形图问号处输入编程元件地址，不分大小写，输完后按 Enter 键确定。最后在工具栏单击"保存"按钮，如图 5-30 所示。

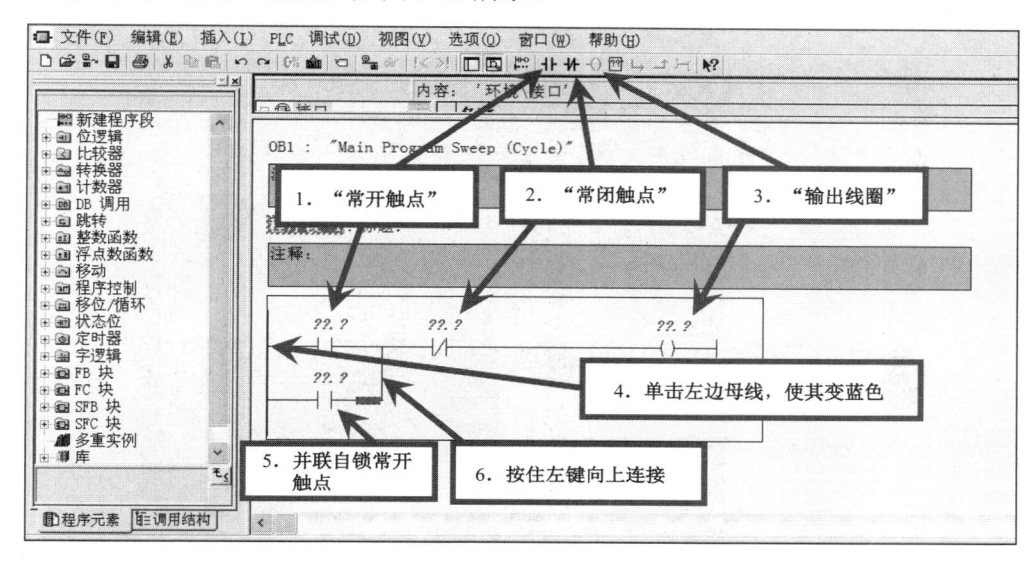

图 5-29　输入程序

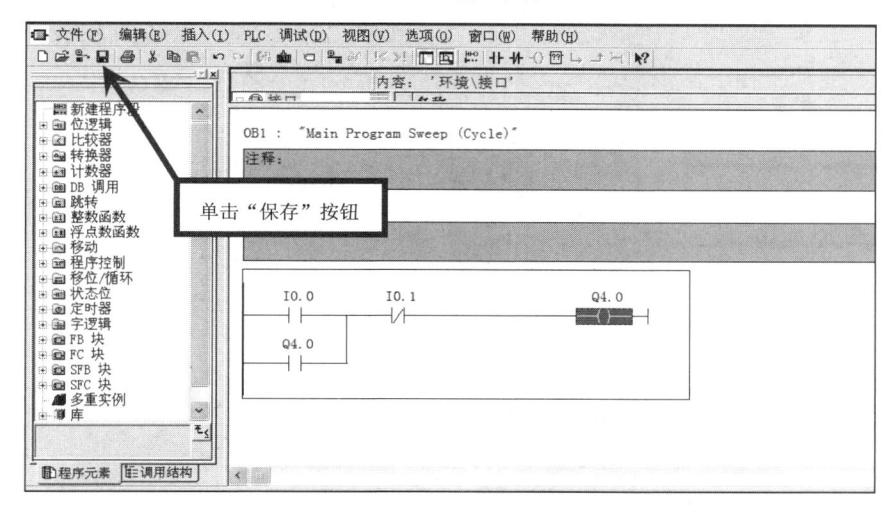

图 5-30　输入编程元件地址并保存

步骤 8. 用 S7-PLCSIM（简称 PLCSIM）和监视器调试程序

(1) 站点下载（包括程序块、系统数据中的硬件组态和网络组态信息）的具体步骤如下：

① 在 SIMATIC Manager 界面，将光标移动至蝴蝶模样的按钮上，系统会显示"打开/关闭仿真器"，单击该按钮打开仿真器（有的情况下会自动出现 CPU，但是有的情况下则

要单击白色按钮"New Simulation"才出现 CPU），因为要下载，所以在 STOP 或者 RUN-P 左边白色小方框中打勾，本次选择 STOP，插入 IB0，插入 QB0，将其改为 QB4，按 Enter 键确定，如图 5-31 所示。

② 单击"SIMATIC 300（1）"站点使其变成蓝色，单击"下载"按钮后系统提示"是否要彻底删除可编程控制器上的系统数据，并用离线系统数据替换？"，单击"是"按钮，如图 5-32 所示。

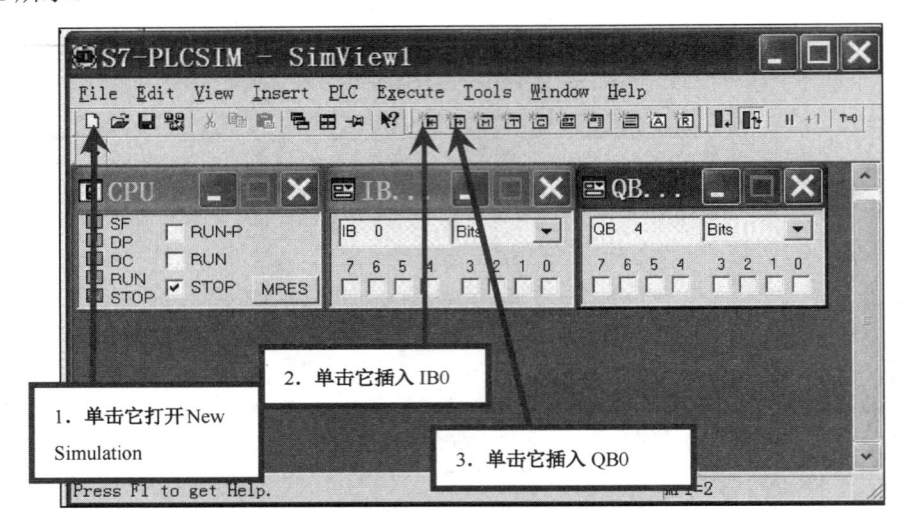

图 5-31 打开仿真器

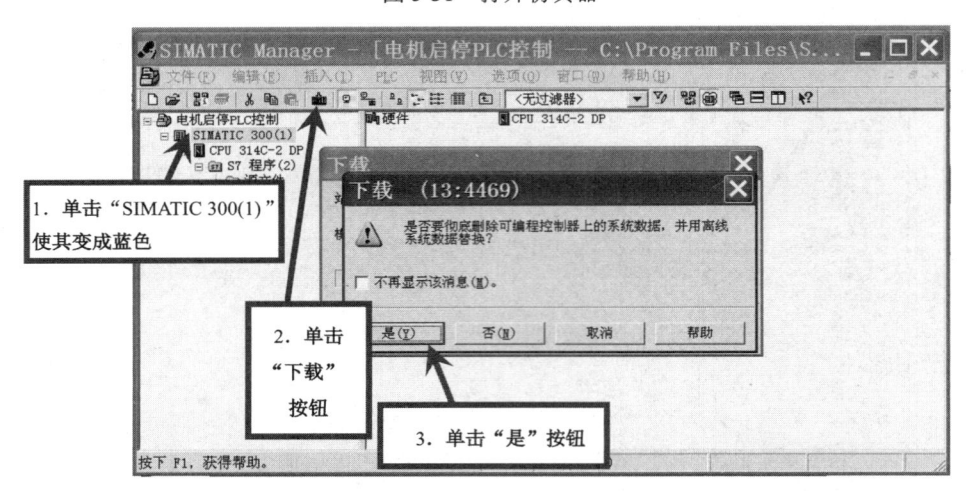

图 5-32 下载（1）

③ 系统提示"是否要继续此功能？"，单击"是"按钮，如图 5-33 所示。

④ 系统提示"块'OB1'已经存在！是否要将其覆盖？"，单击"是"按钮，如图 5-34 所示。

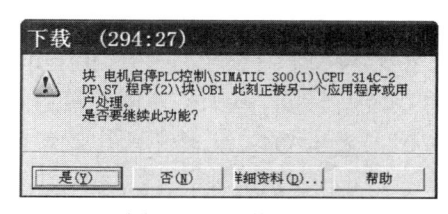

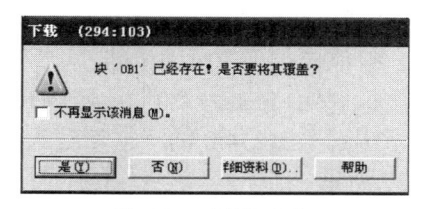

图 5-33 下载（2）　　　　　　　　图 5-34 下载（3）

（2）运行 S7-PLCSIM 与打开监视器进行监控。在仿真器界面中，将仿真器的 STOP 模式切到 RUN 或 RUN-P 模式。

在程序状态界面中，单击"监视器（开/关）"按钮打开监视器，蓝色虚线代表断开，绿色实线代表接通，如图 5-35 所示。

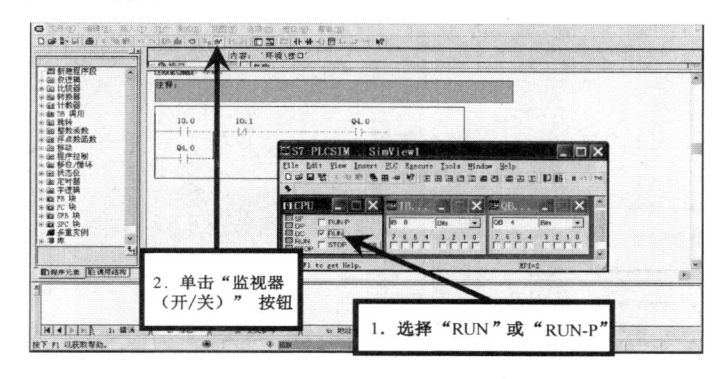

图 5-35 仿真调试

① 调试电动机的启动。用鼠标动作模拟对启动按钮 SB1 的操作，在仿真器 I0.0 小方框上单击两下（单击一下 I0.0 小方框，出现"√"，表示 I0.0 为"1"；再单击一下 I0.0 小方框，"√"消失，表示 I0.0 为"0"），使得 I0.0 状态变化为"0"→"1"→"0"，模拟按下再释放启动按钮 SB1 的过程，电动机启动程序执行后，仿真器上 Q4.0 显示"√"，即 Q4.0 为"1"，表示 Q4.0 有输出，电动机启动，如图 5-36 所示。

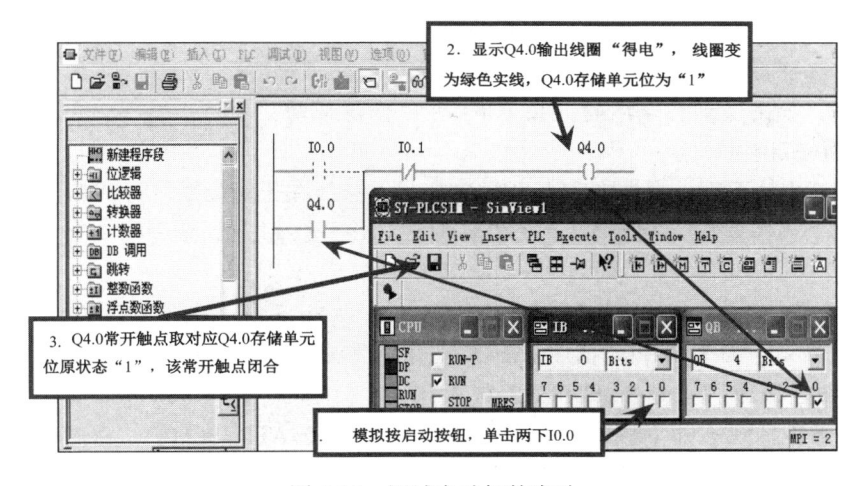

图 5-36 调试电动机的启动

② 调试电动机的停止。用鼠标动作模拟对停止按钮 SB2 的操作，在仿真器 I0.1 小方框上单击两下（单击一下 I0.1 小方框，出现"√"，表示 I0.1 为"1"；再单击一下 I0.1 小方框，"√"消失，表示 I0.1 为"0"），使得 I0.1 状态变化为"0"→"1"→"0"，电动机停止程序执行后，仿真器上 Q4.0 的"√"消失，即 Q4.0 为"0"，表示 Q4.0 无输出，电动机停止，如图 5-37 所示。

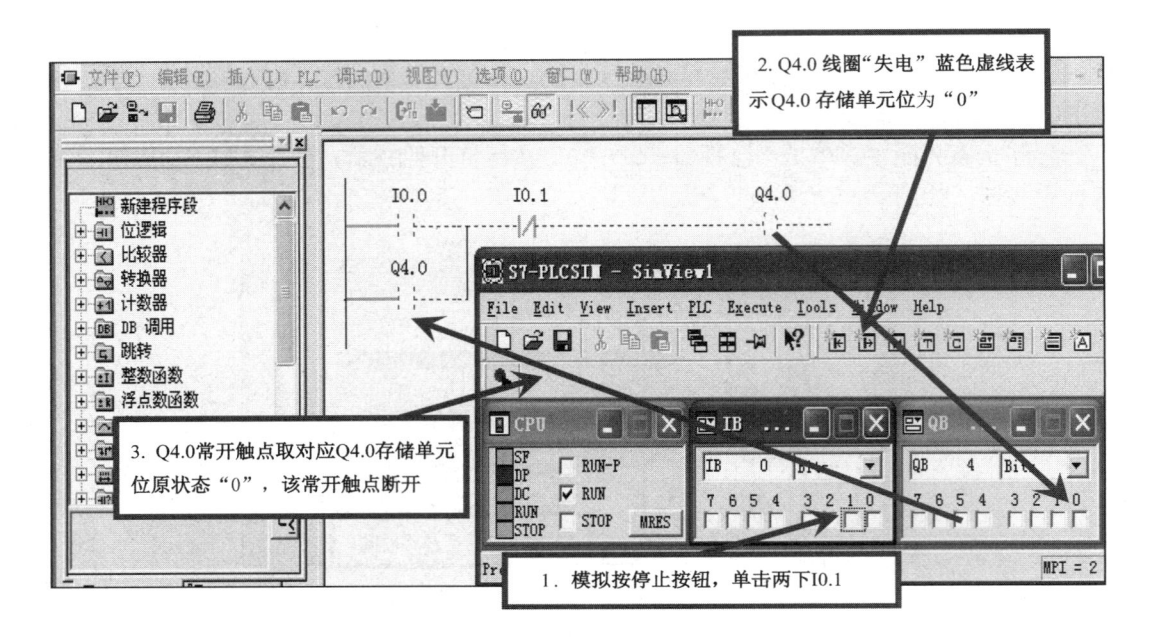

图 5-37 调试电动机的停止

上述操作可以顺利完成，说明仿真调试成功，接下来可进行联机调试，否则就应检查原因，修改程序，重新调试，直到仿真调试成功。

另外，如果需要将模拟调试过程录制下来，在开始调试时，单击"记录与回放"按钮，然后单击"录制"按钮，即可开始录制。

录制结束，单击"停止"按钮，再单击"保存"按钮，给录制的文件命名，播放时选择打开该文件，选择播放，可以看到录制内容。

特别强调： 如果遇到指令问题，按下 F1 可以获得帮助。

步骤 9. 联机调试

（1）全部断电情况下，根据电动机启停 PLC 控制接线图正确接线，将 PLC 调为 RUN 模式。

（2）向整个系统送电，启动 S7-PLCSIM 软件，将程序输入到编程器中，仿真器要处于关闭状态。

注意： 在 S7-PLCSIM 软件已启动的情况下，所有下载/监控/上传的操作，都是针对 S7-PLCSIM 进行的，与真实 PLC 无关。如果此时想要编程器与真实 PLC 建立连接，完成程序下载/上传/监控等操作，应先把 S7-PLCSIM 关闭。

（3）先进行硬件组态的下载，下载成功后，再进行 SIMATIC 300(1)站点的下载（参见 5.3.6 真实 S7-300 PLC 的 PC 适配器下载）。

（4）按下启动按钮 SB1，电动机启动，按下停止按钮 SB2，电动机停止。在联机调试的情况下，若程序满足要求，说明联机调试成功。如果不能满足要求，应检查原因，修改程序，重新调试，直到满足要求为止。

巩固练习五

（1）有一盏彩灯 HL，用一个开关控制它的亮灭，请用不同的指令来编写程序，并且调试。
要求：
① 完成输入/输出信号元件的分析。
② 完成硬件组态及输入/输出地址分配。
③ 画出接线图。
④ 编写控制程序。
⑤ 调试控制程序。
（2）有一水池，通过启动按钮 SB1 启动一台水泵从水池抽水，把水抽到水箱中，如果水箱满，通过停止按钮 SB2 停止水泵抽水。
（3）用红、黄、绿三个信号灯显示三台电动机的运行情况，控制要求：
① 每台电动机分别由启动按钮与停止按钮控制。
② 当无电动机运行时红灯亮。
③ 当一台电动机运行时黄灯亮。
④ 当两台电动机以上（包括两台）电动机运行时绿灯亮。
（4）风机监视。
控制任务：某设备有两台电动机、三台风机，当设备处于工作状态时，如果风机有两台或者三台转动，则绿色指示灯亮，如果只有一台风机转动，则红色指示灯亮，如果任何风机都不转动，则报警器响。当设备不工作时，指示灯不亮，报警器不响。

项目 6　电动机正反转的 PLC 控制

6.1　项目要求

按下正转启动按钮 SB1，正转继电器 KA1 线圈得电，KA1 常开触点接通，使得电动机正转接触器 KM1 线圈接通得电，KM1 主触点接通，电动机正转启动，按下停止按钮 SB3，正转继电器 KA1 线圈失电，KA1 常开触点断开使电动机正转接触器 KM1 线圈失电，KM1 主触点断开，电动机停止转动。按下反转启动按钮 SB2，反转继电器 KA2 线圈得电，KA2 常开触点接通，使得电动机反转接触器 KM2 线圈得电，KM2 接触器主触点接通，电动机反转启动，按下停止按钮 SB3，反转继电器 KA2 线圈失电，KA2 常开触点断开，使得电动机反转接触器 KM2 线圈失电，KM2 接触器主触点断开，电动机停止，如图 6-1 所示。

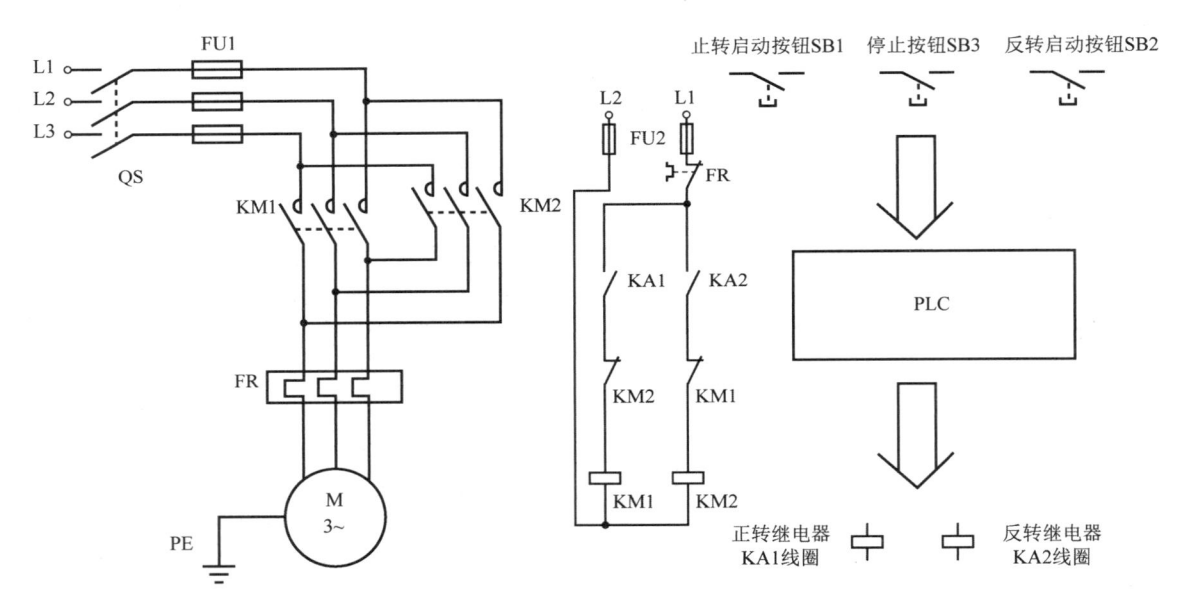

图 6-1　电动机正反转 PLC 控制等效示意图

6.2　学习目标

（1）掌握置位/复位指令使用方法并能用它们编写正反转控制程序。
（2）加深理解 PLC 的基本工作原理并能独立讲述。

(3)掌握在 S7-PLCSIM 中使用符号地址的方法并在本书项目 6 中应用。
(4)掌握用变量表监控与调试程序的方法并在本书项目 6 中应用。
(5)掌握跳变沿指令的使用并用它编写电动机启停控制程序。
(6)巩固对仿真软件与程序状态监控的理解与使用并完成本项目的巩固练习。

6.3 项目解决步骤

步骤 1．输入/输出信号元件分析
输入：正转启动按钮 SB1、停止按钮 SB3、反转启动按钮 SB2。
输出：电动机正转继电器 KA1 线圈、电动机反转继电器 KA2 线圈。
步骤 2．硬件和软件配置
硬件：
(1)电源模块（PS307 5A）1 个。
(2)紧凑型 S7-300 CPU 模块（CPU314C-2DP）1 个。
(3)MMC 卡 1 张。
(4)输入模块（DI16×DC24V）1 个。
(5)输出模块（DO16×DC24V/0.5A）1 个。
(6)DIN 导轨 1 根。
(7)PC 适配器 USB 编程电缆（S7-200/S7-300/S7-400 PLC 下载线）1 根。
(8)装有 STEP7 编程软件的计算机（也称编程器）1 台。
(9)正转启动按钮、反转启动按钮和停止按钮各 1 个。
(10)中间继电器（线圈电压 DC24V）2 个，接触器（线圈电压 AC380V）2 个。
(11)熔断器 5 个，热继电器 1 个，三相异步电动机 1 台，导线若干根，接线端子排 2 排，走线槽和号码管多个。
软件： STEP7 V5.4 及以上版本编程软件。
注：硬件配置可以根据实际情况变化。
步骤 3．PLC 硬件安装（参见项目 2）
步骤 4．硬件组态（参见项目 3）
步骤 5．输入/输出地址分配表
根据任务，输入/输出地址分配表如表 6-1 所示。

表 6-1 输入/输出地址分配表

序 号	输入信号元件名称	编程元件地址	序 号	输出信号元件名称	编程元件地址
1	正转启动按钮 SB1（常开触点）	I0.0	1	电动机正转继电器 KA1 线圈	Q4.0
2	反转启动按钮 SB2（常开触点）	I0.1	2	电动机反转继电器 KA2 线圈	Q4.1
3	停止按钮 SB3（常开触点）	I0.2			

步骤 6. 画出接线图

为防止正转接触器 KM1 线圈与反转接触器 KM2 线圈同时得电，造成三相电源短路，在 PLC 外部设置了硬件互锁电路。接线图如图 6-2 所示。

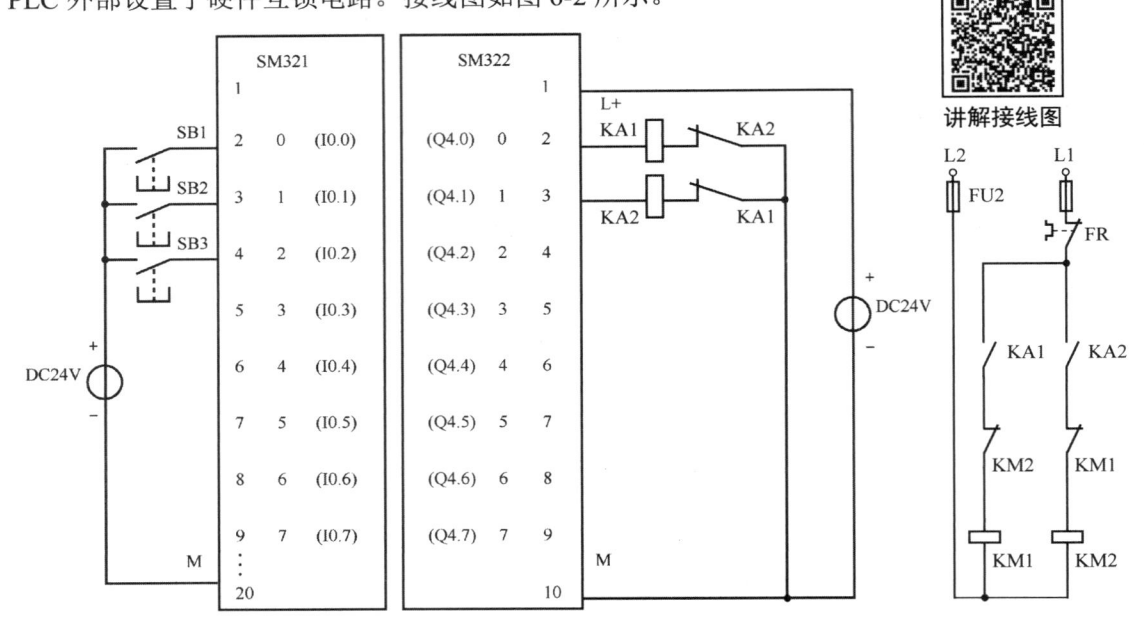

图 6-2 接线图

步骤 7. 建立符号表

在程序设计过程中，为了增加程序的可读性，可以建立符号表。在程序编辑器界面单击"选项"→"符号表"，输入符号表内容，然后单击"保存"，如图 6-3 所示（表中"正启按钮"即正转启动按钮，"正转 KA1"即正转继电器 KA1，其余类似，下同）。

图 6-3 符号表

步骤 8. 编写正反转控制程序

程序比较简单，采用线性化编程方式。所有指令都在组织块 OB1 中。编程思路：首先一定要理解项目要求，根据项目要求，还有输入/输出地址分配表，进行下面的编程，当按下正转启动按钮（即正启按钮，后同）SB1 时，输入继电器存储单元 I0.0 位是"1"，因此梯形图 I0.0 常开触点（即 ─┤ ├─）接通，由于 I0.2 常闭触点（即 ─┤/├─）是接通状态，所以梯形图 Q4.0 线圈（即 ─( )─）接通"得电"。Q4.0 自锁触点（即 ─┤ ├─）的功能是当 I0.0 常开触点断开时，通过 Q4.0 自锁触点仍然能使梯形图 Q4.0 线圈接通"得电"。

当按下停止按钮 SB3 时，输入继电器的存储单元 I0.2 位是"1"，因此梯形图 I0.2 常闭触点（即 ─┤/├─）断开，所以梯形图 Q4.0 线圈"失电"。

正转继电器 KA1 线圈与反转继电器 KA2 线圈不能同时得电，在硬件上已经采用了互锁机制保证这一点，不仅如此，还要采用软件互锁，就是在 Q4.0 输出线圈左侧串联一个

Q4.1 常闭触点,在 Q4.1 输出线圈左侧串联一个 Q4.0 常闭触点。另外,在程序段 1 回路上串联 I0.1 常闭触点,在程序段 2 回路上串联 I0.0 常闭触点。这样硬件与软件都实现了互锁。避免 KA1、KA2 线圈同时得电,使运行更安全。要完成正反转切换,将正转启动按钮的编程元件地址 I0.0 常闭触点串联在对应程序段 2 回路上,将反转启动按钮的编程元件地址 I0.1 常闭触点串联在对应程序段 1 回路上。最终完整程序如图 6-4 所示。

用输出线圈编写程序的讲解

程序段1:电动机正转

按下正转启动按钮SB1,电动机正转,按下停止按钮SB3,电动机停止,Q4.1常闭触点是线圈互锁触点。Q4.0 常开触点是自锁触点。

```
    I0.0        I0.1        I0.2        Q4.1        Q4.0
  "正启按钮    "反启按钮    "停止按钮   "反转KA2线圈" "正转KA1线圈"
    SB1"        SB2"        SB3"
    ─┤├─────────┤/├─────────┤/├─────────┤/├──────────( )──
    Q4.0
  "正转KA1线圈"
    ─┤├─
```

程序段2:电动机反转

按下反转启动按钮(反启按钮)SB2,电动机反转,按下停止按钮SB3,电动机停止,Q4.0常闭触点是线圈互锁触点。Q4.1常开触点是自锁触点。

```
    I0.1        I0.0        I0.2        Q4.0        Q4.1
  "反启按钮    "正启按钮    "停止按钮   "正转KA1线圈" "反转KA2线圈"
    SB2"        SB1"        SB3"
    ─┤├─────────┤/├─────────┤/├─────────┤/├──────────( )──
    Q4.1
  "反转KA2线圈"
    ─┤├─
```

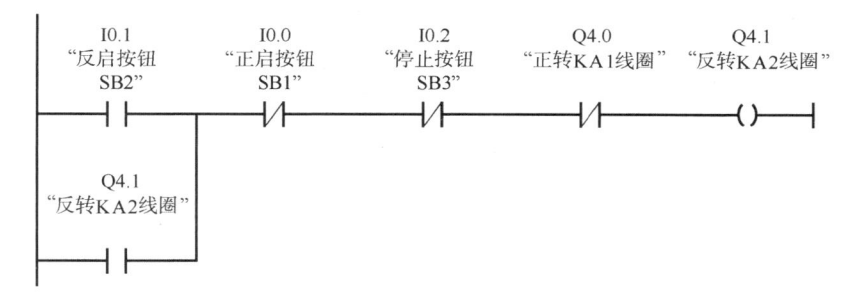

图 6-4 最终完整程序

步骤 9. 仿真调试程序

正转仿真调试:模拟按正转启动按钮 SB1(在仿真器中 I0.0 上双击),程序执行后,梯形图 Q4.0 输出线圈"得电",变成绿色实线,仿真器 Q4.0 为"1",表示电动机正转,如图 6-5 所示。

停止仿真调试:模拟按停止按钮 SB3(在仿真器中 I0.2 上双击),程序执行后,梯形图 Q4.0 输出线圈"失电",变成蓝色虚线,仿真器 Q4.0 为"0",表示电动机停止,如图 6-6 所示。

反转仿真调试:模拟按反转启动按钮(即反启按钮,后同)SB2(在仿真器中 I0.1 上双击),执行程序后,梯形图 Q4.1 输出线圈"得电",变成绿色实线,仿真器 Q4.1 为"1",表示电动机反转，如图 6-7 所示。

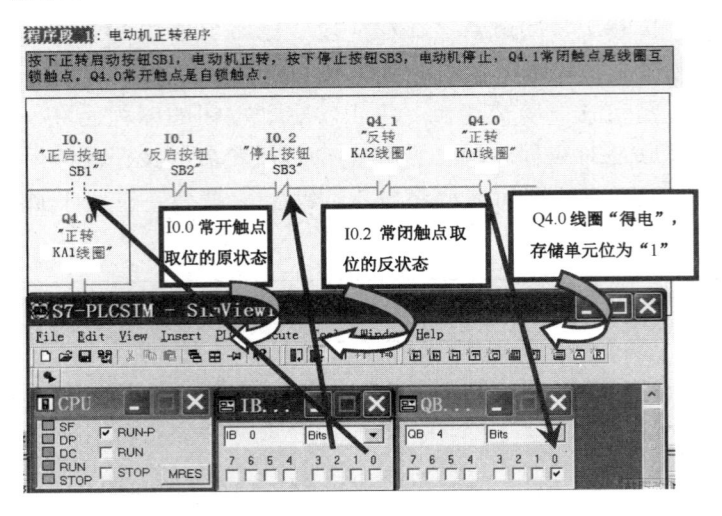

图 6-5　正转启动

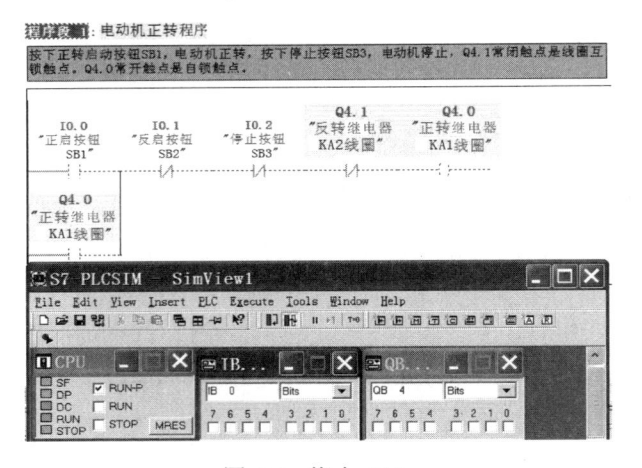

图 6-6　停止（1）

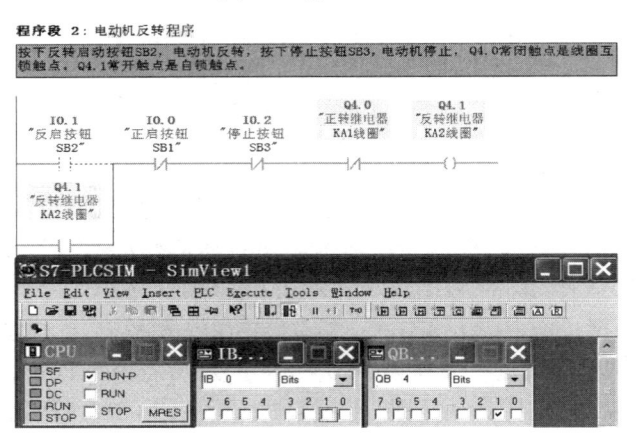

图 6-7　反转启动

停止仿真调试：模拟按停止按钮 SB3（在仿真器中 I0.2 上双击），执行程序后，梯形图 Q4.1 输出线圈"失电"，变成蓝色虚线，仿真器 Q4.1 为"0"，表示电动机反转停止，如图 6-8 所示。

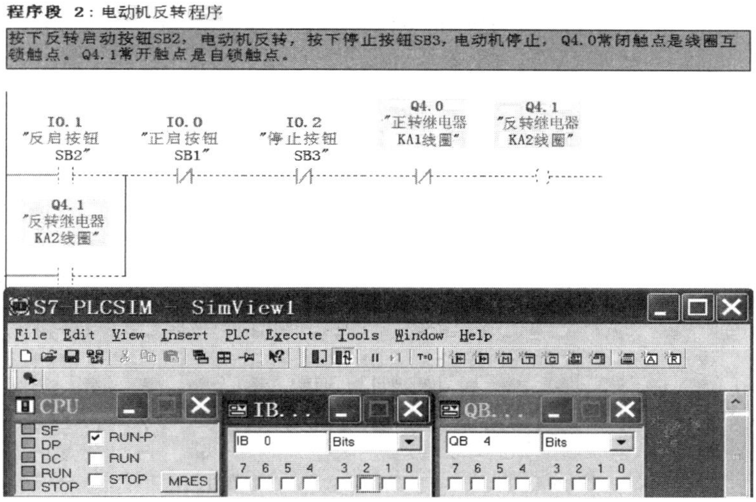

图 6-8 停止（2）

正转和反转切换仿真调试：模拟按正转启动按钮 SB1，执行程序后，Q4.0 为"1"，表示电动机正转。模拟按反转启动按钮 SB2，执行程序后，Q4.0 为"0"，正转停止，Q4.1 为"1"，电动机开始反转。模拟按正转启动按钮 SB1，执行程序后，Q4.1 为"0"，反转停止，Q4.0 为"1"，电动机正转。

满足上述情况说明仿真调试成功，接下来可进行联机调试。如果不满足上述情况，则应检查原因，修改程序，重新调试，直到仿真调试成功。

步骤 10．联机调试（参考项目 5 联机调试）

确保连线正确的情况下，下载硬件组态和程序等到真实 PLC 中（参见 5.3.6 内容）。

6.4　相关知识

6.4.1　在 S7-PLCSIM 中使用符号地址

以电动机正反转 PLC 控制为例来学习在 S7-PLCSIM 中使用符号地址，单击工具栏上的"插入垂直位"按钮，插入垂直位列表，设置地址为 IB0 和 QB4，如图 6-9 所示。

选择"工具"→"选项"→"连接符号"菜单命令，如图 6-10 所示。

单击"浏览"按钮，找到所做项目"电动机正反转 PLC 控制"，单击"S7 程序（1）"，单击"符号"，单击"确定"按钮，如图 6-11 所示。

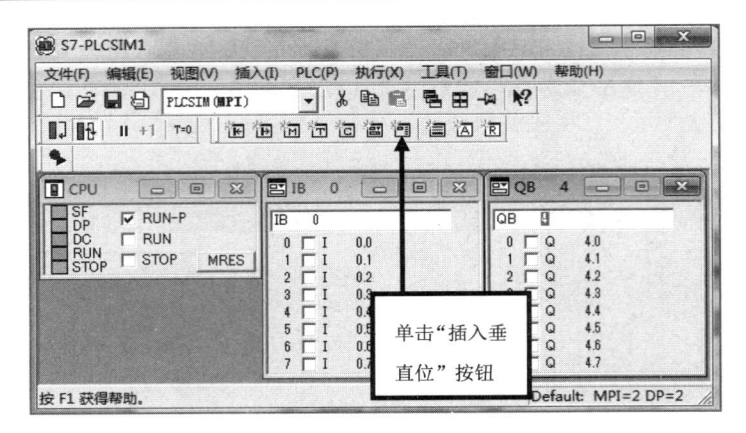

图 6-9　插入垂直位列表

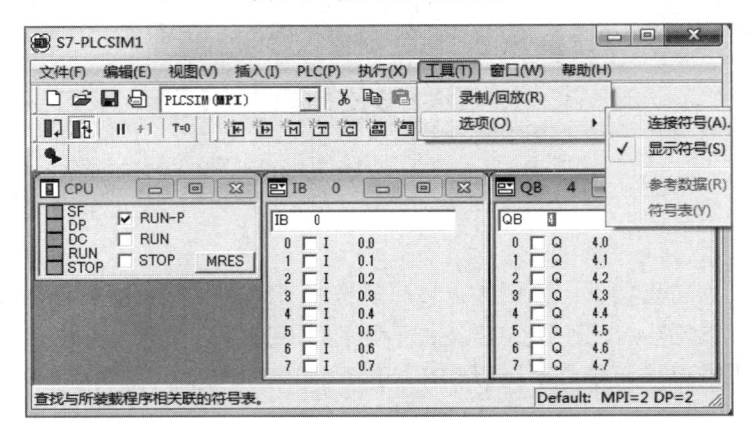

图 6-10　连接符号

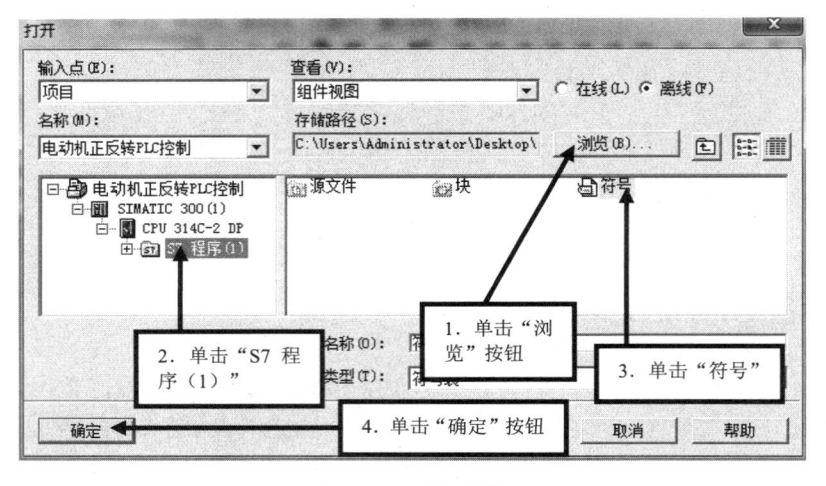

图 6-11　打开项目

显示符号地址如图 6-12 所示。

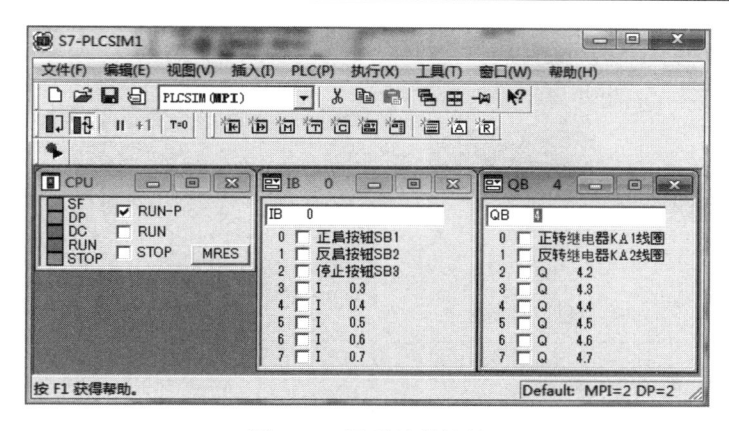

图 6-12　显示符号地址

6.4.2　用变量表监控和调试程序

使用变量表可以通过一个画面同时监控和修改用户感兴趣的多个变量。一个项目可以生成多个变量表，以满足不同的调试要求。变量表可以监控和改写的变量包括输入/输出继电器、位存储器 M、定时器 T、计数器 C、数据块内的存储单元和外设输入/外设输出（PI/PQ）。

1. 变量表的功能

（1）监视变量，显示用户程序或 CPU 中每个变量的当前值。
（2）修改变量，将固定值赋给用户程序或 CPU 中的变量。
（3）对外设输出赋值，允许在停机状态下将固定值赋给 CPU 的每个输出点 $Qm.n$。
（4）强制设定，给某个变量赋一个固定值，用户程序的执行不会影响被强制设定的变量的值。在确保设备安全的情况下，才可使用强制设定功能。
（5）定义变量被监视或赋予新值的触发点和触发条件。

2. 在变量表中输入变量

以电动机正反转 PLC 控制为例，在 SIMATIC 管理器中执行菜单命令"插入"→"S7 块"→"变量表"，生成新的变量表，如图 6-13 所示。

在第 1 行"地址"列输入"I0.0"，符号"正启按钮 SB1"自动显示，显示格式为"BOOL"，在第 2 行"地址"列输入"I0.1"，符号"反启按钮 SB2"自动显示，显示格式为"BOOL"，在第 3 行"地址"列输入"I0.2"，符号"停止按钮 SB3"自动显示，显示格式为"BOOL"，在第 4 行"地址"列输入"Q4.0"，符号"正转继电器 KA1 线圈"自动显示，显示格式为"BOOL"，在第 5 行"地址"列输入"Q4.1"，符号"反转继电器 KA2 线圈"自动显示，显示格式为"BOOL"，如图 6-14 所示。

3. 监视变量

单击工具栏上的监视变量按钮，启动监视功能。变量表中的状态值按设定的触发条件显示在变量表中（绿色柱状和灰色方块）。单击修改变量按钮，用 S7-PLCSIM 仿真时，选择 RUN-P 模式，否则某些监控功能会受到限制。

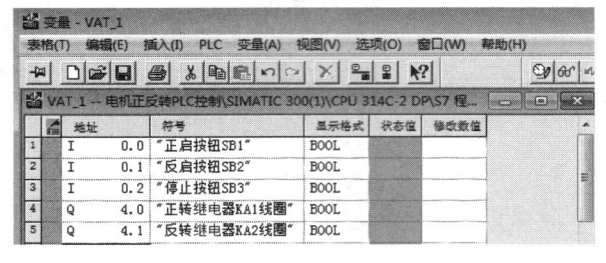

图 6-13 新建变量表

图 6-14 输入变量

4．修改变量

选择 RUN-P 模式，单击监视变量按钮，在修改数值处输入数值（输入布尔型变量的修改值 0 或 1 后按 Enter 键，它们将自动变为"false"或"true"），单击修改变量按钮，输出值根据程序而变化。

注意：如果在联机调试情况下，在执行修改功能前，应确认不会有危险的情况出现。

利用变量表调试正转启动，模拟按下 SB1，I0.0 所在行的"修改数值"改为"1"，按 Enter 确认，单击监视变量按钮，再单击修改变量按钮，由于程序作用，输出 Q4.0 为"1"，在状态值列显示 true，如图 6-15 所示。模拟松开 SB1，将 I0.0 改为"0"，按 Enter 键确认，单击修改变量按钮。

图 6-15 正转启动的变量修改

模拟按下 SB3，I0.2 为"1"，模拟松开 SB3，I0.2 为"0"，由于程序作用，输出 Q4.0 为"0"。在状态值列显示"false"，表示正转停止。

利用变量表调试反转启动，将 I0.1 所在行的"修改数值"改为"1"，按 Enter 键确认，单击监视变量按钮，再单击修改变量按钮，由于程序作用，输出 Q4.1 为"1"，在状态值列显示 true，如图 6-16 所示。模拟松开 SB2，将 I0.1 改为"0"，按 Enter 键确认，单击修改变量按钮。

模拟按下 SB3，I0.2 为"1"，模拟松开 SB3，I0.2 为"0"，由于程序作用，输出 Q4.1 为"0"，在状态值列显示"false"，表示反转停止。

用户可以有选择地复制符号表中的某些地址，然后将其粘贴到变量表。

以二进制格式显示 IB0 时，可以同时显示和分别修改 I0.0～I0.7 输入位，观看输出显示位 Q4.0～Q4.7。这一方法可以应用到显示、修改 16 位字、32 位双字变量的情况。

项目 6　电动机正反转的 PLC 控制

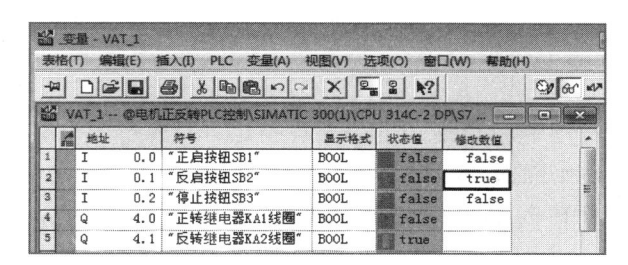

图 6-16　反转启动的变量修改

利用变量表调试正转启动，将 IB0 所在行的"修改数值"改为"00000001"，按 Enter 键确认，单击监视变量按钮，再单击修改变量按钮，由于程序作用，输出 Q4.0 为"1"，在状态值列显示 true，如图 6-17（a）所示。

利用变量表调试反转启动，将 IB0 所在行的"修改数值"改为"00000010"，按 Enter 键确认，单击监视变量按钮，再单击修改变量按钮，由于程序作用，输出 Q4.1 为"1"，在状态值列显示 true，如图 6-17（b）所示。

（a）调试正转启动

（b）调试反转启动

图 6-17　利用变量表调试

执行"视图"菜单最上面的 9 条命令，可以选择显示变量表中对应的列，如图 6-18 所示。

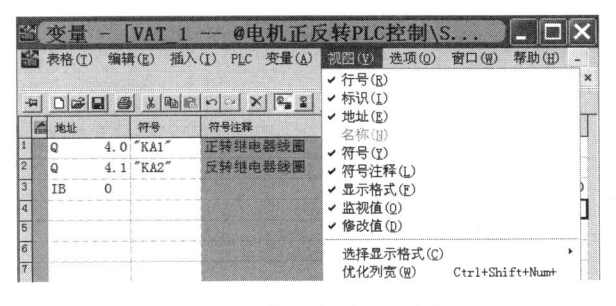

图 6-18　变量表列显示选择

6.4.3 置位与复位指令

在电动机启停控制程序中，如果想让电动机保持运行且梯形图中没有 Q4.0 自锁常开触点，就要一直按着启动按钮，不能松开，这显然太麻烦，下面学习的指令可以解决这个问题。

置位指令 ——(S)——（位地址）：根据 RLO 来决定指定位地址的状态是否需要改变。

RLO 是逻辑操作的结果，是状态字的第一位，英文是 Result of Logic Operation，该位存储逻辑指令或比较指令的结果，在逻辑串中，RLO 的状态表示有关信号能流的信息，RLO 为"1"，表示有信号能流（通），RLO 为"0"，表示无信号能流（断）。可用 RLO 触发跳转指令。指令执行时，可能改变逻辑操作结果。

如果 RLO 为"1"，也就是置位指令左边的逻辑运算结果为"1"时，置位指令执行，使指定位地址的内容为"1"。如果 RLO 为"0"，也就是置位指令左边的逻辑运算结果为"0"时，置位指令不执行，使指定位地址内容保持不变。位地址可为存储区 I、Q、M、D 和 L。置位指令执行后的指定位地址内容为"1"，即使置位指令左边的逻辑运算结果变为"0"，位地址的内容也保持为"1"（具有自锁功能，不需要另外的自锁触点就可以保持位地址的内容为"1"）。只有执行复位指令后，位地址的内容才为"0"。

复位指令 ——(R)——（位地址）：复位指令使指定位地址的内容为 0。如果 RLO 为"1"，也就是复位指令左边的逻辑运算结果为"1"时，复位指令使指定位地址的内容为"0"。如果 RLO 为"0"，指定位地址内容保持不变。位地址可为存储区 I、Q、M、D 和 L，该指令也可复位定时器和计数器。

注意：当置位指令和复位指令同时出现时，如果复位指令在置位指令后，按照扫描的结果，最终执行的是复位指令，如果置位指令在复位指令后，最终执行的是置位指令。

在电动机启停控制程序中，置位和复位指令如图 6-19 所示。

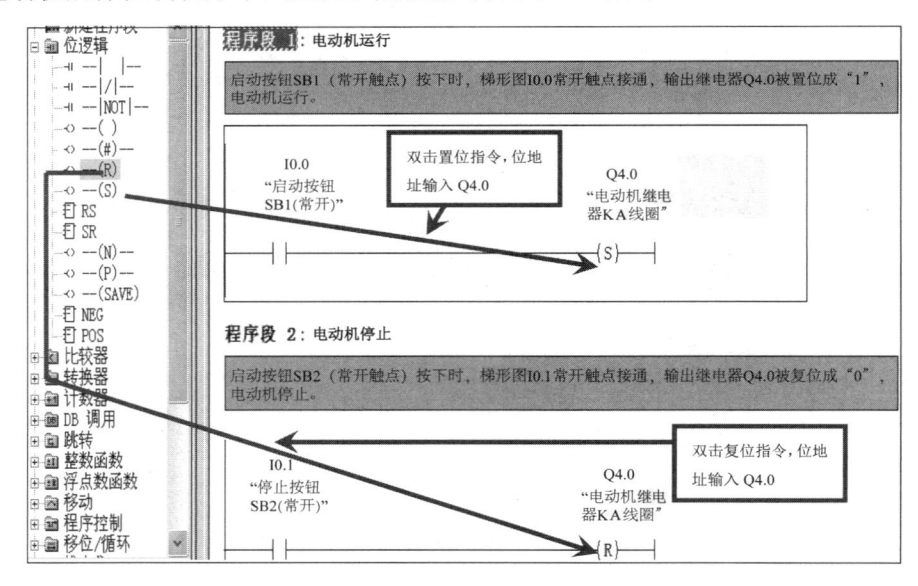

图 6-19 置位和复位指令

S7-PLCSIM 仿真软件调试过程：

模拟按启动按钮 SB1，在仿真器中 I0.0 上双击，Q4.0 被置"1"，置位指令和复位指令的括号都是绿色实线（彩色效果见电子课件，后同），如图 6-20 所示。

程序段1：电动机运行

```
    I0.0                                        Q4.0
  "启动按钮                                   "电动机继电器
  SB1(常开)"                                    KA线圈"
─────┤ ├──────────────────────────────────────( S )────
```

程序段2：电动机停止

```
    I0.1                                        Q4.0
  "停止按钮                                   "电动机继电器
  SB2(常开)"                                    KA线圈"
─────┤ ├──────────────────────────────────────( R )────
```

图 6-20 置位和复位指令的使用（一）

模拟按停止按钮 SB2，在仿真器中 I0.1 上双击，Q4.0 被复位成"0"，置位指令和复位指令的括号都是蓝色虚线，如图 6-21 所示。

程序段1：电动机运行

```
    I0.0                                        Q4.0
  "启动按钮                                   "电动机继电器
  SB1(常开)"                                    KA线圈"
─────┤ ├──────────────────────────────────────( S )────
```

程序段2：电动机停止

```
    I0.1                                        Q4.0
  "停止按钮                                   "电动机继电器
  SB2(常开)"                                    KA线圈"
─────┤ ├──────────────────────────────────────( R )────
```

图 6-21 置位和复位指令的使用（二）

6.4.4 触发器

在梯形图中触发器有置位优先和复位优先两种类型（如图 6-22 所示）。

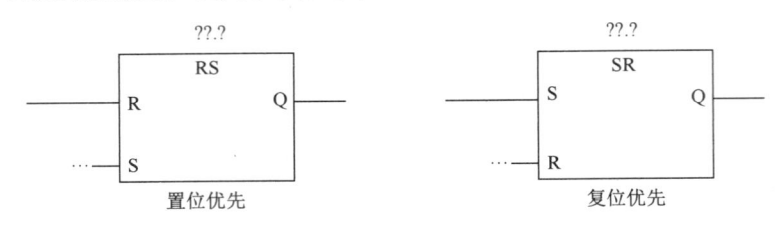

图 6-22 触发器

置位优先型 RS 触发器中，R 端在 S 端之上，当两个输入端都为"1"时，即都接通时，置位输入最终有效，即执行置位功能，这是因为 CPU 顺序扫描时，置位端有优先权。S 端输入为"1"、R 端输入为"0"时，执行置位功能，输出端 Q 为"1"。S 端输入为"0"、R 端输入为"1"时，执行复位功能，输出端 Q 为"0"。

复位优先型 SR 触发器中，S 端在 R 端之上，当两个输入端都为"1"时，即都接通时，复位输入最终有效，即执行复位功能，这是因为 CPU 顺序扫描时，复位端有优先权。S 端输入为"1"、R 端输入为"0"时，执行置位功能，输出端 Q 为"1"。S 端输入为"0"、R 端输入为"1"时，执行复位功能，输出端 Q 为"0"。

置位优先型 RS 触发器和复位优先型 SR 触发器的区别在于 S 端和 R 端输入均为"1"时，SR 触发器的输出端 Q 为"0"，RS 触发器的输出端 Q 为"1"。

触发器的输出端与触发器指令的位地址（??.?）对应存储单元状态一致，存储区可使用 I、Q、M、D 和 L。

在电动机启停控制程序中，复位优先型 SR 触发器编程如图 6-23 所示，当 I0.0 接通时，Q 端为"1"，接通 Q4.0 线圈。I0.1 接通时，Q 端为"0"，断开 Q4.0 线圈。M0.0 与 Q 端、Q4.0 输出线圈状态相同。当常开触点 I0.0 与常开触点 I0.1 都接通时，Q 端为"0"。

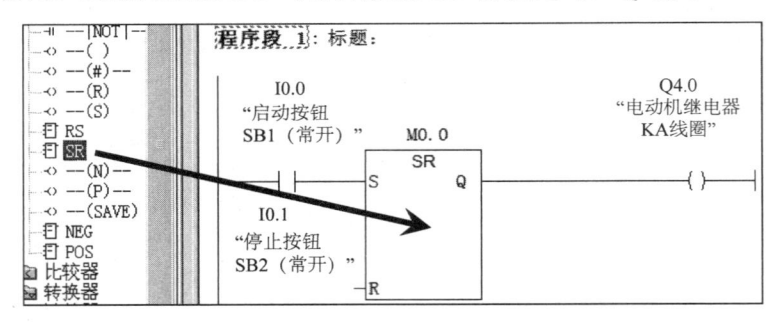

图 6-23 复位优先型 SR 触发器编程

6.4.5 跳变沿检测指令

当信号状态由"0"变化到"1"，则产生正跳沿（上升沿、前沿），如果信号状态由"1"变化到"0"，则产生负跳沿（下降沿、后沿）。

RLO 跳变沿检测指令分为 RLO 正跳变沿检测指令和 RLO 负跳沿检测指令。

RLO 正跳沿检测指令：符号为 —(P)—，其左边程序逻辑运算结果（RLO）由 0 变为 1，即左边能流由断开变为接通时，检测到一次正跳沿。能流只在该扫描周期内流过检测元件，右边的元件仅在当前扫描周期内通电，时间很短。

RLO 负跳沿检测指令：符号为 —(N)—，其左边程序的逻辑运算结果（RLO）由 1 变为 0，即左边能流由接通变为断开时，检测到一次负跳沿。能流只在该扫描周期内流过检测元件，右边的元件仅在当前扫描周期内通电，时间很短。

RLO 跳变沿检测指令的上方位地址为边沿存储位，用来存储上一次扫描循环的逻辑运算结果。

用 RLO 跳变沿检测指令编写的电动机启停控制程序如图 6-24 所示。

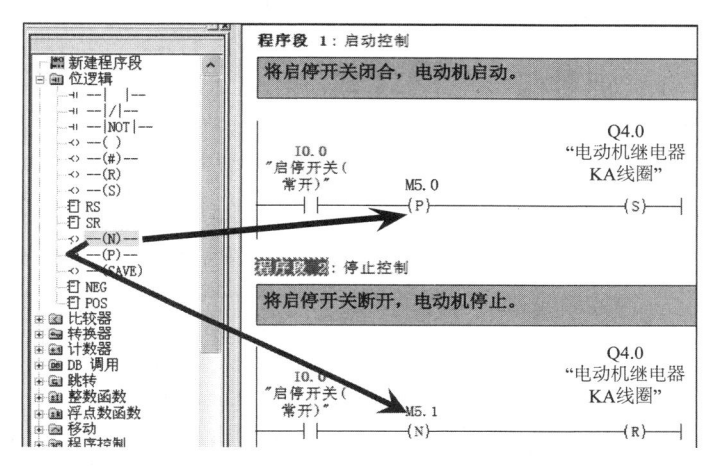

图 6-24 用 RLO 跳变沿检测指令编写的电动机启停控制程序

用仿真软件调试：模拟按下启停开关（在仿真器 I0.0 小方框上单击一下），梯形图 I0.0 常开触点由断开变为接通。此时 RLO 正跳沿检测指令（P）左侧逻辑运算结果由"0"变为"1"，右侧产生短暂输出，从而执行置位指令接通 Q4.0，Q4.0 置为"1"，仿真器 Q4.0 显示为"1"，表示电动机启动运行，如图 6-25 所示。

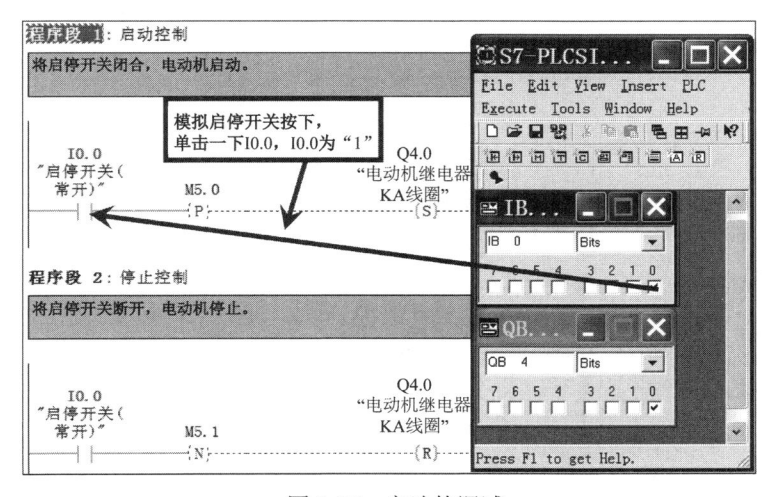

图 6-25 启动的调试

模拟再次按下启停开关（在仿真器 I0.0 小方框上再单击一下），梯形图常开触点 I0.0 由"1"变为"0"，RLO 负跳沿检测指令（N）左侧逻辑运算结果由"1"变为"0"，右侧产生短暂输出，执行复位指令，将 Q4.0 位复位成"0"，仿真器 Q4.0 显示为"0"，表示电动机停止运行，如图 6-26 所示。

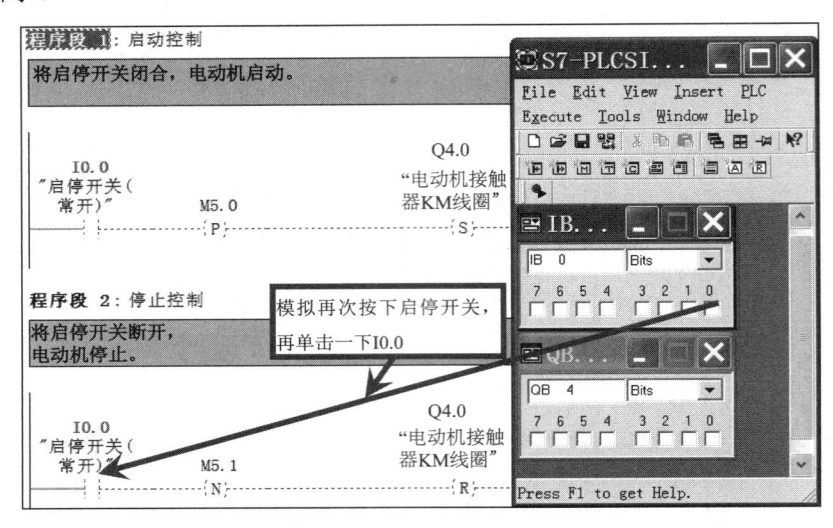

图 6-26 停止的调试

6.5 项目解决方法拓展

1. 应用触发器编程

用触发器编写的电动机正反转控制程序如图 6-27 所示。

讲解用触发器编程

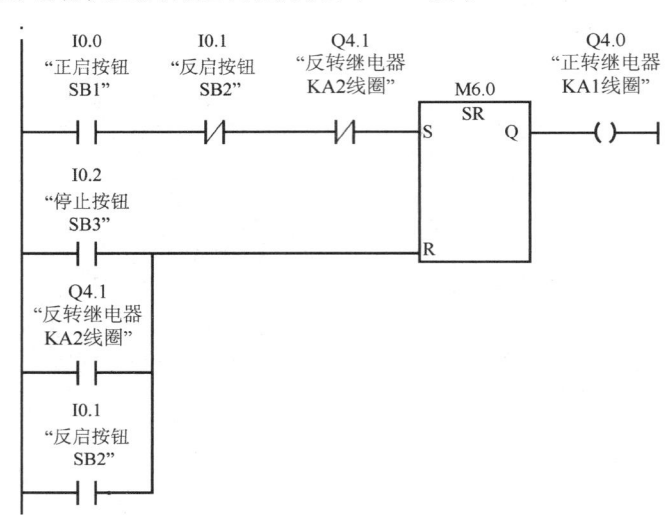

图 6-27 用触发器编写的电动机正反转控制程序

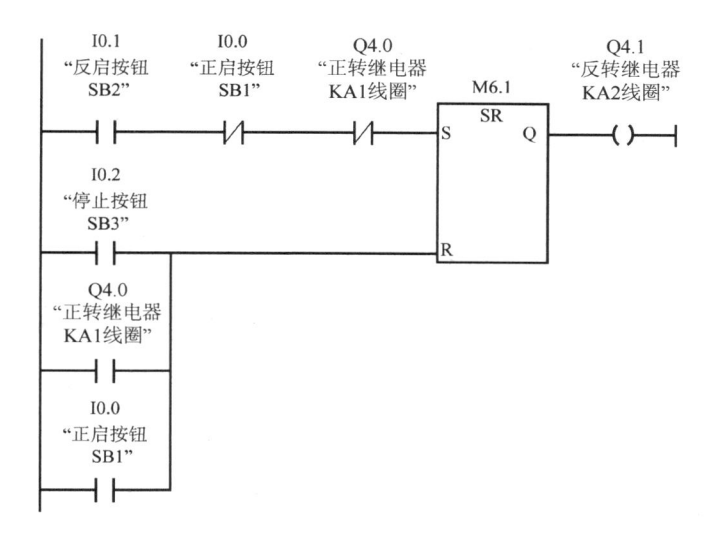

图 6-27　用触发器编写的电动机正反转控制程序（续）

用仿真软件调试正转启动和正转停止过程如图 6-28 和图 6-29 所示。

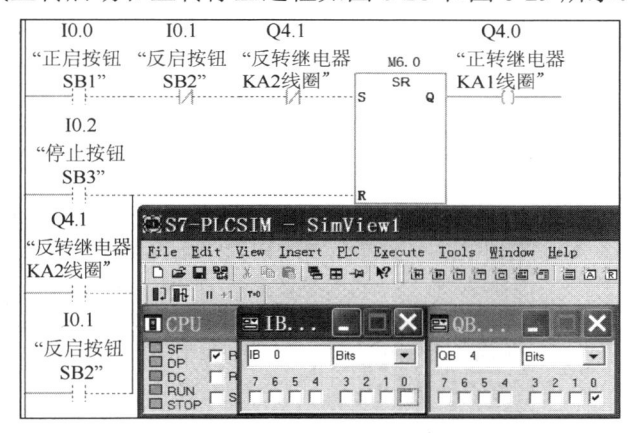

图 6-28　正转启动的调试

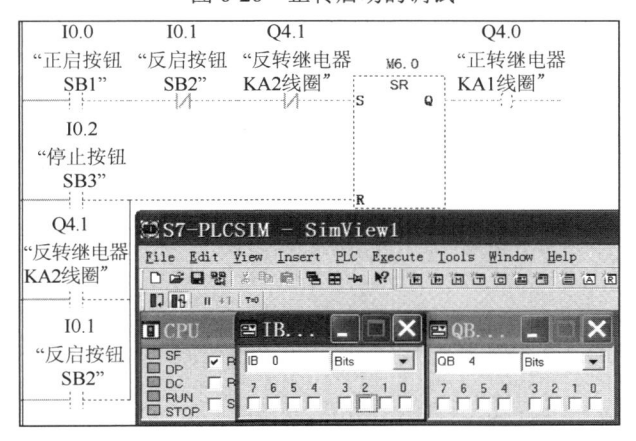

图 6-29　正转停止的调试

用仿真软件调试反转启动和反转停止过程如图 6-30 和图 6-31 所示。

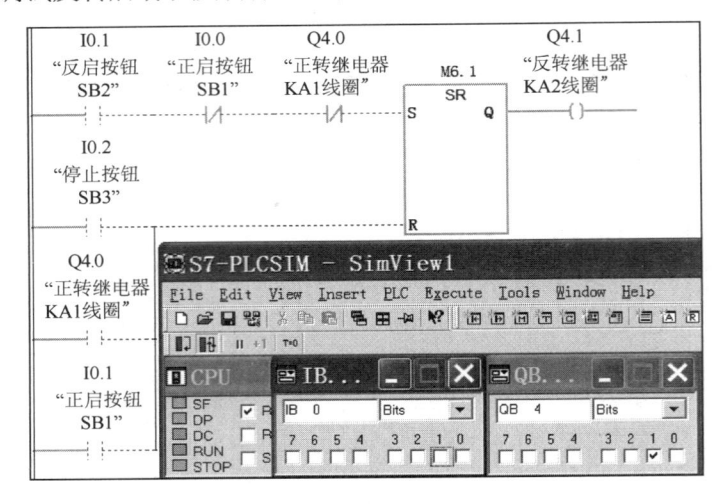

图 6-30　反转启动的调试

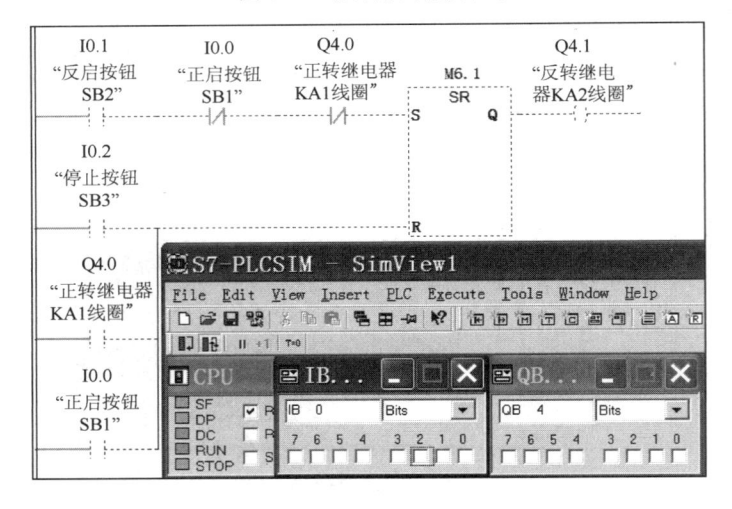

图 6-31　反转停止的调试

2. 应用置位、复位指令编程

用置位、复位指令编写的电动机正反转控制程序如图 6-32 所示。

用置位、复位指令编程

程序段1：接通正转接触器KM1线圈

图 6-32　用置位、复位指令编写的电动机正反转控制程序

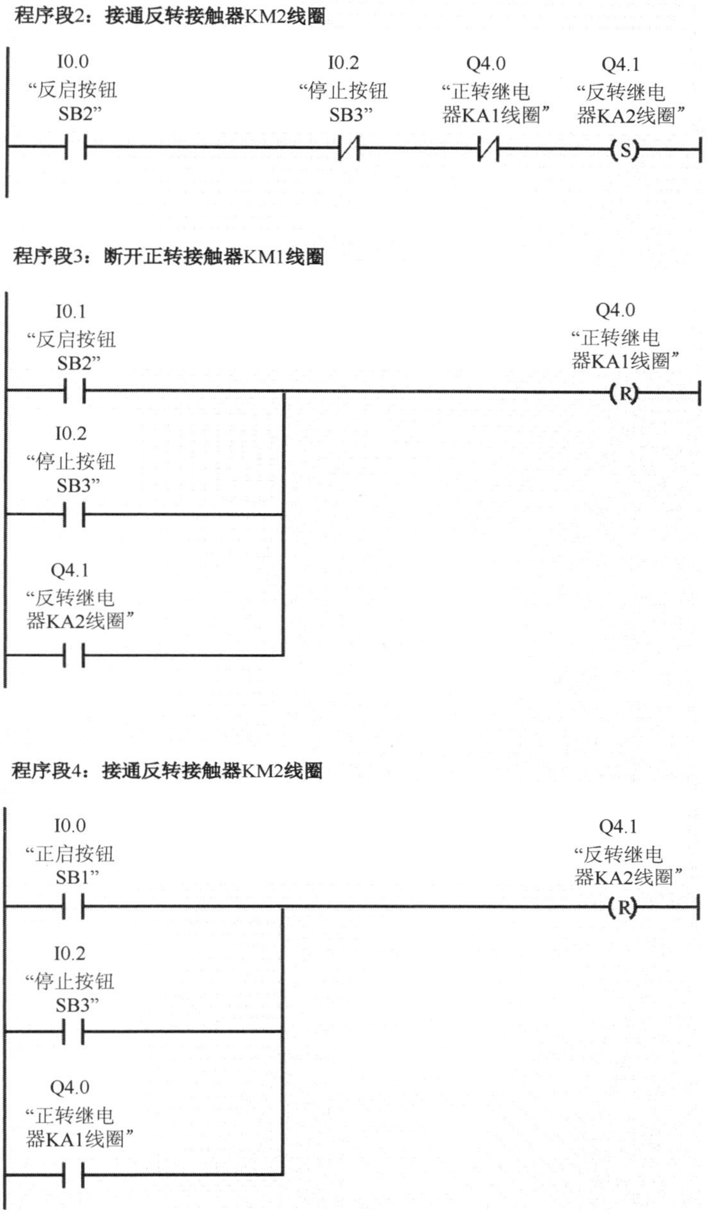

程序段2：接通反转接触器KM2线圈

```
  I0.0         I0.2         Q4.0         Q4.1
"反启按钮"    "停止按钮"    "正转继电    "反转继电
  SB2"         SB3"       器KA1线圈"   器KA2线圈"
───┤├──────────┤/├──────────┤/├──────────(S)───
```

程序段3：断开正转接触器KM1线圈

```
   I0.1                                   Q4.0
"反启按钮"                              "正转继电
   SB2"                                器KA1线圈"
───┤├──────┬─────────────────────────────(R)───
           │
   I0.2    │
"停止按钮"  │
   SB3"    │
───┤├──────┤
           │
   Q4.1    │
"反转继电"  │
器KA2线圈" │
───┤├──────┘
```

程序段4：接通反转接触器KM2线圈

```
   I0.0                                   Q4.1
"正启按钮"                              "反转继电
   SB1"                                器KA2线圈"
───┤├──────┬─────────────────────────────(R)───
           │
   I0.2    │
"停止按钮"  │
   SB3"    │
───┤├──────┤
           │
   Q4.0    │
"正转继电"  │
器KA1线圈" │
───┤├──────┘
```

图 6-32　用置位、复位指令编写的电动机正反转控制程序（续）

巩固练习六

（1）某双向运转的传送带采用两地控制，当传送带上的工件到达终端的指定位置后，传送带自动停止运转，在传送带的两端均有启动按钮和停止按钮，并且均有工件检测传感器。

要求：
① 完成输入/输出信号元件分析。
② 完成硬件组态及 I/O 地址分配。
③ 画出接线图。
④ 写出符号表。
⑤ 编写控制程序。
⑥ 调试控制程序。

（2）线圈形式的置位、复位指令与触发器有什么区别？

（3）设计抢答器 PLC 控制系统。

控制任务：有三个抢答台和一个主持台，每个抢答台上各有一个抢答按钮和一盏指示灯。在允许抢答时，第一个按下抢答按钮的参赛者抢答台上的指示灯将会亮，且松开抢答按钮后，指示灯仍会亮，此后其他两个抢答台上的抢答按钮即使被按下，其指示灯也不会亮。这样主持人就可以知道谁是第一个抢答的，该题回答结束后，主持人按下主持台上的复位按钮，则指示灯灭，又可以进行下一题的抢答。

（4）设计五站点呼叫小车系统。

控制任务：一辆小车在一条线路上运行，线路上有五个站点，每个站点各设一个行程开关和一个呼叫按钮。要求无论小车在哪个站点，当某一个站点按下呼叫按钮后，小车将自动行进到发出呼叫的站点，系统如图 6-33 所示。

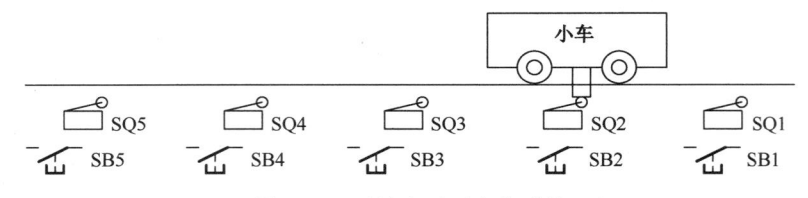

图 6-33　五站点呼叫小车系统

项目 7　小车往复运动的 PLC 控制

7.1　项目要求

小车由三相异步电动机驱动，改变电动机的旋转方向（正反转）就可以改变小车的运动方向。按下启动按钮 SB1 后，小车左行，碰到左限位行程开关 SQ1，发出停止信号，停止左行，同时发出启动右行信号，小车右行，碰到右限位行程开关 SQ2，发出停止信号，停止右行，同时发出启动左行信号，小车左行，重复上述往复运动过程。按下停止按钮，小车停止。小车电动机以热继电器 FR 为过载保护，使电动机免受长期过载之危害，即电流超限时，其 FR 动断触头应能在一定时间内断开，达到停止电动机的目的。故障排除后，FR 由人工进行复位。小车运行过程如图 7-1 所示。

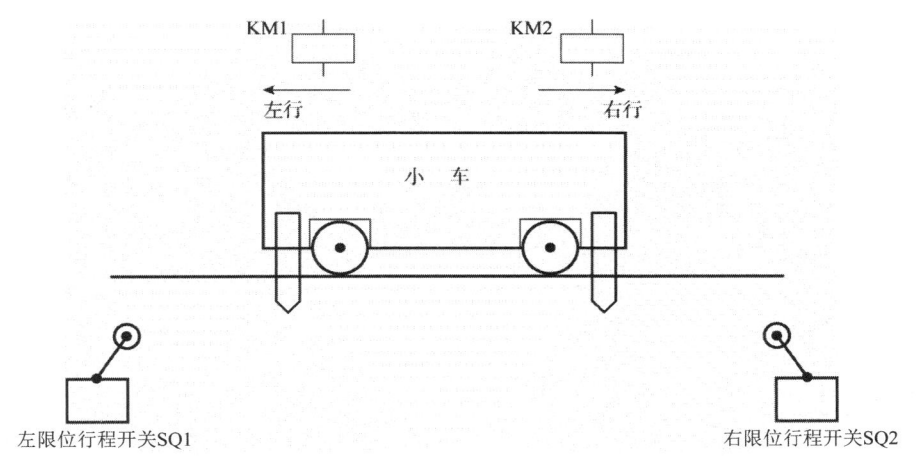

图 7-1　小车运行过程

7.2　学习目标

（1）巩固触发器、置位/复位指令和输出线圈应用能力。
（2）掌握行程控制类编程方法并能独立把小车往复运动 PLC 控制程序编写出来。
（3）掌握电动机过载保护 FR 常闭触点在编程中的应用并能将应用方法讲述清楚。
（4）提高编程及调试能力。

7.3　项目解决步骤

步骤 1. 输入/输出信号元件分析

说明：常开触点又称动合触点，常闭触点又称动断触点。

输入：启动按钮 SB1（动合触点）；停止按钮 SB2（动合触点）；左限位行程开关 SQ1（动合触点）；右限位行程开关 SQ2（动合触点）；热继电器 FR（动断触点）。

输出：左行继电器 KA1 线圈；右行继电器 KA2 线圈。

步骤 2. 硬件和软件配置

硬件：

（1）电源模块（PS307 5A）1 个。

（2）紧凑型 S7-300 CPU 模块（CPU314C-2DP）1 个。

（3）MMC 卡 1 张。

（4）输入模块（DI16×DC24V）1 个。

（5）输出模块（DO16×DC24V/0.5A）1 个。

（6）DIN 导轨 1 根。

（7）PC 适配器 USB 编程电缆（S7-200/S7-300/S7-400 PLC 下载线）1 根。

（8）装有 STEP7 编程软件的计算机（也称编程器）1 台。

（9）启动和停止按钮各 1 个。

（10）中间继电器（线圈电压 DC24V）2 个，接触器（线圈电压 AC380V）2 个。

（11）熔断器 5 个，热继电器 1 个，三相异步电动机 1 台，导线若干根，接线端子排 2 排，走线槽和号码管多个，行程开关 2 个。

软件：STEP7 V5.4 及以上版本编程软件。

注：硬件配置可以根据实际情况变化。

步骤 3. PLC 硬件安装（参见项目 2）

步骤 4. 硬件组态（参见项目 3）

步骤 5. 写出输入/输出地址分配表

输入/输出地址分配如表 7-1 所示。

表 7-1　输入/输出地址分配表

序　号	输入信号元件名称	编程元件地址	序　号	输出信号元件名称	编程元件地址
1	启动按钮 SB1（动合触点）	I0.0	1	左行继电器 KA1 线圈	Q4.0
2	停止按钮 SB2（动合触点）	I0.1	2	右行继电器 KA2 线圈	Q4.1
3	左限位行程开关 SQ1（动合触点）	I0.2			
4	右限位行程开关 SQ2（动合触点）	I0.3			
5	热继电器 FR（动断触点）	I0.4			

步骤 6. 画出接线图

小车往复运动 PLC 控制的接线图如图 7-2 所示。

步骤 7. 建立符号表

小车往复运动 PLC 控制的符号表如图 7-3 所示（图中左限位 SQ1 即左限位行程开关 SQ1，其余表述类似，下同）。

讲解小车往复运动
PLC 控制接线图

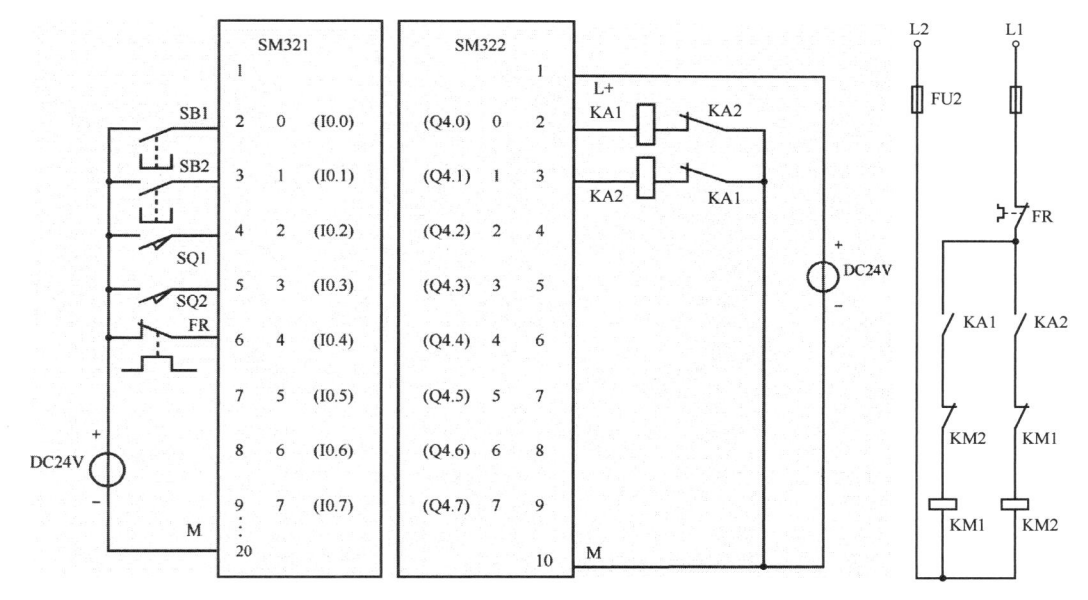

图 7-2 接线图

图 7-3 符号表

步骤 8. 编写控制程序

通过小车往复运动 PLC 控制的等效工作电路示意图（见图 7-4），理解热继电器 FR 的常闭触点的编程方法。

用输出线圈编写小车程序讲解

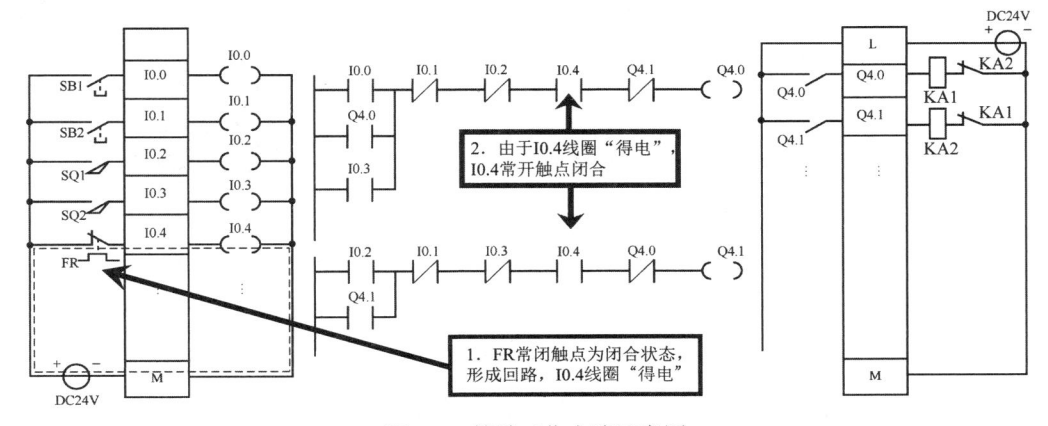

图 7-4 等效工作电路示意图

用输出线圈编写控制程序，如图 7-5 所示（图中左限位 SQ1 即左限位行程开关 SQ1，其余表述类似，下同）。

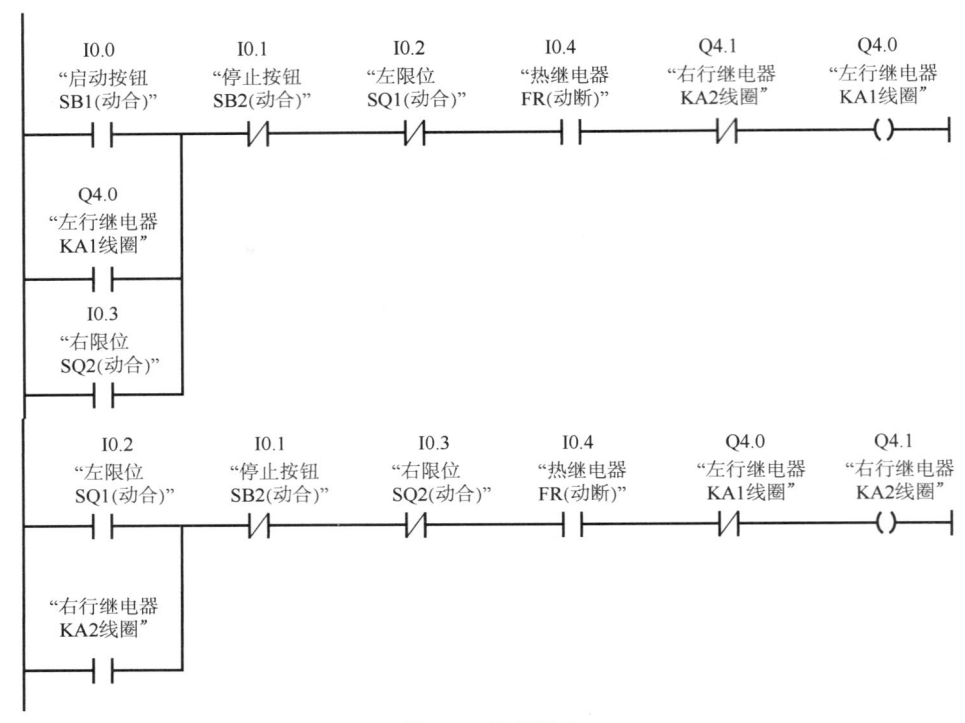

图 7-5 控制程序

步骤 9. 调试程序

模拟热继电器 FR 使用常闭触点（动断触点），在仿真器中 I0.4 上单击一下，使得 I0.4 为"1"，如图 7-6 所示。

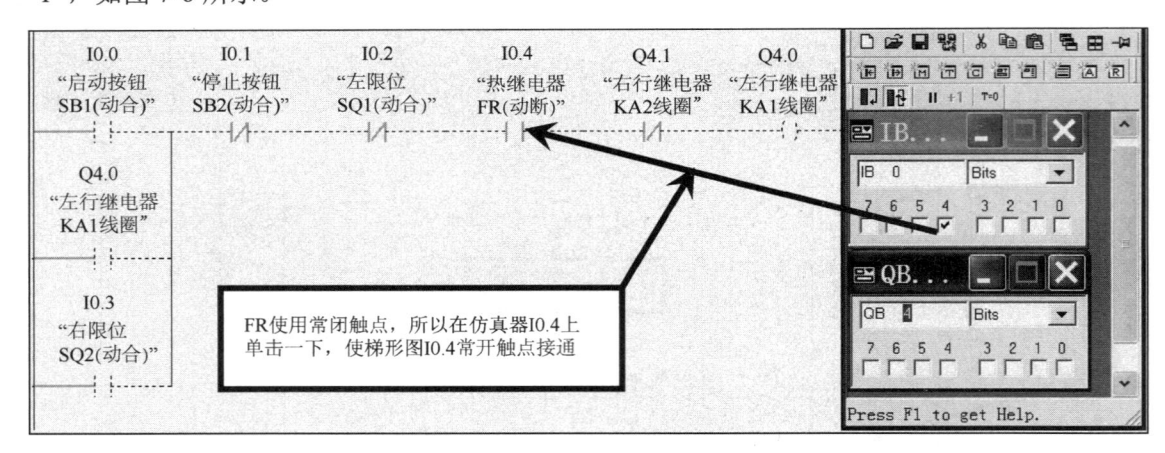

图 7-6 FR 使用常闭触点

模拟启动按钮 SB1 按下（在仿真器中 I0.0 上双击），左行继电器线圈"得电"，仿真器中 Q4.0 为"1"，表示小车左行，如图 7-7 所示。

模拟小车碰到左限位行程开关 SQ1（动合触点），在仿真器 I0.2 上单击一下，I0.2 为"1"，

I0.2 常闭触点断开，左行继电器线圈"失电"，仿真器中 Q4.0 为"0"，小车自动停止左行，如图 7-8 所示。

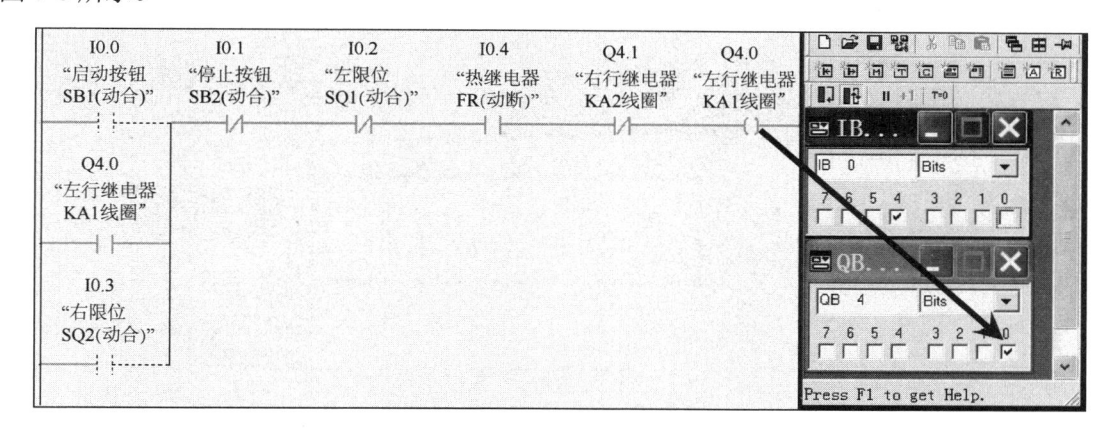

图 7-7 小车左行

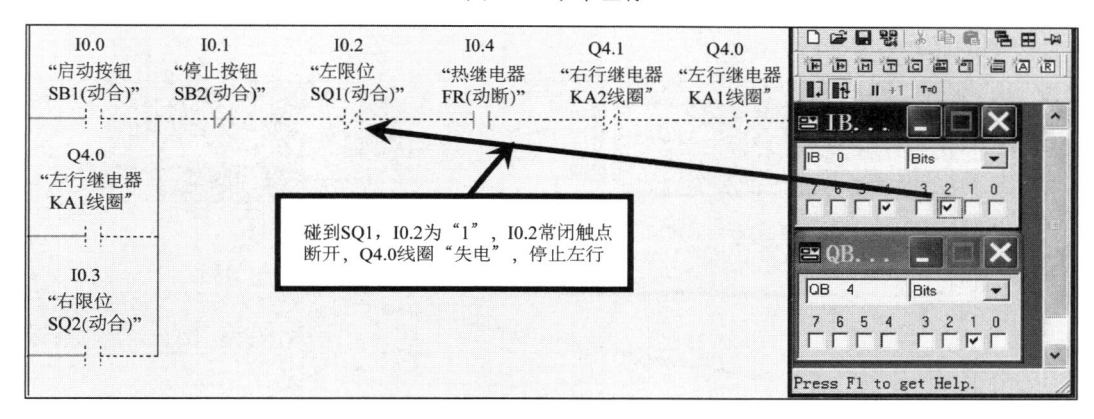

图 7-8 小车自动停止左行

仿真器中 I0.2 为"1"后，I0.2 常开触点闭合，右行继电器线圈"得电"，仿真器中 Q4.1 为"1"，自动启动小车右行，如图 7-9 所示。

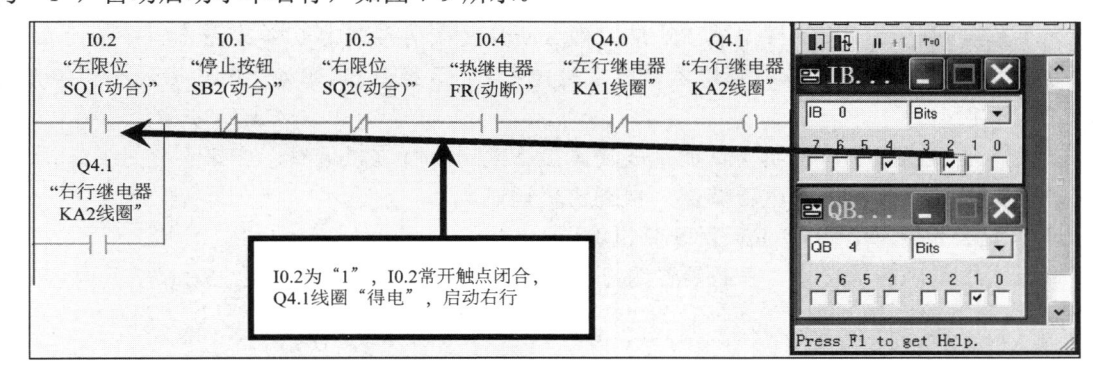

图 7-9 自动启动小车右行

模拟小车碰到右限位行程开关 SQ2，在仿真器中 I0.3 上单击一下，I0.3 为 "1"，I0.3 常闭触点断开，右行继电器线圈"失电"，Q4.1 为 "0"，小车自动停止右行，如图 7-10 所示。

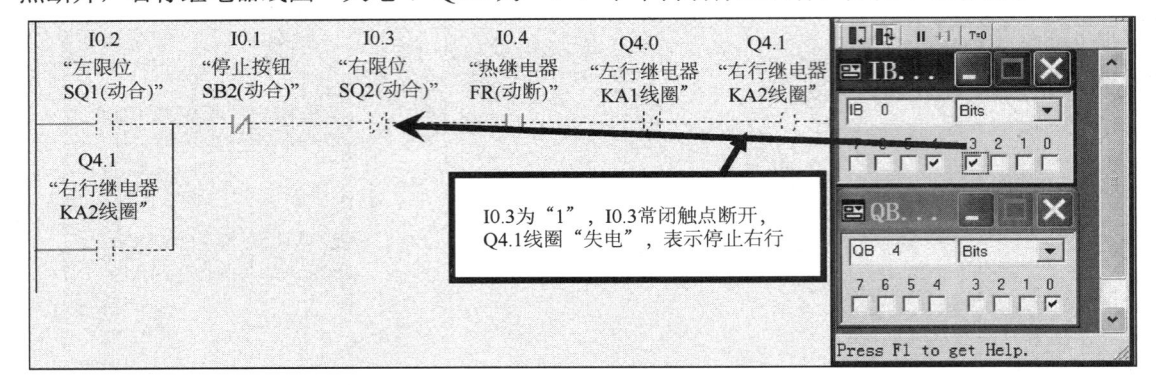

图 7-10　自动停止小车右行

仿真器中 I0.3 为 "1" 后，I0.3 常开触点接通，左行继电器线圈"得电"，Q4.0 为 "1"，自动启动小车左行，如图 7-11 所示。

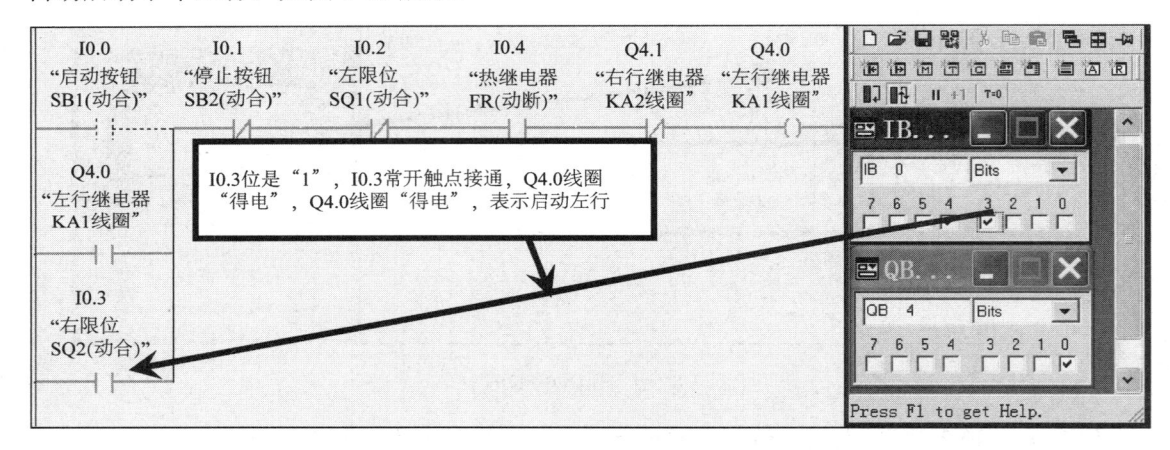

图 7-11　自动启动小车左行

当小车过载时，模拟热继电器 FR 常闭触点断开（在仿真器中 I0.4 上单击一下），I0.4 为 "0"，I0.4 常开触点断开，左行继电器线圈"失电"，仿真器中 Q4.0 为 "0"，表示小车停止运行，如图 7-12 所示。

如果满足上述情况，说明仿真调试成功，接下来可进行联机调试。如果不满足上述情况，则应检查原因，修改程序，重新调试，直到仿真调试成功。

步骤 10．联机调试（参考项目 5 联机调试）

确保连线正确的情况下，下载硬件组态和程序等到真实 PLC 中（参见 5.3.6 相关内容）并进行调试。

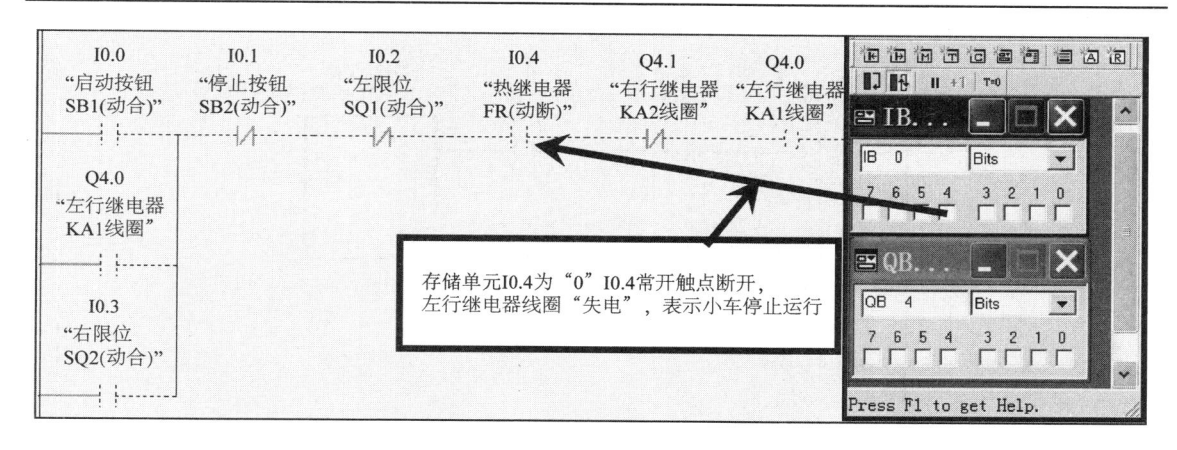

图 7-12 过载使小车停止运行

7.4 项目解决方法拓展

1. 用触发器编程

用触发器编程，如图 7-13 所示。

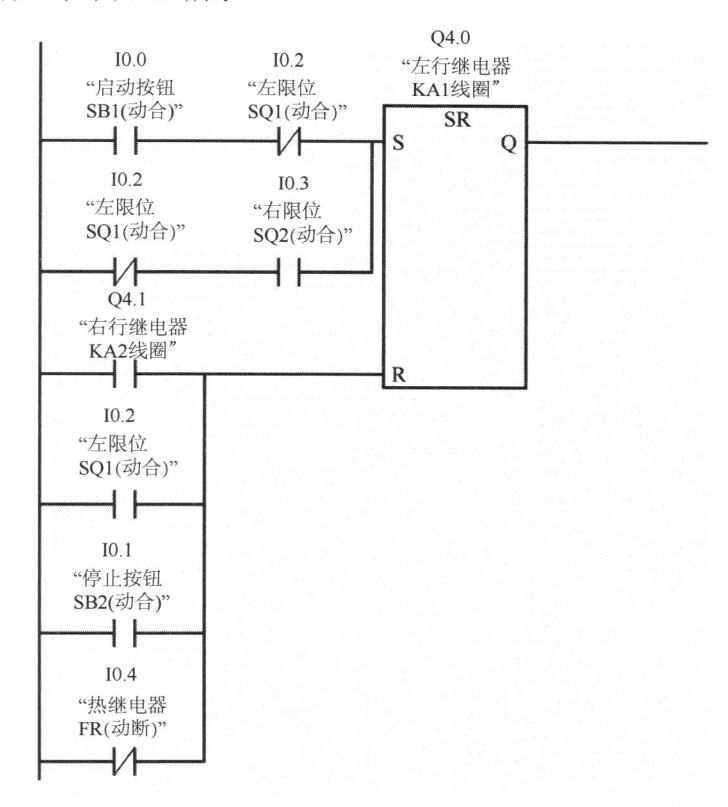

图 7-13 小车往复运动控制程序（触发器）

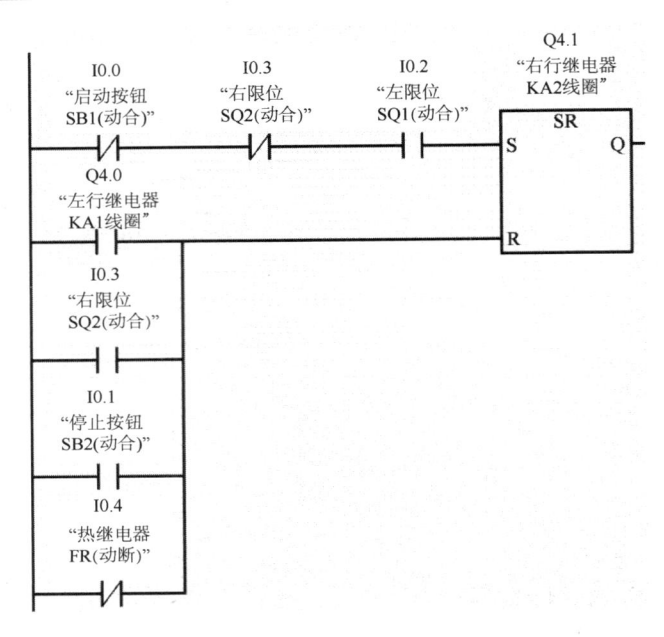

图 7-13 小车往复运动控制程序（触发器）（续）

2. 用置位/复位指令编程

用置位/复位指令编写小车往复运动控制程序，如图 7-14 所示。

讲解用置位和复位指令编程

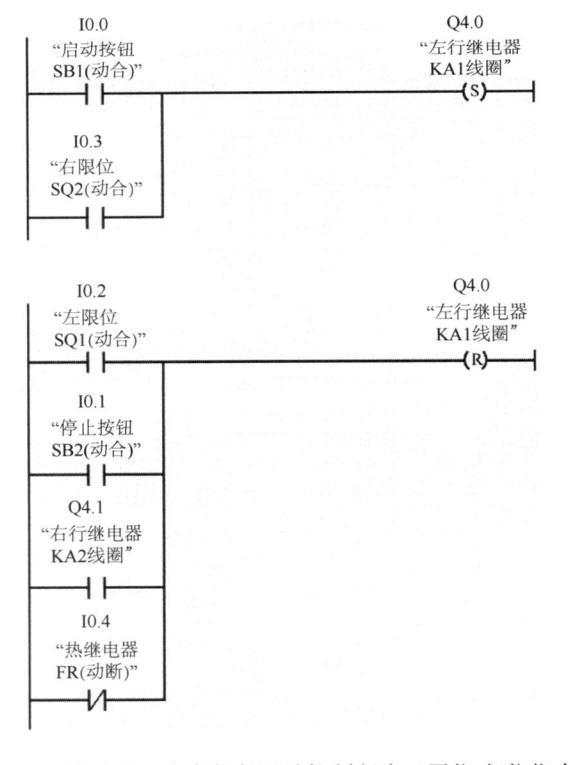

图 7-14 小车往复运动控制程序（置位/复位指令）

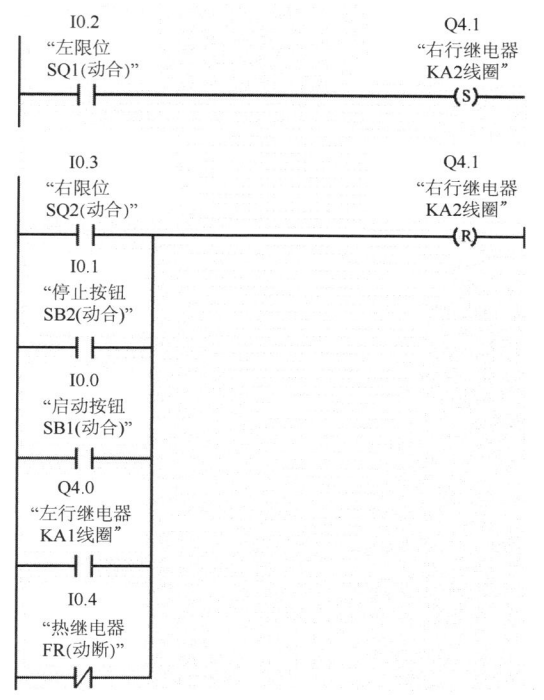

```
       I0.2                                Q4.1
      "左限位                              "右行继电器
      SQ1(动合)"                           KA2线圈"
    ────┤├──────────────────────────────────( S )──

       I0.3                                Q4.1
      "右限位                              "右行继电器
      SQ2(动合)"                           KA2线圈"
    ────┤├──────────────────────────────────( R )──
        │
       I0.1
      "停止按钮
      SB2(动合)"
    ────┤├──
        │
       I0.0
      "启动按钮
      SB1(动合)"
    ────┤├──
        │
       Q4.0
      "左行继电器
      KA1线圈"
    ────┤├──
        │
       I0.4
      "热继电器
      FR(动断)"
    ────┤├──
```

图 7-14 小车往复运动控制程序（置位/复位指令）

巩固练习七

（1）用变量表和插入垂直变量的方式，调试小车往复运动控制程序。

（2）采用按钮控制两台电动机依次顺序启动，控制要求：按下启动按钮 SB1，第一台电动机 M1 启动，松开 SB1，第二台电动机 M2 启动，这样可使两台电动机按顺序启动，按停止按钮 SB2 时，两台电动机都停止。电动机采用热继电器 FR 作为过载保护，FR 使用常闭触点。

要求：

① 完成输入/输出信号元件分析。

② 完成硬件组态及 I/O 地址分配。

③ 画出接线图。

④ 建立符号表。

⑤ 编写控制程序。

⑥ 调试控制程序。

（3）汽车车库卷帘门自动控制。

某车库自动卷帘门示意图如图 7-15 所示。用 PLC 控制，用钥匙开关选择大门的控制方式，钥匙开关有三个挡位，分别是停止、手动、自动：在停止挡位时，不能对大门进行控制，在手动挡位时，可用按钮进行开门和关门，在自动挡位时，可由汽车司机控制，当汽车到达大门前时，由司机发出开门超声波编码，超声波开关收到正确的编码后，输出逻辑信号 1，通过 PLC

控制大门开启。

用光电开关检测汽车的进入，当汽车进入大门过程中，光电开关发出的红外线被挡住，输出逻辑信号1。当汽车进入大门后，红外线不受遮挡，输出逻辑信号0，此时关闭大门。

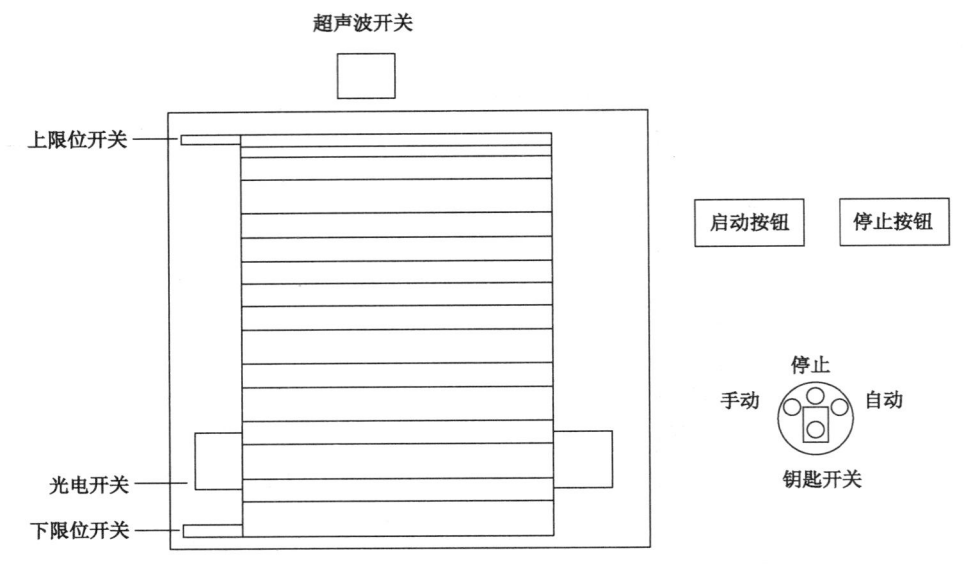

图 7-15 某车库自动卷帘门示意图

（4）小车五位行程控制。

编程实现：用三相异步电动机拖动一辆小车在 A、B、C、D、E 五个位置之间自动循环往返运行，小车初始在 A 点，按下启动按钮后，小车依次前进到 B、C、D、E 点，每到一点，短暂停留后返回到 A 点，再向下一点前进，如图 7-16 所示。

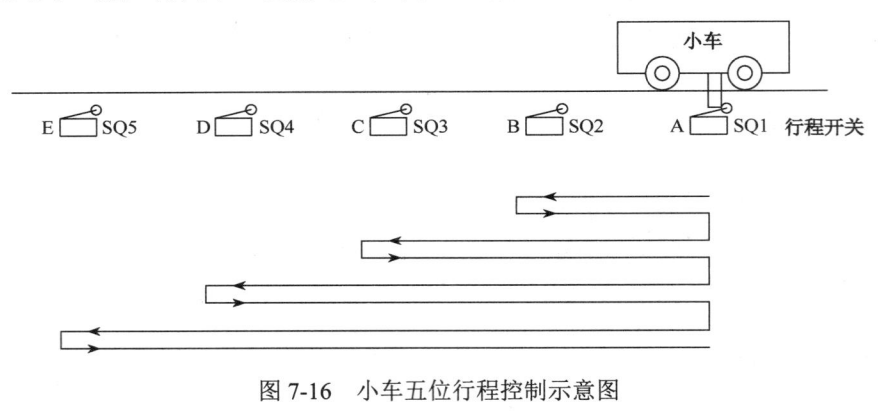

图 7-16 小车五位行程控制示意图

项目 8 三相异步电动机星—三角形降压启动的 PLC 控制

8.1 项目要求

当按下启动按钮 SB1 后,电源继电器 KA1 线圈和星形继电器 KA2 线圈得电,使得 KA1 和 KA2 常开触点闭合,电源接触器 KM1 线圈和星形接触器 KM2 线圈得电,KM1 和 KM2 的主触点接通,电动机 M 以星形连接降压启动,运行 10 秒后,星形接触器 KM2 线圈失电,KM2 的主触点断开,星形继电器 KA2 线圈失电,KA2 常开触点断开,星形接触器 KM2 线圈失电,KM2 主触点断开。三角形继电器 KA3 线圈得电,使得 KA3 常开触点闭合,三角形接触器 KM3 线圈得电,KM3 主触点接通,电动机 M 以三角形连接全压运行。当按下停止按钮 SB2 后,电动机 M 停止转动。如果转动的电动机过载,热继电器 FR 常闭触点断开后,电动机 M 因过载保护而停止,如图 8-1 所示。

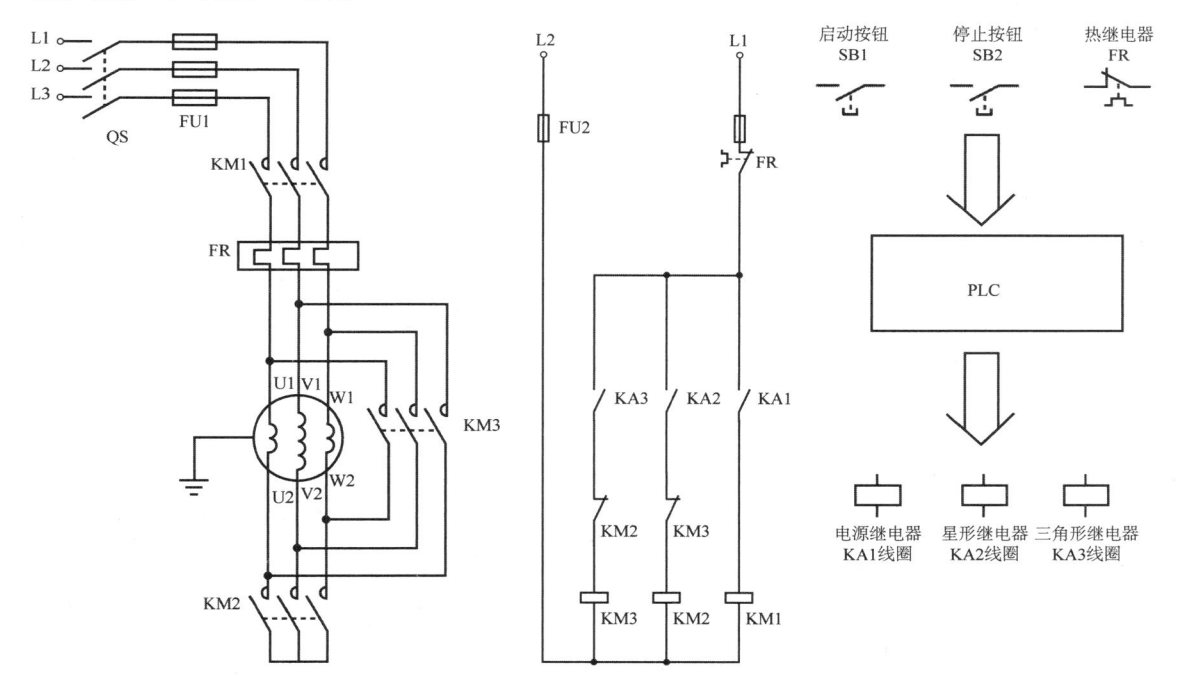

图 8-1 三相异步电动机星—三角形降压启动的 PLC 控制示意图

8.2 学习目标

（1）掌握定时器指令应用并能用它编写本项目巩固练习中的程序。
（2）掌握电动机星—三角形降压启动 PLC 控制原理并能独立叙述。
（3）巩固热继电器 FR（常闭触点）的应用。
（4）巩固并提高用仿真软件进行程序调试的能力。
（5）巩固联机调试能力。

8.3 相关知识

8.3.1 定时器指令

S7-300 PLC 有五种定时器：脉冲定时器（SP）、扩展脉冲定时器（SE）、接通延时定时器（SD）、保持型接通延时定时器（SS）、断开延时定时器（SF），每种定时器在梯形图中又有两种表示方法，一种是线圈形式，另一种是功能框形式，使用定时器的指令称为定时器指令。

用户使用的定时器字由表示时间值（0 到 999）的 3 位 BCD 码（第 0 位到第 11 位）和时间基准组成。

定时范围："0S"到"2H46M30S"（0s～9990s）。

定时器字的第 12 位和第 13 位用来作为时间基准，二进制数 00、01、10 和 11 对应的时间基准分别为 10ms、100ms、1s 和 10s，实际的定时时间等于时间值乘以时间基准，如图 8-2 所示。

图 8-2 定时器字

定时时间的表示方法：在梯形图中使用"S5T#aHbMcSdMS"格式表示定时时间，a、b、c、d 分别是小时、分、秒和毫秒的值。也可以以秒为单位输入，如输入"S5T#130S"后按 Enter 键确认，系统会将其自动转换成"S5T# 2M10S"。

在学习定时器指令时，重点应放在指令的使用上，可以按下键盘 F1 键，通过在线帮助来学习指令应用。有的指令不常用，不熟悉也没有关系，在需要用它们时，可以通过指令的在线帮助来学习。

五种定时器功能框图如图 8-3 所示。

项目 8 三相异步电动机星—三角形降压启动的 PLC 控制

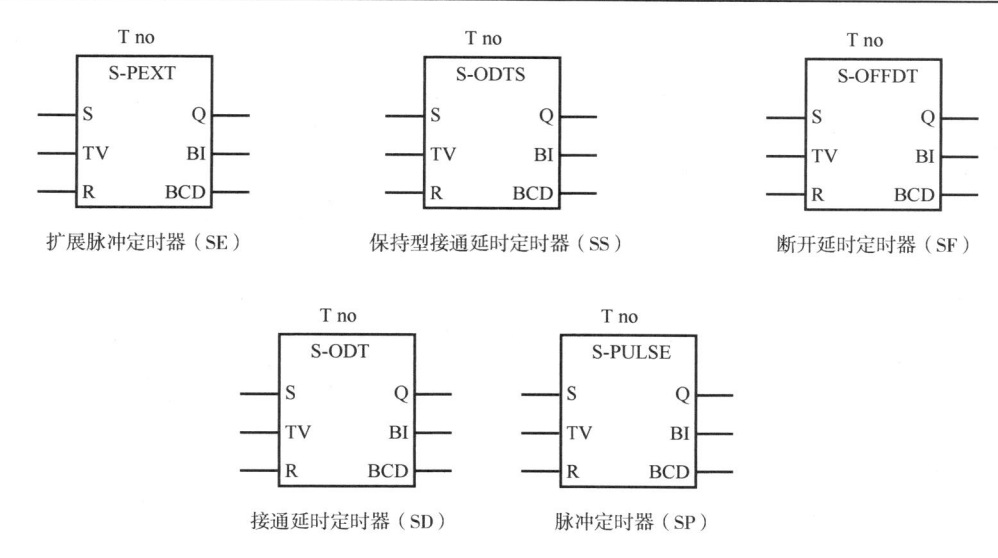

```
    T no              T no              T no
  ┌───────┐         ┌───────┐         ┌───────┐
  │ S-PEXT│         │S-ODTS │         │S-OFFDT│
──┤S    Q├──      ──┤S    Q├──      ──┤S    Q├──
──┤TV  BI├──      ──┤TV  BI├──      ──┤TV  BI├──
──┤R  BCD├──      ──┤R  BCD├──      ──┤R  BCD├──
  └───────┘         └───────┘         └───────┘
扩展脉冲定时器（SE）  保持型接通延时定时器（SS）  断开延时定时器（SF）

         T no              T no
       ┌───────┐         ┌───────┐
       │ S-ODT │         │S-PULSE│
     ──┤S    Q├──      ──┤S    Q├──
     ──┤TV  BI├──      ──┤TV  BI├──
     ──┤R  BCD├──      ──┤R  BCD├──
       └───────┘         └───────┘
     接通延时定时器（SD）  脉冲定时器（SP）
```

图 8-3　五种定时器功能框图

五种定时器功能框图端子功能如表 8-1 所示。

表 8-1　五种定时器功能框图端子功能

参　数	数据类型	存　储　区	功 能 描 述
T no	Timer		定时器编号
S	BOOL	I、Q、M、L、D	启动定时器输入
TV	S5TIME	I、Q、M、L、D	设置定时时间
R	BOOL	I、Q、M、L、D	复位输入
Q	BOOL	I、Q、M、L、D	定时器的状态位
BI	WORD	I、Q、M、L、D	剩余时间值，十六进制整型格式
BCD	WORD	I、Q、M、L、D	剩余时间值，BCD 格式（S5T#格式）

五种定时器的线圈形式如图 8-4 所示。

```
<T编号>    <T编号>    <T编号>    <T编号>    <T编号>
 ---(SP)    ---(SE)    ---(SD)    ---(SS)    ---(SF)
<时间值>   <时间值>   <时间值>   <时间值>   <时间值>
```

图 8-4　五种定时器的线圈形式

五种定时器线圈形式的参数如表 8-2 所示。

表 8-2　五种定时器线圈形式的参数

参　数	数据类型	存　储　区	描　　述
T编号	定时器	T	定时器编号，范围取决于 CPU
时间值	S5TIME	I、Q、M、L、D、常数	预设定时时间

五种定时器线圈形式的使用：

脉冲定时器（SP）的应用：如果 RLO 状态有一个上升沿，则以设定的定时时间启动指定的定时器。只要 RLO 保持"1",定时器就继续运行。定时器运行期间,其常开触点闭合,当定时时间到时,其常开触点断开,如果定时器运行时间小于定时时间,则当 RLO 由"1"变化到"0"时,定时器的常开触点由接通变为断开。

扩展脉冲定时器(SE)的应用:如果 RLO 状态有一个上升沿,将以设定的定时时间启动指定的定时器。如果 RLO 变为"0",定时器仍保持运行,直到定时时间到时才被复位。在定时器运行期间,定时器常开触点闭合,定时时间到,其常开触点断开。如果在定时器运行期间 RLO 从"0"变为"1",则以指定的定时时间重新启动定时器(重新触发)。

接通延时定时器(SD)的应用:如果 RLO 状态有一个上升沿,则以设定的定时时间启动指定的定时器。定时时间到后,定时器的常开触点闭合并保持,定时器的常闭触点断开并保持,直到 RLO 变为"0"时,定时器被复位。如果定时器运行(RLO 为"1")时间小于定时时间,则当 RLO 由"1"变化为"0"时定时器被复位。

保持型接通延迟定时器(SS)的应用:如果 RLO 状态有一个上升沿,则以设定的定时时间启动指定的定时器,即使在此期间 RLO 又变为"0",定时器也保持运行。定时时间到后,定时器的常开触点闭合并保持。如果 RLO 再来一个上升沿,定时器重新启动。只有用复位指令才能使定时器复位。

断开延迟定时器(SF)的应用:如果 RLO 状态有一个下降沿,则以设定的定时时间启动指定的定时器。当 RLO 为"1"或定时器运行时,其常开触点闭合,当定时时间到后,其常开触点断开。如果定时器运行时间小于定时时间,则当 RLO 由"0"变为"1"时,定时器被复位。一直到 RLO 从"1"变为"0"前,定时器不再启动(除非使用了允许定时器再启动的 FR 指令)。

8.3.2 接通延时定时器

定时器当中常用的是接通延时定时器,所以我们将其作为重点介绍。

接通延时定时器的使用方法如下:

定时时间未到状态:在仿真器中令 I0.0 为"1"状态,I0.0 常开触点接通,其常开触点使 T0(接通延时定时器)的 S 端(输入)接通,T0 开始运行,剩余时间值不断减少,定时时间未到时,T0 的常开触点是原状态(断开),常闭触点是原状态(闭合),如图 8-5 所示。剩余时间值含义:TV 端设定的定时时间减去定时器启动后经过的时间。

定时时间到状态:T0 定时时间到,即剩余时间值减到 0ms 时,其 Q 端(输出)变为"1"状态,Q4.0 的线圈得电。T0 的常开触点由原状态(断开)变为闭合,常闭触点由原状态(闭合)变为断开,如图 8-6 所示。

定时时间到后,在仿真器中令 I0.0 为"0"状态,I0.0 常开触点断开,Q4.0 的线圈失电。T0 的常开和常闭触点变回原状态,如图 8-7 所示。

定时时间未到时,使 I0.0 常开触点断开,定时器 Q 端无输出,T0 触点不动作。再次接通 I0.0 常开触点,T0 重新开始定时。

复位定时器功能:无论 T0 定时时间到或是未到,都使 I0.1 为"1",执行定时器复位功能,T0 的触点复位成原状态,Q 端为"0"状态,如图 8-8 所示。

项目 8　三相异步电动机星—三角形降压启动的 PLC 控制

图 8-5　定时时间未到状态

图 8-6　定时时间到状态

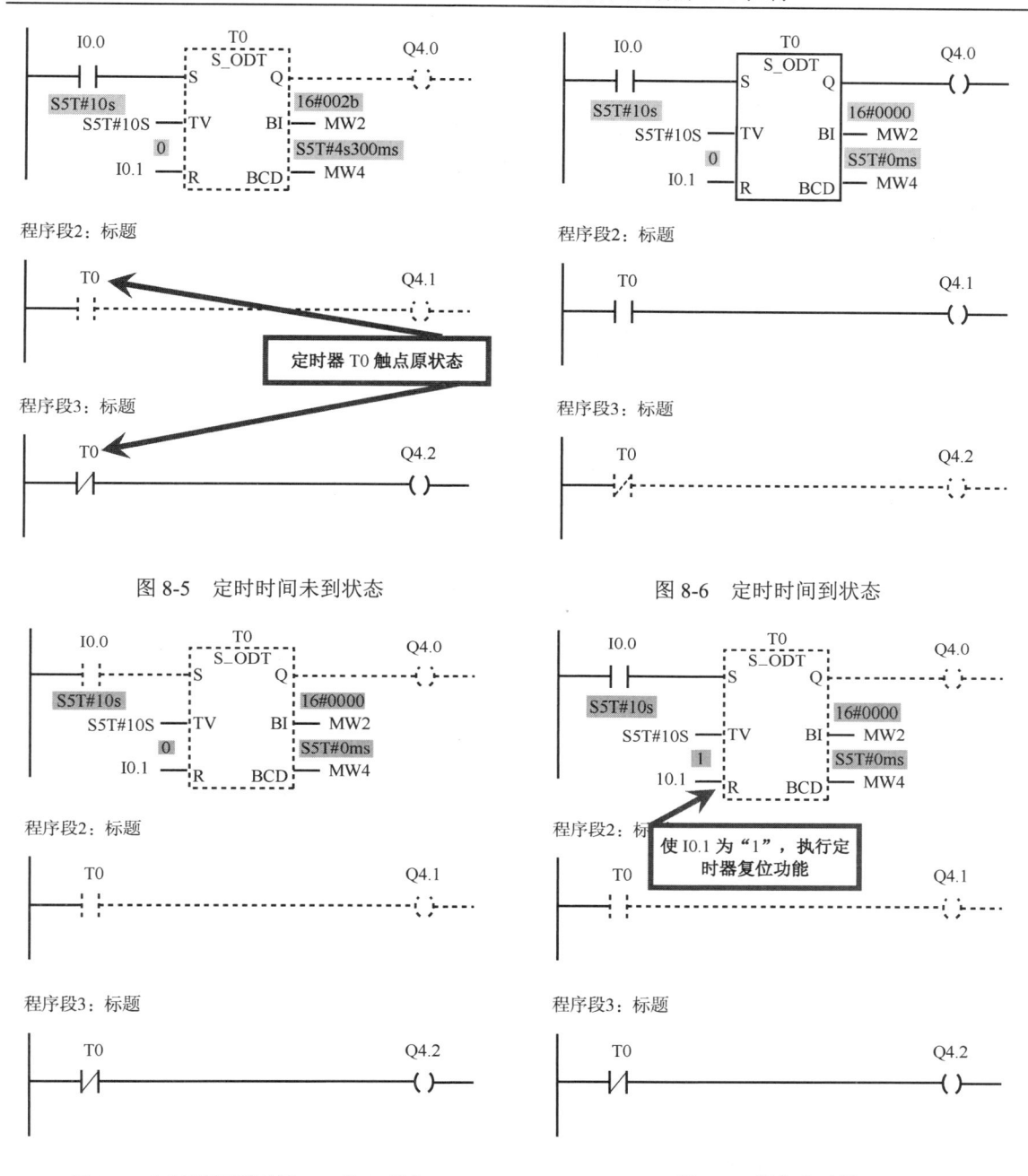

图 8-7　定时时间到后使 I0.0 为 0 状态

图 8-8　复位定时器

综上所述，可以用断开 S 端输入信号和使用复位信号两种方法，使接通延时定时器的输出端（Q 端）变为"0"状态，并且使定时器触点恢复为原状态。

接通延时定时器线圈形式如图 8-9 所示。

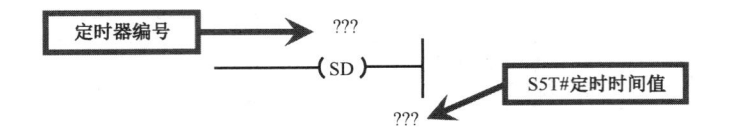

图 8-9　接通延时定时器线圈形式

接通延时定时器线圈形式的应用如图 8-10 所示。

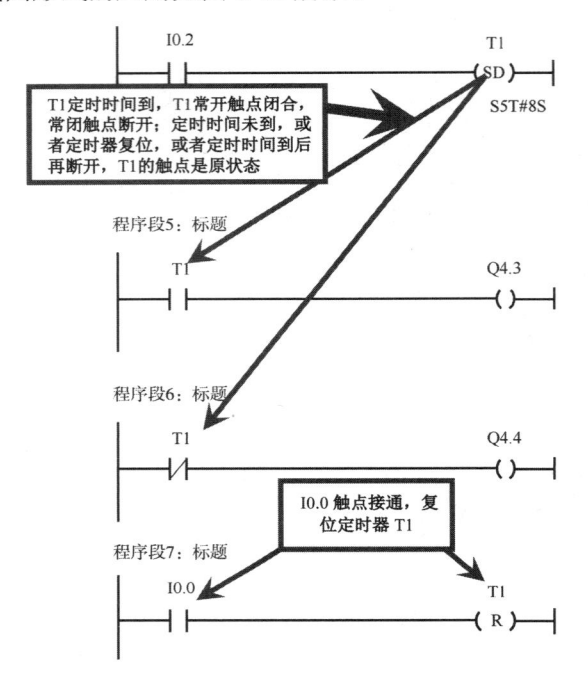

T1 定时时间到，T1 常开触点闭合，常闭触点断开；定时时间未到，或者定时器复位，或者定时时间到后再断开，T1 的触点是原状态

I0.0 触点接通，复位定时器 T1

图 8-10　接通延时定时器线圈形式的应用

8.4　项目解决步骤

步骤 1．输入/输出信号元件分析

输入：启动按钮 SB1、停止按钮 SB2、热继电器 FR。

输出：电源继电器 KA1 线圈、星形继电器 KA2 线圈、三角形继电器 KA3 线圈。

步骤 2．硬件和软件配置

硬件：

（1）电源模块（PS307 5A）1 个。

（2）紧凑型 S7-300 CPU 模块（CPU314C-2DP）1 个。

（3）MMC 卡 1 张。

（4）输入模块（DI16×DC24V）1 个。

（5）输出模块（DO16×DC24V/0.5A）1 个。

（6）DIN 导轨 1 根。

（7）PC 适配器 USB 编程电缆（S7-200/S7-300/S7-400 PLC 下载线）1 根。

项目 8　三相异步电动机星—三角形降压启动的 PLC 控制

（8）装有 STEP7 编程软件的计算机（也称编程器）1 台。

（9）启动和停止按钮各 1 个。

（10）中间继电器（线圈电压 DC24V）3 个，接触器（线圈电压 AC380V）3 个。

（11）熔断器 5 个，热继电器 1 个，三相异步电动机 1 台，导线若干根，接线端子排 2 排，走线槽和号码管多个。

软件：STEP7 V5.4 及以上版本编程软件。

注：硬件配置可以根据实际情况变化。

步骤 3. PLC 硬件安装（参见项目 2）

步骤 4. 硬件组态（参见项目 3）

步骤 5. 输入/输出地址分配（如表 8-3 所示）

表 8-3　输入/输出地址分配表

序号	输入信号元件名称	编程元件地址	序号	输出信号元件名称	编程元件地址
1	启动按钮 SB1（常开触点）	I0.0	1	电源继电器 KA1 线圈	Q4.0
2	停止按钮 SB2（常开触点）	I0.1	2	星形继电器 KA2 线圈	Q4.1
3	热继电器 FR（常闭触点）	I0.2	3	三角形继电器 KA3 线圈	Q4.2

步骤 6. 画出接线图

三相异步电动机星—三角形降压启动 PLC 控制接线图如图 8-11 所示。

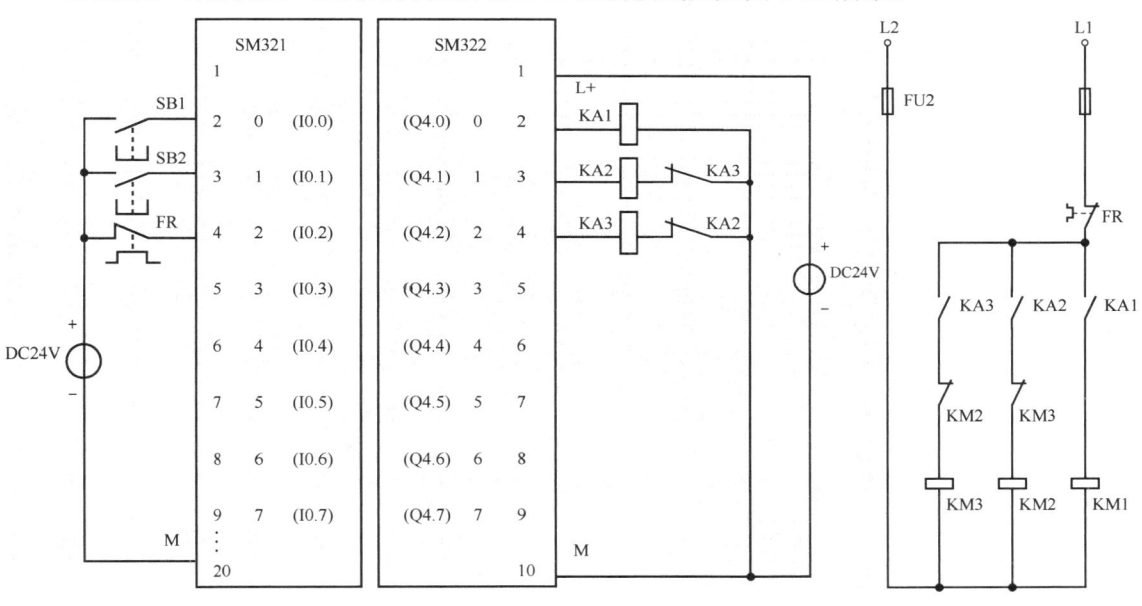

图 8-11　三相异步电动机星—三角形降压启动 PLC 控制接线图

步骤 7. 建立符号表

符号表如图 8-12 所示。

步骤 8. 编写控制程序

用输出线圈编写控制程序，如图 8-13 所示。

讲解星—三角形降压启动 PLC 控制接线图

用输出线圈编程的讲解

符号	地址		数据类型	注释
FR（常闭）	I	0.2	BOOL	
启动按钮SB1（常开）	I	0.0	BOOL	
停止按钮SB2（常开）	I	0.1	BOOL	
电源继电器KA1线圈	Q	4.0	BOOL	
星形继电器KA2线圈	Q	4.1	BOOL	
三角形继电器KA3线圈	Q	4.2	BOOL	

图 8-12　符号表

程序段1：电源接触器

按下启动按钮SB1，Q4.0线圈接通得电

```
    I0.0           I0.1          I0.2            Q4.0
"启动按钮       "停止按钮      "FR(常闭)"      "电源继电器
 SB1(常开)"     SB2(常开)"                      KA1线圈"
───┤├──────────┤/├──────────┤├───────────────(  )───
    Q4.0
"电源继电器
 KA1线圈"
───┤├──┘
```

程序段2：标题

接通T0定时器，接通后开始计时10秒，时间到，触点T0动作

```
    Q4.0           Q4.2
"电源继电器     "三角形继电器
 KA1线圈"       KA3线圈"                         T0
───┤├──────────┤/├───────────────────────────(SD)───
                                             S5T#10S
```

程序段3：星形接触器

时间10秒到触点T0动作，T0常闭触点断开，断开了Q4.1线圈

```
    Q4.0           I0.1                Q4.2          Q4.1
"电源继电器     "停止按钮            "三角形继电器  "星形继电器
 KA1线圈"       SB2(常开)"    T0      KA3线圈"      KA2线圈"
───┤├──────────┤/├─────────┤/├──────┤/├───────────(  )───
```

程序段4：三角形接触器

时间10秒到触点T0动作，T0常开触点闭合，接通Q4.2线圈

```
                    I0.1           I0.2        Q4.1          Q4.2
                "停止按钮        "FR(常闭)"  "星形继电器   "三角形继电器
          T0    SB2(常开)"                    KA2线圈"      KA3线圈"
───┤├──────────┤/├─────────────┤├──────────┤/├───────────(  )───
    Q4.2
"三角形继电器
 KA3线圈"
───┤├──┘
```

图 8-13　控制程序

步骤 9. 调试程序

用符号地址法通过 S7-PLCSIM 调试，模拟热继电器 FR 的常闭触点，在仿真器中 I0.2 上单击一下，I0.2 为 "1"。模拟按下启动按钮 SB1，在仿真器中 I0.0 上双击，仿真器 Q4.0 和 Q4.1 显示为 "1"，表示电动机以星形连接启动，如图 8-14 所示。

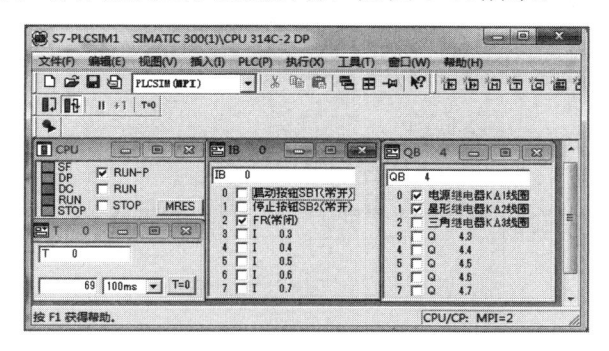

图 8-14 电动机以星形连接启动

T0 定时器 10 秒定时时间到，Q4.1 为 "0"，Q4.0 和 Q4.2 为 "1"，表示电动机自动切换到三角形连接全压运行，如图 8-15 所示。

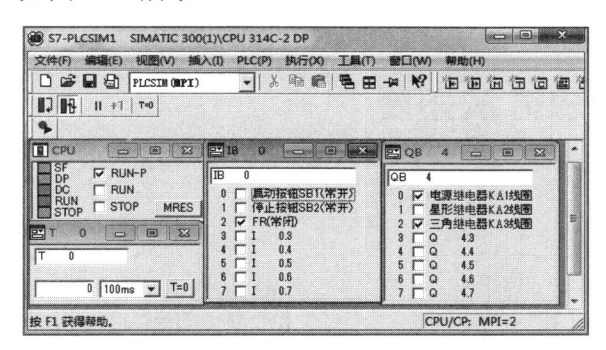

图 8-15 电动机以三角形连接全压运行

模拟按下停止按钮 SB2，在仿真器中 I0.1 上双击，Q4.0 和 Q4.2 为 "0"，表示电动机停止，如图 8-16 所示。

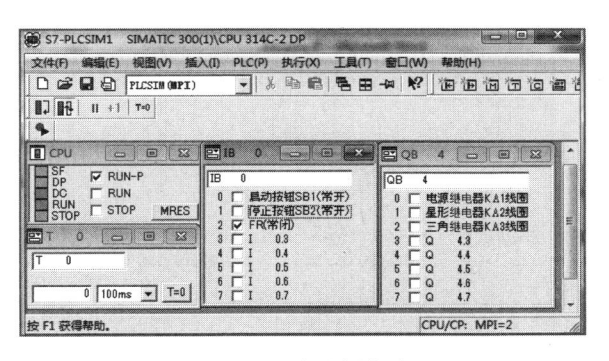

图 8-16 电动机停止

模拟过载,当电动机以星形连接启动或三角形连接运行时,在仿真器中 I0.2 上单击一下,I0.2 为 "0",电动机因过载保护而停止,如图 8-17 所示。

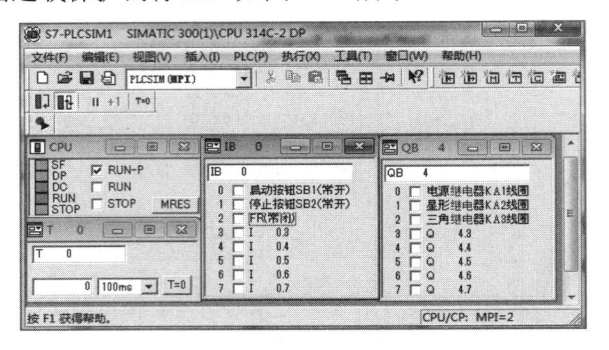

图 8-17 电动机因过载而停止

如果满足上述情况,说明仿真调试成功,接下来可以进行联机调试。如果不满足上述情况,则应检查原因,修改程序,重新调试,直到仿真调试成功。

步骤 10. 联机调试(参考项目 5 联机调试)

确保连线正确的情况下,下载硬件组态和程序等到真实 PLC 中(参见 5.3.6 相关内容)并进行调试。

8.5 项目解决方法拓展

应用触发器编写星—三角形降压启动 PLC 控制程序,如图 8-18 所示。

讲解用触发器编写控制程序

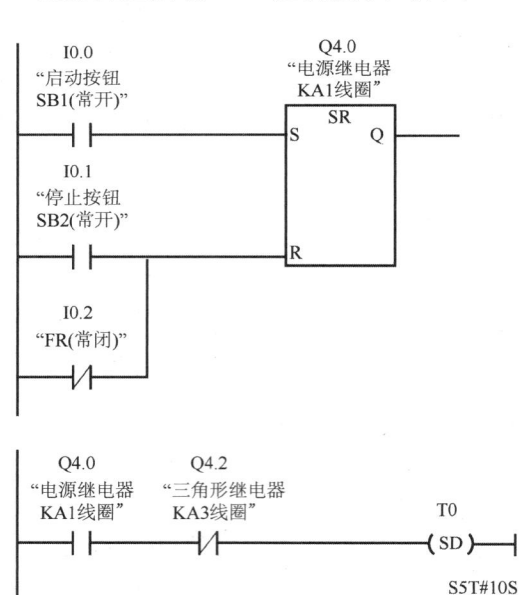

图 8-18 星—三角形降压启动 PLC 控制程序(触发器)

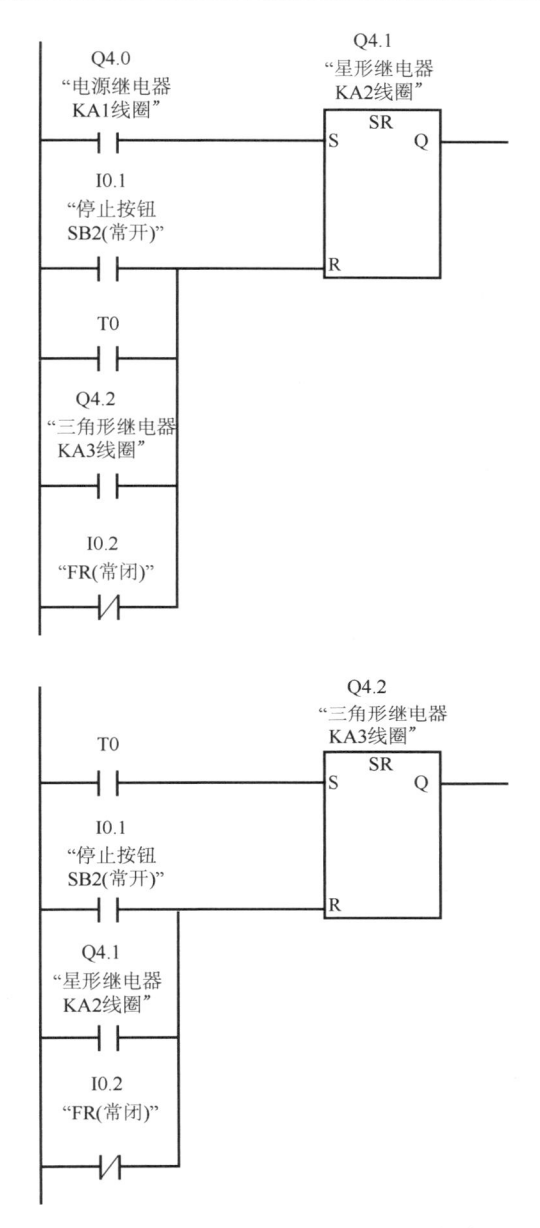

图 8-18 星—三角形降压启动 PLC 控制程序（触发器）（续）

巩固练习八

（1）彩灯循环闪烁的 PLC 控制：实现可控制 16 盏彩灯按照 2 种不同的闪烁方式循环闪烁的控制系统。

闪烁方式 1：要求按下按钮 SB1 使得 16 盏彩灯按照 HL1～HL16 的顺序亮灭，最高位 HL16 亮灭以后，再回到 HL1 亮灭，重复循环下去。彩灯亮灭移动的时间间隔为 2 秒钟。按下停止按钮 SB2 后，彩灯熄灭，停止工作。

闪烁方式 2：要求按下按钮 SB1 使得 16 盏彩灯按照 HL1～HL16 的顺序亮灭，最高位 HL16 亮灭以后，再按 HL16～HL1 的顺序亮灭，如此反复循环下去。按下停止按钮 SB2 后，彩灯熄灭，停止工作。

（2）预警启动的 PLC 控制：为了保证运行安全，许多大型生产机械在启动之前用电铃或蜂鸣器发出报警信号，预示机器即将启动，警告人们迅速退出危险地段。控制任务：按下启动按钮，电铃响 5 秒，然后电动机自动启动，按下停止按钮，电动机停止。

要求：
① 完成输入/输出信号元件分析。
② 完成硬件组态及 I/O 地址分配。
③ 画出接线图。
④ 建立符号表。
⑤ 编写控制程序。
⑥ 调试控制程序。

（3）试完成 1 台交流鼠笼式电动机的星—三角形降压启动的 PLC 控制。控制任务：

按下启动按钮 SB1，接通电源接触器 KM1 和星形接触器 KM2，电动机以星形连接降压启动。

启动时间为 7 秒，7 秒后断开电源接触器 KM1 和星形接触器 KM2。

再经过 0.5 秒，接通电源接触器 KM1 和三角形接触器 KM3，电动机全压运行。

按停止按钮 SB2，电动机停止。

采用热继电器 FR 的常闭触点进行过载保护。

要求：
① 完成输入/输出信号元件分析。
② 完成硬件组态及 I/O 地址分配。
③ 画出接线图。
④ 建立符号表。
⑤ 编写控制程序。
⑥ 调试控制程序。

项目 9　四节传送带的 PLC 控制

9.1　项目要求

有一个由四节传送带组成的自动化传送系统，四节传送带分别用四台电动机带动，每台电动机均有过载保护。项目要求如下：

（1）按下启动按钮 SB1，启动时首先启动最末一节传送带电动机 M4，经过 4 秒延时，再启动电动机 M3，再过 4 秒后，启动电动机 M2，再过 4 秒后，启动电动机 M1，这种启动方式叫"逆序启动"。

（2）按下停止按钮 SB2，先停止最前一节传送带电动机 M1，待其上物料运送完毕后再停止传送带电动机 M2。这里为调试方便设定单节传送带运送物料时间为 2 秒，实际应用时可自行更改。再过 2 秒后停止 M3，再过 2 秒后停止 M4，这种停止方式叫"顺序停止"。

（3）当某节传送带电动机发生过载时，该电动机及其前面的电动机立即停止，而该电动机以后的电动机待运完物料后才停止。例如，M2 过载，M1、M2 立即停，经过 2 秒延时后，M3 停，再过 2 秒，M4 停。

四节传送带示意图如图 9-1 所示。

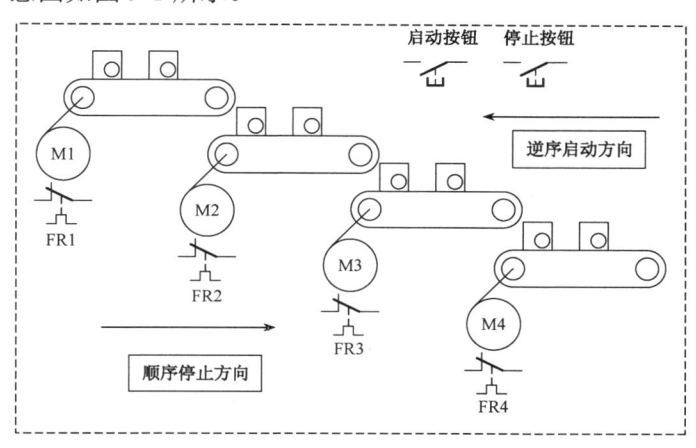

图 9-1　四节传送带示意图

9.2　学习目标

（1）理解传送带逆序启动与顺序停止原理并能独立叙述。
（2）灵活使用定时器并理解梯形图与继电器—接触器控制电路的异同并能独立讲述。
（3）掌握位存储器的应用并能用其编写程序。

（4）掌握顺序控制编程思路并能举一反三。
（5）提高编程与调试程序能力。

9.3 相关知识：梯形图与电气控制电路的比较

（1）梯形图中大都沿用电气控制电路元件名称。

（2）组成元件不同，电气控制电路由真正的继电器组成，梯形图由所谓的"软继电器"组成。

（3）触点数量不同，电气控制电路中的继电器触点有限，梯形图中，"软继电器"触点数不受限制，而且不会磨损，因此，梯形图设计中，不需要考虑触点数量，这给设计者带来很大方便。

（4）编程方式不同，电气控制电路中，其程序已包含在电路中，功能专一、不灵活；而梯形图的设计和编程灵活多变。

（5）电气控制电路左右母线为电源线，中间各支路都加有电压，当支路接通时，有电流流过支路上的触点与线圈，而梯形图的左右母线是一种边界线，并未加电压，梯形图中的支路（逻辑行）接通时，并没有电流流动，而只有所谓的"能流"流过，这是一种为了分析方便而定义的假想电流。梯形图中的假想电流在图中只能进行单方向的流动，即只能从左向右流动。

（6）电气控制电路中各支路是同时加上电压并行工作的，各继电器该吸合的都应吸合，不该吸合的继电器都因条件限制不能吸合，而 PLC 是采用循环扫描方式工作的，梯形图中各元件是按扫描顺序依次执行的（串行处理方式）。由于扫描时间很短（一般不超过几十毫秒），所以控制效果同电气控制电路是基本相同的。但在设计梯形图时，对这种并行处理与串行处理的差别有时应予以注意，特别是那些在程序执行阶段还要随时对输入、输出状态存储器进行刷新操作的 PLC，不要因为对串行处理这一特点考虑不够而引起偶然的误操作。

9.4 项目解决步骤

步骤 1．输入/输出信号元件分析

输入：启动按钮 SB1（常开触点）；停止按钮 SB2（常开触点）；M1 过载热继电器 FR1（常闭触点）；M2 过载热继电器 FR2（常闭触点）；M3 过载热继电器 FR3（常闭触点）；M4 过载热继电器 FR4（常闭触点）。

输出：M1 继电器 KA1 线圈；M2 继电器 KA2 线圈；M3 继电器 KA3 线圈；M4 继电器 KA4 线圈。

步骤 2．硬件和软件配置

硬件：

（1）电源模块（PS307 5A）1 个。

（2）紧凑型 S7-300 CPU 模块（CPU314C-2DP）1 个。

（3）MMC 卡 1 张。

（4）输入模块（DI16×DC24V）1 个。
（5）输出模块（DO16×DC24V/0.5A）1 个。
（6）DIN 导轨 1 根。
（7）PC 适配器 USB 编程电缆（S7-200/S7-300/S7-400 PLC 下载线）1 根。
（8）装有 STEP7 编程软件的计算机（也称编程器）1 台。
（9）启动和停止按钮各 1 个。
（10）中间继电器（线圈电压 DC24V）4 个，接触器（线圈电压 AC380V）4 个。
（11）熔断器 5 个，热继电器 4 个，三相异步电动机 4 台，导线若干根，接线端子排 2 排，走线槽和号码管多个。

软件：STEP7 V5.4 及以上版本编程软件。

注：硬件配置可以根据实际情况变化。

步骤 3. 安装 PLC 硬件
步骤 4. 硬件组态（参见项目 3）
步骤 5. 输入/输出地址分配（如表 9-1 所示）

表 9-1 输入/输出地址分配表

序号	输入信号元件名称	编程元件地址	序号	输出信号元件名称	编程元件地址
1	启动按钮 SB1（常开触点）	I0.0	1	M1 继电器 KA1 线圈	Q4.1
2	停止按钮 SB2（常开触点）	I0.5	2	M2 继电器 KA2 线圈	Q4.2
3	M1 过载热继电器 FR1（常闭触点）	I0.1	3	M3 继电器 KA3 线圈	Q4.3
4	M2 过载热继电器 FR2（常闭触点）	I0.2	4	M4 继电器 KA4 线圈	Q4.4
5	M3 过载热继电器 FR3（常闭触点）	I0.3			
6	M4 过载热继电器 FR4（常闭触点）	I0.4			

步骤 6. 画出接线图

四节传送带 PLC 控制接线图如图 9-2 所示。

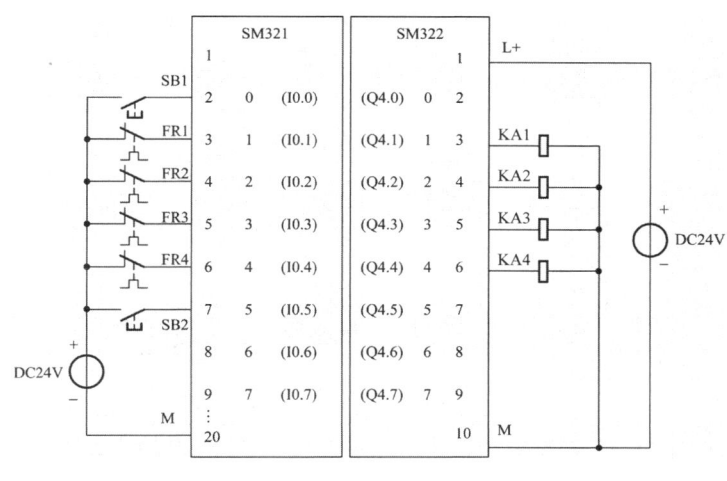

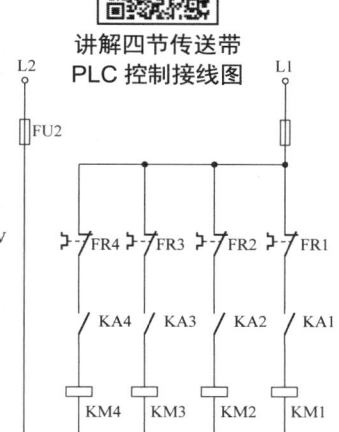

图 9-2 四节传送带 PLC 控制接线图

步骤 7. 建立符号表

符号表如图 9-3 所示（图中启动 SB1 即启动按钮 SB1，M1 过载 FR1 即 M1 过载热继电器 FR1，其余表述类似，下同）。

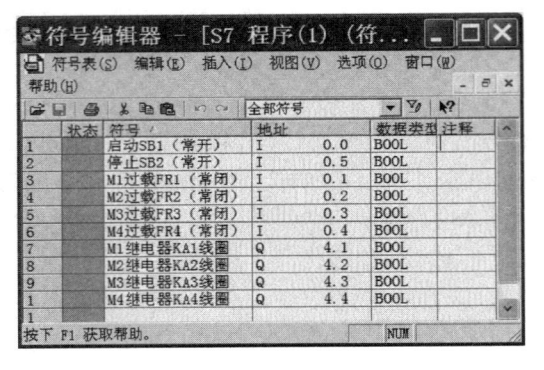

状态	符号	地址		数据类型	注释
1	启动SB1（常开）	I	0.0	BOOL	
2	停止SB2（常开）	I	0.5	BOOL	
3	M1过载FR1（常闭）	I	0.1	BOOL	
4	M2过载FR2（常闭）	I	0.2	BOOL	
5	M3过载FR3（常闭）	I	0.3	BOOL	
6	M4过载FR4（常闭）	I	0.4	BOOL	
7	M1继电器KA1线圈	Q	4.1	BOOL	
8	M2继电器KA2线圈	Q	4.2	BOOL	
9	M3继电器KA3线圈	Q	4.3	BOOL	
10	M4继电器KA4线圈	Q	4.4	BOOL	

图 9-3　符号表

步骤 8. 根据任务编写控制程序

四节传送带 PLC 控制程序如图 9-4 所示。

程序讲解

程序段1：电动机M4的控制

程序段2：电动机M3的控制

程序段3：电动机M2的控制

图 9-4　四节传送带 PLC 控制程序

项目 9　四节传送带的 PLC 控制

程序段 4：电动机 M1 的控制

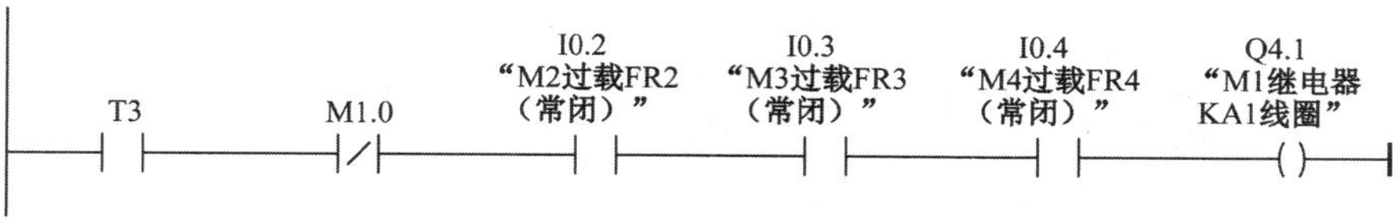

程序段 5：停止控制

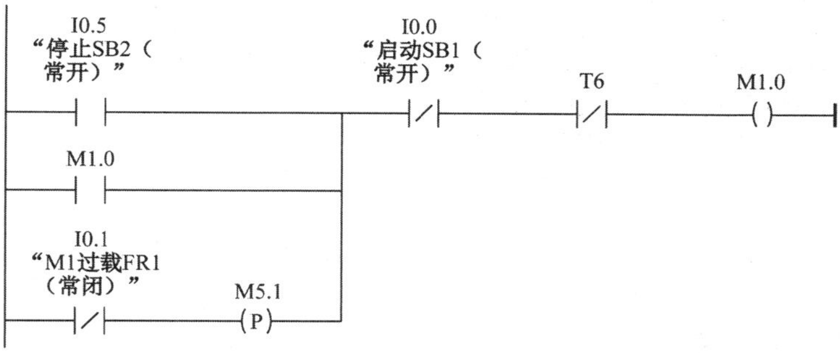

程序段 6：

程序段 7：

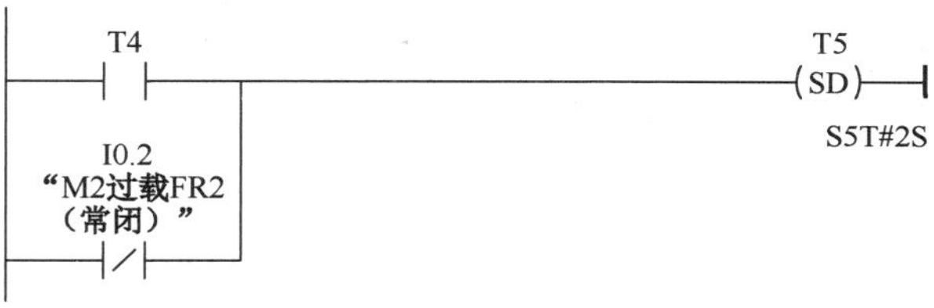

程序段 8：

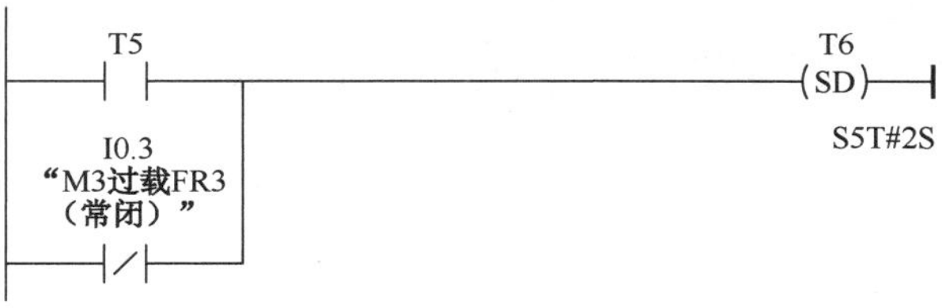

图 9-4　四节传送带 PLC 控制程序（续）

步骤 9．调试程序

模拟过载保护的热继电器 FR 的常闭触点，在仿真器中 I0.1、I0.2、I0.3 和 I0.4 上分别单击一下，使 I0.1、I0.2、I0.3 和 I0.4 都为"1"。模拟启动按钮 SB1 按下，在仿真器中 I0.0 上双击，Q4.4 显示为"1"，表示第四节传送带电动机 M4 启动，如图 9-5 所示。之后依次启动 M3、M2 和 M1。

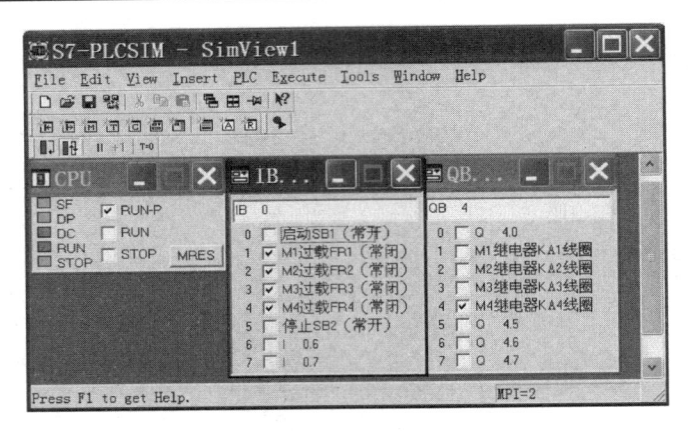

图 9-5 第四节传送带电动机 M4 启动

模拟 M2 过载,在仿真器中 I0.2 上单击一下,使得 I0.2 为"0",可发现 Q4.1 和 Q4.2 变为"0",表示 M1 和 M2 停止,如图 9-6 所示。2 秒后可发现 M3 停止,2 秒后 M4 停止。

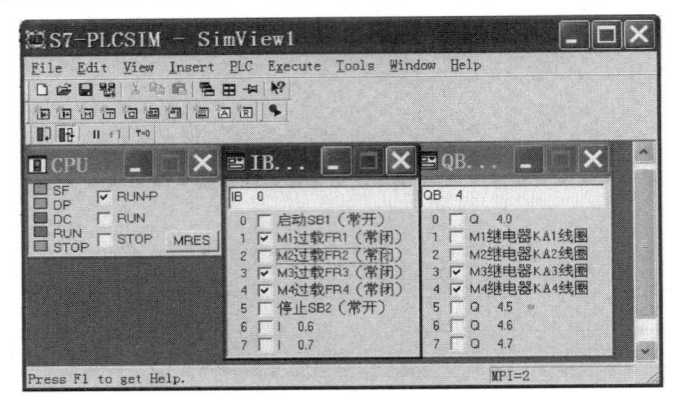

图 9-6 M2 过载

模拟 M3 过载,在仿真器中 I0.3 上单击一下,使得 I0.3 为"0",可发现 Q4.3、Q4.2 和 Q4.1 为"0",表示 M3、M2 和 M1 停止,如图 9-7 所示。2 秒后,M4 停止。

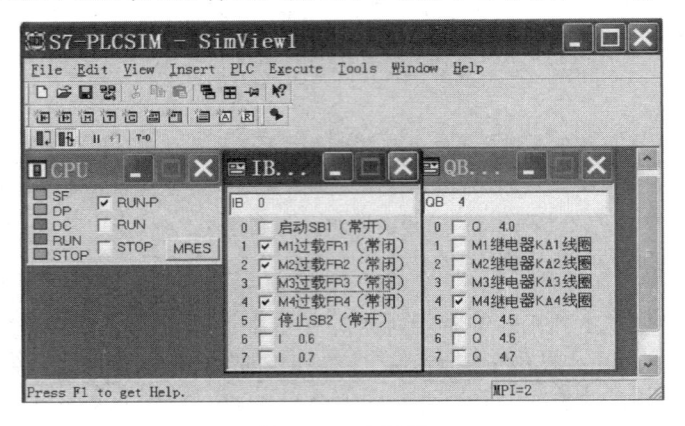

图 9-7 M3 过载

模拟 M1 过载，在仿真器中 I0.1 上单击一下，使得 I0.1 为 "0"，可发现 Q4.1 为 "0"，M1 停止，2 秒后 Q4.2 为 "0"，M2 停止，2 秒后 Q4.3 为 "0"，M3 停止，2 秒后 Q4.4 为 "0"，M4 停止。

模拟 M4 过载，在仿真器中 I0.4 上单击一下，使得 I0.4 为 "0"，可发现 Q4.4、Q4.3、Q4.2 和 Q4.1 全为 "0"，表示 M4、M3、M2 和 M1 全部停止。

模拟按下停止按钮 SB2，在仿真器中 I0.5 上单击一下，使得 I0.5 为 "0"，可发现 Q4.1～Q4.4 按顺序依次变为 "0"，表示 M1～M4 按顺序依次停止（时间间隔为 2 秒）。

如果满足上述情况，说明仿真调试成功，接下来可进行联机调试。如果不满足上述情况，检查原因，修改程序，重新调试，直到仿真调试成功。

步骤 10. 联机调试（参考项目 5 联机调试）

确保连线正确的情况下，下载硬件组态和程序等到真实 PLC 中（参见 5.3.6 相关内容）并进行调试。

巩固练习九

（1）设计自动供料装车控制系统。控制要求：

① 系统由料斗、传送带、检测系统组成，能自动识别货车到位情况及对货车进行自动供料，当货车装满时，供料系统自动停止供料。料斗物料不足时停止供料并自动给料斗进料。

② 按下启动按钮表明允许货车开进装料。若料斗的物料检测传感器 SL2 为 OFF（料斗中的物料不满），进料阀开启，进料。当 SL1 为 ON（料斗中的物料已满），则进料阀关闭。

③ 当货车开进装车位置时，限位开关 SQ 为 ON，绿色信号灯 HL1 灭，红色信号灯 HL2 亮；依次启动传送带电动机 M4、M3、M2、M1（逆序启动），全部启动完成后，经过 1 秒后打开出料阀，物料经料斗出料落到传送带上。每台电动机有过载保护。

④ 当货车装满时，压力传感器为 ON，料斗出料阀关闭，1 秒后 M1、M2、M3、M4 依次停止（顺序停止），绿色信号灯 HL1 亮，红色信号灯 HL2 灭；表明货车可以开走。

⑤ 按下停止按钮，整个系统停止运行。

自动供料装车控制系统示意图如图 9-8 所示。

参考步骤：

① 完成输入/输出信号元件分析。

② 完成硬件组态及 I/O 地址分配。

③ 画出接线图。

④ 建立符号表。

⑤ 编写控制程序。

⑥ 调试控制程序。

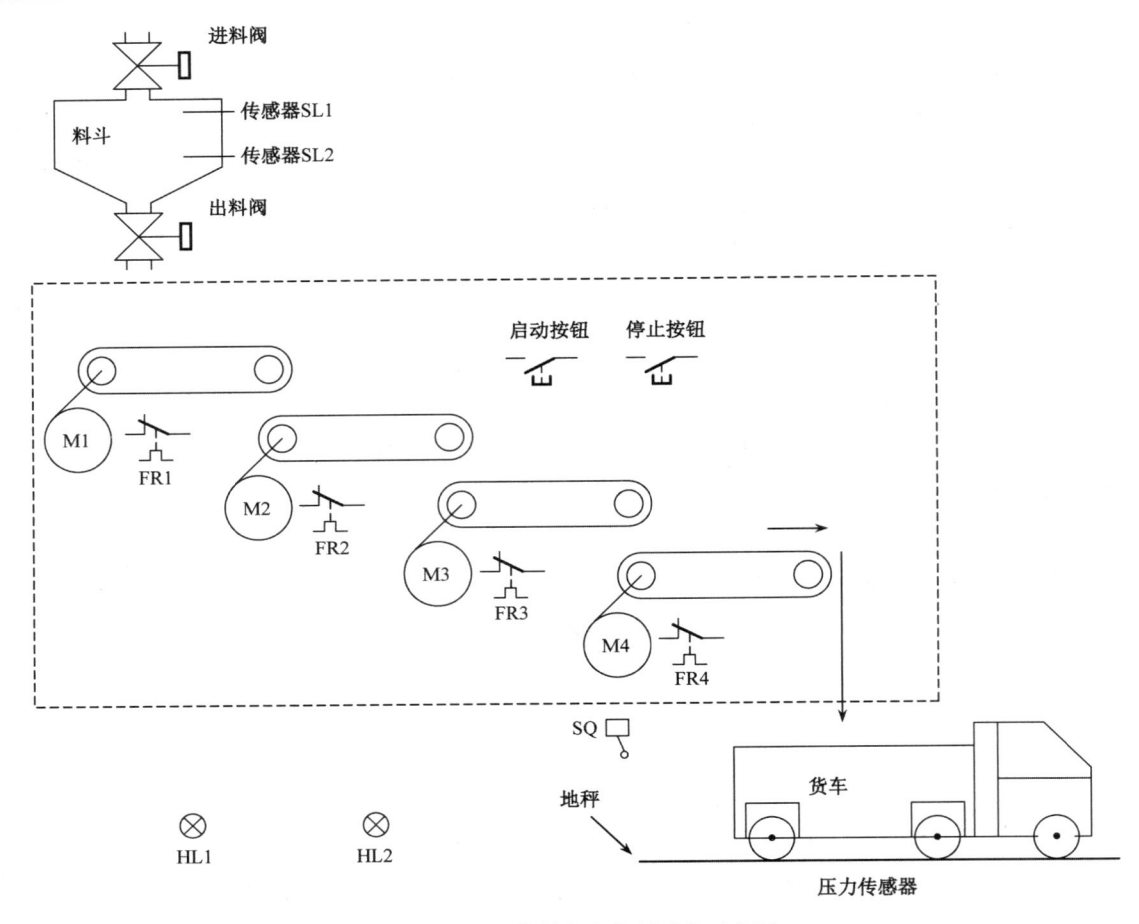

图 9-8 自动供料装车控制系统示意图

（2）设计材料分拣系统。本套材料分拣系统可以分拣铁、铝、黄色非金属材料（剩余其他材料单独存放）并有传送带跑偏检测及报警功能。

① 接通电源，按下启动开关，系统开始运行。

② 系统启动后，操作人员将待测材料放到下料槽，下料槽中的材料被推到传送带上，传送带压力传感器检测到压力后，传送带开始运行。

③ 当铁检测传感器检测到铁材料时，铁出料气缸动作，将材料推下。

④ 当铝检测传感器检测到铝材料时，铝出料气缸动作，将材料推下。

⑤ 当颜色检测传感器检测到非金属黄色材料时，颜色出料气缸动作，将材料推下。

⑥ 剩余材料被送到最后一个出料气缸位置时，气缸动作，将材料推下。

⑦ 下料槽无料时，传送带上无料，压力传感器检测不到压力，将继续运行一个行程（10秒）后自动停机。

⑧ 传送带两侧安装有光电检测系统，如果传送带跑偏，光电检测系统检测到后停止传送带运转，并且报警灯亮，报警声响起，问题解决后，按下启动按钮，系统重新启动。

（3）通过 PLC 控制多条传送带接力传送。

一组传送带由三条传送带衔接而成，用于传送有一定长度的金属板。为了避免传送带在没有金属板时空转,在每条传送带末端安装一个金属传感器用于检测金属板,以保证传送带只有检测到金属板时才启动,当金属板离开传送带时停止。传送带用三相异步电动机驱动。

当工人在传送带 1 首端放一块金属板时,按下启动按钮,则传送带 1 首先启动,当金属板的前端到达传送带 1 末端时,金属传感器 1 发出信号,启动传送带 2,当金属板的末端离开金属传感器 1 时,传送带 1 停止。当金属板的前端到达金属传感器 2 时,启动传送带 3,当金属板的末端离开金属传感器 2 时,传送带 2 停止。最后当金属板的末端离开金属传感器 3 时,传送带 3 停止,如图 9-8 所示。

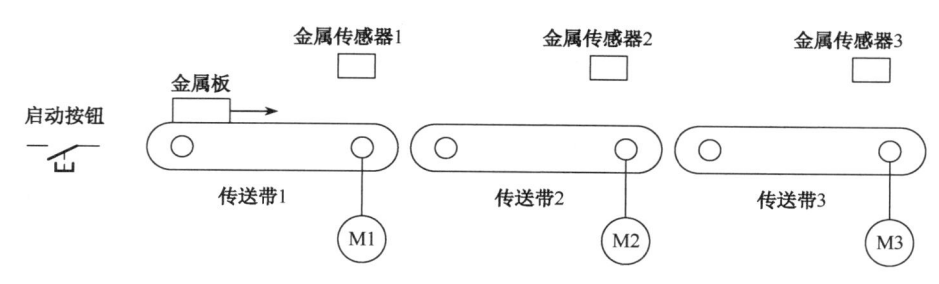

图 9-9 多条传送带接力传送示意图

(4)设计 PLC 控制锅炉上煤系统。控制任务:

① 当按下系统启动按钮 SB1 时,提醒铃 HA 响,提醒人员离开,铃响 9 秒后,绿灯 HL 开始亮,亮 8 秒后,系统开始正常运行,2 号传送带电动机启动,3 秒后,破碎机启动,3 秒后,筛煤机启动,3 秒后,1 号传送带电动机启动,3 秒后,料斗出料电磁阀启动。

② 若系统正常运行时按下停止按钮 SB2,则料斗出料电磁阀停止,4 秒后,1 号传送带电动机停止,4 秒后,筛煤机停止,4 秒后,破碎机停止,4 秒后,2 号传送带电动机停止。

③ 若在运行过程中 2 号传送带电动机和 1 号传送带电动机中任何一个发生过载,整个系统立即停止。

(5)设计 PLC 控制零件传送系统(由四条传送带组成),控制任务:

按下启动按钮,启动传送带 1,每 15 秒向传送带 1 提供 1 个零件。当有零件经过接近开关 1 时,启动传送带 2。零件经过接近开关 2 时,启动传送带 3,零件经过接近开关 3 时,启动传送带 4。如果接近开关 1、接近开关 2 和接近开关 3 在传送带上连续 60 秒未检测到零件,则视为故障,系统报警灯闪烁报警。如果接近开关 1 在 100 秒内未检测到零件则停止全部传送带的运行。

按下停止按钮,可停止全部传送带的运行。

项目 10 液体混合的 PLC 控制

10.1 项目要求

本装置为两种液体混合的模拟装置，SL1、SL2、SL3 为液面传感器，液体 A 阀门、液体 B 阀门与混合液阀门分别由电磁阀 YV1、YV2、YV3 控制，M 为搅匀电动机，液体混合控制示意图如图 10-1 所示。项目要求如下：

（1）初始状态：装置投入运行时，容器空，液体 A 阀门、液体 B 阀门与混合液阀门关闭。

（2）按下启动按钮 SB1，装置就开始按下列规律运行：液体 A 阀门打开，液体 A 流入容器。当液面淹没 SL2 时，SL2 接通，关闭液体 A 阀门，打开液体 B 阀门。液面淹没 SL1 时，关闭液体 B 阀门，搅匀电动机开始搅匀。搅匀电动机工作 6 秒后停止搅动，混合液阀门打开，开始放出混合液。当液面下降到 SL3 时，SL3 由接通变为断开，再过 2 秒后，容器液体放空，混合液阀门关闭，开始下一周期。

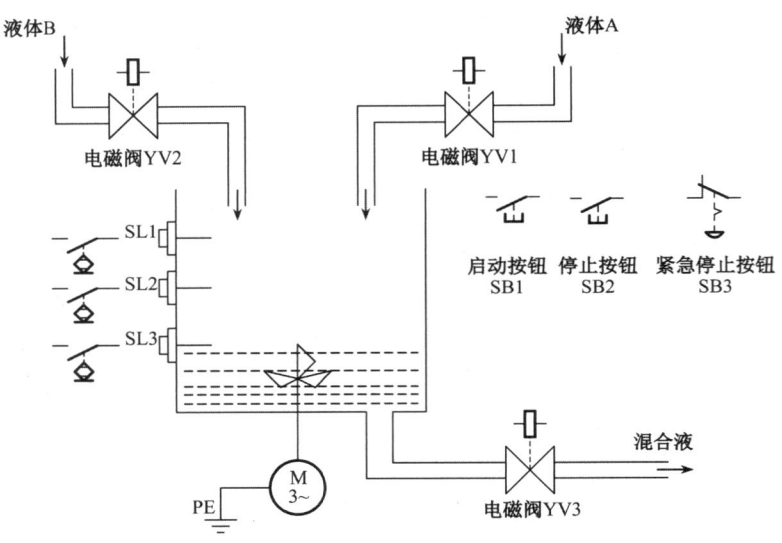

图 10-1 液体混合控制示意图

（3）停止操作：按下停止按钮 SB2 后，只有在当前的混合液排放完毕后，装置才停止工作，停止后状态与初始状态相同。

（4）紧急停止操作：当遇到紧急情况时，按下紧急停止按钮 SB3，装置立刻停止工作。

（5）液面未淹没 SL1、SL2、SL3 时，传感器处于断开状态，液面淹没传感器时，传感器处于闭合状态。

10.2 学习目标

（1）掌握液体混合的原理并能简要叙述出来。
（2）进一步巩固跳变沿指令的应用。
（3）巩固定时器指令和位存储器的应用并能灵活地用它们编程。
（4）掌握不带参数 FC 分部式编程。
（5）提高编程与调试能力。

10.3 项目解决步骤

步骤 1．输入/输出信号元件分析
输入：启动按钮 SB1（常开触点）；停止按钮 SB2（常开触点）；液面传感器 SL1（常开触点）；液面传感器 SL2（常开触点）；液面传感器 SL3（常开触点）；紧急停止按钮 SB3（常闭触点）；输出：电磁阀 YV1 线圈；电磁阀 YV2 线圈；电磁阀 YV3 线圈；搅匀电动机继电器 KA 线圈。

步骤 2．配置硬件和软件
硬件：
（1）电源模块（PS307 5A）1 个。
（2）紧凑型 S7-300 CPU 模块（CPU 314C-2DP）1 个。
（3）MMC 卡 1 张。
（4）输入模块（DI16×DC24V）1 个。
（5）输出模块（DO16×DC24V/0.5A）1 个。
（6）DIN 导轨 1 根。
（7）PC 适配器 USB 编程电缆（S7-200/S7-300/S7-400 PLC 下载线）1 根。
（8）装有 STEP7 编程软件的计算机（也称编程器）1 台。
（9）启动和停止按钮各 1 个，紧急停止按钮 1 个。
（10）中间继电器（线圈电压 DC24V）1 个，接触器（线圈电压 AC380V）1 个，电磁阀 3 个，液位传感器 3 个。
（11）熔断器 5 个，热继电器 1 个，三相异步电动机 1 台，导线若干根，接线端子排 2 排，走线槽和号码管多个。

软件： STEP7 V5.4 及以上版本编程软件。
注：硬件配置可以根据实际情况变化。

步骤 3．PLC 硬件安装（参见项目 2）
步骤 4．硬件组态（参见项目 3）
步骤 5．输入信号/输出地址分配
输入/输出地址分配如表 10-1 所示。

表 10-1　输入/输出地址分配表

序号	输入信号元件名称	编程元件地址	序号	输出信号元件名称	编程元件地址
1	启动按钮 SB1（常开触点）	I0.0	1	搅匀电动机继电器 KA 线圈	Q4.0
2	停止按钮 SB2（常开触点）	I0.4	2	电磁阀 YV1 线圈	Q4.1
3	液面传感器 SL1（常开触点）	I0.1	3	电磁阀 YV2 线圈	Q4.2
4	液面传感器 SL2（常开触点）	I0.2	4	电磁阀 YV3 线圈	Q4.3
5	液面传感器 SL3（常开触点）	I0.3			
6	紧急停止按钮 SB3（常闭触点）	I0.5			

步骤 6．画出接线图

液体混合 PLC 控制系统接线如图 10-2 所示。

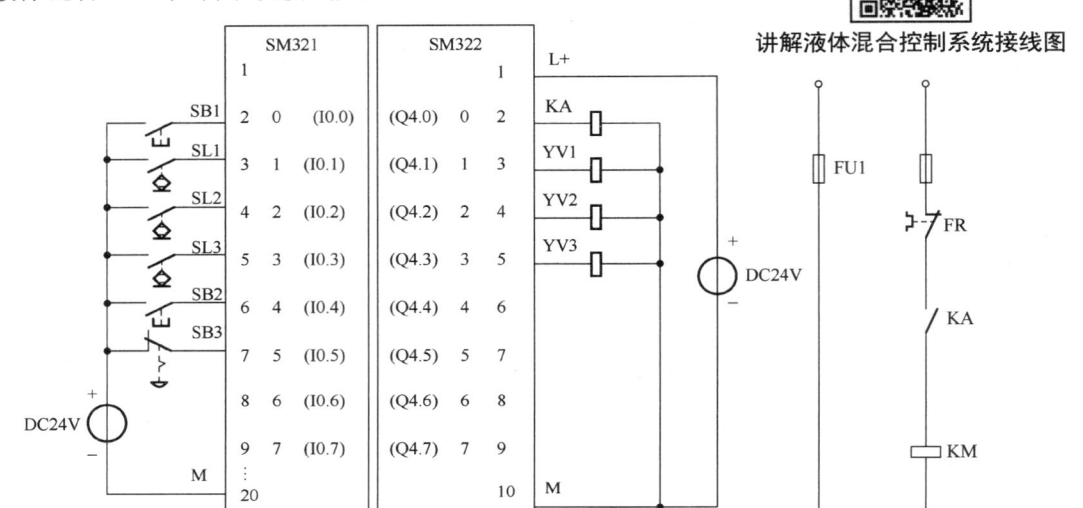

图 10-2　液体混合 PLC 控制接线

步骤 7．建立符号表

液体混合 PLC 控制的符号表如图 10-3 所示。

步骤 8．编写控制程序

根据项目要求及地址编写控制程序，如图 10-4 所示（图中 A 阀 YV1 即电磁阀 YV1，传感器 SL1 即液面传感器 SL1，急停按钮即紧急停止按钮，电机继电器 KA 线圈即搅匀电动机继电器 KA 线圈，其余表述类似，下同）。

图 10-3　符号表

项目 10　液体混合的 PLC 控制

程序段 1:

复位 M0.5, 启动自动循环

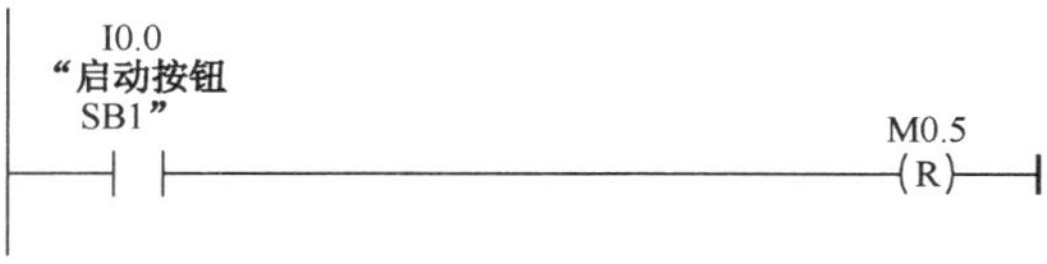

```
    I0.0
 "启动按钮
   SB1"                                    M0.5
────┤ ├──────────────────────────────────( R )──
```

程序段 2:

通过置位 M0.5, 完成当前周期结束后停止循环

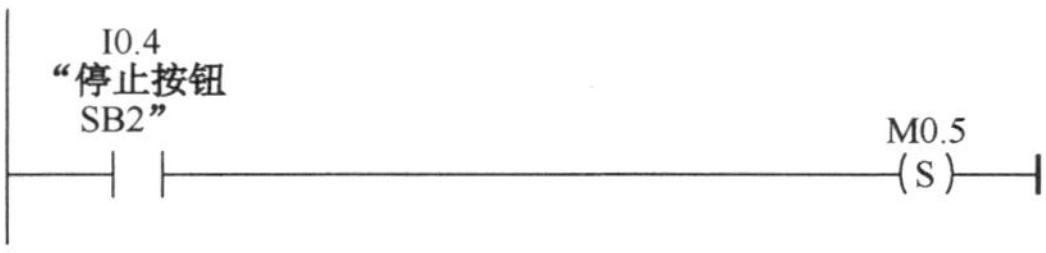

```
    I0.4
 "停止按钮
   SB2"                                    M0.5
────┤ ├──────────────────────────────────( S )──
```

程序段 3:

按下启动按钮 SB1, I0.0 常开触点接通, Q4.1 线圈接通, 接通 A 阀 YV1 线圈。T1 常开触点接通, M0.5 复位, 可以自动接通 A 阀 YV1 线圈。

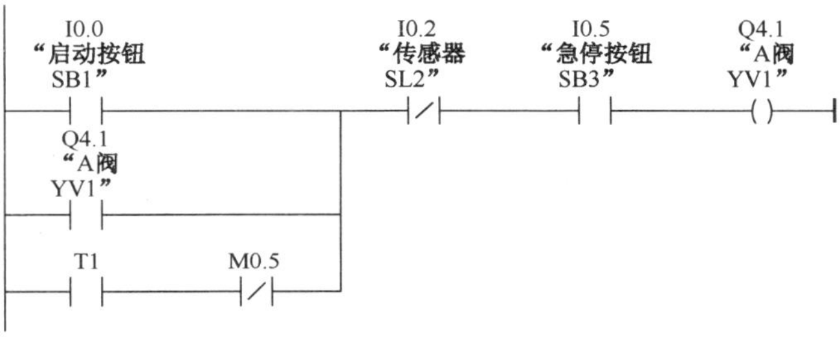

```
    I0.0              I0.2       I0.5       Q4.1
 "启动按钮           "传感器    "急停按钮    "A阀
   SB1"              SL2"       SB3"       YV1"
──┬─┤ ├──────┬───────┤/├────────┤ ├────────( )──
  │  Q4.1    │
  │  "A阀    │
  │  YV1"    │
  ├─┤ ├──────┤
  │          │
  │   T1  M0.5
  └─┤ ├──┤/├─┘
```

程序段 4:

传感器 SL2 常开触点闭合, I0.2 常开触点接通, Q4.2 线圈接通, 接通 B 阀 YV2 线圈。

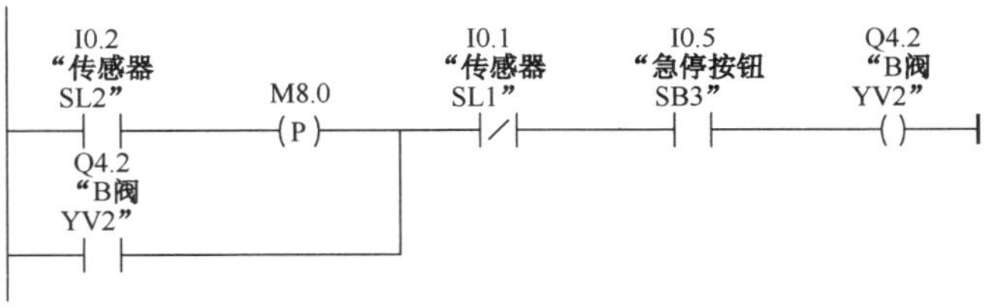

```
    I0.2                       I0.1       I0.5       Q4.2
   "传感器                    "传感器    "急停按钮    "B阀
    SL2"        M8.0           SL1"       SB3"       YV2"
──┬─┤ ├────────( P )───────────┤/├────────┤ ├────────( )──
  │  Q4.2
  │  "B阀
  │  YV2"
  └─┤ ├─┘
```

程序段 5:

Q4.0 常开触点接通, 启动接通延时定时器 T0。

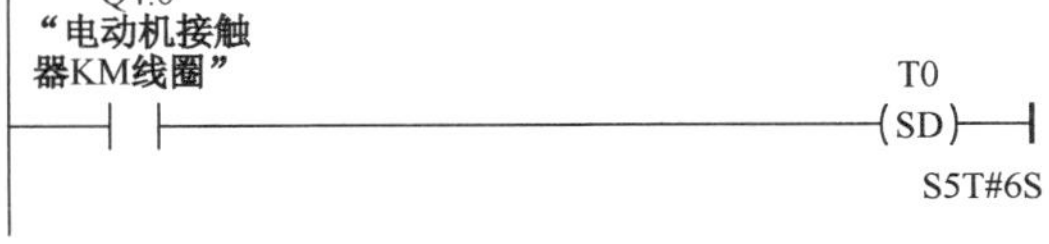

```
    Q4.0
  "电动机接触
   器KM线圈"                              T0
────┤ ├──────────────────────────────────( SD )──
                                         S5T#6S
```

图 10-4　控制程序

程序段6:

传感器SL1常开触点闭合，I0.1常开触点接通，接通Q4.0线圈，启动电动机。

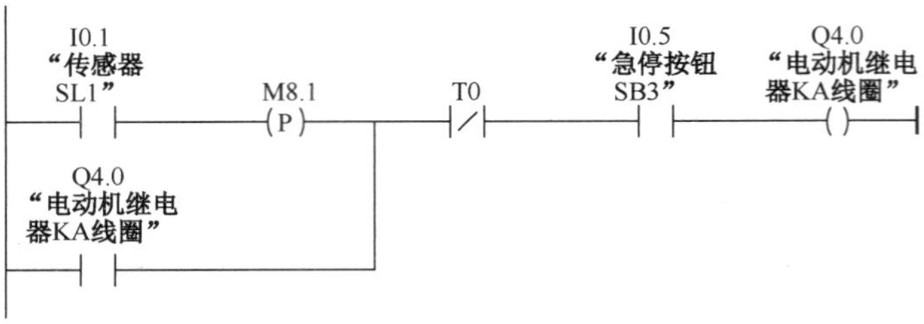

```
   I0.1
 "传感器                      I0.5          Q4.0
   SL1"      M8.1     T0    "急停按钮    "电动机继
   ─┤├───────(P)─────┤├─────  SB3"     电器KA线圈"
   │                        ─┤/├──────────( )─
   Q4.0    │
 "电动机继  │
 电器KA线圈"│
   ─┤├─────┘
```

程序段7:

T0定时时间到，T0常开触点接通，接通Q4.3线圈，接通混合液阀YV3线圈，混合液体排出。

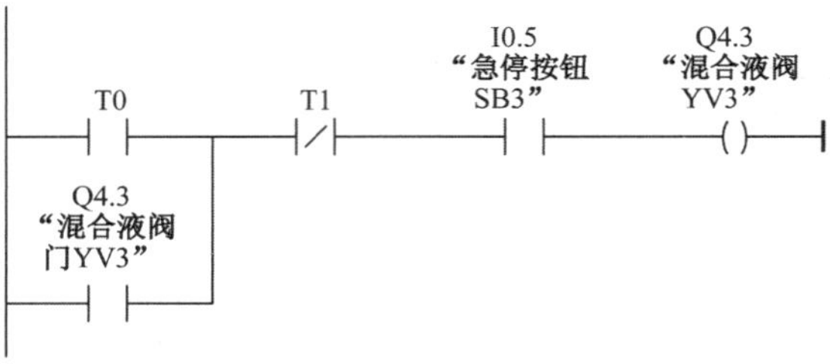

```
                         I0.5       Q4.3
                       "急停按钮   "混合液阀
     T0       T1         SB3"       YV3"
   ─┤├───────┤/├────────┤/├─────────( )─
   │        │
   Q4.3     │
 "混合液阀   │
   门YV3"   │
   ─┤├──────┘
```

程序段8:

混合液面降至SL3下，SL3触点断开，I0.3常开触点由接通变为断开，RLO产生下降沿，执行负跳沿检测指令，接通M10.0线圈。

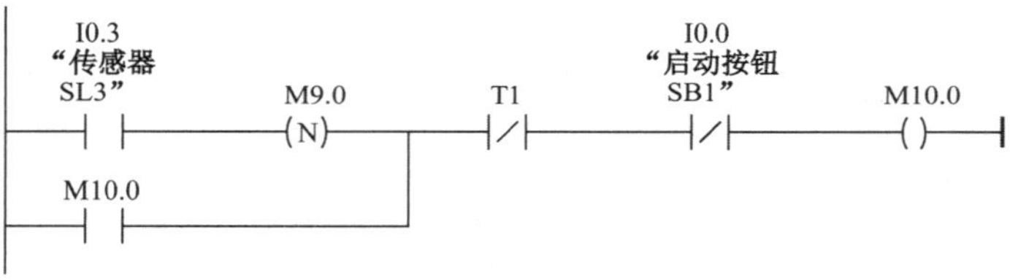

```
   I0.3                            I0.0
 "传感器                          "启动按钮
   SL3"     M9.0      T1           SB1"        M10.0
   ─┤├──────(N)──────┤/├──────────┤/├──────────( )─
   │       │
   M10.0   │
   ─┤├─────┘
```

程序段9:

T1定时混合液排空时间

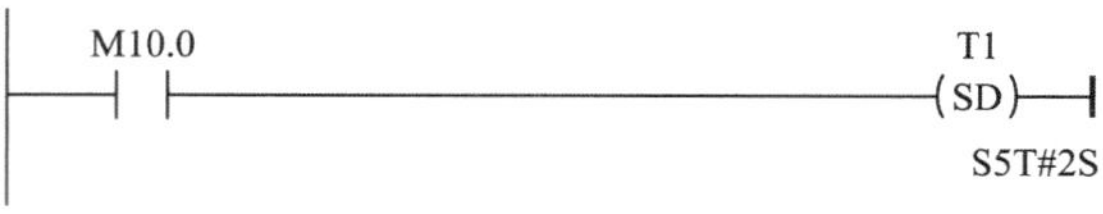

```
   M10.0                             T1
   ─┤├──────────────────────────────(SD)─
                                   S5T#2S
```

图10-4 控制程序（续）

步骤9. 在PLCSIM仿真器中使用符号地址调试程序

模拟紧急停止按钮是常闭触点，在仿真器I0.5上单击一下，I0.5为"1"。模拟按下启动按钮SB1（在仿真器I0.0上双击），液体混合程序执行后，显示Q4.1为"1"，表示液体A阀门打开，液体A流入容器，如图10-5所示。

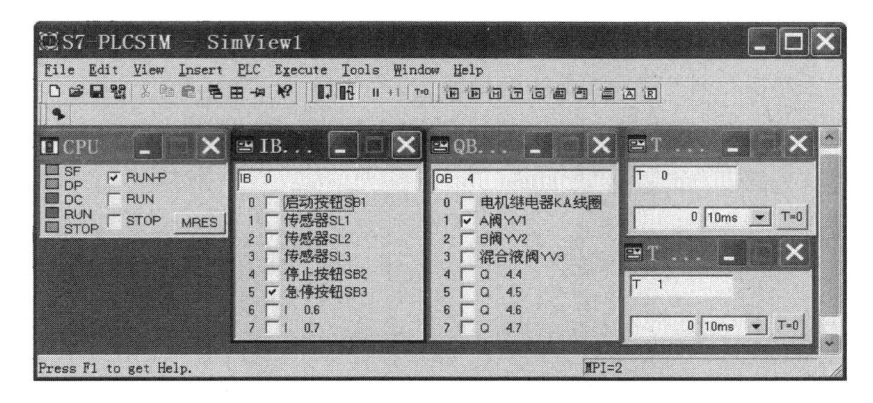

图 10-5 液体 A 阀门打开

模拟容器内液面淹没 SL3，在仿真器 I0.3 上单击一下（I0.3 为"1"）。然后模拟液面淹没 SL2，在仿真器 I0.2 上单击一下（I0.2 为"1"）。此时 Q4.2 显示为"1"，表示液体 B 阀门打开，流入液体 B，如图 10-6 所示。

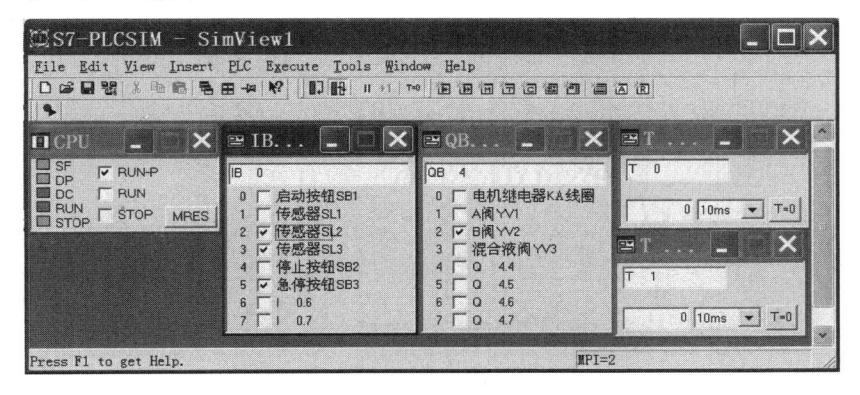

图 10-6 液体 B 阀门打开

模拟容器内液面淹没 SL1，在仿真器 I0.1 上单击一下（I0.1 为"1"），执行程序后，显示 Q4.0 为"1"，表示搅匀电动机转动，如图 10-7 所示。

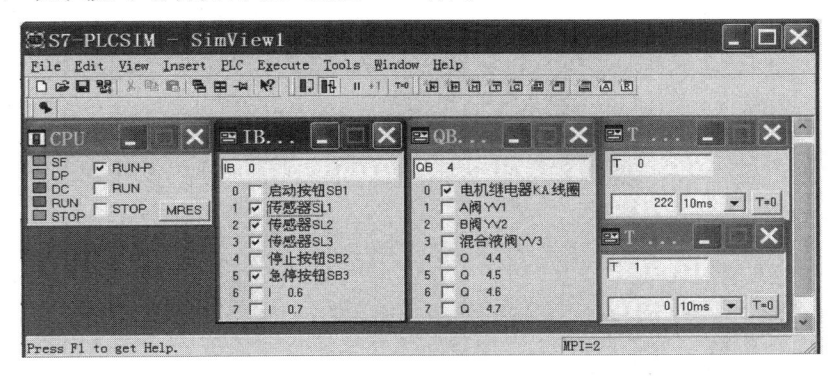

图 10-7 搅匀电动机转动

搅匀时间是 6 秒钟，然后仿真器显示 Q4.0 为"0"，表示时间到，停止搅匀。仿真器显示

Q4.3 为"1",表示打开混合液阀门,如图 10-8 所示。

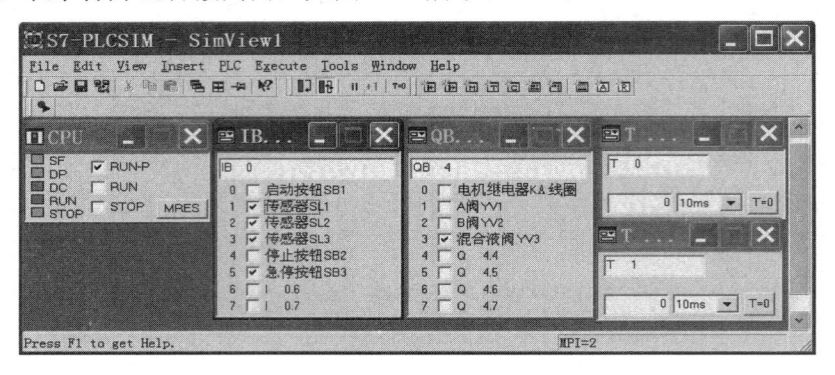

图 10-8 打开混合液阀门

液面降到 SL3 以下时,SL3 由接通变为断开,再过 2 秒后,仿真器显示 Q4.3 为"0",表示混合液阀门关闭。Q4.1 显示为"1",表示自动打开液体 A 阀门,放入液体 A,如图 10-9 所示。重复上述过程。

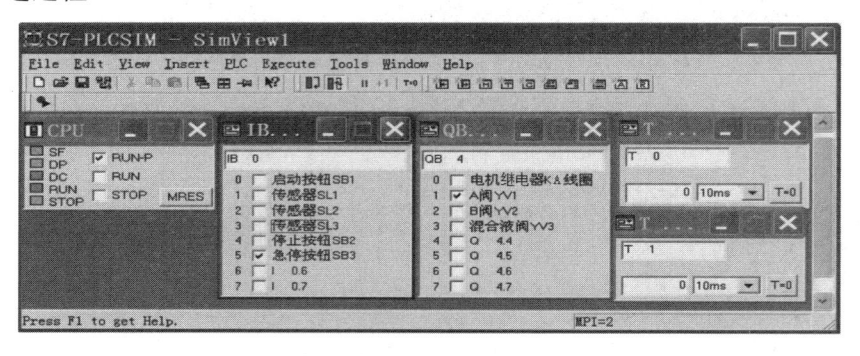

图 10-9 自动打开 A 液体阀门

模拟在正常情况下按下停止按钮 SB2 后,在当前混合液排放完毕后系统停止工作。

模拟液体混合过程中按下紧急停止按钮 SB3,在仿真器 I0.5 上单击一下,I0.5 为"0",Q4.1、Q4.2、Q4.3 和 Q4.0 全部显示为"0"。表示阀门都关闭和电动机停止,如图 10-10 所示。

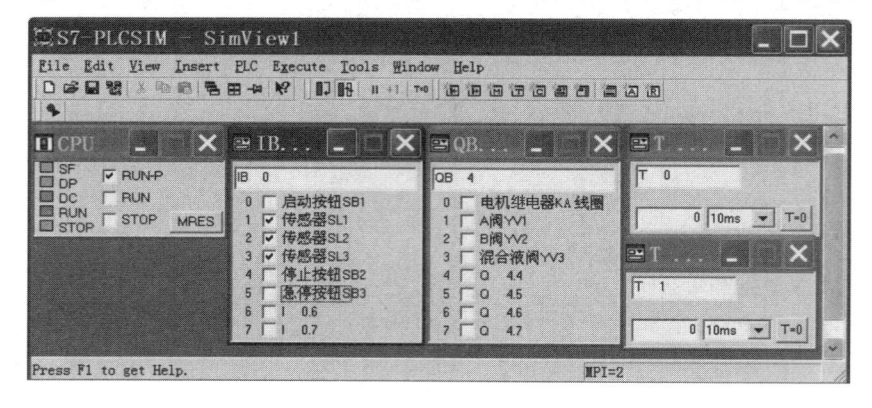

图 10-10 阀门都关闭且电动机停止

如果满足上述情况，说明仿真调试成功，接下来可进行联机调试。如果不满足上述情况，则应检查原因，修改程序，重新调试，直到仿真调试成功。

步骤 10．联机调试

确保连线正确的情况下，下载硬件组态和程序等到真实 PLC 中（参见 5.3.6 相关内容），然后按下面要求调试。

（1）按下启动按钮 SB1，系统就开始按下列规律运行：液体 A 阀门打开，液体 A 流入容器。当液面淹没 SL2 时，SL2 接通，关闭液体 A 阀门，打开液体 B 阀门。液面淹没 SL1 时，关闭液体 B 阀门，搅匀电动机开始搅匀。搅匀电动机工作 6 秒后停止，混合液阀门打开，开始放出混合液。当液面降到 SL3 以下时，SL3 由接通变为断开，再过 2 秒后，容器液体放空，混合液阀门关闭，开始下一周期。

（2）按下停止按钮 SB2 后，只有在当前的混合液排放完毕后，系统才停止工作，停在初始状态上。

（3）紧急停止操作：当遇到紧急情况时，按下紧急停止按钮 SB3，系统停止工作。

满足上述要求，说明调试成功。如果不能满足要求，则应检查原因，修改程序，重新调试，直到满足要求为止。

10.4 知识拓展——不带参数功能 FC 的应用（分部式编程）

所谓不带参数功能 FC，是指在编辑功能 FC 时，在局部变量声明表中不进行形式参数的定义，在功能 FC 中直接使用直接寻址完成控制的编程。这种方式一般应用于分部式结构的程序编写，每个功能 FC 实现整个控制任务的一部分，不重复调用。用不带参数功能 FC 进行编程，方便实现程序设计。

下面以液体混合 PLC 控制为例进行介绍：

将项目 10 的项目要求视为自动控制，增加手动控制，四个手动开关分别可以打开与关闭液体 A 阀门电磁阀、液体 B 阀门电磁阀、混合液阀门电磁阀，以及启动与停止搅匀电动机。通过切换开关来完成手动控制与自动控制切换。

首先插入功能 FC1、FC2，方法如图 10-11 所示。

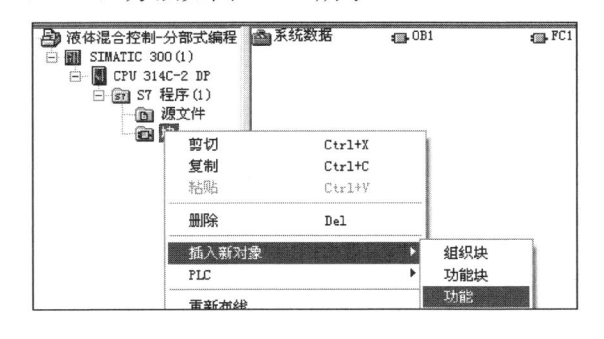

图 10-11 插入功能

在 FC1 上右键单击，从弹出的快捷菜单中单击"对象属性"，在出现的界面的符号名右侧输入"手动"，如图 10-12 所示。

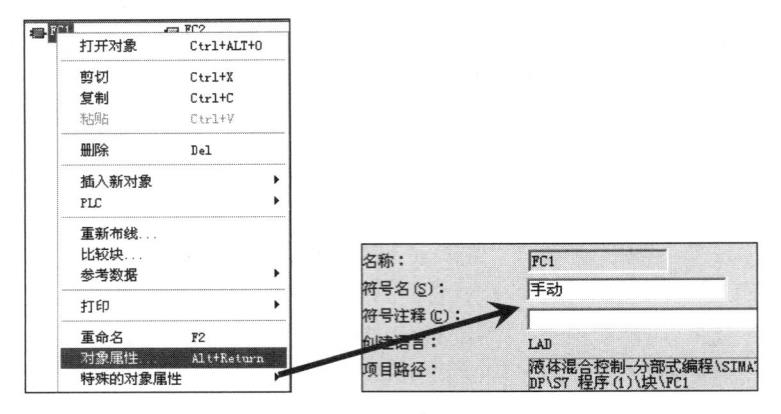

图 10-12　输入 FC1 符号名

在 OB1 中双击左侧 FC 块中的 FC1 和 FC2，将其写入程序，如图 10-13 所示。

分别对每个功能进行编程，进入功能的方法（以 FC1 为例）：鼠标右键在 FC1 上单击，在弹出的下拉菜单中选择"被调用块"，然后单击"打开"，就可以手动进行子程序的编辑了，如图 10-14 所示。

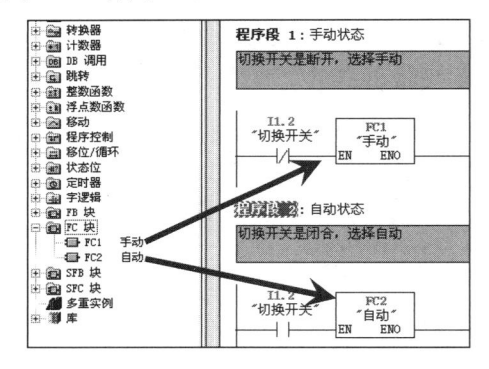

图 10-13　将 FC1 和 FC2 写入程序

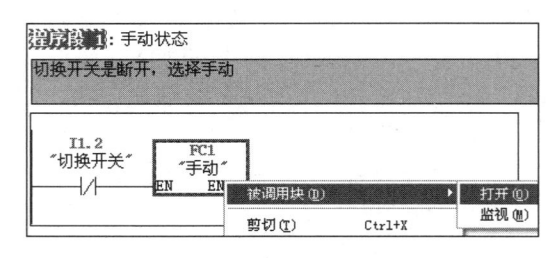

图 10-14　进入功能 FC1

FC1"手动"子程序如图 10-15 所示。

图 10-15　FC1"手动"子程序

程序段3：

```
   I1.0                                    Q4.3
 "手动                                   "混合液阀
 混合液开关"                                YV3"
 ───┤ ├──────────────────────────────────( )───
```

程序段4：电动机接触器

```
   I1.1                                    Q4.0
 "手动                                  "电动机继电器
 电动机开关"                                KA线圈"
 ───┤ ├──────────────────────────────────( )───
```

图 10-15　FC1"手动"子程序（续）

FC2"自动"子程序就是项目 10 中图 10-4 所示的液体混合控制程序。

巩固练习十

1. 水塔水位的 PLC 控制

在自动状态下：当水池水位低于低水位界（SL4 为 OFF），阀 YV 打开进水，定时器开始计时，4 秒后，如果 SL4 还不为 ON，那么阀 YV 指示灯闪烁，表示水池没有进水，出现故障。SL3 为 ON 后，阀 YV 关闭。当 SL4 为 ON，且水塔水位低于低水位界 SL2 时，水泵运转抽水。当水塔水位高于高水位界 SL1 时水泵停止。

在手动状态下：可手动启动与停止水泵，手动打开与关闭阀 YV。

水塔水位的 PLC 控制示意图如图 10-16 所示。

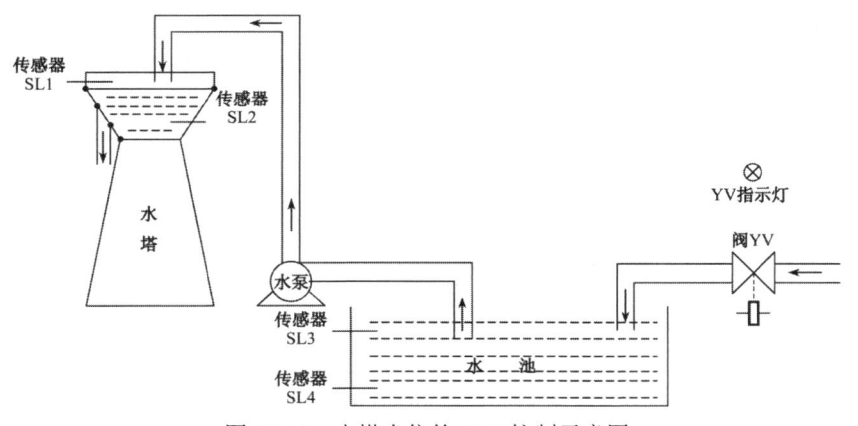

图 10-16　水塔水位的 PLC 控制示意图

传感器 SL1 代表水塔的水位上限，SL2 代表水塔水位下限，SL3 代表水池水位上限，SL4 代表水池水位下限，水淹没传感器时，传感器输出信号为 ON，传感器露出液面时输出信号为

OFF。

要求：

（1）完成输入/输出信号元件分析。
（2）完成硬件组态及 I/O 地址分配。
（3）建立符号表。
（4）采用分部式编程法来编写程序。
（5）调试程序。

2．天塔之光的 PLC 控制

有彩灯 HL1～HL9，共九盏灯，如图 10-17 所示，切换至自动状态时，中间彩灯 HL1 亮 1 秒后灭，随后次外环彩灯 HL2、HL3、HL4、HL5 亮 1 秒后灭，接着最外环彩灯 HL6、HL7、HL8、HL9 亮 1 秒后灭，然后返回到中间彩灯 HL1 亮 1 秒后灭，重复上述彩灯亮灭并循环。

切换至手动控制时，只有按下相应的手动开关，彩灯才能点亮。手动开关 1 控制 HL1 亮灭，手动开关 2 控制 HL2～HL5 亮灭，手动开关 3 控制 HL6～HL9 亮灭。

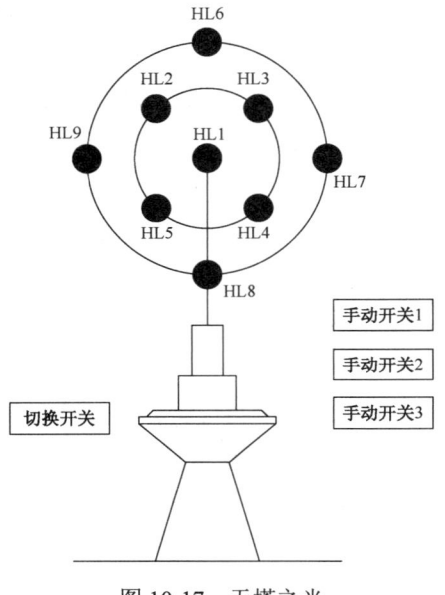

图 10-17 天塔之光

3．设计油循环控制系统（如图 10-18 所示）

控制任务如下：

（1）按下启动按钮 SB0 后，泵 1、泵 2 通电运行，由泵 1 将油从循环槽打入淬火槽，经沉淀槽，再由泵 2 打入循环槽，运行 10min 后，泵 1、泵 2 停。

（2）在泵 1、泵 2 运行期间，如果沉淀槽的液位到达高液位，高液位传感器 SL1 接通，此时泵 1 停，泵 2 继续运行 1 min 后停下。

（3）在泵 1、泵 2 运行期间，如果沉淀槽的液位低于低液位，低液位传感器 SL2 由接通变为断开，此时泵 2 停，泵 1 继续运行 1 min 后停下。

（4）当按下停止按钮 SB1 时，泵 1、泵 2 同时停。

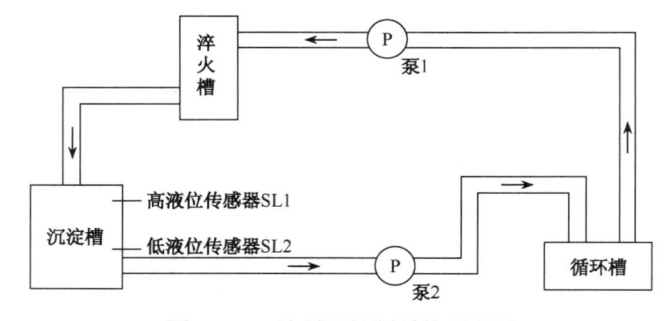

图 10-18 油循环控制系统示意图

项目 11　WinCC 监控及两地控制

11.1　项目要求

电动机启停现场控制及 WinCC 监控（在 A 地与 B 地都能控制，即两地控制），参见示意图 11-1。

通过按下现场启动按钮可以启动现场电动机，能通过 WinCC 监控画面中电动机图形颜色变化监视电动机的状态。按下现场停止按钮可以停止现场电动机的运行，相关颜色变化效果见电子课件。

通过鼠标操作，单击画面中的启动按钮，能启动现场电动机，也能通过 WinCC 监控画面中电动机图形颜色变化显示电动机的状态，单击停止按钮，能停止现场电动机的运行。

注：PLC 输出模块为 DO 16×DC 24V/0.5A，输出端子可连接交流接触器 KM 线圈（此线圈连接 DC 24V 电源），也可以连接中间继电器 KA 线圈（此线圈连接 DC 24V 电源），然后 KA 常开触点连接交流接触器 KM 线圈（此线圈连接 AC 380V 电源），本项目选择前一种。

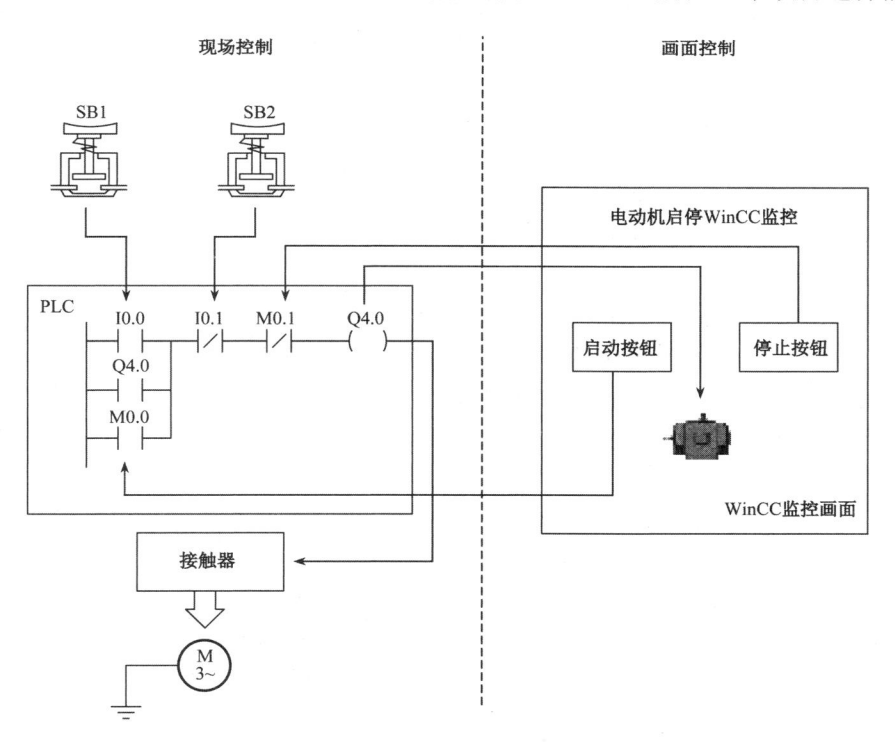

图 11-1　电动机启停现场控制及 WinCC 监控

11.2 学习目标

（1）了解 WinCC 功能。
（2）掌握 WinCC 组态过程并能独立进行组态操作。
（3）掌握 WinCC 监控及调试方法并能够完成课后巩固练习。
（4）掌握两地控制的含义并能独立讲述。
（5）掌握两地控制的联机调试方法并能独立进行操作。

11.3 相关知识

11.3.1 WinCC 简介

WinCC 是基于 PC 的系统监控软件，WinCC 具有控制自动化过程的强大功能和极高性能价格比的 SCADA（监视控制与数据采集）级的操作监视系统。

WinCC 的一大显著特性就是全面开放，通过它很容易将标准的用户程序结合起来，建立人机界面（HMI），精确地满足生产实际要求。通过系统集成，可将 WinCC 作为系统扩展的基础，通过开放接口开发自己的应用软件。

WinCC 是用于进行廉价和快速组态的 HMI 系统，从其他方面看，它是可以无限延伸的系统平台。WinCC 的模块性和灵活性为规划和执行自动化任务提供了全新的可能。

11.3.2 WinCC 主要功能

（1）WinCC 资源管理器：WinCC Explorer 是 WinCC 的中央协调站，用于项目化管理所有的 WinCC 组件。WinCC Explorer 支持的组态工具包括图画生成、消息组态、过程值存档、报表系统、脚本建立、用户管理等。

（2）图形编辑器：WinCC 图形编辑器是一个基于向量的绘图程序，其功能包括定位、排列、旋转和镜像，以及发送图形对象属性等。该图形编辑器还能对对象进行编组、建立对象库，以及将 BMP、WMF、EMF 格式文件通过 OLE 等引入或镶嵌在外部编辑图形和文本中。

图形编辑器支持 16 层画面的组态，对于编组对象，可以不将其拆开就直接修改组中的个别对象的属性。

用户可以动态控制所有图形的外观、颜色、样式等属性，可以通过变量或从脚本直接寻址来更改。

已经生成的对象储存在对象库中，从对象库中可以随时调用对象。WinCC 将对象库分为全局对象库和专用对象库，并提供一个功能库组态功能。全局对象库还包括各种各样的按主题分类的预制对象，而专门项目库是针对每个专用对象库建立的。当通过 WinCC Explorer 切换图形中的用户界面时，系统同时切换对象名称、编组及用户定义的接口参数。

对象库中的对象可以文件名的方式或以图标的方式列出，用户可以采用 Windows 的拖放操作，将其组态到过程画面中。

（3）用户管理器：用户及其访问权限的管理工具。
（4）通信通道：广泛连接不同控制器。
（5）标准接口：用于与其他 Windows 应用程序的开放集成。
（6）编程接口：具有单独访问 WinCC（C-API）数据和功能的接口，可集成到特定的用户程序中。
（7）全局脚本：C 语言函数和动作的通称，根据类型不同可在给定的项目或所有项目中使用。脚本用于组态对象动作，它们的执行通过系统内部 C 语言编译器来处理。

11.4 项目解决步骤

步骤 1．现场控制输入/输出信号元件分析（参见项目 5）
步骤 2．硬件组态（参见项目 5）
步骤 3．A 地与 B 地的两地控制

在 A 地与 B 地都能完成电动机的启动或停止控制，程序如图 11-2 所示。

A 地为现场控制，B 地可以为现场控制，也可以为控制室控制，控制室控制可以是按钮控制，也可以是画面控制，画面控制是通过单击画面中的按钮来完成启动或停止控制的，画面中的图形可用来监视设备运行状态。B 地画面的输入操作变量和输出显示变量如表 11-1 所示。

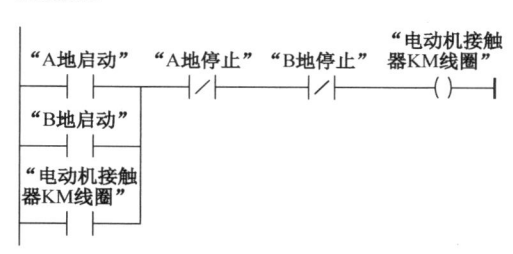

图 11-2 两地控制程序

表 11-1 B 地画面的输入操作变量和输出显示变量

序号	画面输入信号	输入操作变量	序号	画面输出信号	输出显示变量
1	画面启动按钮	M0.0	1	电动机接触器 KM 线圈	Q4.0
2	画面停止按钮	M0.1			

A 地现场控制的地址分配参考项目 5 的 I/O 地址分配表。
A 地为现场控制，B 地为画面控制，电动机启停 PLC 控制符号表如图 11-3 所示。

图 11-3 电动机启停 PLC 控制符号表

步骤 4．编写现场与画面两地控制的电动机启停程序并下载
两地控制程序如图 11-4 所示。
打开 S7-PLCSIM 仿真器并将程序通过站点方式下载，然后将仿真器调为 RUN-P 模式。

步骤 5．WinCC 画面的组态与调试过程

（1）双击 WinCC 软件图标启动软件，单击"创建新项目"按钮，在出现的界面中选择"单用户项目"，单击"确定"按钮，如图 11-5 所示。

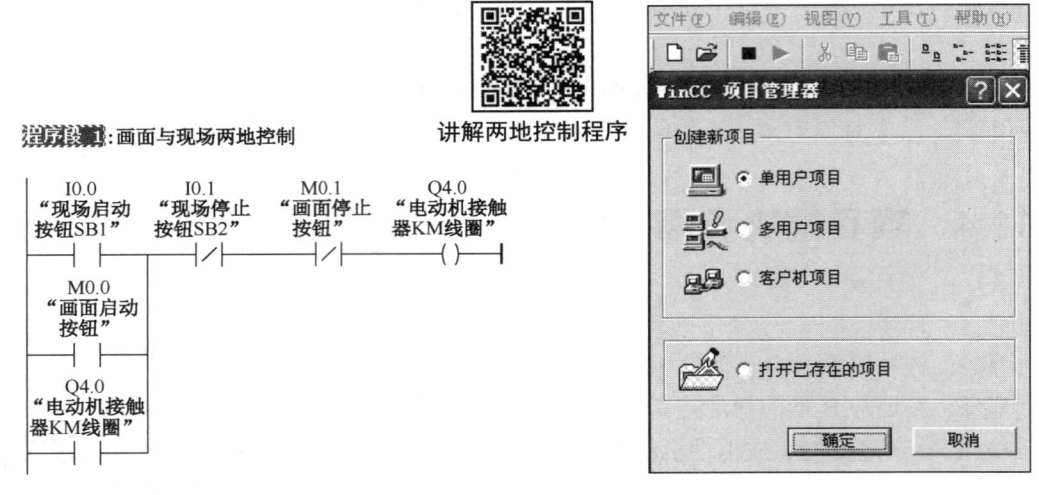

图 11-4　两地控制程序

图 11-5　创建单用户项目

（2）将创建的新项目命名为"电动机启停 PLC 控制及 WinCC 监控"，显示项目的存储路径是"e:\"，单击"创建"按钮，如图 11-6 所示。

（3）右键单击"变量管理"，从弹出的快捷菜单中单击"添加新的驱动程序"，如图 11-7 所示。

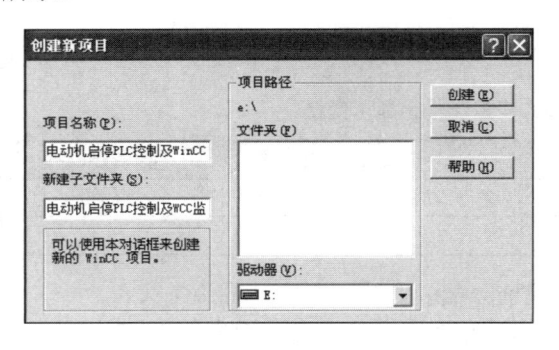

图 11-6　创建新项目

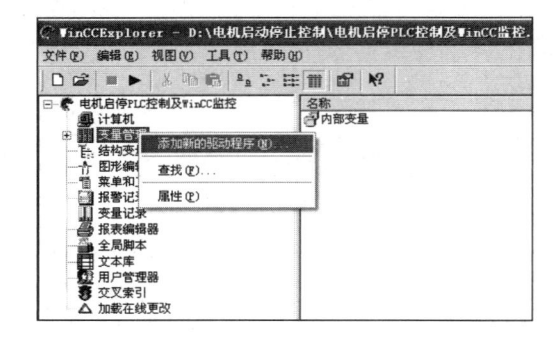

图 11-7　添加新的驱动程序

（4）在添加新的驱动程序界面中选择"SIMATIC S7 Protocol Suite.chn"，单击"打开"按钮，如图 11-8 所示。

（5）在"SIMATIC S7 PROTOCOL SUITE"中的"MPI"上单击右键，在出现的下拉菜单中单击"新驱动程序的连接"，如图 11-9 所示。

（6）在"连接属性"界面中，单击"属性"按钮，如图 11-10 所示。

（7）在"连接参数"界面中，设置站地址为"2"，段 ID 为"0"，机架号为"0"，插槽号为"2"，如图 11-11 所示，单击"确定"按钮。

（8）右键单击"NewConnection"，在弹出的菜单中单击"新建变量"，如图 11-12 所示。

项目 11　WinCC 监控及两地控制

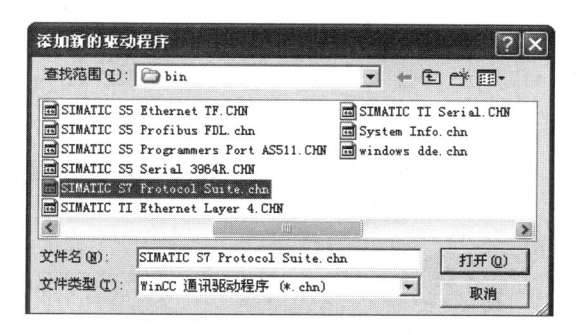

图 11-8　选择驱动程序

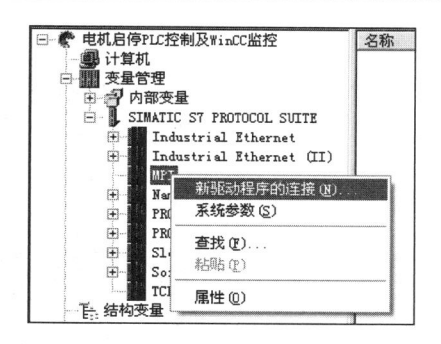

图 11-9　新的驱动程序连接

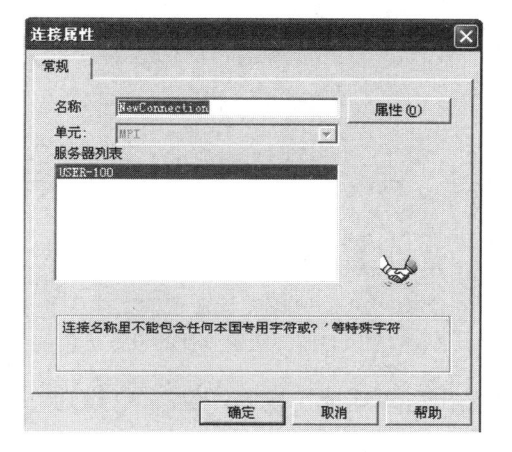

图 11-10　连接属性

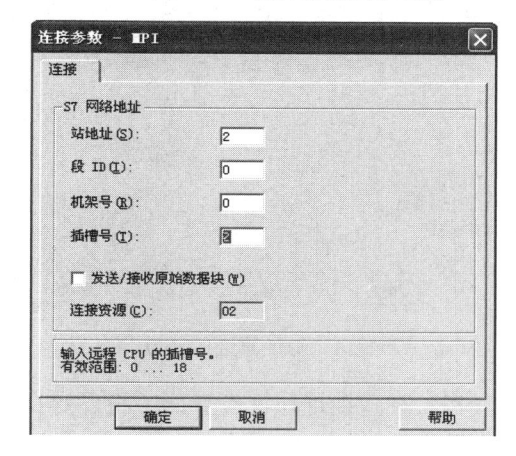

图 11-11　连接参数

（9）给变量名称命名为"画面启动按钮"，数据类型设为"二进制变量"，然后单击"选择"按钮，如图 11-13 所示。

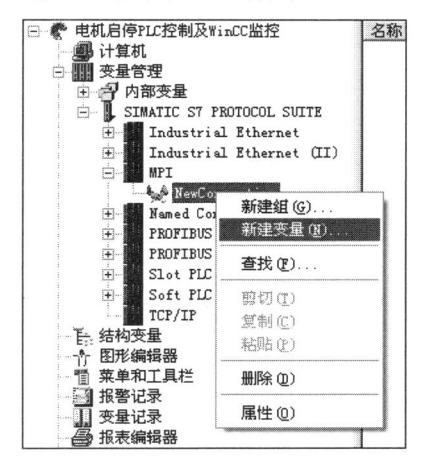

图 11-12　新建变量

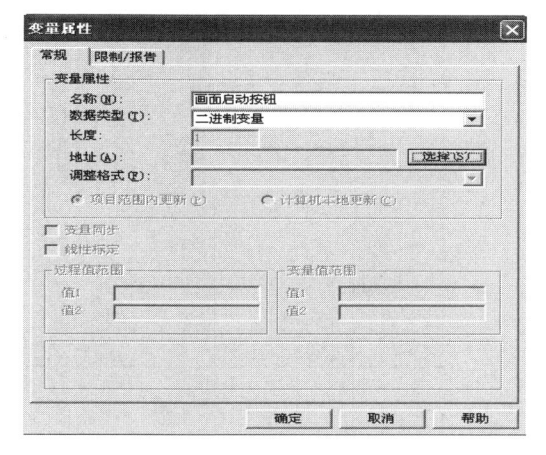

图 11-13　变量属性

（10）在"地址属性"界面中，将"数据"设成"位内存"，"地址"设成"位"，M 设为"0"，"位"设为"0"（即 M0.0），单击"确定"按钮，如图 11-14 所示。"画面停止按钮"设

139

置变量方法同理。

（11）建立画面输出显示变量，变量名称为"电动机接触器线圈"，将"数据类型"设为"二进制变量"，单击"选择"按钮，如图 11-15 所示。

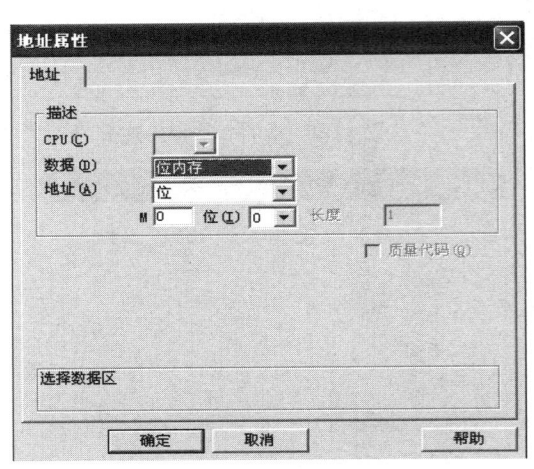

图 11-14 地址属性的设置 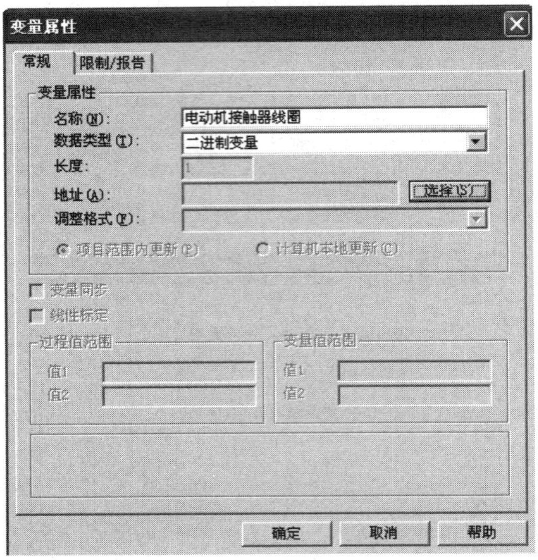　　　　　　　　图 11-15 变量属性的设置

（12）在"地址属性"界面中将"数据"设为"输出"，"地址"设为"位"，Q 设为"4"，"位"设为"0"（即 Q4.0），单击"确定"按钮，如图 11-16 所示。

（13）新建画面，在"图形编辑器"上右键单击，在弹出的菜单中选择"新建画面"，如图 11-17 所示。

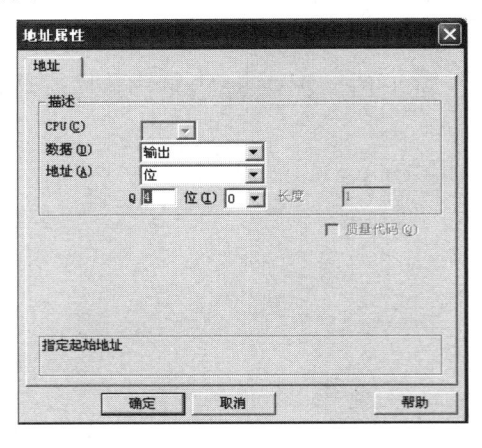

图 11-16 地址属性 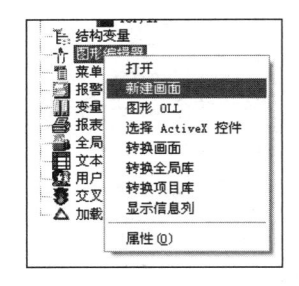　　　　　　　　图 11-17 新建画面

（14）给画面重新命名为"电动机启停监控画面.Pdl"，如图 11-18 所示。

（15）在双击打开的电动机启停监控画面中的右侧双击"静态文本"，然后在画面显示的静态文本对话框中键入名称"电动机启停 PLC 控制及 WinCC 监控"，按 Enter 确认，如图 11-19 所示。

（16）在画面中添加启动按钮，双击窗口对象中的按钮，界面如图 11-20 所示，在文本框中输入"启动按钮"。添加停止按钮方法同理。

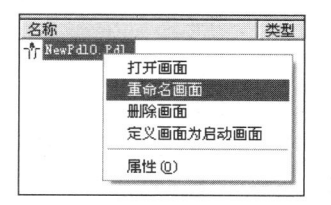

图 11-18　画面重新命名

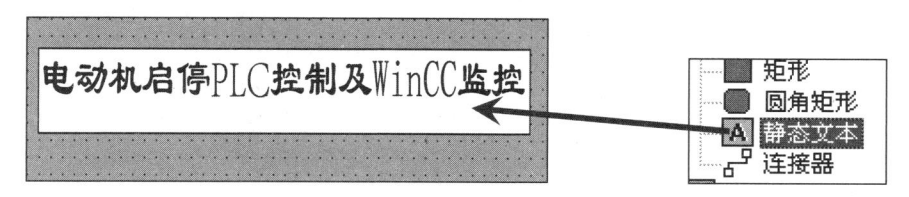

图 11-19　给画面重新命名

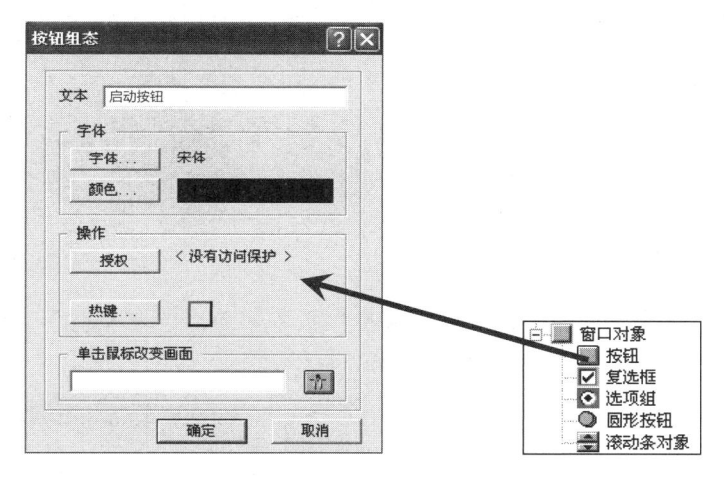

图 11-20　添加按钮

（17）在画面中添加电动机，双击打开库，选择"PlantElements"，如图 11-21 所示。

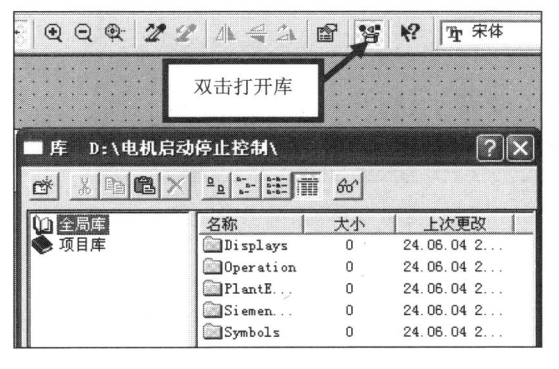

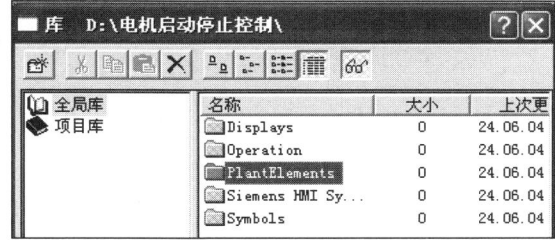

图 11-21　选择"PlantElements"

(18) 选择"Motors",单击眼镜预览按钮,选择大图标,如图 11-22 所示。

(19) 如图 11-23 所示,任选一台电动机,将其拖到画面中。

(20) 将画面启动按钮与所建变量 M 建立连接,右键单击"画面启动按钮",在下拉菜单中选择"属性",如图 11-24 所示。

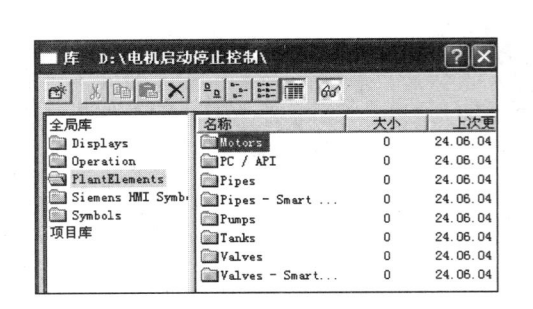

图 11-22 选择"Motors"

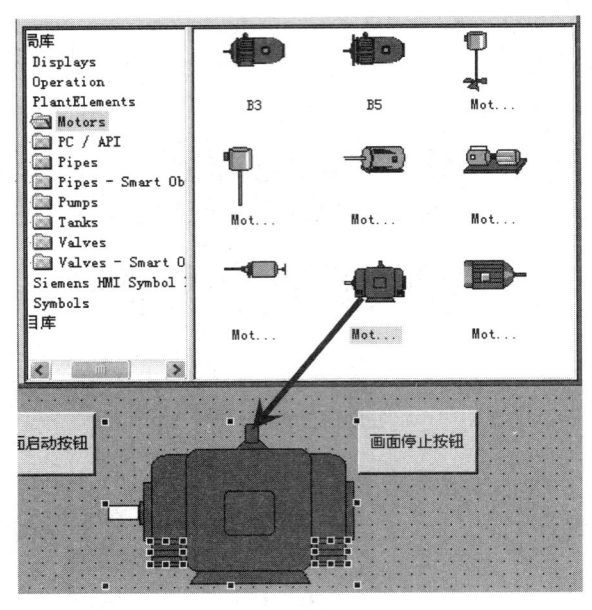

图 11-23 选择电动机

(21) 在"对象属性"界面中,单击"事件"页签,单击"按左键",右键单击闪电符号处,从出现的下拉菜单中单击"C 动作",如图 11-25 所示。

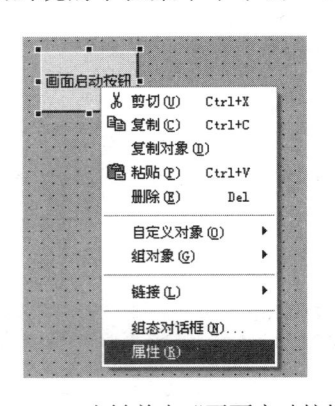

图 11-24 右键单击"画面启动按钮"

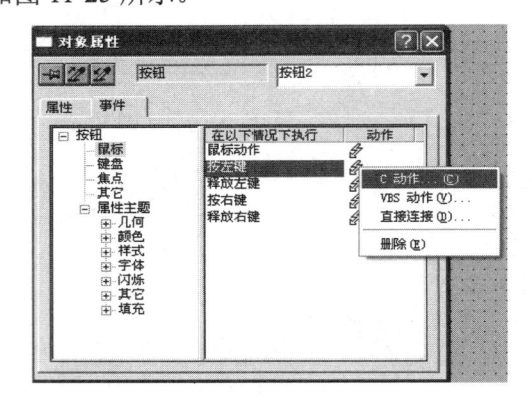

图 11-25 按左键的设置

删除大括号中原有内容,在大括号内输入"SetTagBit("",1);",将光标移到双引号里,单击窗口编辑动作中的"变量选择"里的"画面启动按钮",此时刚才输入的代码变为"SetTagBit("画面启动按钮",1);",单击"确定"按钮,如图 11-26 所示。

(22) 释放左键设置:在"对象属性"界面中,单击"释放左键",执行与上一步类似的操作,将相关代码变为"SetTagBit("画面启动按钮",0);",单击"确定"按钮。

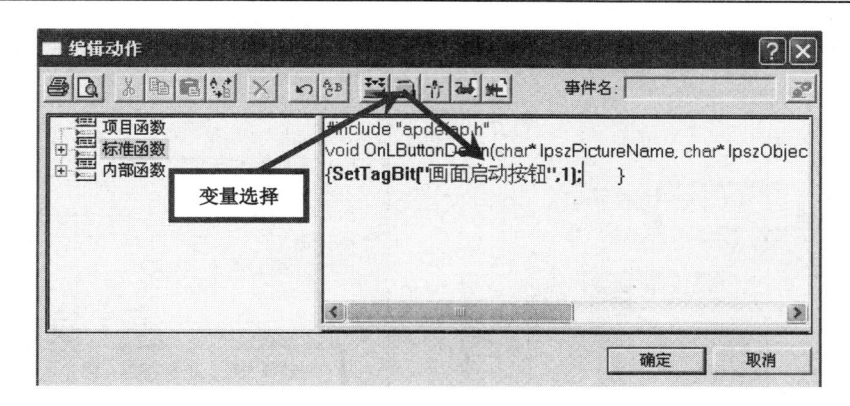

图 11-26　输入代码

（23）此时系统提示"警告！源代码已更改，未重新编译！现在重新编译吗？"，单击"是"按钮，如图 11-27 所示。

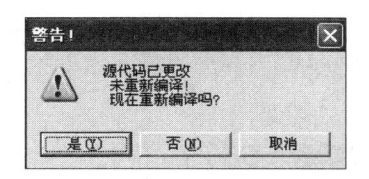

图 11-27　警告提示界面

（24）对画面中的电动机图形进行输出设置，右键单击电动机图形，在弹出的下拉菜单中选择"属性"，如图 11-28 所示。

（25）在"对象属性"界面中，单击"属性"页签，单击"背景颜色"，右键单击动态灯泡符号处，在出现的下拉菜单中选择"动态对话框"，如图 11-29 所示。

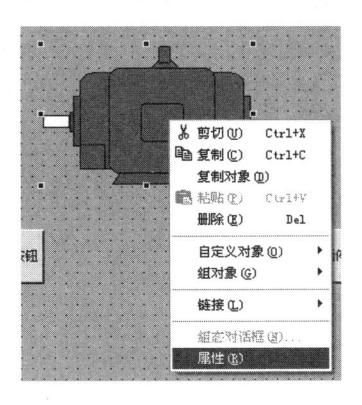

图 11-28　右键单击电动机图形

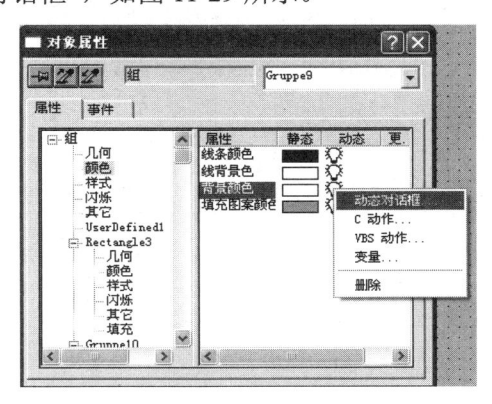

图 11-29　选择"动态对话框"

（26）在"动态值范围"界面中，将事件名称设为"250 毫秒"，表达式设为"电动机接触器线圈"，数据类型设为"布尔型"，如图 11-30 所示。

（27）在"动态值范围"界面中，将背景颜色"是/真"设为绿色，"否/假"设为白色（彩色效果见电子课件，后同），单击"应用"按钮，如图 11-31 所示。

（28）在画面的上方，单击"保存"按钮，然后单击"激活"按钮，如图 11-32 所示。

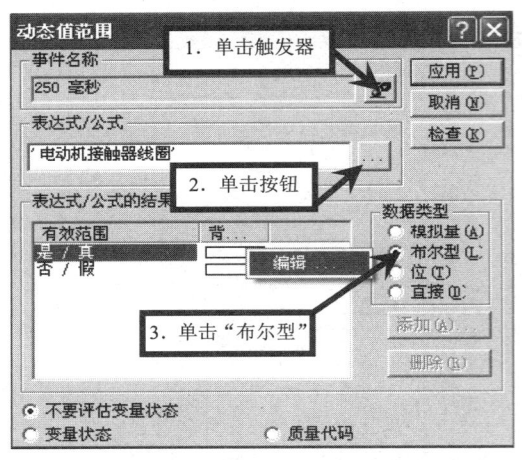

图 11-30　动态值范围的设置

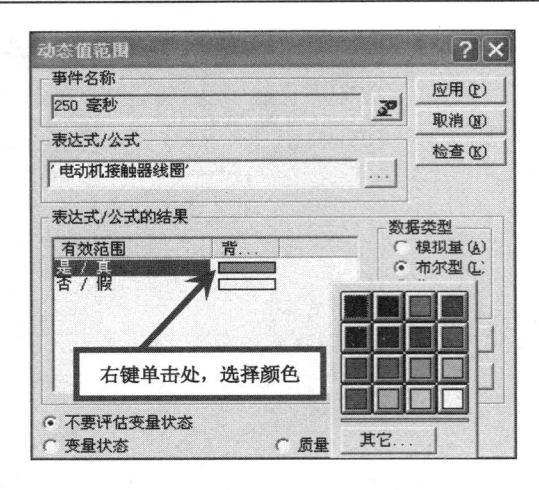

图 11-31　设置背景颜色

（29）经过一段时间的系统加载后，将出现 WinCC 运行系统画面。下面通过 WinCC 软件调试过程，判断程序是否满足控制要求。单击"画面启动按钮"，电动机图形显示为绿色，表示电动机启动运行，界面如图 11-33 所示。

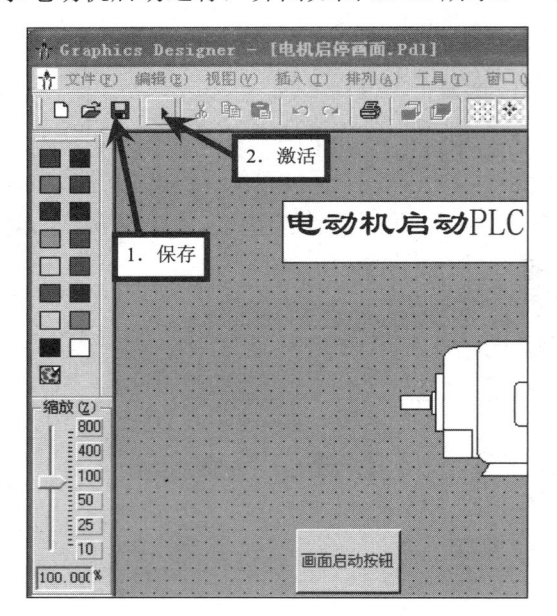

图 11-32　保存并激活

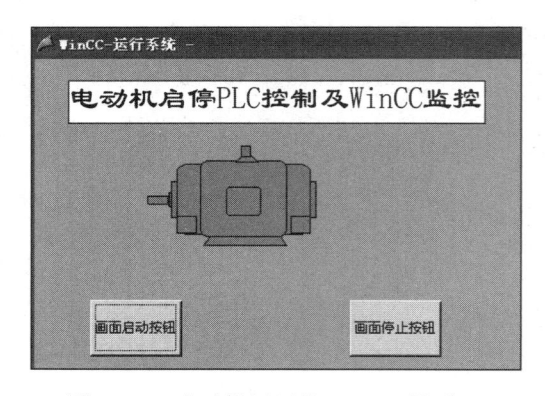

图 11-33　电动机运行的 WinCC 界面

单击"画面停止按钮"，电动机图形显示为白色，表示电动机停止，界面如图 11-34 所示。

如果满足上述第 29 步 WinCC 调试情况，说明调试成功，可进行联机调试；如果不满足，则应检查原因，纠正错误，直到调试成功。

步骤 6．两地控制的联机调试

完成这一步骤之前要关闭仿真器。

断电情况下，根据项目 5 电动机启停 PLC 控制接线图进行 PLC 与外部设备的正确接线，通电。

然后将两地控制的电动机启停程序通过 SIMATIC300 站点方式下载至真正 PLC，激活 WinCC 画面。

A 地为现场控制：按下现场启动按钮 SB1 给 PLC 输入信号，通过 PLC 程序的执行，控制现场电动机的启动，并且使画面电动机图形颜色变为绿色，表示电动机启动；按下现场停止按钮 SB2 给 PLC 输入信号，控制现场电动机的停止，并且使画面电动机图形颜色变白色，表示电动机停止。

B 地为画面控制：在 WinCC 画面中，用鼠标单击"画面启动按钮"，WinCC 画面电动机图形颜色变绿色，表示电动机启动。用鼠标单击"画面停止按钮"，WinCC 画面电动机图形颜色变白色，表示电动机停止。

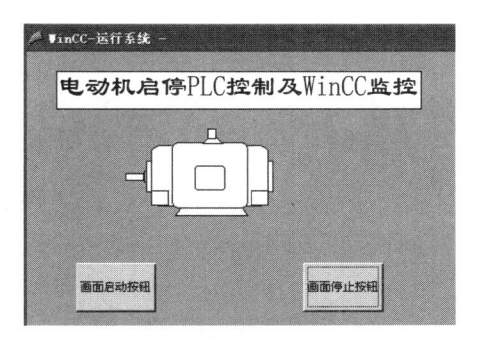

图 11-34 电动机停止的 WinCC 画面

如果满足上述要求，说明两地控制联机调试成功；如果不能满足要求，应检查原因，纠正错误，重新调试，直到满足要求为止。

巩固练习十一

（1）完成电动机正反转两地控制。具体要求参考项目 6，操作步骤参考项目 11 的项目解决步骤。

（2）完成小车往复运动两地控制。具体要求参考项目 7，操作步骤参考项目 11 的项目解决步骤。过载和行程开关在 WinCC 中设置 C 动作可以设为：单击左键为"1"，单击右键为"0"。

（3）完成三相异步电动机星—三角形降压启动两地控制。具体要求参考项目 8，操作步骤参考项目 11 的项目解决步骤。提示：过载在 WinCC 中设置 C 动作可以设为：单击左键为"1"，单击右键为"0"。

（4）完成四节传送带两地控制。具体要求参考项目 9，操作步骤参考项目 11 的项目解决步骤。提示：过载在 WinCC 中设置 C 动作可以设为：单击左键为"1"，单击右键为"0"。

项目 12　十字路口交通灯的 PLC 控制及 WinCC 监控

12.1　项目要求

交通灯的位置如图 12-1 所示。

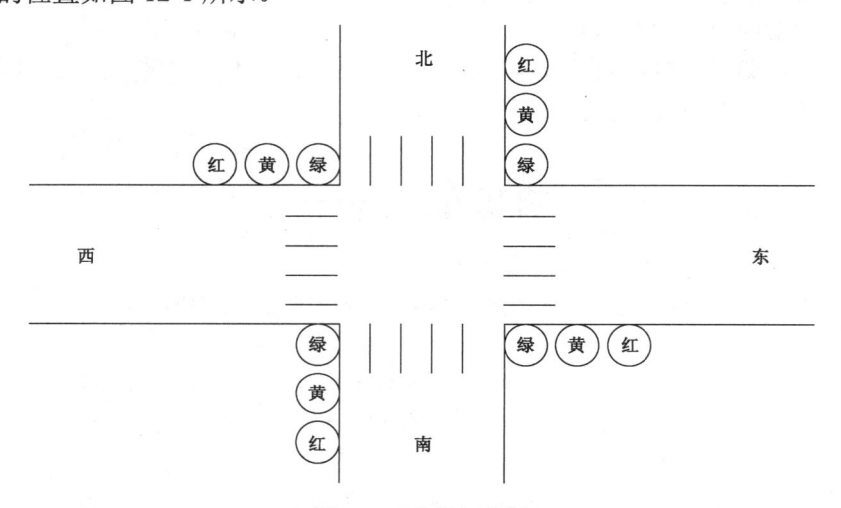

图 12-1　交通灯位置

选择开关 SA-1 接通,表示白天:交通灯按照预先规定的时序规律自动循环往复地亮灭。具体白天控制规律如表 12-1 所示。白天控制时序图如图 12-2 所示。

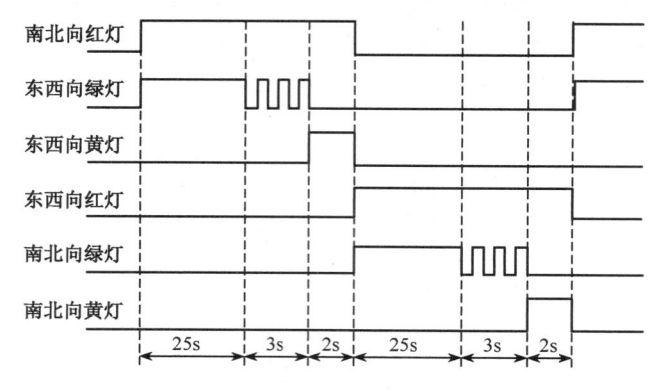

图 12-2　交通灯白天控制时序图

选择开关 SA-2 接通,表示晚上:红灯和绿灯停止工作,只有黄灯一直闪烁,频率为 1 次/秒。
要求:完成现场控制与 WinCC 画面监控的两地控制。

表 12-1 交通灯白天控制规律

东西方向	亮灭情况	绿灯亮	绿灯闪烁	黄灯亮	红灯亮		
	信号时间	25 秒	3 秒（1 次/秒）	2 秒	30 秒		
南北方向	亮灭情况	红灯亮			绿灯亮	绿灯闪烁	黄灯亮
	信号时间	30 秒			25 秒	3 秒（1 次/秒）	2 秒

12.2 学习目标

（1）掌握时钟存储器的用法并能够应用其解决实际问题。
（2）巩固定时器指令的应用。
（3）巩固 WinCC 组态的应用。
（4）巩固 WinCC 监控及调试的应用。
（5）巩固位存储器的使用。
（6）掌握交通灯控制的工作原理并能够根据时序图叙述。
（7）提高 PLC 编程能力与两地控制的联机调试能力。

12.3 相关知识

时钟存储器的用法：

第 1 步：完成硬件组态，如图 12-3 所示，双击"CPU 314C-2 DP"。

第 2 步：单击"周期/时钟存储器"页签，勾选"时钟存储器"，然后设置存储器字节为"100"，单击"确定"按钮，如图 12-4 所示。除了本例选择的第 MB100 字节外，也可以选择其他字节。

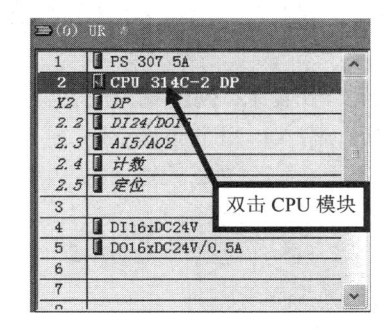

图 12-3 双击 CPU 模板

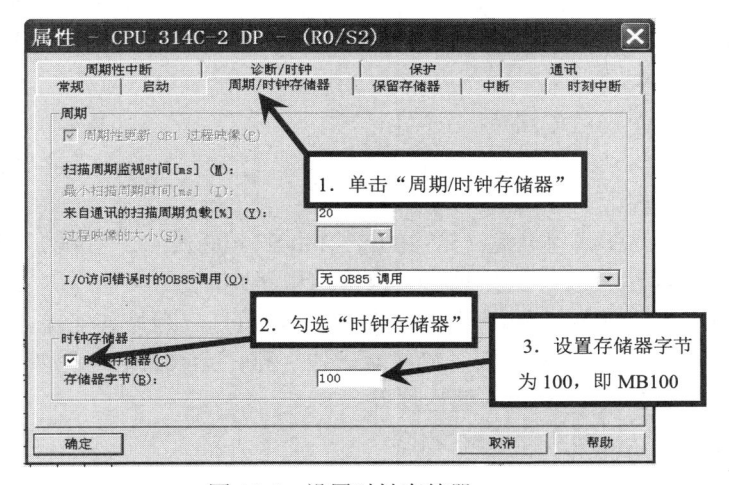

图 12-4 设置时钟存储器

第 3 步：在硬件组态界面中单击保存并编译按钮 。在 OB1 中建立符号表，闪烁频率为 1 次/秒，在仿真器中使用符号地址，插入位垂直变量，输入"MB100"，如图 12-5 所示。

在 S7 系列 CPU 的位存储器 M 中，可以任意指定一个字节（如 MB100）作为时钟存储器，当 PLC 运行时，MB100 的各个位能周期性地改变二进制值，即产生不同频率（或周期）的时钟脉冲，如表 12-2 所示。

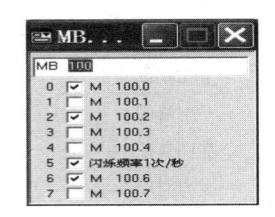

图 12-5 设置位存储器中位的频率和周期

表 12-2 时钟脉冲与 MB100 的各个位的关系

位	7	6	5	4	3	2	1	0
时钟脉冲周期（s）	2	1.6	1	0.8	0.5	0.4	0.2	0.1
时钟脉冲频率（Hz）	0.5	0.625	1	1.25	2	2.5	5	10

12.4 项目解决步骤

步骤 1．列出输入/输出信号元件

输入：启动按钮 SB1　　　　输出：南北向红灯 HL5
　　　停止按钮 SB2　　　　　　　东西向绿灯 HL0
　　　选择白天 SA-1　　　　　　东西向黄灯 HL1
　　　选择晚上 SA-2　　　　　　东西向红灯 HL2
　　　　　　　　　　　　　　　　南北向绿灯 HL3
　　　　　　　　　　　　　　　　南北向黄灯 HL4

步骤 2．配置硬件和软件

硬件：

（1）电源模块（PS307 5A）1 个。
（2）紧凑型 S7-300 CPU 模块（CPU 314C-2 DP）1 个。
（3）MMC 卡 1 张。
（4）输入模块（DI16×DC24V）1 个。
（5）输出模块（DO16×DC24V/0.5A）1 个。
（6）DIN 导轨 1 根。
（7）PC 适配器 USB 编程电缆（S7-200/S7-300/S7-400 PLC 下载线）1 根。
（8）装有 STEP7 编程软件的计算机（也称编程器）1 台。
（9）启动和停止按钮各 1 个，开关 2 个，红灯、黄灯、绿灯各 4 盏。
（10）熔断器 2 个，导线若干根，接线端子排 2 排，走线槽和号码管多个。

软件： STEP7 V5.4 及以上版本编程软件。

注：硬件配置可以根据实际情况变化。

步骤 3．PLC 硬件安装（参见项目 2）

步骤 4．硬件组态（参见项目 3）

步骤 5．列出输入/输出地址分配表

在现场中，交通灯的输入/输出地址分配如表 12-3 所示。

表 12-3 输入/输出地址分配表

序 号	输入信号元件名称	编程元件地址	序 号	输出信号元件名称	编程元件地址
1	现场启动按钮 SB1（常开触点）	I0.0	1	南北向红灯 HL5	Q4.5
2	现场停止按钮 SB2（常开触点）	I0.1	2	东西向绿灯 HL0	Q4.0
3	现场选择白天 SA-1（常开触点）	I0.2	3	东西向黄灯 HL1	Q4.1
4	现场选择晚上 SA-2（常开触点）	I0.3	4	东西向红灯 HL2	Q4.2
			5	南北向绿灯 HL3	Q4.3
			6	南北向黄灯 HL4	Q4.4

步骤 6．在 WinCC 画面中输入操作变量和输出显示变量

在画面中，变量如表 12-4 所示。

表 12-4 WinCC 画面中的变量

序 号	输入操作变量名称	操作变量	序 号	输出显示变量名称	显示变量
1	画面启动按钮 SB1（常开触点）	M0.0	1	南北向红灯 HL5	Q4.5
2	画面停止按钮 SB2（常开触点）	M0.1	2	东西向绿灯 HL0	Q4.0
3	画面选择白天 SA-1（常开触点）	M0.2	3	东西向黄灯 HL1	Q4.1
4	画面选择晚上 SA-2（常开触点）	M0.3	4	东西向红灯 HL2	Q4.2
			5	南北向绿灯 HL3	Q4.3
			6	南北向黄灯 HL4	Q4.4

步骤 7．画出接线图

交通灯接线图如图 12-6 所示。

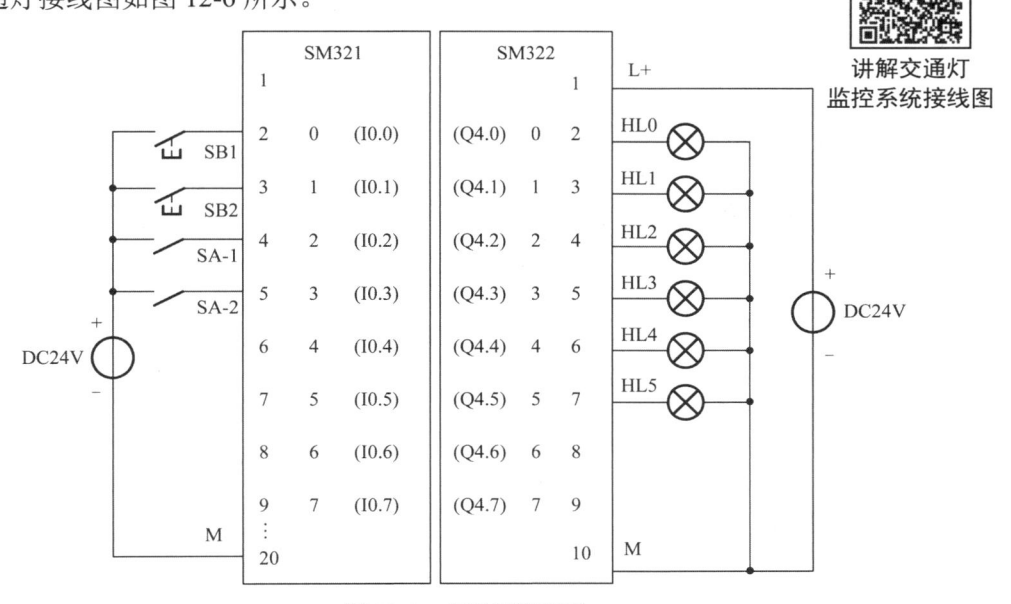

讲解交通灯监控系统接线图

图 12-6 交通灯接线图

步骤 8．建立符号表

交通灯控制的符号表如图 12-7 所示（图中各元件名称与上文中对应的名称略有不同，下同）。

图 12-7 交通灯控制符号表

序号	符号	地址	数据类型
1	现场启动按钮SB1	I 0.0	BOOL
2	闪烁频率1次/秒	M 100.5	BOOL
3	现场停止按钮SB2	I 0.1	BOOL
4	白天工作	M 5.0	BOOL
5	晚上工作	M 5.1	BOOL
6	现场选择白天SA_1	I 0.2	BOOL
7	现场选择晚上SA_2	I 0.3	BOOL
8	画面启动按钮SB1	M 0.0	BOOL
9	画面停止按钮SB2	M 0.1	BOOL
10	画面选择白天SA_1	M 0.2	BOOL
11	画面选择晚上SA_2	M 0.3	BOOL
12	东西红灯	Q 4.2	BOOL
13	东西黄灯	Q 4.1	BOOL
14	东西绿灯	Q 4.0	BOOL
15	南北红灯	Q 4.5	BOOL
16	南北黄灯	Q 4.4	BOOL
17	南北绿灯	Q 4.3	BOOL

步骤 9．根据项目要求、时序图、地址分配编写控制程序（含 WinCC 变量）

交通灯控制程序如图 12-8 所示。

程序段1:白天工作

按下选择白天开关SA-1，按下启动按钮，M5.0线圈接通，选择了白天工作
或者单击画面选择白天SA-1，单击画面启动按钮，M5.0线圈接通，选择了白天工作

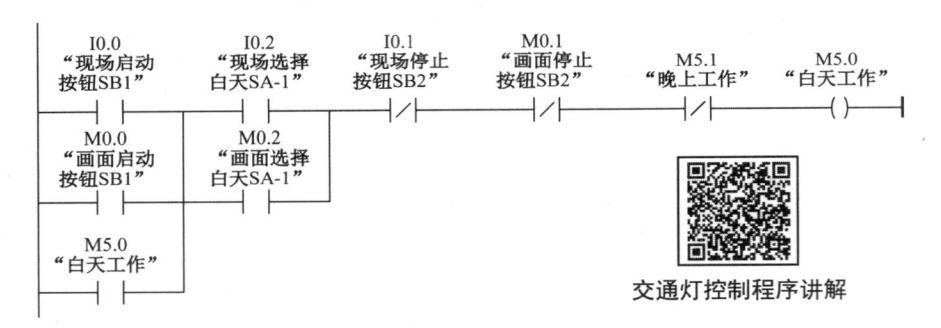

```
   I0.0        I0.2        I0.1        M0.1                   M5.1        M5.0
 "现场启动"  "现场选择"  "现场停止"  "画面停止"              "晚上工作"  "白天工作"
  按钮SB1"   白天SA-1"   按钮SB2"    按钮SB2"
 ───┤├──┬──┤├────────┤/├────────┤/├────────────────────┤/├────────( )───
   M0.0 │  M0.2
 "画面启动"│"画面选择"
  按钮SB1" │ 白天SA-1"
 ───┤├──┤──┤├
         │
   M5.0  │
 "白天工作"│
 ───┤├──┘
```

交通灯控制程序讲解

程序段2:晚上工作

按下选择晚上开关SA-2，按下启动按钮，M5.1线圈接通，选择了晚上工作
或者单击画面选择晚上SA-2，单击画面启动按钮，M5.1线圈接通，选择了晚上工作

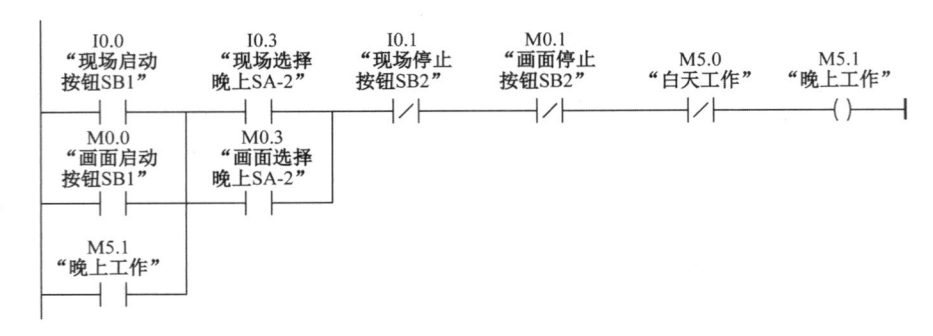

```
   I0.0        I0.3        I0.1        M0.1                   M5.0        M5.1
 "现场启动"  "现场选择"  "现场停止"  "画面停止"              "白天工作"  "晚上工作"
  按钮SB1"   晚上SA-2"   按钮SB2"    按钮SB2"
 ───┤├──┬──┤├────────┤/├────────┤/├────────────────────┤/├────────( )───
   M0.0 │  M0.3
 "画面启动"│"画面选择"
  按钮SB1" │ 晚上SA-2"
 ───┤├──┤──┤├
         │
   M5.1  │
 "晚上工作"│
 ───┤├──┘
```

图 12-8 交通灯控制程序

程序段3:

南北向红灯亮计时30s

```
   M5.0
 "白天工作"    T7              T0
 ──┤├────────┤/├────────────(SD)──
                            S5T#30S
```

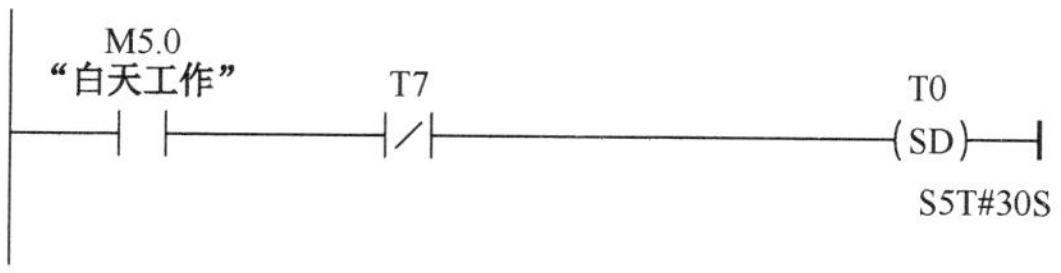

程序段4:

南北向红灯亮计时30s内，东西向绿灯亮计时25s

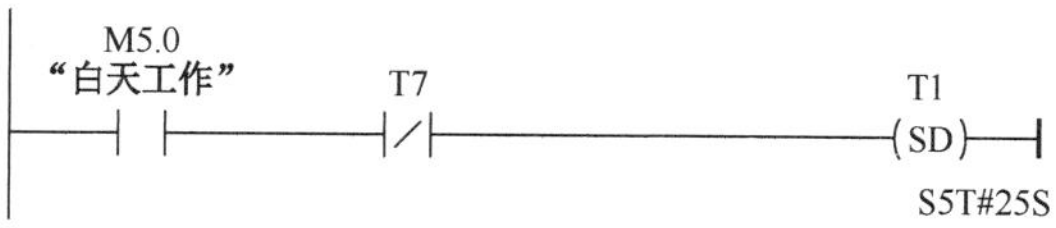

```
   M5.0
 "白天工作"    T7              T1
 ──┤├────────┤/├────────────(SD)──
                            S5T#25S
```

程序段5:

南北向红灯亮计时30s内，东西向绿灯闪烁计时3s

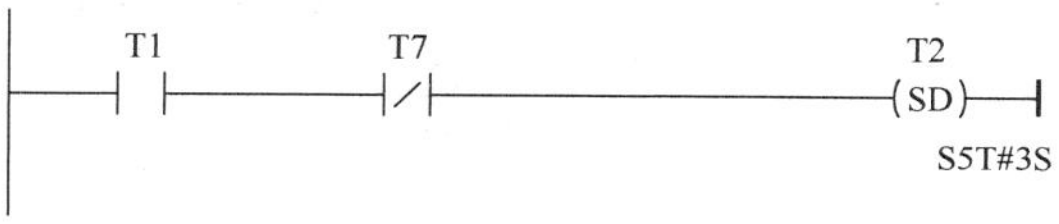

```
    T1        T7              T2
 ──┤├────────┤/├────────────(SD)──
                            S5T#3S
```

程序段6:

南北向红灯亮计时30s内，东西向黄灯亮计时2s

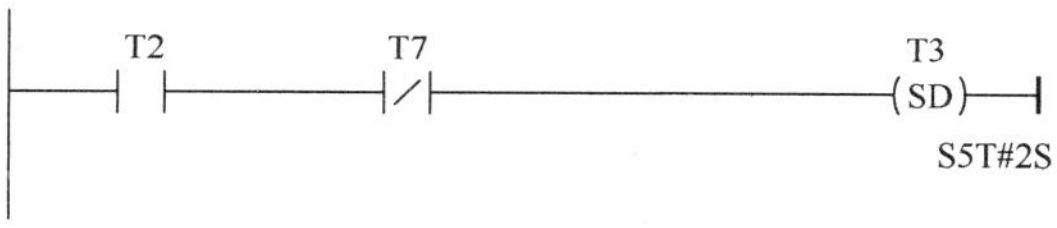

```
    T2        T7              T3
 ──┤├────────┤/├────────────(SD)──
                            S5T#2S
```

程序段7:

东西向红灯亮计时30s

```
    T3        T7              T4
 ──┤├────────┤/├────────────(SD)──
                            S5T#30S
```

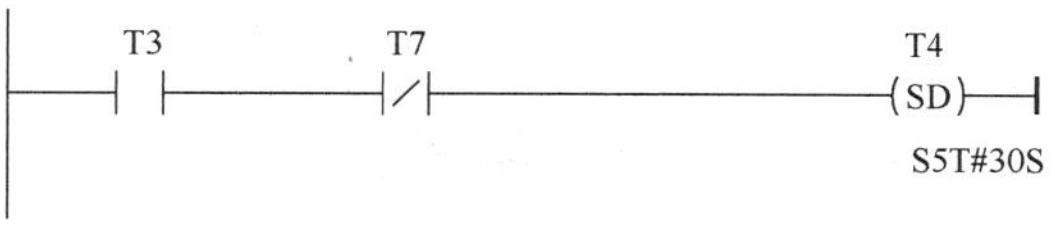

程序段8:

东西向红灯亮计时30s内，南北向绿灯亮计时25s

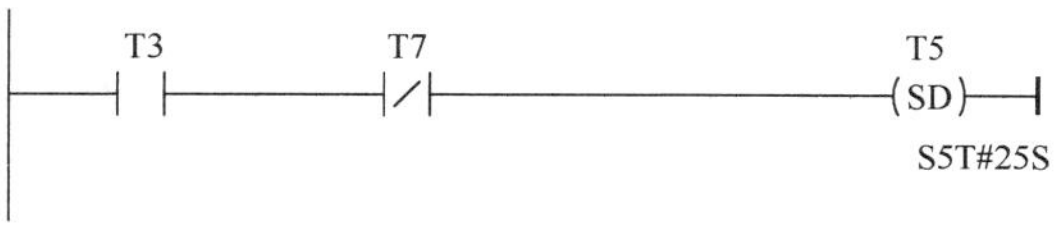

```
    T3        T7              T5
 ──┤├────────┤/├────────────(SD)──
                            S5T#25S
```

图 12-8　交通灯控制程序（续）

程序段9:

东西向红灯亮计时30s内,南北向绿灯闪烁计时3s

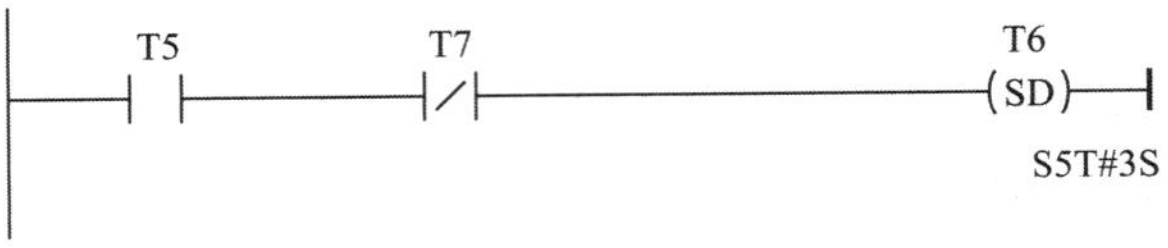

```
    T5        T7              T6
───┤ ├──────┤/├─────────────(SD)───
                             S5T#3S
```

程序段10:

东西向红灯亮计时30s内,南北向黄灯亮计时2s

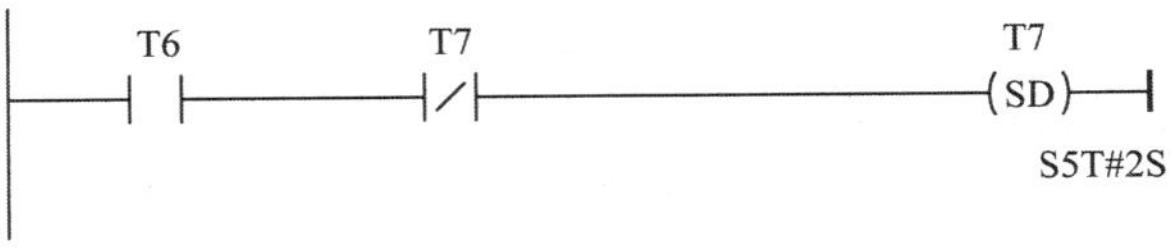

```
    T6        T7              T7
───┤ ├──────┤/├─────────────(SD)───
                             S5T#2S
```

程序段11:南北红灯

选择了白天SA-1,常开M5.0触点接通,Q4.5线圈得电,南北红灯亮30s

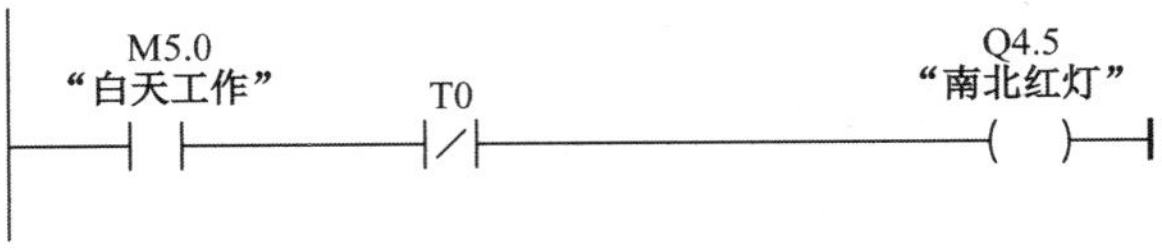

```
   M5.0                       Q4.5
 "白天工作"    T0            "南北红灯"
───┤ ├──────┤/├─────────────( )───
```

程序段12:东西绿灯

南北红灯亮30s内,东西向绿灯亮25s后,T1常闭触点断开,Q4.0线圈失电,东西绿灯灭,T1常开触点接通,Q4.0线圈闪烁,绿灯闪烁3s

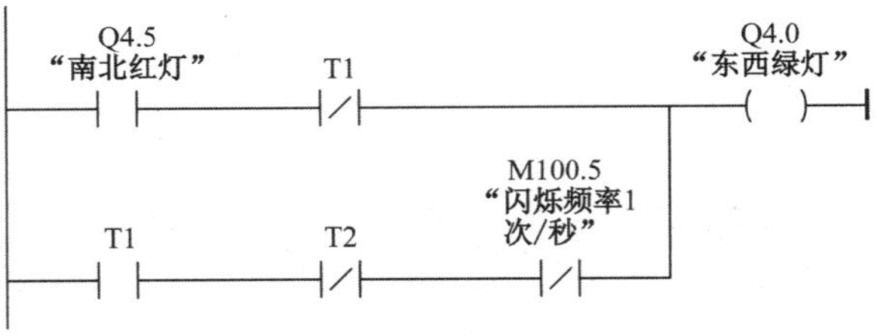

```
   Q4.5                              Q4.0
 "南北红灯"   T1                   "东西绿灯"
───┤ ├──────┤/├──────┬──────────────( )───
                     │
                     │         M100.5
                     │       "闪烁频率1
    T1       T2      │        次/秒"
  ──┤ ├─────┤/├──────┴──┤/├────
```

程序段13:东西黄灯

南北红灯亮30s内,T2常开触点接通,Q4.1线圈得电,黄灯亮2s,被T3断开

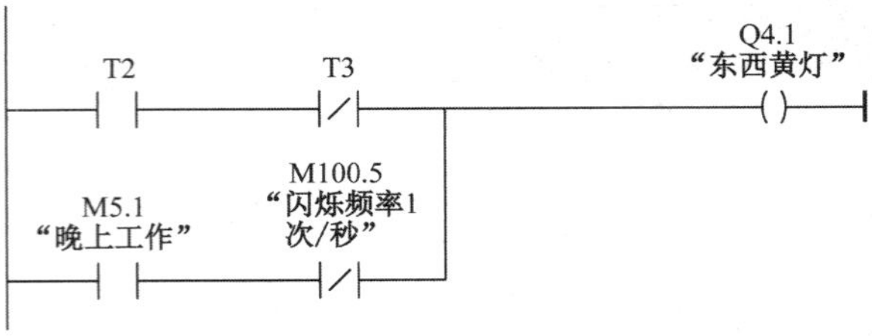

```
                              Q4.1
    T2       T3             "东西黄灯"
───┤ ├──────┤/├──────┬─────────( )───
                     │
   M5.1    M100.5    │
 "晚上工作" "闪烁频率1│
            次/秒"   │
───┤ ├──────┤/├──────┘
```

图 12-8 交通灯控制程序(续)

项目 12　十字路口交通灯的 PLC 控制及 WinCC 监控

程序段14：东西红灯

T3接通线圈Q4.2，东西向红灯亮30s

```
    T3        T4             Q4.2
   ─┤├───────┤/├─────────────( )─
                           "东西红灯"
```

程序段15：南北绿灯

东西向红灯亮30s内，线圈Q4.3被接通，南北绿灯亮25s后被T5常闭触点断开，T5常开触点接通闪烁，线圈Q4.3接通，南北绿灯闪烁3s

```
    Q4.2       T5                Q4.3
  "东西红灯"                    "南北绿灯"
   ─┤├───────┤/├──────┬──────────( )─
                      │
    T5        T6    M100.5
                  "闪烁频率1
                   次/秒"
   ─┤├───────┤├──────┤/├
```

程序段16：南北黄灯

东西向红灯亮30s内，常开触点T6接通线圈Q4.4，南北黄灯亮2s

```
    T6        T7                Q4.4
                              "南北黄灯"
   ─┤├───────┤/├──────┬──────────( )─
                      │
   M5.1     M100.5
 "晚上工作" "闪烁频率1
            次/秒"
   ─┤├───────┤/├
```

图 12-8　交通灯控制程序（续）

步骤 10．WinCC 画面的组态和调试

（1）启动 WinCC。
（2）创建一个 WinCC 新项目。
（3）添加新的驱动程序，注意连接参数中插槽号输入"2"。
（4）新建变量并设置变量属性。

新建变量，如图 12-9 所示。

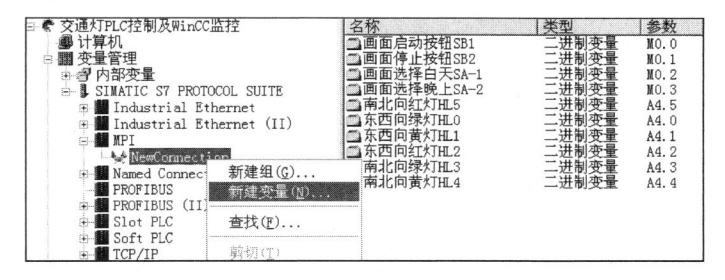

名称	类型	参数
画面启动按钮SB1	二进制变量	M0.0
画面停止按钮SB2	二进制变量	M0.1
画面选择白天SA-1	二进制变量	M0.2
画面选择晚上SA-2	二进制变量	M0.3
南北红灯HL5	二进制变量	A4.5
东西向绿灯HL0	二进制变量	A4.0
东西向黄灯HL1	二进制变量	A4.1
东西向红灯HL2	二进制变量	A4.2
南北向绿灯HL3	二进制变量	A4.3
南北向黄灯HL4	二进制变量	A4.4

图 12-9　新建变量

(5) 编辑 WinCC 画面：

① 创建 WinCC 画面。在 WinCC 资源管理器中，右键单击"图形编辑器"，在弹出的快捷菜单中，单击"新建画面"选项，将画面重命名为"十字路口交通灯 PLC 控制及 WinCC 监控.pdl"，显示在 WinCC 资源管理器右边的窗口中。

② 编辑画面并连接变量。在 WinCC 资源管理器右边的子窗口中，双击"十字路口交通灯 PLC 控制及 WinCC 监控.pdl"，在打开的画面中编辑画面。

在画面中连接输入的操作变量 M 和输出的显示变量 Q。

注意：在 WinCC 中设置 C 动作："选择白天"开关及"选择晚上"开关均设置为按左键为"1"，按右键为"0"。

单击画面上方"保存"按钮。

(6) 激活项目。将仿真器 PLCSIM 打开。选择 RUN-P 模式，下载控制程序。单击画面上方"激活"按钮，经过一段时间的加载后，将出现 WinCC 运行系统画面。

(7) 调试程序。通过 WinCC 软件调试过程，判断程序是否满足控制要求。

模拟选择白天，在画面上单击"选择白天"，再单击"启动按钮"，交通灯显示南北方向红灯亮 30s，东西方向绿灯亮 25s，界面如图 12-10 所示。

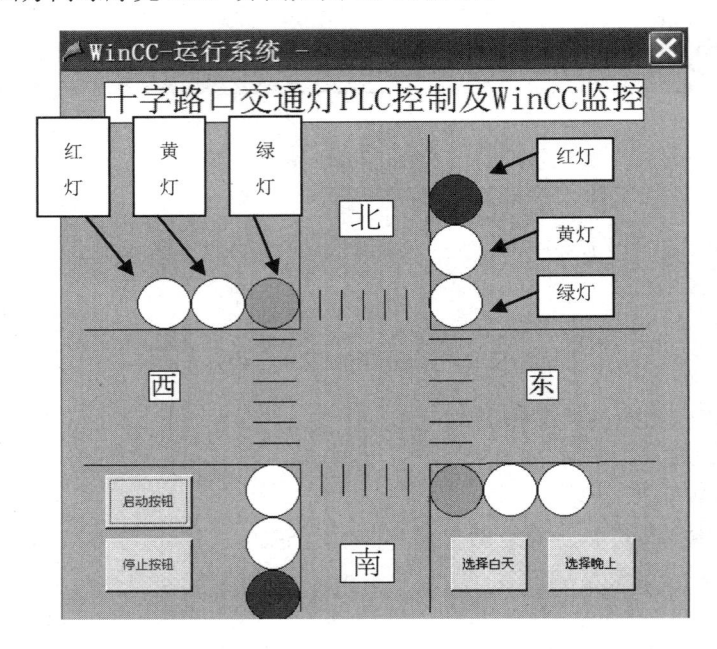

图 12-10 东西方向绿灯与南北方向红灯亮

南北方向红灯亮 30s 内，东西方向绿灯闪烁 3s 后灭。

南北方向红灯亮 30s 内，东西方向黄灯亮 2s，如图 12-11 所示。

东西方向红灯亮 30s，南北方向绿灯亮 25s，如图 12-12 所示。

东西方向红灯亮 30s 内，南北方向绿灯闪烁 3s 后灭。

东西方向红灯亮 30s 内，南北方向黄灯亮 2s，如图 12-13 所示。周而复始，循环往复。

模拟选择晚上，在画面上单击"选择晚上"，再单击"启动按钮"，东西方向和南北方向黄灯闪烁,界面如图 12-14 所示。

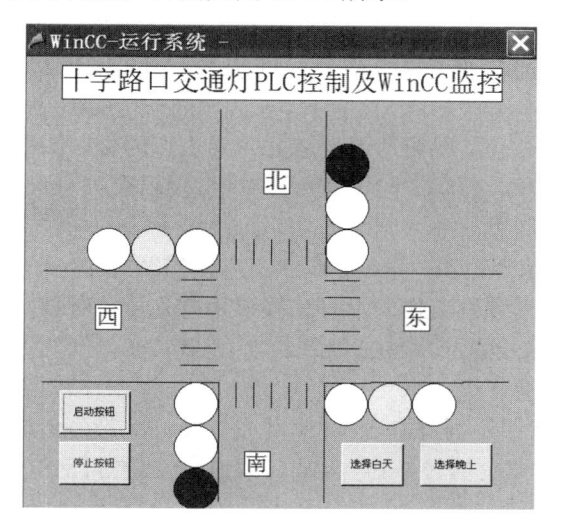

图 12-11 东西方向黄灯与南北方向红灯亮

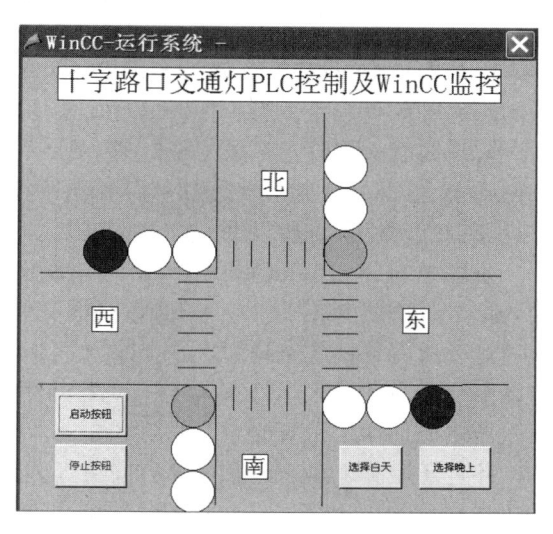

图 12-12 东西方向红灯与南北方向绿灯亮

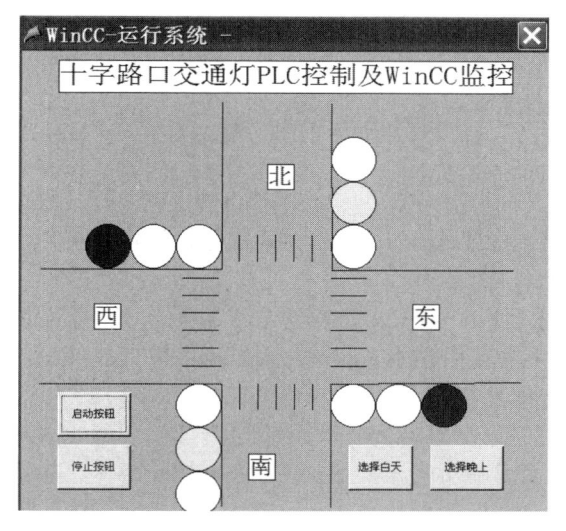

图 12-13 东西方向红灯与南北方向黄灯亮

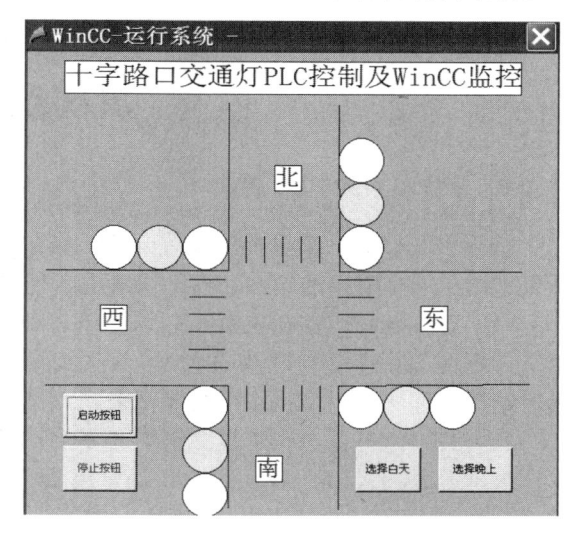

图 12-14 晚上东西方向与南北方向黄灯闪烁

如果满足上述情况,说明 WinCC 调试成功,可进行联机调试;如果不满足上述情况,则应检查原因,纠正错误,重新调试,直到 WinCC 调试成功。

注意:如果灯的图形颜色无变化,可能是全局颜色方案没有选"否"。

首先取消激活状态,右键单击灯图形符号,依次单击属性、效果,设置全局颜色方案为"否"。

步骤 11. 联机调试

完成这一步骤之前要关闭仿真器。

确保连线正确的情况下,下载硬件组态和程序等到真实 PLC 中(参见 5.3.6 相关内容)并进行调试。

现场 A 地：现场闭合选择白天开关 SA-1，按下启动按钮 SB1，给 PLC 输入信号，通过 PLC 控制现场交通灯亮灭变化，并且还控制 WinCC 画面交通灯图形颜色变化来表示现场情况；按下现场停止按钮 SB2 给 PLC 输入信号，控制现场交通灯灭，并且还控制 WinCC 画面交通灯图形的颜色变白色，表示现场情况。

现场闭合选择晚上开关 SA-2，按下启动按钮 SB1，现场东西和南北方向黄灯闪烁，画面东西和南北方向黄灯图形颜色闪烁（表示黄灯闪烁）。现场按下停止按钮 SB2，现场交通灯灭，并且 WinCC 画面交通灯图形的颜色变白色，表示灯灭。

画面 B 地：在 WinCC 画面中，单击画面中"选择白天"按钮，单击"启动按钮"，给 PLC 输入信号，通过 PLC 控制，WinCC 画面交通灯图形颜色变化表示灯的亮灭，并且还控制现场交通灯亮灭变化；单击画面"停止按钮"给 PLC 输入信号，通过 PLC 控制，WinCC 画面交通灯图形变成白色（表示灯灭），并且还控制现场交通灯灭。

单击画面中"选择晚上"按钮，单击"启动按钮"，画面东西和南北方向黄灯图形颜色闪烁，并且还控制现场东西和南北方向黄灯闪烁。单击"停止按钮"，WinCC 画面交通灯图形的颜色变白色，表示灯灭，并且控制现场交通灯灭。

如果满足上述要求，说明联机调试成功；如果不能满足要求，应检查原因，纠正错误，重新调试，直到满足要求为止。

巩固练习十二

1. 花样喷泉的 PLC 控制

按下启动按钮，喷泉控制装置开始工作，按下停止按钮，喷泉控制装置停止工作。花样选择开关用于选择喷泉的喷水花样，现考虑 3 种喷水花样。

（1）花样选择开关在位置 1 时，按下启动按钮后，4 号喷头喷水，延迟 2s 后，3 号喷头喷水，再延迟 2s 后，2 号喷头喷水，又延迟 2s 后，1 号喷头喷水。18s 后全部停止喷水，停止 5s 后，继续循环。按下停止按钮则停下来。

（2）花样选择开关在位置 2 时，按下启动按钮后，1 号喷头喷水，延迟 2s 后，2 号喷头喷水，再延迟 2s 后，3 号喷头喷水，又延迟 2s 后，4 号喷头喷水。30s 后，全部停止喷水，停止 5s 后，继续循环。按下停止按钮则停下来。

（3）花样选择开关在位置 3 时，按下启动按钮后，1 号、3 号喷头同时喷水，延迟 3s 后，2 号、4 号喷头同时喷水，同时 1 号、3 号喷头停止喷水。如此交替运行，按下停止按钮则停下来。

要求：
（1）完成输入/输出信号元件分析。
（2）完成硬件组态及 I/O 地址分配。
（3）画出接线图。
（4）建立符号表。
（5）编写控制程序。
（6）完成 WinCC 画面组态及调试控制程序。

2. 抢答器的 PLC 控制

给主持人设置三个控制按钮，用来控制抢答限时、复位和答题计时的开始；抢答开始前，选手按钮无效。

抢答限时：当主持人发出开始抢答指令后，定时器 T0 开始计时（设定 10s），同时扬声器发出声响（T1=1s），绿色指示灯点亮。若 10s 时限到仍无人抢答，则红色指示灯亮、扬声器发出声响（T3=3s），以示选手放弃该题。

选手抢答成功后绿色指示灯熄灭，同时扬声器发出声响（T4=1s），对应选手指示灯点亮，此时其他选手按钮失效。

在抢答成功后，主持人按下答题计时开始按钮，绿色指示灯点亮，扬声器发出声响（T5=2s），答题时间设定为 20s，选手必须在设定的时间内完成答题。否则，红色指示灯亮，扬声器发出答题超时报警信号（T6=3s）。

选手答题完毕后，由主持人按下复位按钮，开始下一轮抢答。

要求：
（1）完成输入/输出信号元件分析。
（2）完成硬件组态及 I/O 地址分配。
（3）画出接线图。
（4）建立符号表。
（5）编写控制程序。
（6）完成 WinCC 画面组态及调试控制程序。

3. 按钮式人行道交通灯的 PLC 控制

在道路交通管理中有许多按钮式人行道交通灯，如图 12-15 所示，在正常情况下，汽车通行，即主干道方向 HL1 和 HL6 绿灯亮，人行道方向 HL8 和 HL9 红灯亮；当行人想过马路时，可按下按钮 SB1 或 SB2，此时主干道交通灯绿灯持续亮 5s→绿灯闪烁 3s→黄灯亮 3s→红灯亮 20s，当主干道红灯亮时，人行道从红灯亮转为绿灯亮，15s 后，人行道绿灯开始闪烁，闪烁 5s 后转入主干道绿灯亮，人行横道红灯亮。

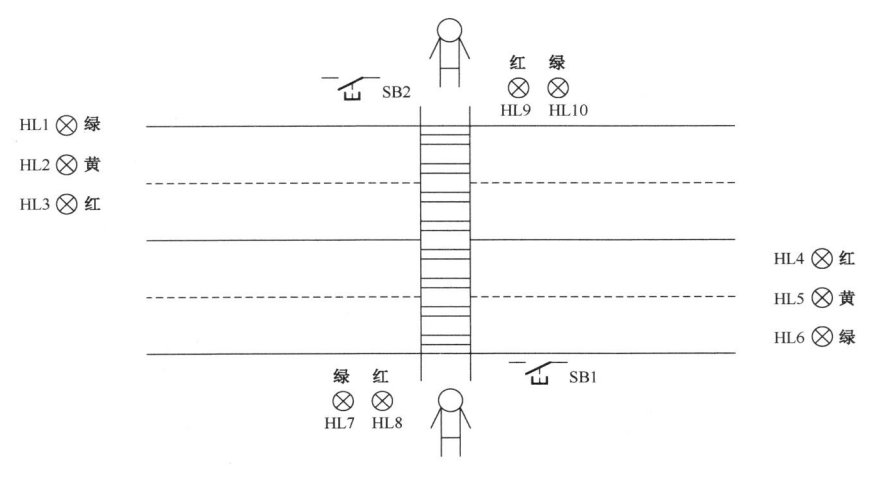

图 12-15 按钮式人行道交通灯

4. 水塔水位的 PLC 控制

自来水供水系统中，为解决高层建筑的供水问题，修建了一些水塔。为保证水塔的水位正常，需要用水泵为其供水。水泵房有 5 台水泵，使用三相异步电动机拖动，正常运行时，4 台电动机运转，1 台电动机备用。控制任务如下：

（1）因电动机功率较大，为降低启动电流，电动机采用定子串电阻降压启动，要错开启动时间（间隔时间为 6s）。

（2）为防止某一台电动机因长期闲置而产生锈蚀，备用电动机可通过预置开关预先随意设置。如果未设置备用电动机号，则系统默认 5 号电动机为备用电动机。

（3）每台电动机都有手动和自动两种控制状态。在自动控制状态时，不论设置哪一台电动机作为备用电动机，其余的 4 台电动机都要按顺序逐台启动。

（4）在自动控制状态下，如果由于故障使某台电动机停机，而水塔水位又未达到高水位时，备用电动机自动降压启动；同时对发生故障的电动机根据故障性质发出停机报警信号，提醒维护人员及时排除故障。当水塔水位达到高水位时，高液位传感器发出停机信号，各个电动机组停止运行。当水塔水位低于低水位时，低液位传感器自动发出开机信号，系统自动按顺序使各电动机降压启动。

（5）因水泵房距离水塔较远，每台电动机都有就地操作按钮和远程操作按钮。

（6）每台电动机都有运行状态指示灯（运行、备用和故障）。

（7）液位传感器要有状态指示灯。

项目 13 货物转运仓库的 PLC 控制

13.1 项目要求

某个货物转运仓库可存储 900 件物品,由电动机 M1 驱动的传送带 1 将物品运送至仓库区。由电动机 M2 驱动的传送带 2 将物品运出仓库区。传送带 1 两侧安装光电传感器 PS1 检测入库的物品,传送带 2 两侧安装光电传感器 PS2 检测出库的物品,如图 13-1 所示。

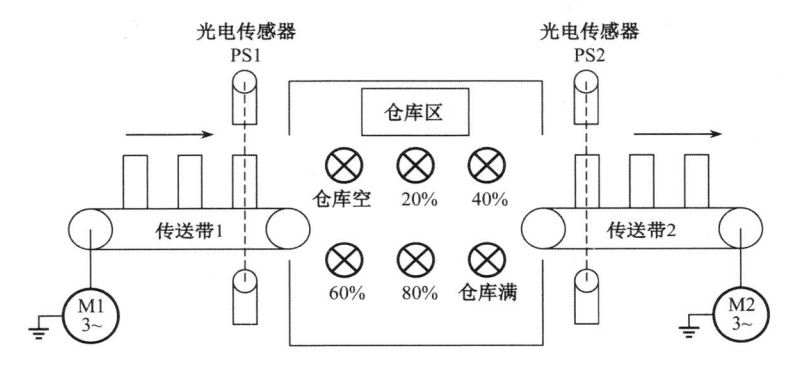

图 13-1 货物转运仓库示意图

启动按钮 SB1 和停止按钮 SB2 控制电动机 M1。启动按钮 SB3 和停止按钮 SB4 控制电动机 M2。

仓库的物品库存数可通过 6 个指示灯来显示:仓库库存空,指示灯 HL1 亮;库存超过 20% 满库存,指示灯 HL2 亮;库存超过 40% 满库存,指示灯 HL3 亮;库存超过 60% 满库存,指示灯 HL4 亮;库存超过 80% 满库存,指示灯 HL5 亮;仓库库存满,指示灯 HL6 亮。

注:PLC 输出模块为 DO 16×DC 24V/0.5A,输出端子可连接交流接触器 KM 线圈(此线圈连接 DC 24V 电源),也可以连接中间继电器 KA 线圈(此线圈连接 DC 24V 电源),然后 KA 常开触点连接交流接触器 KM 线圈(此线圈连接 AC 380V 电源),本项目选择前一种。

13.2 学习目标

(1)掌握计数器指令并能灵活用其编程。
(2)掌握数据传送与转换指令并能灵活用其编程。
(3)掌握整数与浮点数的运算指令并能灵活用其编程。
(4)掌握字逻辑运算指令与比较指令并能灵活用其编程。
(5)学习仓库存储计数控制并能独立叙述其原理。
(6)提高编程及调试能力。

13.3 相关知识

13.3.1 计数器指令

在 S7-300 CPU 的存储器中留有一块区域用于存储计数器的计数值，每个计数值需要 2 字节的空间，不同的 CPU 模块，分给计数器的存储区域也不同，一般允许使用 64～512 个计数器，使用计数器的指令称为计数器指令。

计数器指令有两种表示形式：功能指令框形式和线圈形式。

计数器指令有三种类型：加计数器、减计数器和加减计数器。

1．功能框形式的计数器指令

功能框形式的计数器指令如表 13-1 所示。

表 13-1 功能框形式的计数器指令

加计数器	减计数器	加减计数器

C no
S_CU
—CU   Q—
—S
—PV   CV—
       CV_BCD—
—R
	C no
	S_CD
	—CU Q—
	—S
	—PV CV—
	       CV_BCD—
	—R
		C no
		S_CUD
		—CU Q—
		—CD
		—S CV—
		—PV CV_BCD—
		—R

C no 为计数器编号，范围与 CPU 型号有关。

S 为计数器预置值输入端，通过该端输入上升沿，将 PV 端的值送入到计时器。

PV 为预置值输入端，初值的范围：0～999，可以通过 I、Q、M、L、D 字存储器送初值，如 MW0、IW10 等，还可以将计数器值以 C#值的格式输入常数（范围 0 至 999），该值是 BCD 码格式，如 C#10。

CU 是加计数脉冲输入端，该端每出现一个上升沿，计数器自动加 1，当计数值加到 999 时，保持为 999。

CD 减计数脉冲输入端，该端每出现一个上升沿，计数器自动减 1，当计数值减到 0 时，保持为 0。

R 为复位输入端，该端每出现一个上升沿，计数器复位一次，复位后计数器的值是 0，并且输出 Q 端为 "0"。

Q 为计数器状态输出端，有接通和断开两种状态。只要当前值不是 0，Q 端就是 "1" 状态，当前计数值是 0，Q 端就是 "0" 状态，该端可以被禁用。

CV 端输出十六进制数格式的当前计数值。

CV_BCD 端输出 BCD 码格式的当前计数值。

CU、CD、S、R、Q 端输入或输出的均为 BOOL 变量，PV、CV 和 CV_BCD 端输入或输出的均为 WORD 变量。各变量均可以使用 I、Q、M、L、D 存储区，PV 端输入的还可以是计数器常数 C#值。

下面举例：加减计数器为 0 时，计数器 Q 端无输出，如图 13-2 所示。

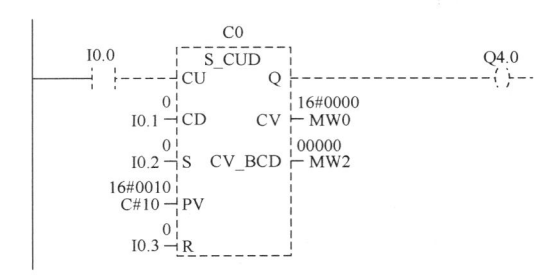

```
         C0
I0.0    ┌─S_CUD─┐              Q4.0
──┤├────┤CU   Q ├──────────────( )──
      0 │        │    16#0000
I0.1    │        │    MW0
──┤├────┤CD  CV ├─
      0 │        │    00000
I0.2    │        │    MW2
──┤├────┤S CV_BCD├─
16#0010 │        │
C#10 ───┤PV      │
      0 │        │
I0.3    │        │
──┤├────┤R       │
        └────────┘
```

图 13-2 加减计数器举例

2．线圈形式的计数器指令

线圈形式的计数器指令如表 13-2 所示。

表 13-2 线圈形式的计数器指令

功能	LAD 指令	存储区	说明
设定计数值指令	<C 编号> ---(SC) <预设值>	I、Q、M、L、D 或常数	在设定计数器值线圈左端有上升沿时，本指令会执行，计数值被传送到指定计数器中。C 编号是计数器编号
加计数指令	<C 编号> ---(CU)	C	计数器线圈左端有上升沿，并且计数器的值小于 999，则指定计数器的值加 1。如果计数器线圈左端没有上升沿，或者计数器的值已经是 999，则计数器值不变
减计数指令	<C 编号> ---(CD)	C	计数器线圈左端有上升沿，并且计数器的值大于 0，则指定计数器的值减 1。如果计数器线圈左端没有上升沿，或者计数器的值已经是 0，则计数器值不变

举例说明线圈形式计数器指令应用：

该例子可以实现赋初值、加减计数和复位计数器，如图 13-3 所示。

程序段1：I0.0触点接通，送初值8到计数器C0

```
 I0.0                              C0
──┤├──────────────────────────────(SC)───
                                C#8 16#0008
```

程序段2：I0.1触点每接通一次，C0计数器值增加1

```
 I0.1                              C0
──┤├──────────────────────────────(CU)───
```

程序段3：I0.2触点每接通一次，C0计数器复位，其值为0

```
 I0.2                              C0
──┤├──────────────────────────────(R)───
```

程序段4：I0.3触点每接通一次，C0计数器值减1

```
 I0.3                              C0
──┤├──────────────────────────────(CD)───
```

图 13-3 线圈形式计数器指令举例

13.3.2 数据传送与转换指令

1. 数据传送指令的使用

数据传送指令使用如表 13-3 所示。

表 13-3 数据传送指令

LAD	参数	数据类型	存储区	说 明
MOVE EN ENO ???—IN OUT—???	EN	BOOL	I、Q、M L、D	允许输入
	ENO	BOOL		允许输出
	IN	长度为 8 位、16 位和 32 位的数据类型		源数据（可以为常数）
	OUT	长度为 8 位、16 位和 32 位的数据类型		目标地址

在 I0.0、I0.1 和 I0.3 触点的状态由断开变为接通时，执行传送指令，如图 13-4 所示。

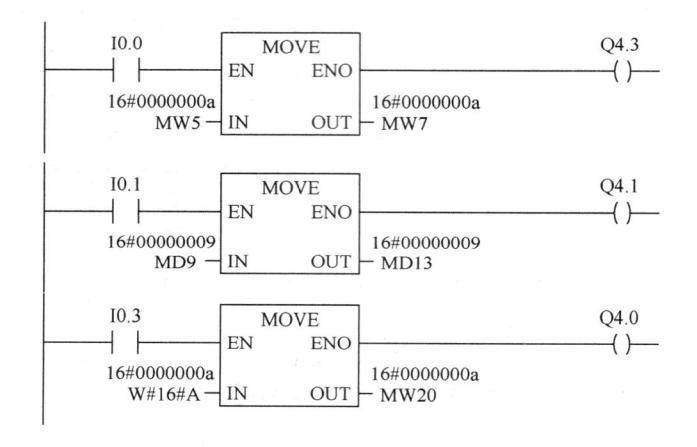

```
  I0.0        MOVE                      Q4.3
──┤├──────┤EN   ENO├──────────────────( )
     16#0000000a      16#0000000a
         MW5─┤IN   OUT├─MW7

  I0.1        MOVE                      Q4.1
──┤├──────┤EN   ENO├──────────────────( )
     16#00000009     16#00000009
         MD9─┤IN   OUT├─MD13

  I0.3        MOVE                      Q4.0
──┤├──────┤EN   ENO├──────────────────( )
     16#0000000a      16#0000000a
        W#16#A─┤IN   OUT├─MW20
```

图 13-4 传送指令的执行

2. 转换指令的使用

在数据运算时，如果数据类型不匹配，就不能进行运算，必须先进行数据类型的转换，各种转换指令如表 13-4 所示。

表 13-4 各种转换指令

LAD	参数	数据类型	存储区	说 明
BCD_I EN ENO ???—IN OUT—???	EN	BOOL	I Q M L D	将 BCD 码转换为整数：读取 IN 中的三位 BCD 码（-999~+999），并将其转换为整数（16 位）。结果送 OUT
	ENO	BOOL		
	IN	WORD		
	OUT	INT		

续表

LAD	参　数	数据类型	存储区	说　明
BCD_DI EN　ENO ???—IN　OUT—???	EN	BOOL	I Q M L D	将 BCD 码转换为长整数：读取 IN 中的七位 BCD 码数字（-9999999～+9999999），并将其转换为长整数（32位）。结果送 OUT
	ENO	BOOL		
	IN	DWORD		
	OUT	DINT		
I_BCD EN　ENO ???—IN　OUT—???	EN	BOOL	I Q M L D	将整数转换为 BCD 码：读取 IN 中的整数（16位），并将其转换为三位 BCD 码数字（-999～+999）。结果送 OUT
	ENO	BOOL		
	IN	INT		
	OUT	WORD		
I_DI EN　ENO ???—IN　OUT—???	EN	BOOL	I Q M L D	将整数转换为长整数：读取 IN 中的整数（16位），并将其转换为长整数（32位）。结果送 OUT
	ENO	BOOL		
	IN	INT		
	OUT	DINT		
DI_BCD EN　ENO ???—IN　OUT—???	EN	BOOL	I Q M L D	将长整数转换为 BCD 码：读取 IN 中的长整数（32位），并将其转换为七位 BCD 码数字（-9999999～+9999999）。结果送 OUT
	ENO	BOOL		
	IN	DINT		
	OUT	DWORD		
DI_R EN　ENO ???—IN　OUT—???	EN	BOOL	I Q M L D	将长整数转换为浮点数：读取 IN 中的长整数，并将其转换为浮点数。结果送 OUT
	ENO	BOOL		
	IN	DINT		
	OUT	REAL		
ROUND EN　ENO ???—IN　OUT—???	EN	BOOL	I Q M L D	取整为长整数：读取 IN 中的浮点数，将浮点数化整为最接近的长整数。如果浮点数介于两个整数之间，则返回最接近原值的偶数。结果送 OUT
	ENO	BOOL		
	IN	REAL		
	OUT	DINT		
CEIL EN　ENO ???—IN　OUT—???	EN	BOOL	I Q M L D	上取整：读取 IN 中的浮点数，并将浮点数化整为大于或等于该浮点数的最小长整数，结果送 OUT
	ENO	BOOL		
	IN	REAL		
	OUT	DINT		

续表

LAD	参　数	数据类型	存储区	说　明
FLOOR EN　ENO ???—IN　OUT—???	EN ENO IN OUT	BOOL BOOL REAL DINT	I Q M L D	下取整：读取 IN 中的浮点数，并将浮点数化整为小于或等于该浮点数的最大长整数，结果送 OUT
TRUNC EN　ENO ???—IN　OUT—???	EN ENO IN OUT	BOOL BOOL REAL DINT	I Q M L D	截取整数部分：读取 IN 中的浮点数，将浮点数截去小数部分，取浮点数的整数部分，结果送 OUT
INV_I EN　ENO ???—IN　OUT—???	EN ENO IN OUT	BOOL BOOL INT INT	I Q M L D	对整数求反码：读取 IN 中的整数，求整数的二进制反码，结果送 OUT
INV_DI EN　ENO ???—IN　OUT—???	EN ENO IN OUT	BOOL BOOL DINT DINT	I Q M L D	对长整数求反码：读取 IN 中的长整数，求长整数的二进制反码，结果送 OUT
NEG_I EN　ENO ???—IN　OUT—???	EN ENO IN OUT	BOOL BOOL INT INT	I Q M L D	对整数求补码：读取 IN 中的整数，并对整数求补码，结果送 OUT
NEG_DI EN　ENO ???—IN　OUT—???	EN ENO IN OUT	BOOL BOOL DINT DINT	I Q M L D	对长整数求补码：读取 IN 中的长整数，并对长整数求补码，结果送 OUT
NEG_R EN　ENO ???—IN　OUT—???	EN ENO IN OUT	BOOL BOOL REAL REAL	I Q M L D	浮点数取反：读取 IN 中的浮点数，并对浮点数的符号位取反，结果送 OUT

13.3.3 整数运算指令

整数（16 位）与长整数（双整数，32 位）运算指令如表 13-5 所示。

表 13-5 整数与长整数运算指令

LAD 指令	功 能 说 明	LAD 指令	功 能 说 明
ADD_I EN ENO ??? — IN1 OUT — ??? ??? — IN2	整数加： IN1＋IN2 的结果送 OUT	ADD_DI EN ENO ??? — IN1 OUT — ??? ??? — IN2	长整数加： IN1＋IN2 的结果送 OUT
SUB_I EN ENO ??? — IN1 OUT — ??? ??? — IN2	整数减：IN1－IN2 的结果送 OUT	SUB_DI EN ENO ??? — IN1 OUT — ??? ??? — IN2	长整数减： IN1－IN2 的结果送 OUT
MUL_I EN ENO ??? — IN1 OUT — ??? ??? — IN2	整数乘： IN1×IN2 的结果送 OUT	MUL_DI EN ENO ??? — IN1 OUT — ??? ??? — IN2	长整数乘： IN1×IN2 的结果送 OUT
DIV_I EN ENO ??? — IN1 OUT — ??? ??? — IN2	整数除： IN1÷IN2 的结果送 OUT	DIV_DI EN ENO ??? — IN1 OUT — ??? ??? — IN2	长整数除： IN1÷IN2 的结果送 OUT
—	—	MOD_DI EN ENO ??? — IN1 OUT — ??? ??? — IN2	长整数余数：IN1÷IN2，余数送 OUT

举例：根据表达式 MW12＝（MW0+MW2-MW6）×20/MW10 编写的运算程序如图 13-5 所示。

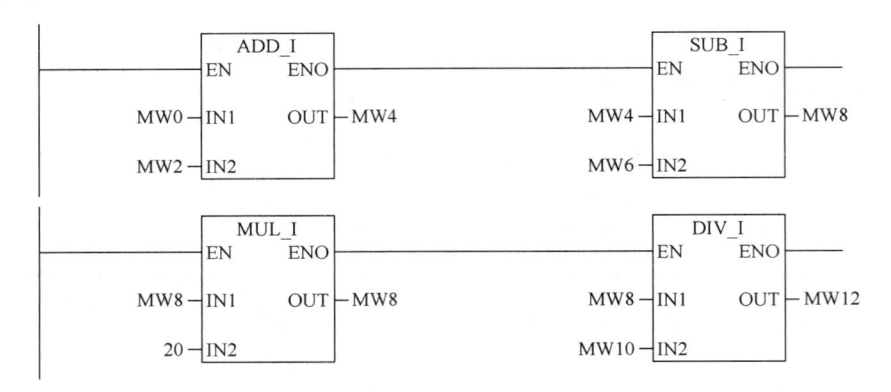

```
    ADD_I                           SUB_I
   ┌──────┐                        ┌──────┐
───┤EN  ENO├───────────────────────┤EN  ENO├───
   │      │                        │      │
MW0┤IN1 OUT├─MW4              MW4──┤IN1 OUT├─MW8
   │      │                        │      │
MW2┤IN2   │                   MW6──┤IN2   │
   └──────┘                        └──────┘

    MUL_I                           DIV_I
   ┌──────┐                        ┌──────┐
───┤EN  ENO├───────────────────────┤EN  ENO├───
   │      │                        │      │
MW8┤IN1 OUT├─MW8              MW8──┤IN1 OUT├─MW12
   │      │                        │      │
 20┤IN2   │                  MW10──┤IN2   │
   └──────┘                        └──────┘
```

图 13-5　运算程序示例

13.3.4　浮点数运算指令

浮点数（32 位）运算指令如表 13-6 所示。

表 13-6　浮点数运算指令

LAD 指令	功能说明	LAD 指令	功能说明
ADD_R EN ENO ??? IN1 OUT ??? ??? IN2	实数加：IN1+IN2 的结果送 OUT	LN EN ENO ??? IN OUT ???	求浮点数的自然对数，结果送 OUT
SUB_R EN ENO ??? IN1 OUT ??? ??? IN2	实数减：IN1-IN2 的结果送 OUT	EXP EN ENO ??? IN OUT ???	求指数值：求以 e(=2.71828…)为底，浮点数为指数的值，结果送 OUT
MUL_R EN ENO ??? IN1 OUT ??? ??? IN2	实数乘：IN1×IN2 的结果送 OUT	SIN EN ENO ??? IN OUT ???	求正弦值：求以弧度为角度单位的浮点数的正弦值，结果送 OUT
DIV_R EN ENO ??? IN1 OUT ??? ??? IN2	实数除：IN1÷IN2 的结果送 OUT	COS EN ENO ??? IN OUT ???	求余弦值：求以弧度为角度单位的浮点数的余弦值，结果送 OUT
ABS EN ENO ??? IN OUT ???	求浮点数的绝对值，结果送 OUT	TAN EN ENO ??? IN OUT ???	求正切值：求以弧度为角度单位的浮点数的正切值，结果送 OUT

续表

LAD 指令	功能说明	LAD 指令	功能说明
SQRT EN ENO ??? — IN OUT — ???	求浮点数的平方根，结果送 OUT	ASIN EN ENO ??? — IN OUT — ???	求反正弦值：求一个定义在 $-1 \leq IN \leq 1$ 范围内的浮点数的反正弦值，结果送 OUT
SQR EN ENO ??? — IN OUT — ???	求浮点数的平方，结果送 OUT	ACOS EN ENO ??? — IN OUT — ???	求反余弦值：求一个定义在 $-1 \leq IN \leq 1$ 范围内的浮点数的反余弦值，结果送 OUT
		ATAN EN ENO ??? — IN OUT — ???	求反正切值：求浮点数的反正切值，结果送 OUT

13.3.5 字逻辑运算指令

字逻辑运算指令如表 13-7 所示。

表 13-7 字逻辑运算指令

WAND_W 字与运算	功能	WAND_DW 双字与运算	功能
WAND_W EN ENO ??? — IN1 OUT — ??? ??? — IN2	IN1 和 IN2 两个字的每一位进行逻辑与运算，结果送 OUT	WAND_DW EN ENO ??? — IN1 OUT — ??? ??? — IN2	IN1 和 IN2 两个双字的每一位进行逻辑与运算，结果送 OUT
WOR_W 字或运算	功能	WOR_DW 双字或运算	功能
WOR_W EN ENO ??? — IN1 OUT — ??? ??? — IN2	IN1 和 IN2 两个字的每一位进行逻辑或运算，结果送 OUT	WOR_DW EN ENO ??? — IN1 OUT — ??? ??? — IN2	IN1 和 IN2 两个双字的每一位进行逻辑或运算，结果送 OUT
WXOR_W 字异或运算	功能	WXOR_DW 双字异或运算	功能
WXOR_W EN ENO ??? — IN1 OUT — ??? ??? — IN2	IN1 和 IN2 两个字的每一位进行逻辑异或运算，结果送 OUT	WXOR_DW EN ENO ??? — IN1 OUT — ??? ??? — IN2	IN1 和 IN2 两个双字的每一位进行逻辑异或运算，结果送 OUT

说明：字逻辑运算指令可以使用的存储区是 I、Q、M、L、D。

13.3.6 比较指令

比较指令如表13-8所示。

表13-8 比较指令

功 能	整 数 比 较	长整数比较	实 数 比 较
等于（EQ）	CMP==I，???-IN1，???-IN2	CMP==D，???-IN1，???-IN2	CMP==R，???-IN1，???-IN2
不等于（NE）	CMP<>I，???-IN1，???-IN2	CMP<>D，???-IN1，???-IN2	CMP<>R，???-IN1，???-IN2
大于（GT）	CMP>I，???-IN1，???-IN2	CMP>D，???-IN1，???-IN2	CMP>R，???-IN1，???-IN2
小于（LT）	CMP<I，???-IN1，???-IN2	CMP<D，???-IN1，???-IN2	CMP<R，???-IN1，???-IN2
大于等于（GE）	CMP>=I，???-IN1，???-IN2	CMP>=D，???-IN1，???-IN2	CMP>=R，???-IN1，???-IN2
小于等于（LE）	CMP<=I，???-IN1，???-IN2	CMP<=D，???-IN1，???-IN2	CMP<=R，???-IN1，???-IN2

注意：比较指令只能将两个相同类型数据进行比较，不同类型的数据一定要进行数据类型的转换后才能比较。若比较的结果为"真"，输出为"1"。以"小于（LT）"为例，当IN1端的数据小于IN2端的数据时，输出为"1"，否则输出为"0"。

13.4 项目解决步骤

步骤1．输入/输出信号元件分析

输入：M1启动按钮SB1；M1停止按钮SB2；M2启动按钮SB3；M2停止按钮SB4；传送带1传感器PS1；传送带2传感器PS2。

输出：仓库空指示灯HL1；库存超过容量20%（简称"≥20%"，余同）指示灯HL2；库存超过容量40%指示灯HL3；库存超过容量60%指示灯HL4；库存超过容量80%指示灯HL5；仓库满指示灯HL6；M1电动机接触器KM1线圈；M2电动机接触器KM2线圈。

步骤2．硬件与软件配置

硬件：

（1）电源模块（PS307 5A）1个。
（2）紧凑型S7-300CPU模块（CPU 314C-2 DP）1个。
（3）MMC卡1张。
（4）输入模块（DI16×DC24V）1个。
（5）输出模块（DO16×DC24V/0.5A）1个。
（6）DIN导轨1根。
（7）PC适配器USB编程电缆（S7-200/S7-300/S7-400 PLC下载线）1根。
（8）装有STEP7编程软件的计算机（也称编程器）1台。
（9）启动和停止按钮各2个，光电传感器2个，指示灯6盏。
（10）接触器KM（线圈电压DC24V）2个。
（11）熔断器6个，热继电器2个，三相异步电动机2台，导线若干根，接线端子排2排，走线槽和号码管多个。

软件： STEP7 V5.4及以上版本编程软件。

注：硬件配置可以根据实际情况变化。

步骤3．PLC硬件安装（参见项目2）
步骤4．硬件组态（参见项目3）
步骤5．输入/输出地址分配表

输入/输出地址分配表如表13-9所示。

表13-9 输入/输出地址分配表

序　号	输入信号元件名称	编程元件地址	序　号	输出信号元件名称	编程元件地址
1	M1启动按钮SB1（常开触点）	I0.0	1	M1接触器KM1线圈	Q4.0
2	M1停止按钮SB2（常开触点）	I0.1	2	M2接触器KM2线圈	Q4.1
3	M2启动按钮SB3（常开触点）	I0.2	3	仓库空指示灯HL1	Q4.2
4	M2停止按钮SB4（常开触点）	I0.3	4	≥20%指示灯HL2	Q4.3
5	传送带1传感器PS1（常开触点）	I0.4	5	≥40%指示灯HL3	Q4.4
6	传送带2传感器PS2（常开触点）	I0.5	6	≥60%指示灯HL4	Q4.5
			7	≥80%指示灯HL5	Q4.6
			8	仓库满指示灯HL6	Q4.7

步骤 6. 画出接线图

接线图如图 13-6 所示。

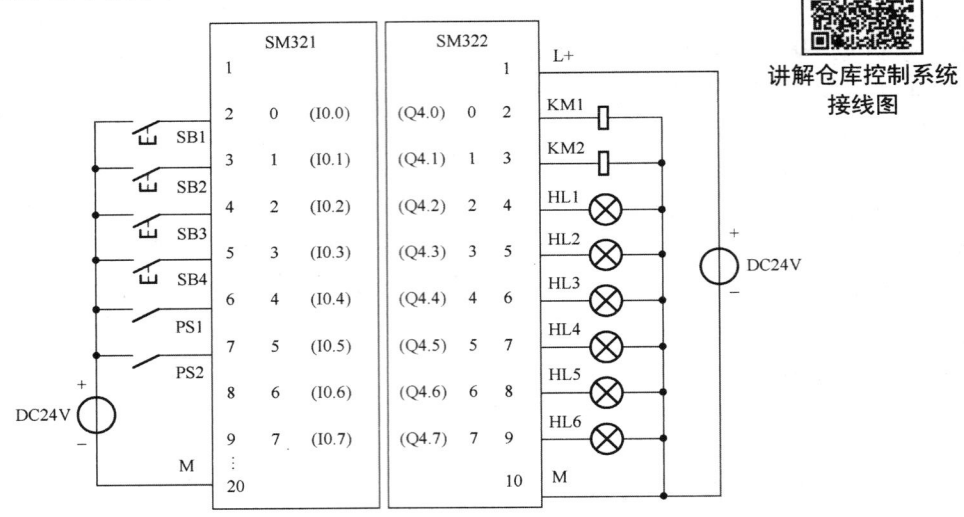

图 13-6 接线图

步骤 7. 建立符号表

符号表如图 13-7 所示（图中名称与上下文所述略有不同，如启动 SB1 即启动按钮 SB1 等，下同）。

图 13-7 符号表

步骤 8. 编写控制程序

控制程序如图 13-8 所示。为了程序调试方便将 900 件物品改为 20 件。

程序段 1：传送带 1

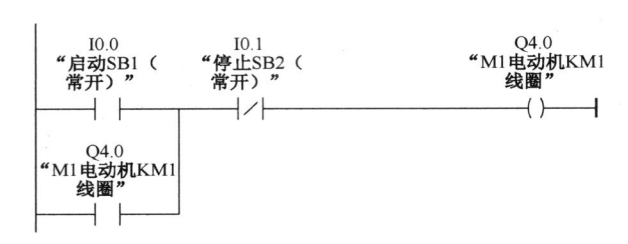

图 13-8 控制程序

项目 13　货物转运仓库的 PLC 控制

程序段 2：传送带 2

```
    I0.2           I0.3                              Q4.1
"启动SB3        "停止SB4                         "M2电动机KM2
 （常开）"      （常开）"                          线圈"
──┤ ├──────────┤/├──────────────────────────────( )──
    Q4.1
"M2电动机KM2
   线圈"
──┤ ├──
```

程序段 3：

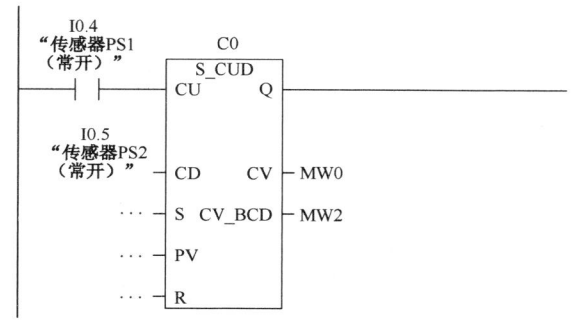

```
    I0.4                    C0
"传感器PS1              ┌─────────┐
 （常开）"              │  S_CUD  │
──┤ ├──────────────────┤CU      Q├──────────────
    I0.5                │         │
"传感器PS2              │         │
 （常开）"              │         │
──┤ ├──────────────────┤CD     CV├── MW0
                        │         │
             ···────────┤S  CV_BCD├── MW2
             ···────────┤PV       │
             ···────────┤R        │
                        └─────────┘
```

程序段 4：16 位整数转换为 32 位整数

```
              ┌──────┐
              │ I_DI │
──────────────┤EN ENO├──────────────
              │      │
       MW0 ──┤IN  OUT├── MD5
              └──────┘
```

程序段 5：双整数转换为实数

```
              ┌──────┐
              │ DI_R │
──────────────┤EN ENO├──────────────
              │      │
       MD5 ──┤IN  OUT├── MD9
              └──────┘
```

程序段 6：

```
              ┌──────┐
              │ DIV_R│
──────────────┤EN ENO├──────────────
              │      │
       MD9 ──┤IN1 OUT├── MD13
              │      │
   2.000000e+ │      │
        001 ──┤IN2   │
              └──────┘
```

程序段 7：

```
                                    Q4.2
              ┌──────┐           "仓库空HL1"
              │CMP==R│
──────────────┤      ├──────────────( )──
       MD13 ──┤IN1   │
  0.000000e+  │      │
        000 ──┤IN2   │
              └──────┘
```

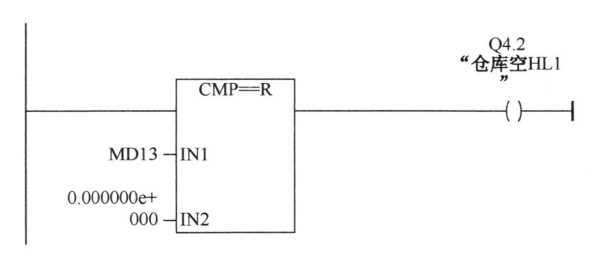

图 13-8　控制程序（续）

程序段8:

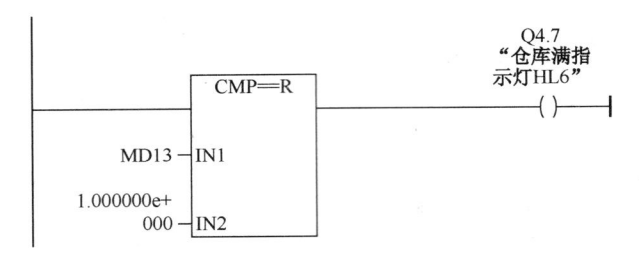

```
     ┌─────────┐
     │ CMP==R  │         Q4.7
─────┤         ├─────"仓库满指
     │         │        示灯HL6"
MD13─┤IN1      │         ─( )─
     │         │
1.000000e+─┤IN2│
000  │         │
     └─────────┘
```

程序段 9:

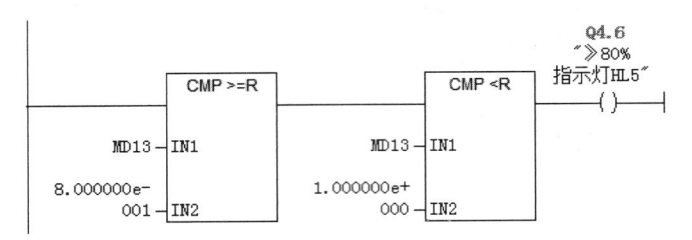

```
     ┌─────────┐       ┌─────────┐
     │ CMP >=R │       │ CMP <R  │    Q4.6
─────┤         ├───────┤         ├──"≥80%
     │         │       │         │   指示灯HL5"
MD13─┤IN1      │  MD13─┤IN1      │    ─( )─
     │         │       │         │
8.000000e─┤IN2│ 1.000000e+─┤IN2 │
001           │ 000              │
     └─────────┘       └─────────┘
```

程序段 10:

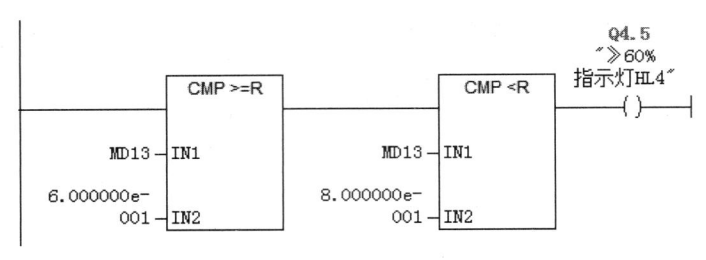

```
     ┌─────────┐       ┌─────────┐
     │ CMP >=R │       │ CMP <R  │    Q4.5
─────┤         ├───────┤         ├──"≥60%
     │         │       │         │   指示灯HL4"
MD13─┤IN1      │  MD13─┤IN1      │    ─( )─
     │         │       │         │
6.000000e─┤IN2│ 8.000000e─┤IN2 │
001           │ 001              │
     └─────────┘       └─────────┘
```

程序段 11:

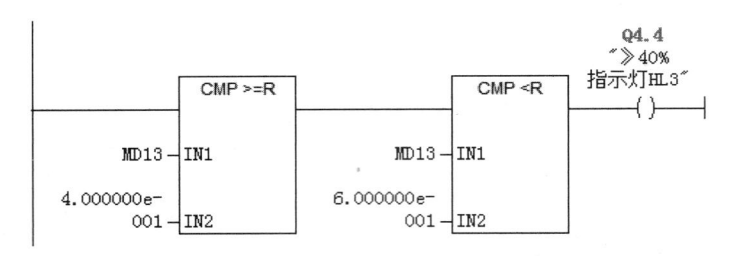

```
     ┌─────────┐       ┌─────────┐
     │ CMP >=R │       │ CMP <R  │    Q4.4
─────┤         ├───────┤         ├──"≥40%
     │         │       │         │   指示灯HL3"
MD13─┤IN1      │  MD13─┤IN1      │    ─( )─
     │         │       │         │
4.000000e─┤IN2│ 6.000000e─┤IN2 │
001           │ 001              │
     └─────────┘       └─────────┘
```

程序段 12:

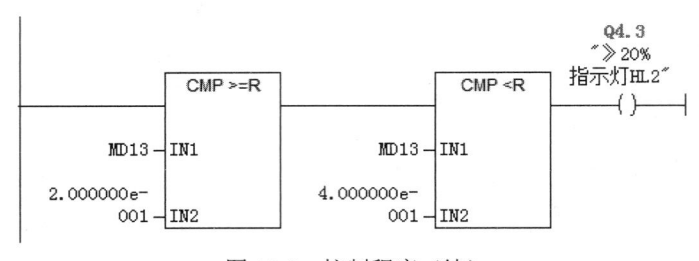

```
     ┌─────────┐       ┌─────────┐
     │ CMP >=R │       │ CMP <R  │    Q4.3
─────┤         ├───────┤         ├──"≥20%
     │         │       │         │   指示灯HL2"
MD13─┤IN1      │  MD13─┤IN1      │    ─( )─
     │         │       │         │
2.000000e─┤IN2│ 4.000000e─┤IN2 │
001           │ 001              │
     └─────────┘       └─────────┘
```

图 13-8　控制程序（续）

步骤 9．通过 PLCSIM 进行仿真调试

模拟物品入库，按下启动按钮 SB1，在仿真器 I0.0 上双击，Q4.0 为"1"，表示传送带 1 启动运行，初始库存为空，Q4.2 为"1"，仓库空指示灯 HL1 亮。

物品经过光电传感器 PS1 时，仓库区库存增加，增加到 4 件时，Q4.3 为"1"，库存≥20% 指示灯 HL2 亮，如图 13-9 所示。

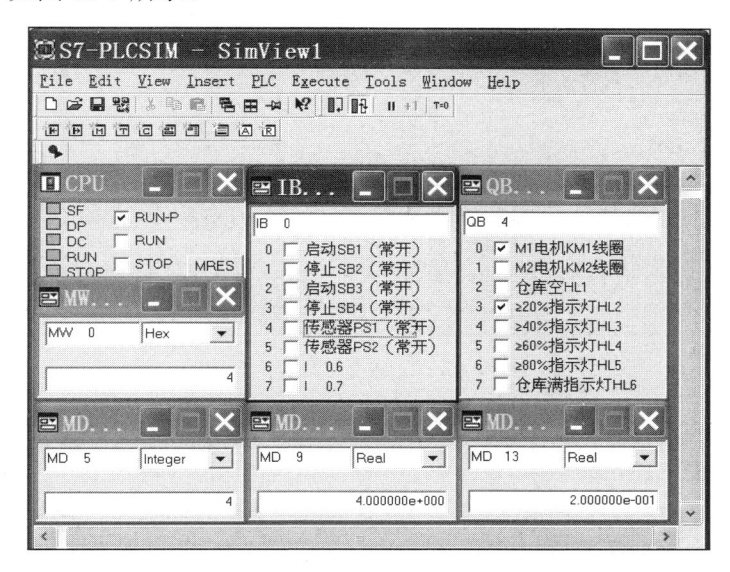

图 13-9 物品入库 4 件

物品入库 10 件，Q4.4 为"1"，库存≥40%指示灯 HL3 亮，如图 13-10 所示。

图 13-10 物品入库 10 件

物品入库 17 件，Q4.6 为"1"，库存≥80%指示灯 HL5 亮，如图 13-11 所示。

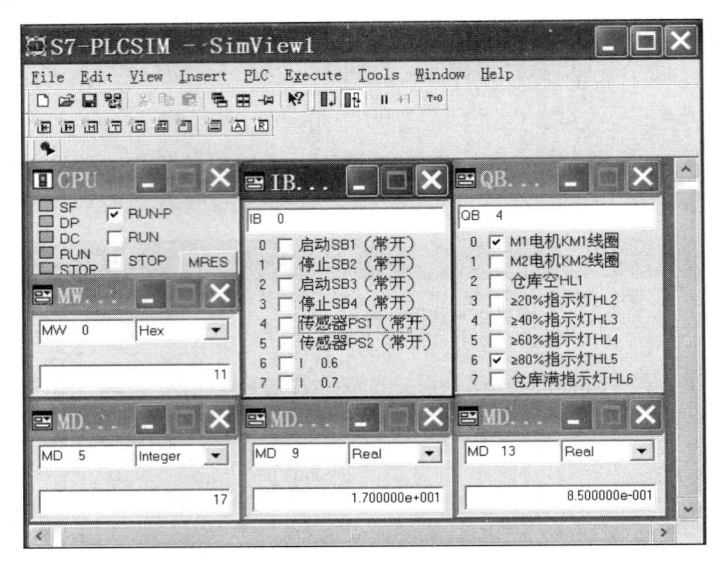

图 13-11 物品入库 17 件

当传送带 M2 电动机运行，物品出库，物品数减少至 15 件时，Q4.5 为"1"，库存≥60%指示灯 HL4 亮，如图 13-12 所示。

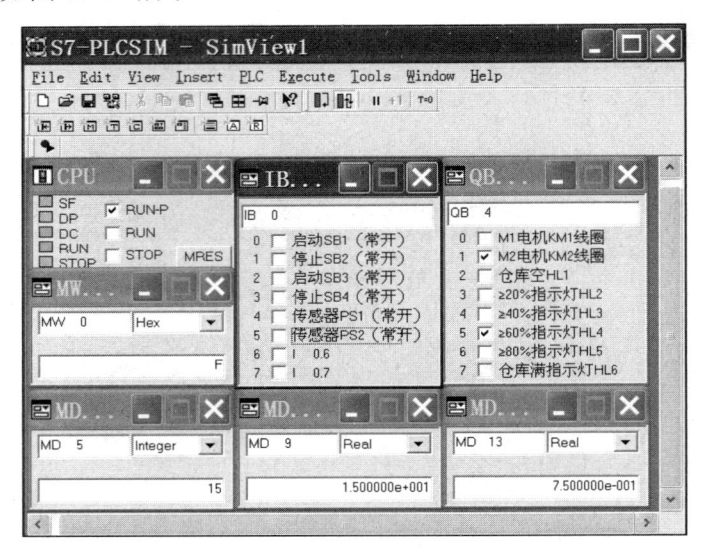

图 13-12 物品数减少至 15 件

物品入库 20 件，Q4.7 为"1"，仓库满指示灯 HL6 亮。

如果满足上述情况，说明仿真调试成功，可进行联机调试，如果不满足上述情况，应检查原因，修改程序，重新调试，直到仿真调试成功。

步骤 10．联机调试

确保连线正确的情况下，下载硬件组态和程序等到真实 PLC 中（参见 5.3.6 相关内容），然后按下面要求调试。

按下启动按钮 SB1，传送带 1 电动机 M1 启动运行，传送带 1 两侧光电传感器 PS1 能检测到入库的物品。

按下启动按钮 SB3，传送带 2 电动机 M2 启动运行，传送带 2 两侧光电传感器 PS2 能检测到出库的物品。

当仓库存储区物品个数达到相应的比例，相应比例指示灯亮，即仓库的物品数可通过 6 个指示灯来显示：仓库空指示灯 HL1，≥20%指示灯 HL2，≥40%指示灯 HL3，≥60%指示灯 HL4，≥80%指示灯 HL5，仓库满指示灯 HL6。

按下停止按钮 SB2，停止电动机 M1。按下停止按钮 SB4，停止电动机 M2。

满足上述要求，说明调试成功；如果不能满足要求，应检查原因，修改程序，重新调试，直到满足要求为止。

巩固练习十三

1．PLC 控制的水果自动装箱生产线

水果自动装箱生产线如图 13-13 所示。
（1）按下"启动"按钮，传送带 2 启动，将包装箱送到指定位置。
（2）当传感器 PS2 检测到包装箱到达指定位置后，传送带 2 停止。
（3）等待 1s 后，传送带 1 自动启动，水果逐一落入箱中，同时传感器 PS1 进行计数检测。
（4）当落入包装箱内的水果达到 10 个时，传送带 1 停止，并且传送带 2 自动启动。
（5）按下"停止"按钮，传送带全部停止。
（6）可以手动对计数值清零（复位）。

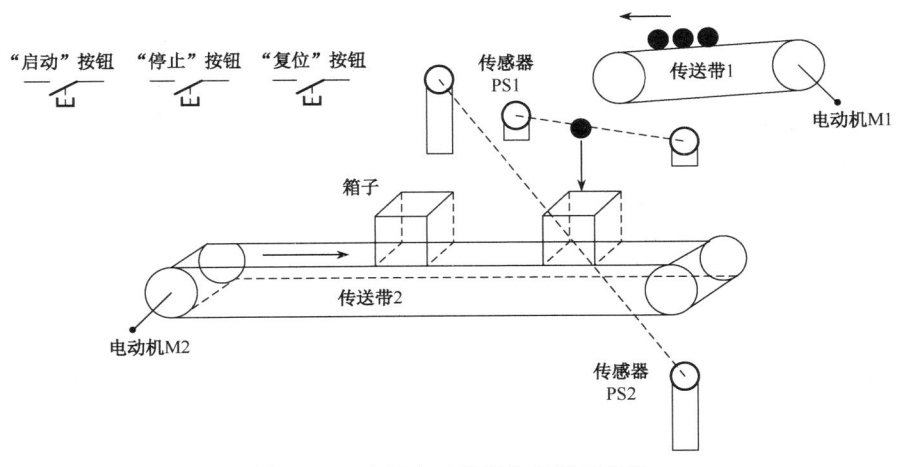

图 13-13　水果自动装箱生产线示意图

要求：
（1）完成输入/输出信号元件分析。
（2）完成硬件组态及 I/O 地址分配。
（3）画出接线图。

(4) 建立符号表。
(5) 编写控制程序。
(6) 调试控制程序。

2. 药片自动装瓶系统

按下选择按钮 SB1，指示灯 HL1 亮，表示当前选择每瓶装入 3 片；按下选择按钮 SB2，指示灯 HL2 亮，表示当前选择每瓶装入 5 片；按下选择按钮 SB3，指示灯 HL3 亮，表示当前选择每瓶装入 7 片；当选定要装入瓶中的药片数量后，按下系统"启动"按钮 SB4，电动机 M 驱动传送带运转，通过光电传感器 PS2 检测到传送带上的药瓶到达装瓶的位置，传送带停止运转。

当电磁阀 YV 打开装有药片的装置后，通过光电传感器 PS1 对进入药瓶的药片进行计数，当药瓶中的药片达到预先选定的数量后，电磁阀 YV 关闭，传送带重新自动启动，药片装瓶过程自动连续地运行。

如果装药过程中，需要改变药片装入数量，则当前药瓶按改变前的设定数量装满，从下一个药瓶开始装入改变后的数量。

如果在装药过程中按下"停止"按钮 SB5，则在当前药瓶装满后，系统停止运行。

如果在装药过程中按下"紧急停止"按钮 SB6，系统立刻停止运行。

药片自动装瓶系统如图 13-14 所示。

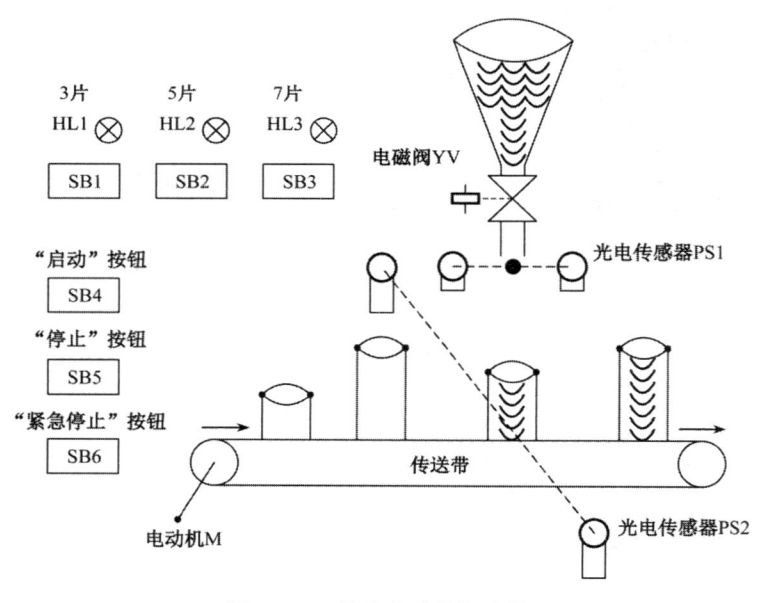

图 13-14 药片自动装瓶系统

要求：
(1) 完成输入/输出信号元件分析。
(2) 完成硬件组态及 I/O 地址分配。
(3) 画出接线图。
(4) 建立符号表。

(5) 编写控制程序。
(6) 调试控制程序。

3．利用 PLC 实现对洗衣机的控制

按下启动按钮 SB1，洗衣机进水，水位到达高水位后，开始洗涤。洗涤时正转 30s，停 2s，然后反转 30s，停 2s。如此循环 3 次后洗衣机停止旋转，开始排水，水位到低水位后，须将所洗衣服人工拿到脱水桶中，按下脱水启动按钮 SB2，开始脱水 30s，脱水 30s 后洗衣机开始自动报警 3s 并自动关机。按下排水按钮 SB4 可排水。任何时刻按下停止按钮 SB3，可以停止洗衣机工作。

要求：
(1) 完成输入/输出信号元件分析。
(2) 完成硬件组态及 I/O 地址分配。
(3) 画出接线图。
(4) 建立符号表。
(5) 编写控制程序。
(6) 调试控制程序。

4．自动停车场的 PLC 控制

某停车场最多可停 50 辆车，如图 13-15 所示，用两位数码管显示停车数量，用传感器检测进出车辆，每进一辆车，经过入口栏外传感器和入口栏内传感器，停车数量增 1，单经过一个传感器则停车数量不增。每出一辆车，经过出口栏内传感器和出口栏外传感器，停车数量减 1。单经过一个传感器则停车数量不减。场内停车数量小于 45 时，入口处绿灯亮，允许入场；大于或等于 45 但小于 50 时，绿灯闪烁，提醒待进场车辆司机注意将满场，等于 50 时，红灯亮，禁止车辆入场。

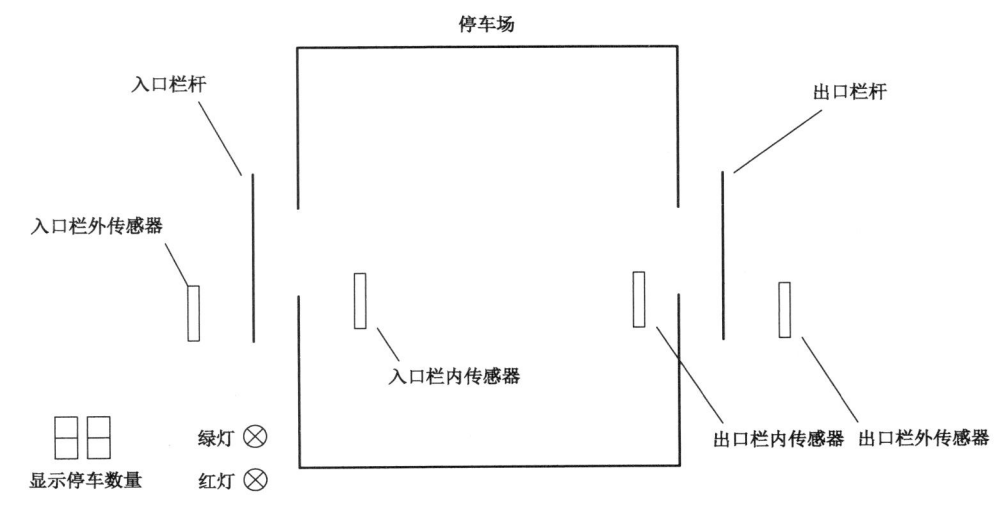

图 13-15 自动停车场示意图

如果有车进停车场，车到入口栏外传感器处，入口栏杆抬起，车通过入口栏内传感器后延时 10s，10s 后入口栏杆放下；如果有车出停车场，车到出口栏内传感器处，出口栏杆抬起，车通过出口栏外传感器后延时 10s，10s 后出口栏杆放下。

5．设计加热控制程序

某工厂生产的两种型号工件所需加热时间分别为 40s 和 60s，使用两个开关来控制定时器的设定值，每一个开关对应一个设定值；用启动按钮和接触器控制加热炉的通断。请用传送指令设计该程序。

6．设计指示灯控制程序

设有 8 盏指示灯，控制要求是：当 I0.0 接通时，全部灯亮；当 I0.1 接通时，奇数灯亮；当 I0.2 接通时，偶数灯亮；当 I0.3 接通时，全部灯灭。试编写程序。

项目 14　机械手的 PLC 控制

14.1　项目要求

在生产线上，经常使用机械手完成工件的搬运工作，图 14-1 为机械手工作过程示意图，工作任务是将传送带 A 送来的工件搬运到传送带 B 上。

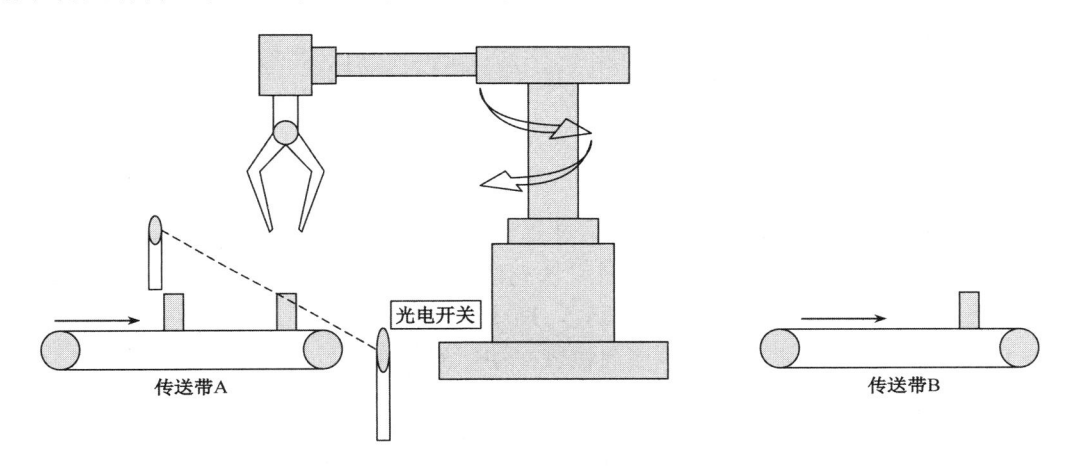

图 14-1　机械手工作过程示意图

1. 机械手的三种运行方式：自动运行、单周期运行和手动运行

1）机械手的自动运行

当机械手在原点时，按下启动按钮，传送带 A 启动运行。当光电开关 PS 检测到工件时，传送带 A 停止运行，机械手自动下降，下降到位时，碰到下降极限开关，机械手停止下降，同时接通夹紧/放松电磁阀线圈。

当机械手夹紧到位时，压力继电器接点常开触点闭合，接通上升电磁阀线圈。

当机械手上升到位时，碰到上升极限开关，机械手停止上升，同时接通右旋转电磁阀线圈。

当机械手右旋转到位时，碰到右旋转极限开关，停止右旋转，同时接通下降电磁阀线圈，机械手下降，下降到位时，碰到下降极限开关，停止下降，同时断开夹紧/放松电磁阀线圈，机械手开始释放工件，释放时间为 5 秒。

5 秒后机械手自动上升，上升到位，碰到上升极限开关，机械手停止上升，同时接通左旋转电磁阀线圈。

当机械手左旋转到位时，碰到左旋转极限开关，停止左旋转，回到原点，传送带 A 再次自动启动，当光电开关 PS 检测到工件后，又开始重复上述动作。机械手动作流程如下：

```
原点→下降→夹紧→上升→右旋转
 ↑                        ↓
左旋转← 上升 ← 释放←   下降
```

2）机械手的单周期运行

机械手的单周期运行是指按下单周期启动按钮后，机械手从原点开始下降，完成上述一个机械手动作流程后停止运行。若要求机械手继续工作，要再次按下单周期启动按钮。

3）机械手的手动运行

机械手的手动运行是指机械手的上升、下降、左旋转、右旋转均通过对应的手动操作按钮来控制，与操作顺序无关。夹紧/放松操作通过手动操作开关来控制。

机械手的单周期运行与手动运行均用于设备检修和调整。

2. 控制要求

机械手原点位置在左极限与上极限结合处。

在传送带 A 的端部，安装了光电开关 PS，用以检测工件的到来。当光电开关检测到工件时为 ON 状态。

机械手在原点时，按下自动启动按钮，传送带 A 启动，当光电开关检测到工件时，传送带 A 停止。传送带 A 停止后，机械手进行一次动作流程，将工件从传送带 A 搬运到传送带 B 上。机械手返回原点后，传送带 A 再次运行，循环往复。

按下正常停止按钮后，必须等到当前机械手动作流程完成后，机械手返回原点，才停止工作。

机械手上升/下降和左旋转/右旋转的执行机构均采用双线圈三位五通中封式电磁阀驱动液压装置来完成，每个线圈完成一个动作。夹紧/放松由单线圈两位电磁阀驱动液压装置来完成，线圈通电时执行夹紧工件动作，线圈断电时执行释放工件动作。

注：PLC 输出模块为 DO 16×DC 24V/0.5A，输出端子可连接交流接触器 KM 线圈，（此线圈连接 DC 24V 电源）也可以连接中间继电器 KA 线圈（此线圈连接 DC 24V 电源），然后 KA 常开触点连接交流接触器 KM 线圈（此线圈连接 AC 380V 电源），本项目选择前一种。

14.2 学习目标

（1）掌握机械手工作原理并能结合示意图叙述其工作流程。
（2）掌握移位指令和循环移位指令的应用并能用其编程。
（3）掌握查找与替换的应用并能进行操作。
（4）掌握交叉参考及分配的应用并能进行操作。
（5）提高编程与调试能力。

14.3 相关知识

14.3.1 移位和循环移位指令

移位和循环移位指令如表 14-1 所示。

表 14-1 移位和循环移位指令

名称	LAD 指令	参数	数据类型	功 能 说 明
有符号整数右移	SHR_I EN ENO ???—IN OUT—??? ???—N	EN	BOOL	有符号整数右移：当 EN 为"1"时，将 IN 中的整数向右移动（移动的位数由 N 端输入的变量决定），结果送 OUT。正数右移后空出的位补 0，负数右移后空出的位补 1，向右移出位丢失
		ENO	BOOL	
		IN	INT	
		N	WORD	
		OUT	INT	
有符号长整数右移	SHR_DI EN ENO ???—IN OUT—??? ???—N	EN	BOOL	有符号长整数右移：当 EN 为"1"时，将 IN 中的长整数向右移动（移动的位数由 N 端输入的变量决定），结果送 OUT。正数右移后空出的位补 0，负数右移后空出的位补 1，向右移出位丢失
		ENO	BOOL	
		IN	DINT	
		N	WORD	
		OUT	DINT	
无符号字左移	SHL_W EN ENO ???—IN OUT—??? ???—N	EN	BOOL	无符号字型数据左移：当 EN 为"1"时，将 IN 中的字型数据向左移动（移动的位数由 N 端输入的变量决定），结果送 OUT。左移后空出的位补 0，向左移出位丢失
		ENO	BOOL	
		IN	WORD	
		N	WORD	
		OUT	WORD	
无符号字右移	SHR_W EN ENO ???—IN OUT—??? ???—N	EN	BOOL	无符号字型数据右移：当 EN 为"1"时，将 IN 中的字型数据向右移动（移动的位数由 N 端输入的变量决定），结果送 OUT。右移空出的位补 0，向右移出位丢失
		ENO	BOOL	
		IN	WORD	
		N	WORD	
		OUT	WORD	
无符号双字左移	SHL_DW EN ENO ???—IN OUT—??? ???—N	EN	BOOL	无符号双字型数据左移：当 EN 为"1"时，将 IN 中的双字型数据向左移动（移动的位数由 N 端输入的变量决定），结果送 OUT。左移后空出的位补 0，向左移出位丢失
		ENO	BOOL	
		IN	DWORD	
		N	WORD	
		OUT	DWORD	

续表

名称	LAD 指令	参数	数据类型	功能说明
无符号双字右移	SHR_DW EN ENO ???─IN OUT─??? ???─N	EN ENO IN N OUT	BOOL BOOL DWORD WORD DWORD	无符号双字型数据右移：当 EN 为 "1" 时，将 IN 中的双字型数据向右移动（移动的位数由 N 端输入的变量决定），结果送 OUT。右移后空出的位补 0，向右移出位丢失
双字循环左移	ROL_DW EN ENO ???─IN OUT─??? ???─N	EN ENO IN N OUT	BOOL BOOL DWORD WORD DWORD	无符号双字型数据循环左移：当 EN 为 "1" 时，将 IN 中的双字型数据向左循环移动（移动的位数由 N 端输入的变量决定）后结果送 OUT。每次将最高位移出后，将其移进最低位
双字循环右移	ROR_DW EN ENO ???─IN OUT─??? ???─N	EN ENO IN N OUT	BOOL BOOL DWORD WORD DWORD	无符号双字型数据循环右移：当 EN 为 "1" 时，将 IN 中的双字型数据向右循环移动（移动的位数由 N 端输入的变量决定）后结果送 OUT。每次将最低位移出后，将其移进最高位

说明：表 14-1 中各指令可使用的存储区是 I、Q、M、D、L。

14.3.2 移位和循环移位指令举例

例 1. 有符号数右移 4 位过程：

一个有符号数，最高位是符号位 1，右移 4 位后，空出的位补 1，移出位丢失，如图 14-2 所示。

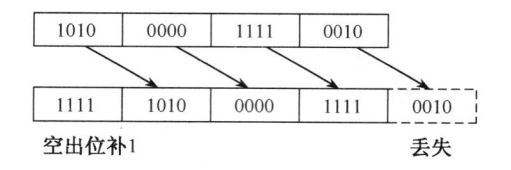

图 14-2 一个有符号数右移 4 位

例 2. 无符号数左移 4 位和右移 4 位过程：

一个无符号数左移 4 位过程如图 14-3 所示。

一个无符号数右移 4 位过程如图 14-4 所示。

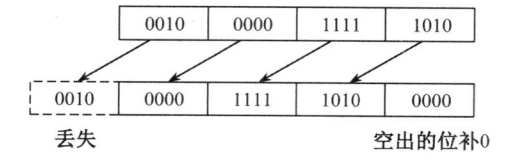

图 14-3 一个无符号数左移 4 位

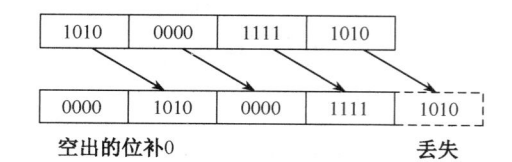

图 14-4 一个无符号数右移 4 位

例 3．循环移位过程：

循环左移 4 位过程如图 14-5 所示。

| 1010 | 0000 | 1111 | 0010 | 1011 | 0011 | 1001 | 0010 |

← 循环左移4位

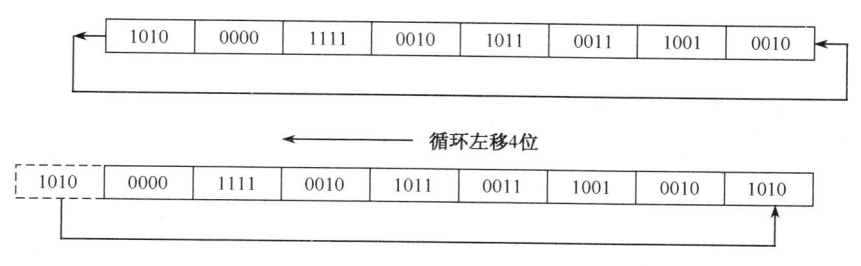

| 1010 | 0000 | 1111 | 0010 | 1011 | 0011 | 1001 | 0010 | 1010 |

图 14-5　循环左移 4 位

循环右移 4 位过程如图 14-6 所示。

| 1010 | 0000 | 1111 | 0010 | 1011 | 0011 | 1001 | 0010 |

循环右移4位 →

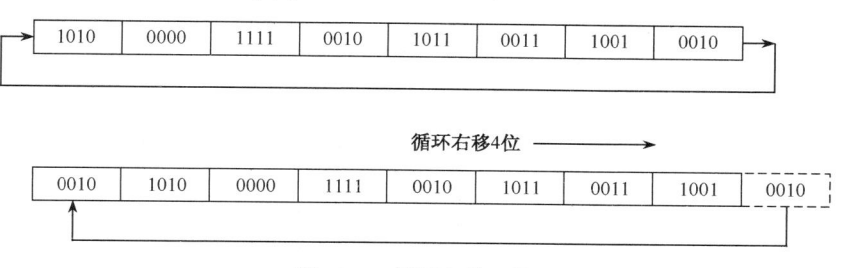

| 0010 | 1010 | 0000 | 1111 | 0010 | 1011 | 0011 | 1001 | 0010 |

图 14-6　循环右移 4 位

例 4． 移位和循环移位指令在 EN 端接通时执行，由于 PLC 采用循环扫描的工作方式，按钮按下 1 次的时间内，可能循环扫描很多次了，移位指令被执行很多次了。例如，无符号字型数据右移，每执行 1 次，MW10 内容右移 1 位，这样 MW10 内容很快变为全 0 状态。如果让按钮按下 1 次，移位指令被执行 1 次，采取在 I0.0 常开触点后加上升沿检测指令，如图 14-7 所示。

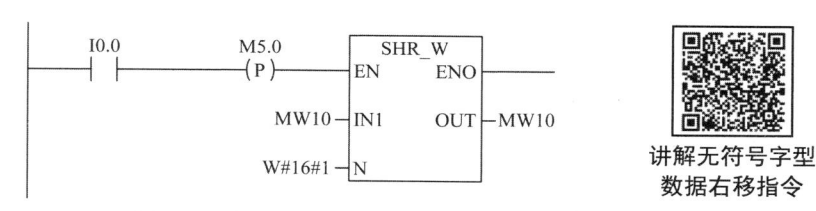

图 14-7　加入上升沿检测指令

讲解无符号字型
数据右移指令

14.4　项目解决步骤

步骤 1．输入/输出信号元件分析

输入： 自动启动按钮 SB1；单周期启动按钮 SB2；手动选择开关 SA1；正常停止按钮 SB3；上升极限开关 SQ2；下降极限开关 SQ1；左旋转极限开关 SQ4；右旋转极限开关 SQ3；压力继电器 KA 接点；光电开关 PS；手动上升按钮 SB5；手动下降按钮 SB6；手动左旋转按钮 SB7；手动右旋转按钮 SB8；手动夹紧/放松开关 SA2；紧急停止按钮 SB10。

输出：传送带 A 接触器 KM 线圈；左旋转电磁阀 YV5 线圈；右旋转电磁阀 YV4 线圈；夹紧/放松电磁阀 YV2 线圈；上升电磁阀 YV3 线圈；下降电磁阀 YV1 线圈。

步骤 2．硬件与软件配置

硬件：

（1）电源模块（PS307 5A）1 个。

（2）紧凑型 S7-300CPU 模块（CPU314C-2DP）1 个。

（3）MMC 卡 1 张。

（4）输入模块（DI16×DC24V）1 个。

（5）输出模块（DO16×DC24V/0.5A）1 个。

（6）DIN 导轨 1 根。

（7）PC 适配器 USB 编程电缆（S7-200/S7-300/S7-400 PLC 下载线）1 根。

（8）装有 STEP7 编程软件的计算机（也称编程器）1 台。

（9）按钮 7 个，紧急停止按钮 1 个，光电开关 1 个，行程开关（极限开关）4 个，压力继电器 1 个，开关 2 个。

（10）接触器（线圈电压 DC24V）1 个，电磁阀 4 个。

（11）熔断器 3 个，热继电器 1 个，三相异步电动机 1 台，导线若干根，接线端子排 2 排，走线槽和号码管多个。

软件： STEP7 V5.4 及以上版本编程软件。

注：硬件配置可以根据实际情况变化。

步骤 3．PLC 硬件安装（参见项目 2）

步骤 4．硬件组态（参见项目 3）

步骤 5．输入/输出地址分配

外部设备的输入/输出地址分配如表 14-2 和表 14-3 所示。

表 14-2 输入地址分配表

序号	输入信号元件名称	编程元件地址	序号	输入信号元件名称	编程元件地址
1	自动启动按钮 SB1（常开触点）	I0.0	9	压力继电器 KA 接点（常开触点）	I1.0
2	单周期启动按钮 SB2（常开触点）	I0.1	10	光电开关 PS（常开触点）	I1.1
3	手动选择开关 SA1（常开触点）	I0.2	11	手动上升按钮 SB5（常开触点）	I1.2
4	正常停止按钮 SB3（常开触点）	I0.3	12	手动下降按钮 SB6（常开触点）	I1.3
5	上升极限开关 SQ2（常开触点）	I0.4	13	手动左旋转按钮 SB7（常开触点）	I1.4
6	下降极限开关 SQ1（常开触点）	I0.5	14	手动右旋转按钮 SB8（常开触点）	I1.5
7	左旋转极限开关 SQ4（常开触点）	I0.6	15	手动夹紧/放松开关 SA2（常开触点）	I1.6
8	右旋转极限开关 SQ3（常开触点）	I0.7	16	紧急停止按钮 SB10（常闭触点）	I1.7

表 14-3 输出地址分配表

序号	输出信号元件名称	编程元件地址	序号	输出信号元件名称	编程元件地址
1	传送带 A 接触器 KM 线圈	Q4.0	4	夹紧/放松电磁阀 YV2 线圈	Q4.3
2	左旋转电磁阀 YV5 线圈	Q4.1	5	上升电磁阀 YV3 线圈	Q4.4
3	右旋转电磁阀 YV4 线圈	Q4.2	6	下降电磁阀 YV1 线圈	Q4.5

项目 14 机械手的 PLC 控制

步骤 6. 画出接线图

机械手的 PLC 控制的接线图如图 14-8 所示。

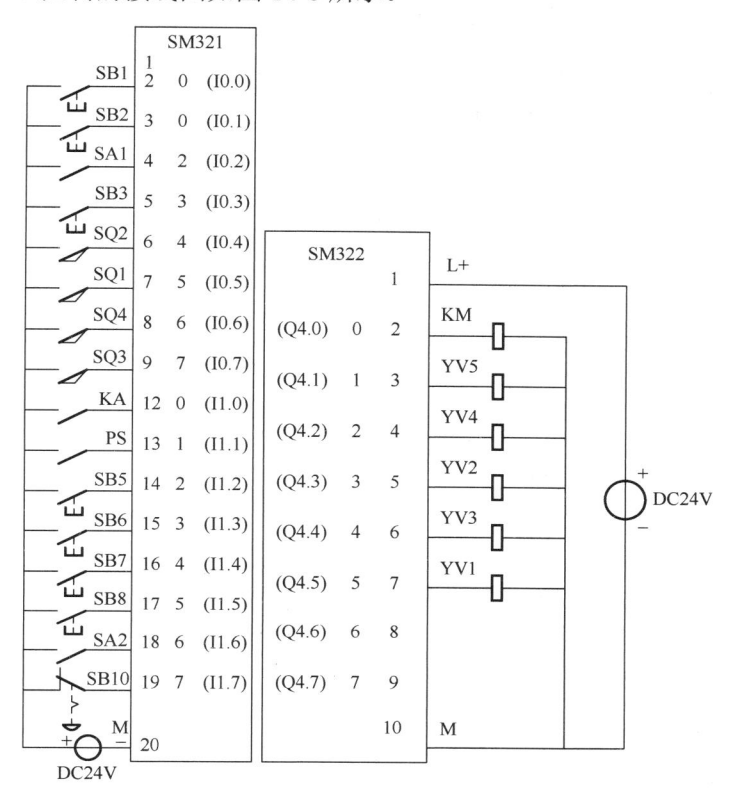

图 14-8 机械手的 PLC 控制的接线图

步骤 7. 建立符号表

机械手的 PLC 控制的符号表如图 14-9 所示（图中名称与上下文描述略有不同，如图中"单周期启动"即"单周期启动按钮 SB2"，其他表述类似，下同）。

状态	符号	地址		数据类型	注释
1	传送带A	Q	4.0	BOOL	
2	单周期启动	I	0.1	BOOL	
3	光电开关	I	1.1	BOOL	
4	夹紧/放松	Q	4.3	BOOL	
5	紧急停止	I	1.7	BOOL	
6	上升	Q	4.4	BOOL	
7	上限开关	I	0.4	BOOL	
8	手动上升	I	1.2	BOOL	
9	手动下降	I	1.3	BOOL	
10	手动选择	I	0.2	BOOL	
11	手动右转	I	1.5	BOOL	
12	手动夹紧/放松	I	1.6	BOOL	
13	手动左转	I	1.4	BOOL	
14	下降	Q	4.5	BOOL	
15	下限开关	I	0.5	BOOL	
16	压力接点	I	1.0	BOOL	
17	右限开关	I	0.7	BOOL	
18	右转	Q	4.2	BOOL	
19	正常停止	I	0.3	BOOL	
20	自动启动	I	0.0	BOOL	
21	左限开关	I	0.6	BOOL	
22	左转	Q	4.1	BOOL	

图 14-9 机械手的 PLC 控制的符号表

步骤8. 编写控制程序

用移位指令编写控制程序，如图 14-10 所示。使用移位指令时，最关键的是设计移位脉冲控制程序，移位脉冲是由 M12.0 发出的，每当机械手完成一个动作时，M12.0 就发出一个移位脉冲，移位过程是在 MW10 中进行的，其组成如图 14-11 所示。

机械手程序讲解

程序段1：正常停止控制和单周期控制

```
  I0.3
"正常停止"                              M0.5
──┤├──┬──────────────────────────────( S )──
  I0.1 │
"单周期启│
  动"  │
──┤├──┘
```

程序段2：自动启动控制

```
  I0.0
"自动启动"                              M0.5
──┤├──────────────────────────────────( R )──
```

程序段3：传送带A控制

```
  I0.0                    I1.1        I1.7       Q4.0
"自动启动"              "光电开关"  "紧急停止"  "传送带A"
──┤├──┬──────────────────┤/├─────────┤├────────( )──
 M10.0 │ M0.5
──┤├───┤/├──
  Q4.0 │
"传送带A"│
──┤├────┤
  I0.1  │
"单周期启│
  动"   │
──┤├────┘
```

程序段4：清零

```
  Q4.0
"传送带A"    ┌─MOVE─┐
──┤├────────┤EN  ENO├──────────────────────
           0┤IN  OUT├─MD10
            └──────┘
```

程序段5：

```
  Q4.0              I1.7
"传送带A"   M13.1  "紧急停止"   M13.2
──┤├────────┤N├────┤├──────────( )──
  M13.2
──┤├──
```

程序段6：MW10的最低位送1

```
 M13.2  M11.1  M11.2  M11.3  M11.4  M11.5  M11.6  M11.7  M10.0  M11.0
──┤├───┤/├───┤/├───┤/├───┤/├───┤/├───┤/├───┤/├───┤/├───( )──
```

图 14-10 控制程序

项目 14　机械手的 PLC 控制

程序段7：移位脉冲

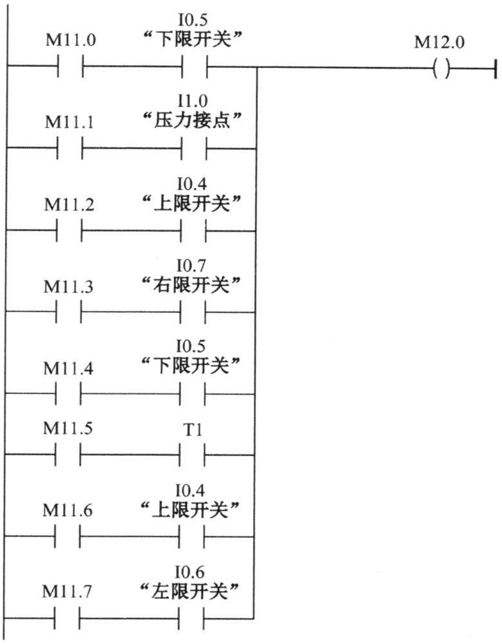

```
    M11.0    I0.5"下限开关"                          M12.0
────┤├──────────┤├────────┬─────────────────────────( )────
                          │
    M11.1    I1.0"压力接点" │
────┤├──────────┤├────────┤
                          │
    M11.2    I0.4"上限开关" │
────┤├──────────┤├────────┤
                          │
    M11.3    I0.7"右限开关" │
────┤├──────────┤├────────┤
                          │
    M11.4    I0.5"下限开关" │
────┤├──────────┤├────────┤
                          │
    M11.5    T1           │
────┤├──────────┤├────────┤
                          │
    M11.6    I0.4"上限开关" │
────┤├──────────┤├────────┤
                          │
    M11.7    I0.6"左限开关" │
────┤├──────────┤├────────┘
```

程序段8：无符号数左移

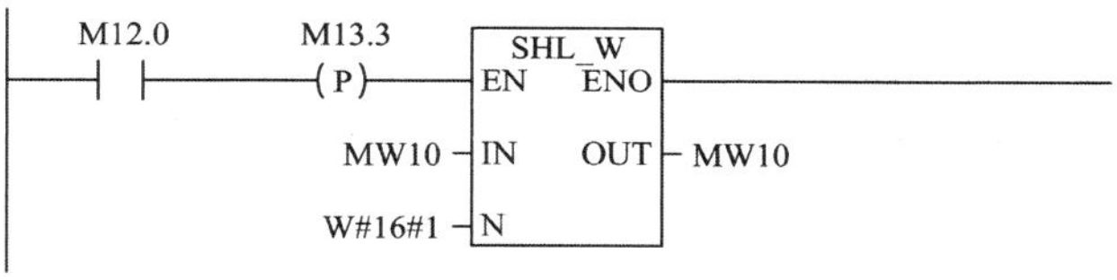

```
    M12.0    M13.3         ┌─SHL_W──┐
────┤├───────(P)───────────┤EN   ENO├──────────────
                    MW10 ──┤IN   OUT├── MW10
                   W#16#1─┤N       │
                           └────────┘
```

程序段9：自动与手动下降

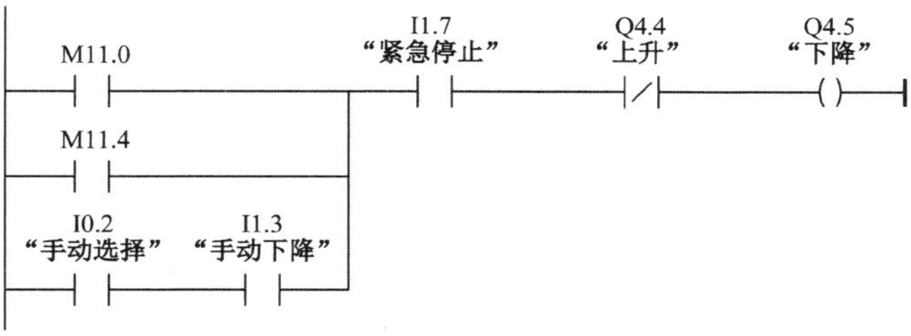

```
    M11.0                  I1.7"紧急停止"  Q4.4"上升"  Q4.5"下降"
────┤├────────┬────────────────┤├──────────┤/├──────────( )────
              │
    M11.4    │
────┤├──────┤
              │
    I0.2"手动选择"  I1.3"手动下降"
────┤├──────────┤├──┘
```

程序段10：自动与手动夹紧

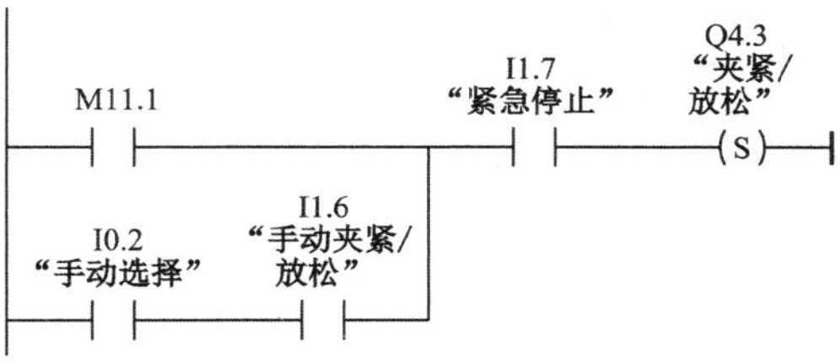

```
                                              Q4.3
    M11.1                  I1.7"紧急停止"      "夹紧/放松"
────┤├────────┬────────────────┤├─────────────( S )────
              │
    I0.2"手动选择"  I1.6"手动夹紧/放松"
────┤├──────────┤├──┘
```

图 14-10　控制程序（续）

程序段11：自动与手动放松

```
M11.5                                    I1.7        Q4.3
─┤├─────────────────────────────────────┤ ├────"夹紧/放松"
                                      "紧急停止"   ─(R)─
   I0.2      I1.6
─┤├──────┤ ├────────M13.4
"手动选择" "手动夹紧/  ─(N)─
           放松"
```

程序段12：自动与手动上升

```
M11.2                        I1.7       Q4.5      Q4.4
─┤├─────────────────────────┤ ├────────┤/├───"上升"
                         "紧急停止"  "下降"    ─( )─
M11.6
─┤├─
   I0.2      I1.2
─┤├──────┤ ├─
"手动选择" "手动上升"
```

程序段13：自动与手动右旋转

```
M11.3                        I1.7       Q4.1      Q4.2
─┤├─────────────────────────┤ ├────────┤/├───"右转"
                         "紧急停止"  "左转"    ─( )─
   I0.2      I1.5
─┤├──────┤ ├─
"手动选择" "手动右转"
```

程序段14：自动与手动左旋转

```
M11.7                        I1.7       Q4.2      Q4.1
─┤├─────────────────────────┤ ├────────┤/├───"左转"
                         "紧急停止"  "右转"    ─( )─
   I0.2      I1.4
─┤├──────┤ ├─
"手动选择" "手动左转"
```

程序段15：机械手放松时间

```
M11.5                                             T1
─┤├─────────────────────────────────────────────(SD)─
                                                S5T#5S
```

图 14-10 控制程序（续）

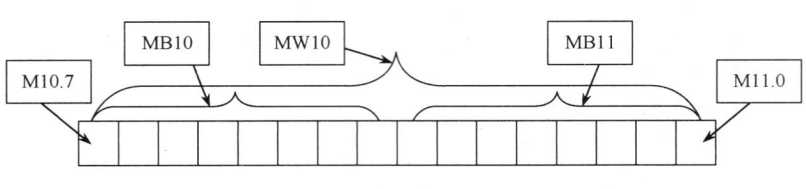

图 14-11 MW10 的组成

MB10 是 MW10 的高位字节，MB11 是 MW10 的低位字节，MW10 的最低位是 M11.0，因此先要保证 M11.0 为 "1"，然后通过无符号数字左移指令 SHL_W，在移位脉冲的控制下，依次进行移位操作，直至完成当前的机械手动作流程。如果没有按下停止按钮，则 M0.5 的常闭触点为接通状态，程序自动进入下一个周期。

按下停止按钮或选择单周期运行时，在当前周期结束后，尽管 M10.0 为 "1"，但是 M0.5 为 "1"，M0.5 常闭触点断开，传送带不能启动运行，机械手停止工作。在传送带运行信号的下降沿，将 "1" 送到 MW10 的最低位 M11.0。用于机械手下降和为 M12.0 线圈 "得电" 做准备。

注意：双线圈电磁阀的两个线圈不允许同时得电，否则可能会造成电磁阀线圈烧毁。因此机械手上升电磁阀线圈和下降电磁阀线圈不能同时得电，机械手左旋转电磁阀线圈和右旋转电磁阀线圈也不能同时得电，于是在程序里都采用了输出线圈互锁。

步骤9．仿真调试

1）仿真调试自动运行

机械手在原点位置时，左旋转极限开关闭合，I0.6 为 "1"，上升极限开关闭合，I0.4 为 "1"，紧急停止按钮是常闭触点，I1.7 为 "1"。模拟按下自动启动按钮，在仿真器 I0.0 上双击，Q4.0 显示为 "1"，表示传送带 A 启动运行，如图 14-12 所示。

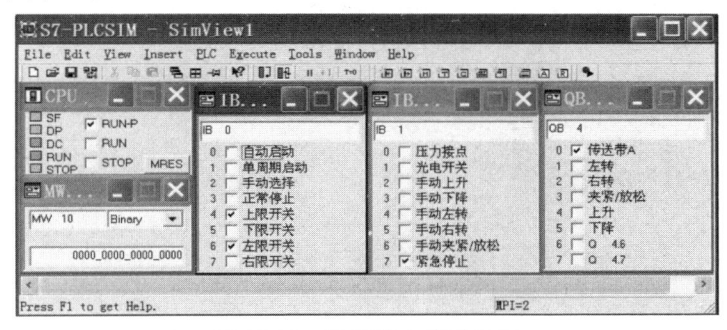

图 14-12 传送带 A 启动运行

当光电开关 PS 检测到物品后，I1.1 为 "1"，显示 Q4.0 为 "0"，传送带 A 停止运行，在 Q4.0 的下降沿，使 M11.0 为 "1"，Q4.5 为 "1"，机械手执行下降动作。机械手离开上升极限开关，I0.4 为 "0"，如图 14-13 所示。

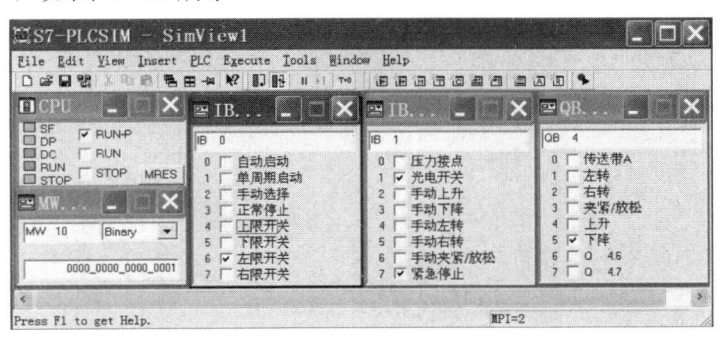

图 14-13 机械手下降

机械手下降到位时，压合下降极限开关，I0.5 为 "1"，发出移位脉冲，使 M11.1 为 "1"，

M11.0 为"0",机械手停止下降,Q4.3 被置位,Q4.3 为"1",机械手执行夹紧动作,如图 14-14 所示。

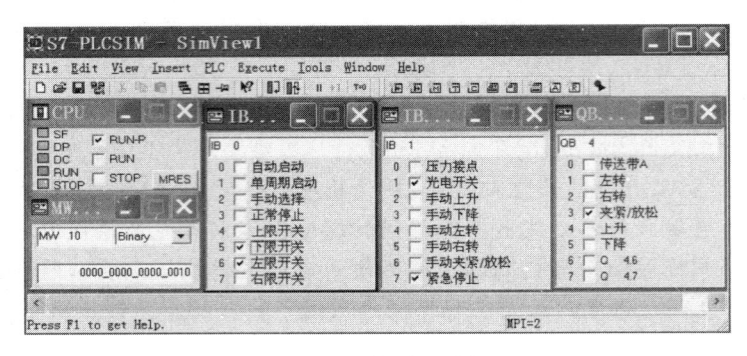

图 14-14 机械手夹紧

机械手夹紧到位时,压力继电器接点闭合,I1.0 为"1",又发出一个移位脉冲,使 M11.2 为"1",M11.1 为"0",此时 Q4.4 为"1",机械手夹着工件上升,离开下降极限开关,I0.5 为"0",如图 14-15 所示。

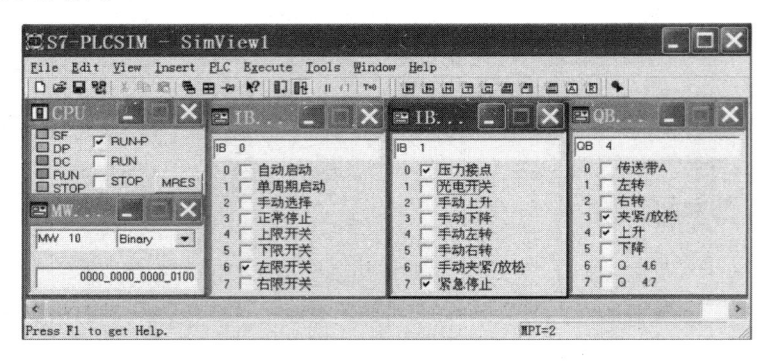

图 14-15 机械手夹紧并上升

机械手上升到位时,压合上升极限开关,I0.4 为"1",又发出一个移位脉冲,M11.3 为"1",M11.2 为"0",机械手停止上升;此时 Q4.2 为"1",机械手向右旋转,离开左旋转极限开关,I0.6 为"0",如图 14-16 所示。

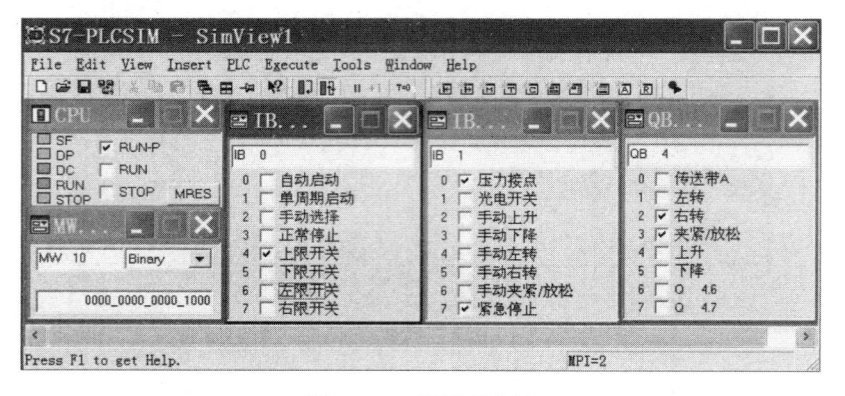

图 14-16 机械手右转

机械手右旋转到位时，压合右旋转极限开关，I0.7 为"1"，又发出一个移位脉冲，M11.4 为"1"，M11.3 为"0"，机械手停止右转。此时 Q4.5 为"1"，机械手下降，离开上升极限开关，I0.4 为"0"，如图 14-17 所示。

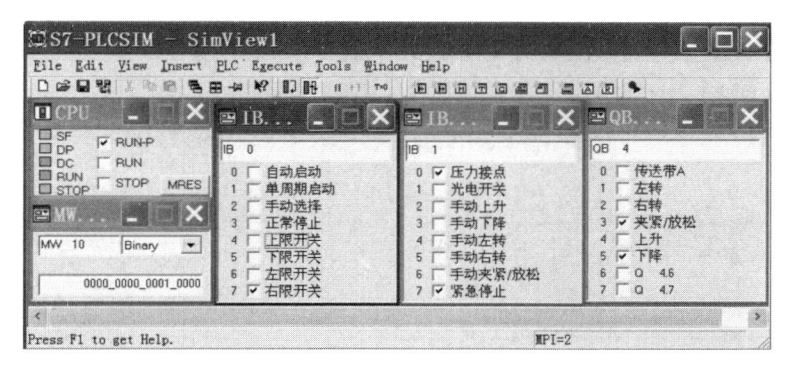

图 14-17　机械手再次下降

机械手下降到位时，压合下降极限开关，I0.5 为"1"，又发出一个移位脉冲，M11.5 为"1"，M11.4 为"0"，机械手停止下降。此时 Q4.3 被复位，机械手放开工件，压力继电器接点断开，I1.0 为"0"，如图 14-18 所示。

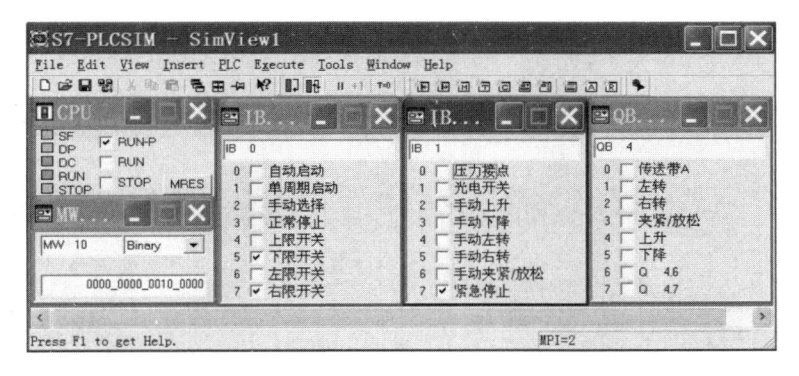

图 14-18　机械手放开工件

T1 定时 5s 后，表示机械手放松到位，又发出一个移位脉冲，M11.6 为"1"，M11.5 为"0"，此时 Q4.4 为"1"，机械手执行上升动作，离开下降极限开关，I0.5 为"0"，如图 14-19 所示。

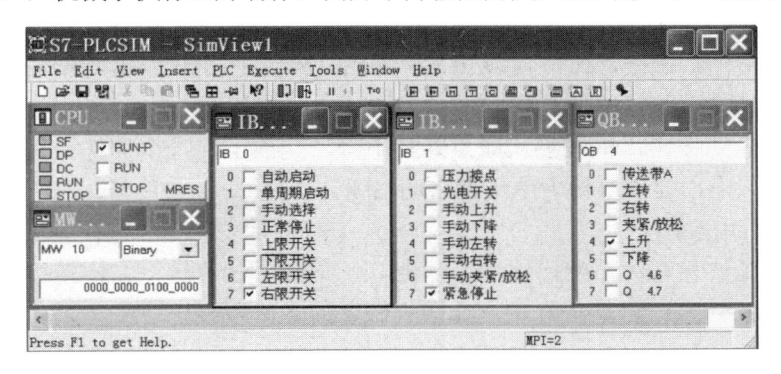

图 14-19　机械手上升

机械手上升到位时，压合上升极限开关，I0.4 为 "1"，又发出一个移位脉冲，M11.7 为 "1"，M11.6 为 "0"，机械手停止上升。此时 Q4.1 为 "1"，机械手执行左旋转动作。机械手离开右旋转极限开关，I0.7 为 "0"，如图 14-20 所示。

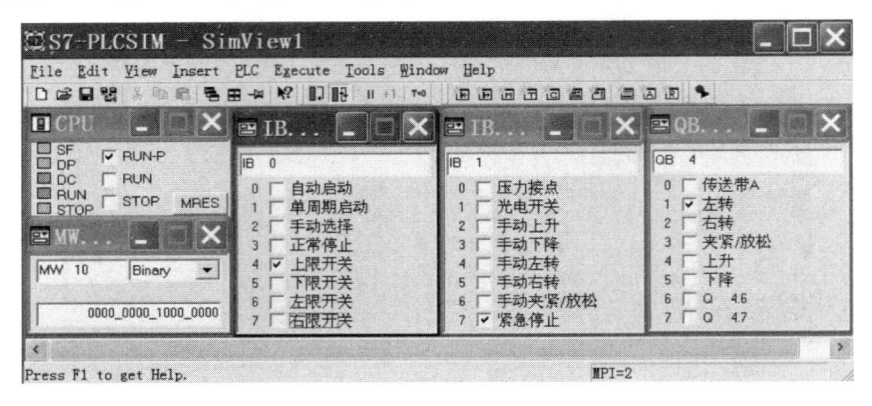

图 14-20 机械手左转

机械手左旋转到位时，压合左旋转极限开关，I0.6 为 "1"，又发出一个移位脉冲，M10.0 为 "1"，M11.7 为 "0"，机械手停止左旋转。此时机械手回到原点，只要在此之前没有按下停止按钮，M10.0 再次使 Q4.0 为 "1"，传送带 A 自动启动运行，光电开关等待工件的到来，又开始新的动作流程，Q4.0 为 "1" 后，清零 MD10，如图 14-21 所示。

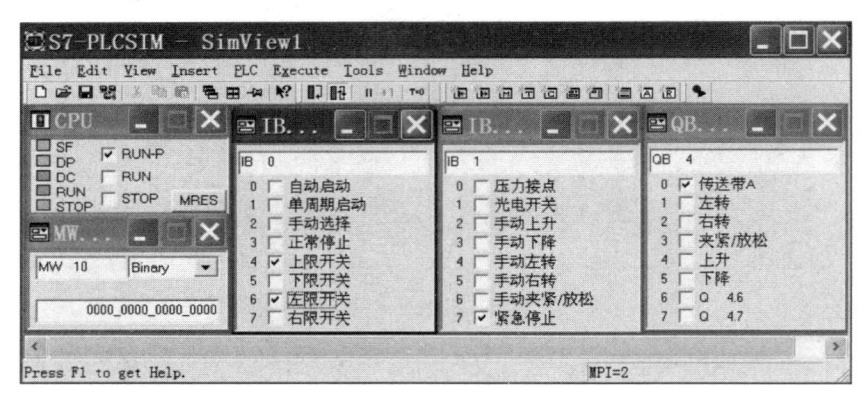

图 14-21 传送带 A 自动启动

模拟按下正常停止按钮，在仿真器 I0.3 上双击，机械手完成当前动作流程后，停止运行。

2）仿真调试单周期运行

按下单周期启动按钮，机械手从原点开始下降，完成上述一个动作流程后停止运行。若要求机械手继续工作，要再次按下单周期启动按钮。

3）仿真调试手动运行

首先闭合手动选择开关，然后按下手动上升、下降、左旋转、右旋转按钮，机械手完成相应的动作。操纵手动夹紧/放松开关，完成机械手的夹紧和放松动作。

如果满足上述情况，说明仿真调试成功，可以进行联机调试，如果不满足上述情况，应检查原因，修改程序，重新调试，直到仿真调试成功。

步骤 10．联机调试

完成这一步骤之前要关闭仿真器。在确保连线正确的情况下，下载硬件组态和程序等到真实 PLC 中（参见 5.3.6 相关内容）。

1）联机调试自动运行

当机械手在原点时，按下启动按钮，传送带 A 启动运行。当光电开关 PS 检测到工件后，传送带 A 停止运行。机械手自动下降，下降到位时，碰到下降极限开关，机械手停止下降，同时夹紧工件。

当夹紧到位时，机械手开始上升。

机械手上升到位时，碰到上升极限开关，停止上升，开始右旋转。

当右旋转到位时，机械手碰到右旋转极限开关，停止右旋转，开始下降，下降到位时，碰到下降极限开关，停止下降，机械手开始释放工件，时间为 5s。

此后，机械手自动上升，上升到位，碰到上升极限开关，机械手停止上升，开始左旋转。

机械手左旋转到位，碰到左旋转极限开关，停止左旋转，回到原点，传送带 A 再次启动，光电开关 PS 检测到工件后，又开始重复上述动作。

按下正常停止按钮，完成当前机械手动作流程后，系统停止运行。

2）联机调试单周期运行

按下单周期启动按钮后，机械手从原点开始下降，完成一个机械手动作流程后停止运行。

3）联机调试手动运行

首先闭合手动选择开关，然后按下手动上升、下降、左旋转、右旋转按钮，机械手完成相应的动作。操纵手动夹紧/放松开关，机械手完成夹紧/放松动作。

如果满足上述动作过程，说明联机调试成功。如果不能满足上述动作过程，应检查原因，纠正错误，重新调试，直到满足项目要求为止。

14.5 知识拓展

14.5.1 编程界面的查找/替换

如果想找到某个地址，或者修改某个地址的内容，这时可用查找/替换功能，其应用界面如图 14-22 所示。

例 1：填写查找内容 Q4.0，从光标处向下查找，如图 14-23 所示，还可以选择全部查找或从光标处向上查找。

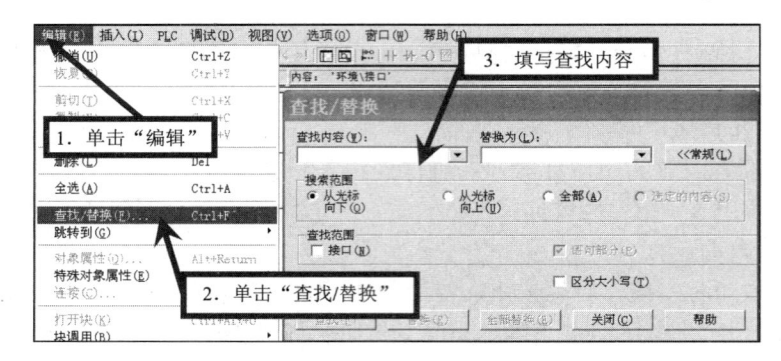

图 14-22 查找/替换界面

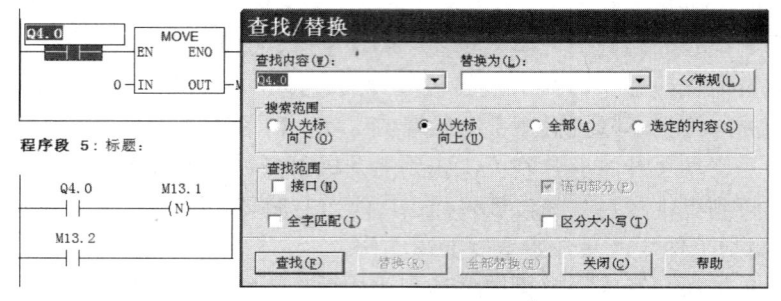

图 14-23 查找 Q4.0

例 2：查找内容填写"上升"，从光标处向下查找，如图 14-24 所示。

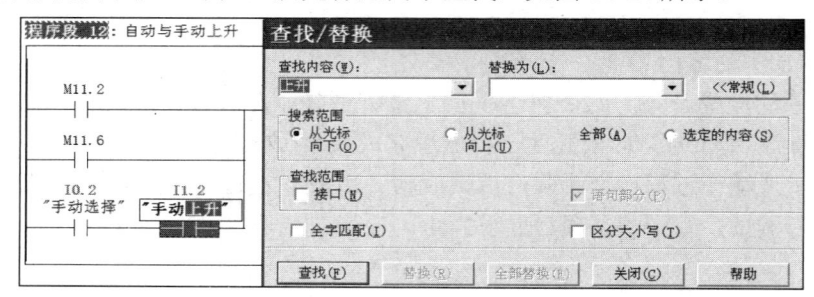

图 14-24 查找"上升"

例 3：从光标处向上查找"手动下降"，并将其替换为"手动下降按钮"，如图 14-25 所示。

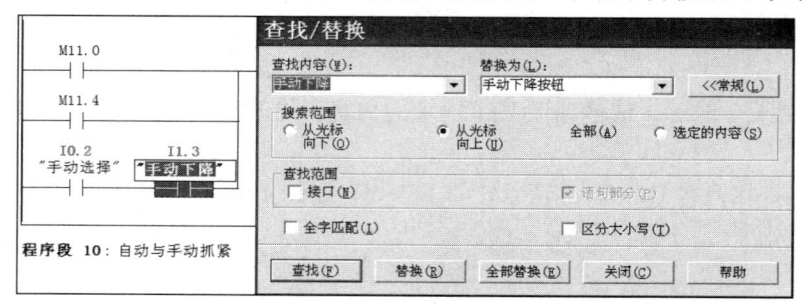

图 14-25 查找并替换

14.5.2 交叉参考与分配的使用

在 SIMATIC 管理器中单击"选项"按钮，单击"参考数据"，单击"显示"，启动交叉参考功能，如图 14-26 所示。

单击"交叉参考"，单击"确定"按钮，如图 14-27 所示。

在交叉参考界面中可以看到程序中用到哪些地址，这些地址在程序中处于哪个位置，如图 14-28 所示。

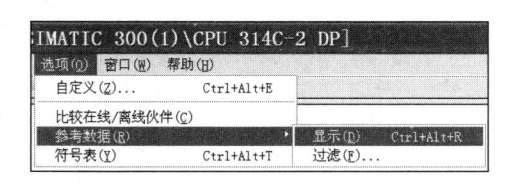

图 14-26　启动交叉参考功能

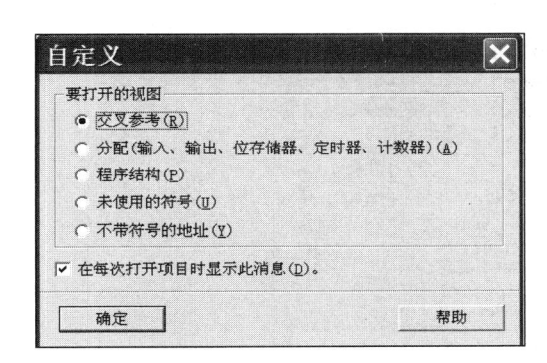

图 14-27　选择交叉参考

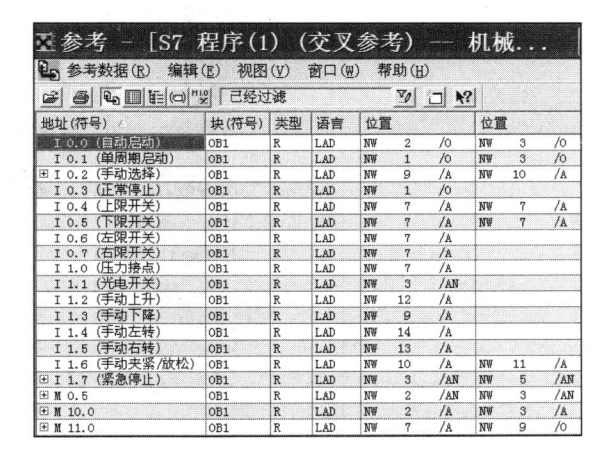

图 14-28　交叉参考界面

在交叉参考界面中可以查找内容，如图 14-29 所示。

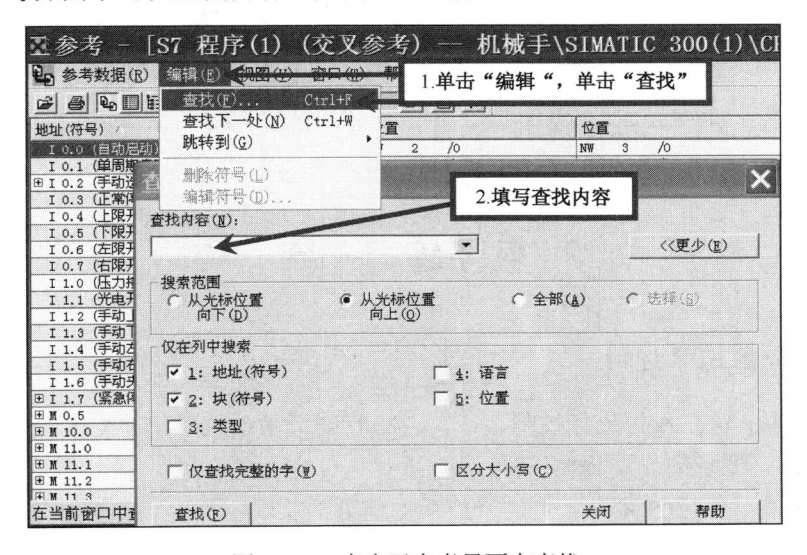

图 14-29　在交叉参考界面中查找

在交叉参考界面中通过使用分配功能,可了解程序中用了哪些地址,还有哪些地址没有使用。使用方法:首先单击"视图"按钮,在下拉菜单中单击"分配"按钮,如图 14-30、图 14-31 所示。

图 14-30 使用分配功能(1)

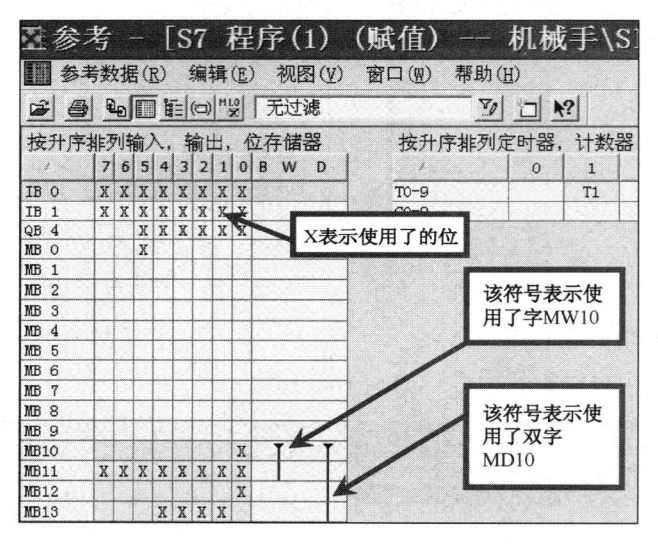

图 14-31 使用分配功能(2)

巩固练习十四

1. 工业铲车的 PLC 控制

用 PLC 对工业铲车操作进行控制,铲车可将货物铲起或放下,并能实现前进、后退、左转、右转的操作,要求动作过程如下:

铲起货物 → 向前 0.5 米 → 左转 90°后向前 0.5 米 → 右转 90°后向前 0.5 米 → 右转 90°后后退 0.5 米 → 放下货物。

控制要求：

铲车的铲起/放下、前进/后退、左转/右转均由电动机控制，分别通过相应的开关操作。铲起由压力传感器检测，放下由定时器控制时间（2秒），前进/后退、左转/右转的到位信号均由行程开关检测。每台电动机均有过载保护。

根据上述要求，完成以下内容：

要求：

（1）完成输入/输出信号元件分析。

（2）完成硬件组态及 I/O 地址分配。

（3）画出接线图。

（4）建立符号表。

（5）编写控制程序。

（6）调试控制程序。

2．彩灯循环的 PLC 控制

八盏彩灯，用两个按钮控制，一个作为移位按钮，一个作为复位按钮，实现八盏彩灯单方向顺序逐个亮灭，当按下移位按钮时，彩灯从第一个开始向后逐个亮；松开移位按钮时，彩灯从第一个开始向后逐个灭。间隔时间为 0.5 秒，当按下复位按钮时，彩灯全灭。

3．四台水泵轮流运行的 PLC 控制

由四台三相异步电动机 M1～M4 驱动四台水泵。正常情况下要求两台运行，两台备用。为防止备用水泵长时间不工作造成锈蚀等问题，要求每隔 6 小时将一台运行中的水泵与一台备用水泵互相切换，使四台水泵轮流运行。

4．改写程序

根据机械手控制项目的要求，采用项目 10 中学习的分部式编程方法来编写机械手控制程序，可将其程序结构分为主程序（组织块 OB1）、自动运行（包括单周期）子程序（功能 FC1）、手动控制子程序（功能 FC2）。

项目 15 工程数据转换器功能 FC105 的应用

15.1 项目要求

温度传感器 Pt100 的工作范围为 0～100℃，可把 0～100℃温度通过变送器变成 0～10V 电压。设计一个系统，可以通过 WinCC 画面显示温度值并且当温度大于 40℃时报警。

15.2 学习目标

（1）掌握 FC105 的应用并能用其编程。
（2）掌握 WinCC 中输入/输出域的使用并能进行独立操作。
（3）巩固比较指令的使用。

15.3 相关知识

15.3.1 模拟量的检测

在工程实践中，除了要对开关量进行检测和控制外，还要经常对模拟量进行检测和控制。当系统的被控量是连续变化的物理量（如温度、压力、流量、液位、转速、位移、角度、电流、电压等）时，就必须对这些模拟量进行检测和控制。

变送器的选择：为了将传感器检测到的电量或者非电量信号转换为标准的直流电流或者直流电压信号需要用到变送器。变送器分为电流输出型（如 4～20mA）和电压输出型（如 0～10V）。

15.3.2 比例变换块 FC105 的调用

在 STEP 7 的编程中，有大量可直接调用的功能和功能块，对于检测模拟量的输入，可直接调用比例变换块 FC105（"SCALE CONVERT"），将变送器输出的标准电流（或电压）信号变换为与实际测量值对应的数据。

讲解 FC105 指令

在 STEP 7 编辑器界面中，在编程元件目录中找到"库"，在其中选择"Standard library"，再选择"TI-S7 Converting Blocks"，如图 15-2 所示。

在"TI-S7 Converting Blocks"中双击"FC105 SCALE CONVERT"，使其出现在程序段中，

如图 15-2 所示。

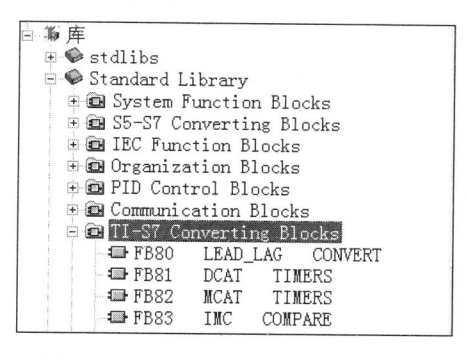

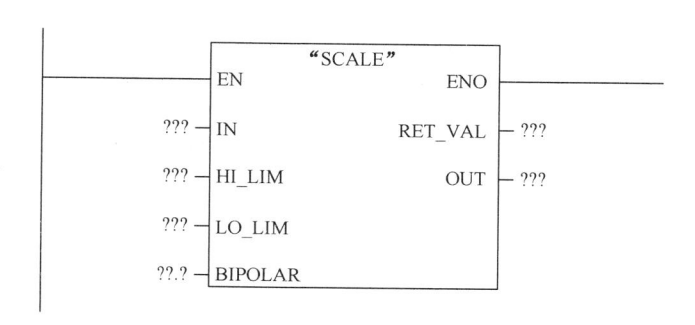

图 15-1 选择 TI-S7 Converting Blocks

图 15-2 FC105 SCALE CONVERT

FC105 的功能是接收一个整型值（IN），并将其转换为以工程单位表示的介于上限（HI_LIM）和下限（LO_LIM）之间的实型值，结果写入 OUT。

FC105 端子参数使用如表 15-1 所示。

表 15-1 端子参数说明表

参 数	说 明	数据类型	存 储 区	功 能 描 述
EN	输入	BOOL	I、Q、M、D、L	使能输入端，为"1"时激活该功能
ENO	输出	BOOL	I、Q、M、D、L	该功能执行无错误，使能输出信号状态为"1"
IN	输入	INT	I、Q、M、D、L、P、常数	模拟量输入通道地址
HI_LIM	输入	REAL	I、Q、M、D、L、P、常数	变送器的上限值
LO_LIM	输入	REAL	I、Q、M、D、L、P、常数	变送器的下限值
BIPOLAR	输入	BOOL	I、Q、M、D、L	测量信号的极性，单极性为"0"，双极性为"1"
OUT	输出	REAL	I、Q、M、D、L、P	比例变换后的结果
RET_VAL	输出	REAL	I、Q、M、D、L、P	通过返回变量可以知道比例变换过程是否正常；返回值 W# 16#0000，表示该指令执行没有错误。其他值参见"错误信息"

15.4 项目解决步骤

FC105 应用讲解

步骤 1．属性设置

首先硬件组态（参见项目 3），然后双击 CPU 314C-2 DP 中的 AI5/AO2。如图 15-3 所示。

进入到属性画面，单击"地址"按钮，选择默认输入地址 752，如图 15-4 所示。

单击"输入"按钮，选择 AI0 通道并设置电压 0~10V（单极性），单击"确定"按钮，如图 15-5 所示，然后回到硬件组态界面中单击"保存并编译"按钮。

步骤 2．编写程序

变送器送过来 0~10V 电压，送到 AI0 通道，再到 PIW752，经过 FC105 变换后结果送到

MD40。MD40 得到的是温度值，大于 40℃ 报警灯闪烁，报警灯地址 Q5.0。上限是 100℃，下限是 0℃，编写程序如图 15-6 所示。

步骤 3．下载硬件组态和程序等到仿真器中

打开仿真器 S7-PLCSIM，选择 RUN-P，单击"SIMATIC 300"站点，单击"下载"按钮。

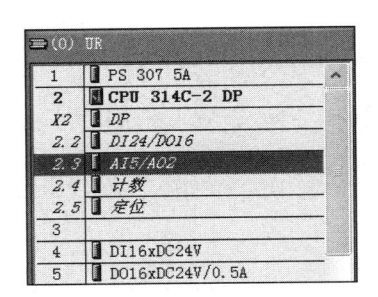

图 15-3　双击 AI5/AO2　　　　　　　　　　图 15-4　地址设置

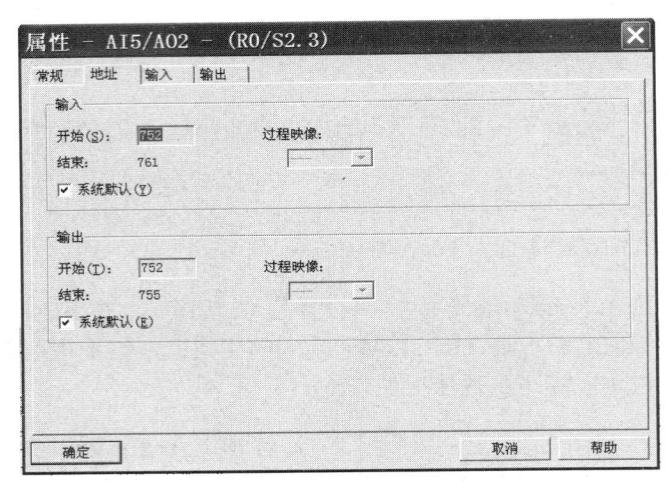

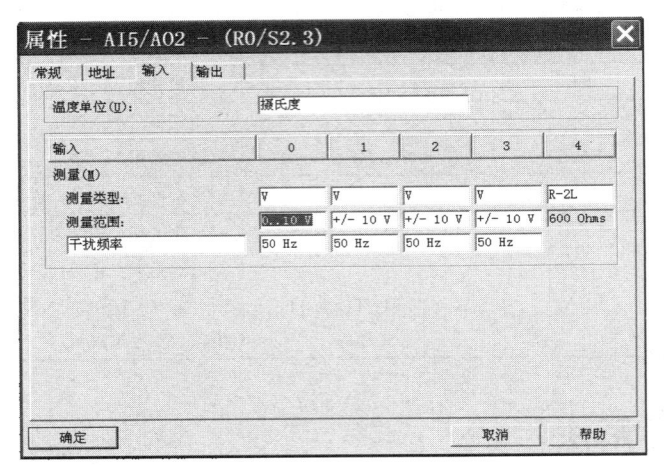

图 15-5　输入设置

步骤 4．WinCC 画面的组态和调试过程

新建变量，名称：温度；数据类型：浮点数 32 位 IEEE754；地址属性中，数据：位内存，地址：MD40，单击"确定"按钮。新建变量，名称：报警灯；数据类型：二进制变量；地址属性中，数据：输出，地址位：Q5.0，单击"确定"按钮。在画面右侧的智能对象中，单击输入/输出域，连接变量"温度"，更新选择 250 毫秒，类型选择"输出/输入"，单击"确定"按钮。用图形圆代表报警灯，对其设置。确认打开仿真器，然后在编辑画面中单击"保存"按钮，单击"激活"按钮后，通过仿真器送入数值，模拟变送器给 PLC 的 AI0 通道送入 0～10V 电压值，在 WinCC 画面中显示 0～100℃的温度值，如果温度大于 40℃，报警灯闪烁，如图 15-7 所示。

根据 WinCC 调试过程判断，如果程序满足要求，说明调试成功。如果不能满足要求，检查原因，纠正错误，重新调试，直到满足要求为止。

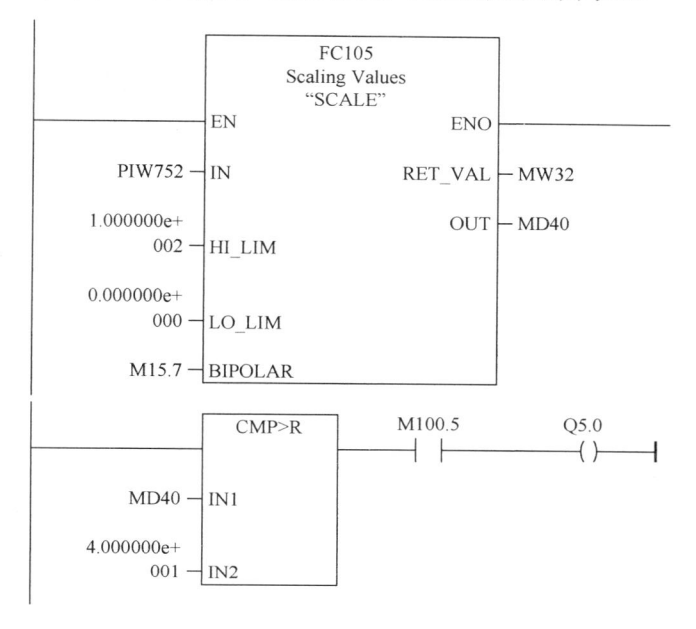

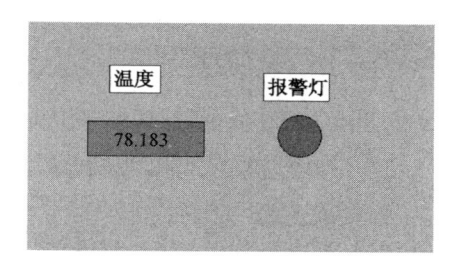

图 15-6　FC105 应用

图 15-7　显示温度与报警灯闪烁

巩固练习十五

（1）简述 FC105 的功能。

（2）如果把项目 15 中 AI0 通道改为 AI1 通道，温度改为超过 50℃报警，请读者参照项目 15 完成。

项目 16 运煤输送 PLC 控制系统

16.1 项目要求

有一运煤输送系统,有四条传送带,分别由四台电动机控制,要求:

(1) 每台电动机要求星—三角形(Y-△)降压启动。电源接触器和星形接触器接通 5 秒后,星形接触器断开,1 秒后三角形接触器接通。

(2) 按下启动按钮 SB1,逆序启动:传送带 M4 电动机启动,10 秒后 M3 电动机启动,10 秒后 M2 电动机启动,10 秒后 M1 电动机启动。

(3) 按下停止按钮 SB2,顺序停止:传送带 M1 电动机停止,10 秒后 M2 电动机停止,10 秒后 M3 电动机停止,10 秒后 M4 电动机停止。

(4) 当系统中某台电动机过载时,停止所有电动机并且本电动机报警器响。

注:PLC 输出模块为 DO 16×DC 24V/0.5A,输出端子可连接交流接触器 KM 线圈,(此线圈连接 DC 24V 电源)也可以连接中间继电器 KA 线圈(此线圈连接 DC 24V 电源),然后 KA 常开触点连接交流接触器 KM 线圈(此线圈连接 AC 380V 电源),本项目选择前一种。

PLC 控制系统示意图如图 16-1 所示。

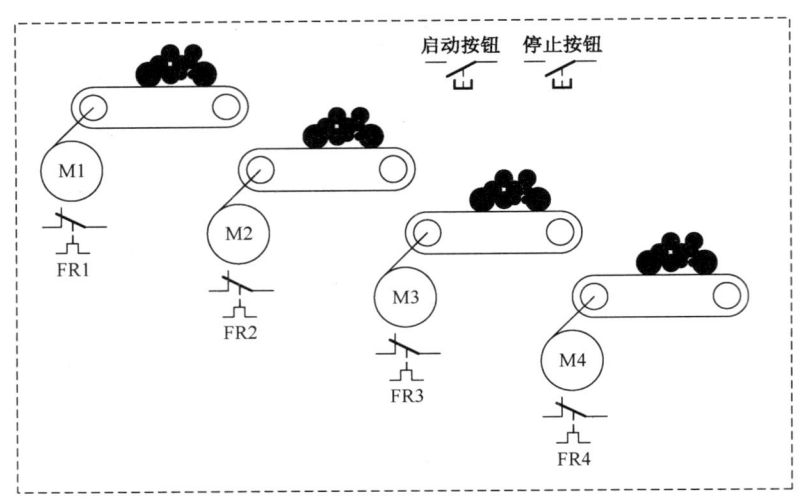

图 16-1 PLC 控制系统示意图

16.2 学习目标

(1) 掌握局部变量声明表并能独立地边操作边讲述。

（2）掌握带参数的 FC 结构化编程方法并能独立地对本项目程序进行讲述。
（3）巩固编程与调试能力。

16.3 相关知识

16.3.1 逻辑块的结构

每个逻辑块前部都有一个变量声明表，称为局部变量声明表，用于对当前逻辑块控制程序所使用的局部数据进行声明。

局部数据分参数和局部变量两大类，局部变量包括静态变量和临时变量。

参数可在调用块和被调用块间传递数据，是逻辑块的接口。

静态变量和临时变量仅供逻辑块本身使用，不能作为不同程序块之间的数据接口。

局部变量声明表的说明如表 16-1 所示，在逻辑块中不使用的数据类型可以不在声明表中声明。

表 16-1　局部变量声明表的说明

变 量 名	类 型	说 明
输入参数	IN	由调用逻辑块的块提供数据输入给逻辑块
输出参数	OUT	向调用逻辑块的块返回参数
I/O 参数	IN/OUT	参数的值由调用该块的其他块提供，由逻辑块处理修改，然后返回
静态变量	STAT	静态变量存储在背景数据块中，块调用结束后，其内容被保留
临时变量（暂态变量）	TEMP	临时变量存储在 L 堆栈中，块执行结束，变量的值被其他内容覆盖而丢失

1．形式参数

为保证 FC 和 FB 对同一类设备控制的通用性，用户在编程时就不能使用设备对应的存储区地址参数，即 PLC 实际输入、输出点对应地址，如 I0.0、I0.1、Q4.0、Q4.1、Q4.2，而要使用这类设备的抽象地址参数。这些参数称为形式参数，简称为形参。在调用功能 FC 或功能块 FB 时，将用实际参数代替形式参数，从而实现对具体设备的控制。

形参应在 FC、FB 的变量声明表中定义，实参在调用 FC、FB 时给出，在逻辑块的不同调用处，可以为形参提供不同的实参，实参的数据类型必须与形参一致。用户可以定义功能 FC 和功能块 FB 的输入值参数和输出值参数，也可以定义某个参数为输入/输出值。参数传递可以将调用块的信息传递给被调用块，也能把被调用块的运行结果返回给调用块。

2．静态变量

静态变量在 PLC 运行期间始终被存储。静态变量定义在背景数据块中，当被调用块运行时，能读出或修改它的值。被调用块运行结束后，静态变量保留在数据块中。因为只有与 FB 有关联的背景数据块，所以只能为 FB 定义静态变量。功能 FC 不能有静态变量。

3. 临时变量

临时变量是一种在块执行时用来暂时存储数据的变量，这些临时数据存储在局部数据堆栈中。当块执行的时候，它们被用来临时存储数据，当退出该块，堆栈重新分配时，这些数据就丢失。

16.3.2 逻辑块的编程

打开一个逻辑块 FC 后，各部分功能如图 16-2 所示。

（1）变量声明：分别定义形参、临时变量，FC 中不包括静态变量。

（2）程序段：对 PLC 将处理的程序编程。

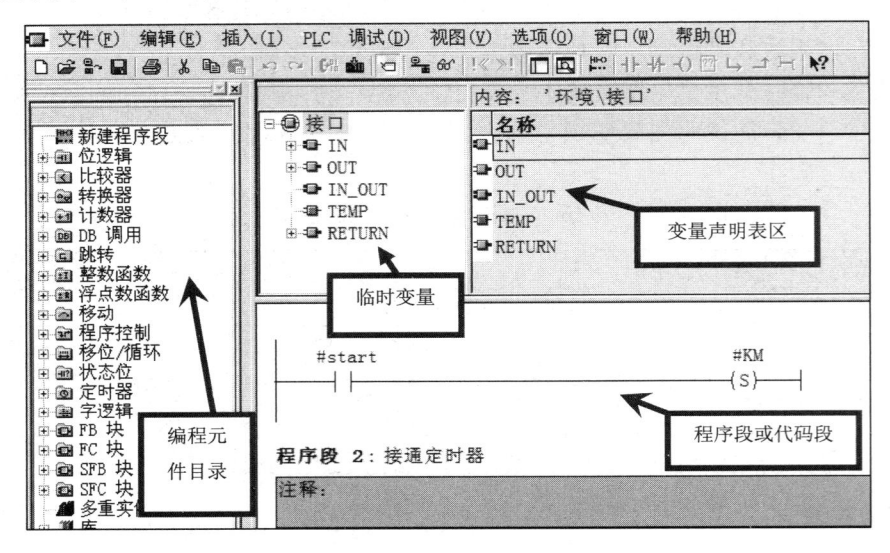

图 16-2　FC 各部分功能

临时变量的定义和使用：

1. 定义临时变量

在使用临时变量之前，必须在块的变量声明表中进行定义，在 TEMP 行中输入变量名和数据类型，临时变量不能赋初值。

2. 访问临时变量

用符号地址访问临时变量，如加法指令的结果存储在临时变量#result 中，如图 16-3 所示。

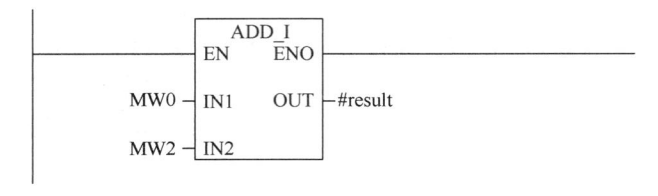

图 16-3　临时变量

16.3.3 带参数功能 FC 的应用（结构化编程）

所谓带参数功能 FC，是指编辑功能 FC 时，在局部变量声明表内定义了形式参数，在功能 FC 中使用了符号地址完成控制程序的编程，以便在其他块中能重复调用带参数功能 FC。这种方式一般应用于结构化程序编写。它具有以下优点：

（1）程序只需生成一次，显著地减少了编程时间。
（2）该块只在用户存储器中保存一次，降低了存储器的用量。
（3）该块可以被程序任意次调用，该块采用形式参数编程，当用户程序调用该块时，要压实际参数赋值给形式参数。

16.4　项目解决步骤

步骤 1. 输入/输出信号元件分析

输入：启动按钮 SB1（常开触点）；停止按钮 SB2（常开触点）；
M1 电动机过载 FR1（常闭触点）；M2 电动机过载 FR2（常闭触点）；
M3 电动机过载 FR3（常闭触点）；M4 电动机过载 FR4（常闭触点）。
输出：M1 电源接触器 KM1、星形接触器 KM2 和三角形接触器 KM3 及报警器 HA1；
M2 电源接触器 KM4、星形接触器 KM5 和三角形接触器 KM6 及报警器 HA2；
M3 电源接触器 KM7、星形接触器 KM8 和三角形接触器 KM9 及报警器 HA3；
M4 电源接触器 KM10、星形接触器 KM11 和三角形接触器 KM12 及报警器 HA4。

步骤 2. 硬件与软件配置

硬件：
（1）电源模块（PS307 5A）1 个。
（2）紧凑型 S7-300CPU 模块（CPU314C-2DP）1 个。
（3）MMC 卡 1 张。
（4）输入模块（DI16×DC24V）1 个。
（5）输出模块（DO16×DC24V/0.5A）1 个。
（6）DIN 导轨 1 根。
（7）PC 适配器 USB 编程电缆（S7-200/S7-300/S7-400 PLC 下载线）1 根。
（8）装有 STEP 7 编程软件的计算机（也称编程器）1 台。
（9）启动和停止按钮各 1 个。
（10）接触器（线圈电压 DC24V）12 个，报警器 4 个。
（11）熔断器 12 个，热继电器 4 个，三相异步电动机 4 台，导线若干根，接线端子排 2 排，走线槽和号码管多个，等等。

软件： STEP 7 V5.4 及以上版本编程软件。
注：硬件配置可以根据实际情况变化。

步骤 3. PLC 硬件安装（参见项目 2）
步骤 4. 硬件组态（参见项目 3）

步骤 5．输入/输出地址分配

输入/输出地址分配如表 16-2 和表 16-3 所示。

表 16-2 输入地址分配表

序 号	输入信号元件名称	编程元件地址	序 号	输入信号元件名称	编程元件地址
1	启动按钮 SB1（常开触点）	I0.0	4	M2 过载热继电器 FR2（常闭触点）	I0.3
2	停止按钮 SB2（常开触点）	I0.1	5	M3 过载热继电器 FR3（常闭触点）	I0.4
3	M1 过载热继电器 FR1（常闭触点）	I0.2	6	M4 过载热继电器 FR4（常闭触点）	I0.5

表 16-3 输出地址分配表

电动机	接触器	编程元件地址	电动机	接触器	编程元件地址
M1 电动机	电源接触器 KM1 线圈	Q4.0	M3 电动机	电源接触器 KM7 线圈	Q4.6
	星形接触器 KM2 线圈	Q4.1		星形接触器 KM8 线圈	Q4.7
	三角形接触器 KM3 线圈	Q4.2		三角形接触器 KM9 线圈	Q5.0
	报警器 HA1	Q5.4		报警器 HA3	Q5.6
M2 电动机	电源接触器 KM4 线圈	Q4.3	M4 电动机	电源接触器 KM10 线圈	Q5.1
	星形接触器 KM5 线圈	Q4.4		星形接触器 KM11 线圈	Q5.2
	三角形接触器 KM6 线圈	Q4.5		三角形接触器 KM12 线圈	Q5.3
	报警器 HA2	Q5.5		报警器 HA4	Q5.7

步骤 6．画出接线图

运煤输送 PLC 控制接线如图 16-4 所示。

讲解运煤输送 PLC 控制接线图

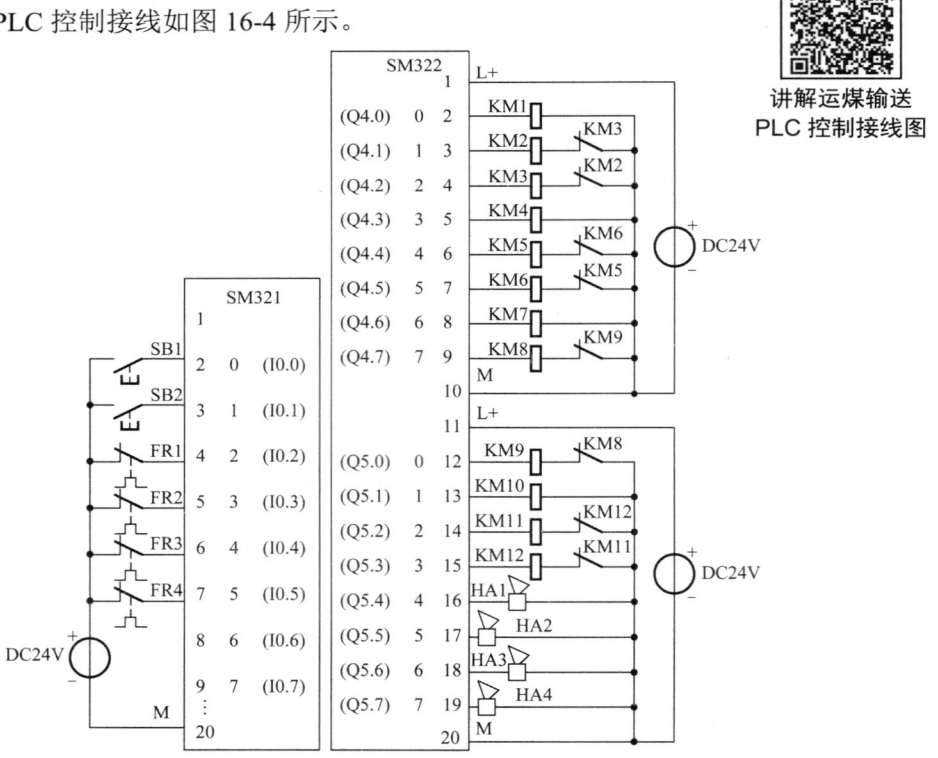

图 16-4 运煤输送 PLC 控制接线图

步骤 7．建立符号表

运煤输送 PLC 控制系统符号表如图 16-5 所示。

状态	符号	地址		数据类型		注释
1	降压启动及报警	FC	1	FC	1	
2	启动SB1	I	0.0	BOOL		
3	停止SB2	I	0.1	BOOL		
4	FR1	I	0.2	BOOL		
5	FR2	I	0.3	BOOL		
6	FR3	I	0.4	BOOL		
7	FR4	I	0.5	BOOL		
8	M1电源接触器KM1	Q	4.0	BOOL		
9	M1星形接触器KM2	Q	4.1	BOOL		
10	M1三角接触器KM3	Q	4.2	BOOL		
11	M2电源接触器KM4	Q	4.3	BOOL		
12	M2星形接触器KM5	Q	4.4	BOOL		
13	M2三角接触器KM6	Q	4.5	BOOL		
14	M3电源接触器KM7	Q	4.6	BOOL		
15	M3星形接触器KM8	Q	4.7	BOOL		
16	M3三角接触器KM9	Q	5.0	BOOL		
17	M4电源接触器KM10	Q	5.1	BOOL		
18	M4星形接触器KM11	Q	5.2	BOOL		
19	M4三角接触器KM12	Q	5.3	BOOL		
20	报警器HA1	Q	5.4	BOOL		
21	报警器HA2	Q	5.5	BOOL		
22	报警器HA3	Q	5.6	BOOL		
23	报警器HA4	Q	5.7	BOOL		

图 16-5　符号表

步骤 8．编写运煤输送 PLC 控制程序

因为每台电动机的启动过程和停止过程相同，可以设计一个带有参数的 FC 功能来实现，然后让主程序 OB1 多次调用 FC，具体过程如下：

运煤程序讲解

1．编辑 FC1 变量声明表

新建并打开功能 FC1，在变量声明表中定义五个 IN 变量，变量的名称、数据类型和注释如图 16-6 所示。

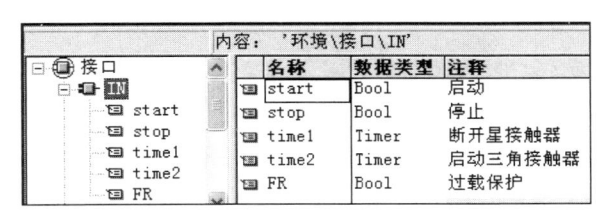

名称	数据类型	注释
start	Bool	启动
stop	Bool	停止
time1	Timer	断开星接触器
time2	Timer	启动三角接触器
FR	Bool	过载保护

图 16-6　变量声明表 1

建立四个 OUT 变量，变量名称、数据类型和注释如图 16-7 所示。

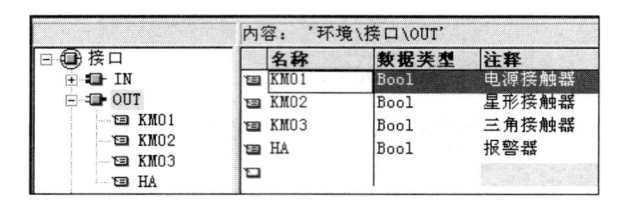

图 16-7 变量声明名表 2

2. 编写星—三角形降压启动和报警程序 FC1

星—三角形降压启动和报警程序 FC1 如图 16-8 所示。

FC1:降压自动及报警
程序段1:接通电源接触器

```
    #start                    #KM01
  ——| |——————————————————————( S )——
```

程序段2:接通定时器

```
    #KM01                     #time1
  ——| |——————————————————————( SD )——
                              S5T#5S

                              #time2
                             ——( SD )——
                              S5T#6S
```

程序段3:5秒时间到断开星形接触器

```
    #KM01   #time1   #KM03    #KM02
  ——| |——| / |——| / |———————( )——
```

程序段4:6秒时间到接通三角接触器

```
    #time2            #KM02   #KM03
  ——| |——————————| / |———————( )——
```

程序段5:停止与过载保护

```
    #stop                     #KM01
  ——| |——————————————————————( R )——
    #FR
  ——| / |——
```

程序段6:过载报警

```
    #FR                       #HA
  ——| / |————————————————————( )——
```

图 16-8 FC1 程序

编写 OB1 主程序，如图 16-9 所示。

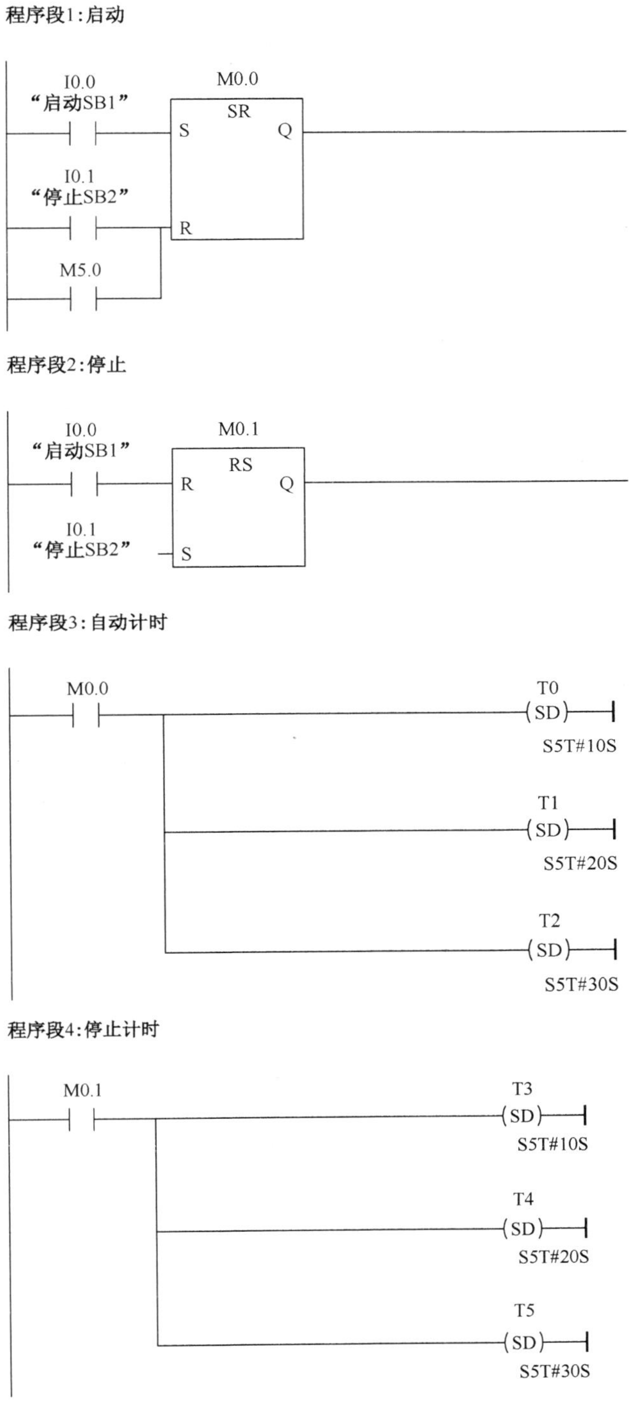

程序段1：启动

```
   I0.0           M0.0
 "启动SB1"         SR
 ───┤├────────────S    Q───────────────

   I0.1
 "停止SB2"
 ───┤├──┐
        │
   M5.0 │
 ───┤├──┴────────R
```

程序段2：停止

```
   I0.0           M0.1
 "启动SB1"         RS
 ───┤├────────────R    Q───────────────

   I0.1
 "停止SB2"
 ───┤├────────────S
```

程序段3：自动计时

```
   M0.0                              T0
 ───┤├──┬──────────────────────────(SD)──┤
        │                          S5T#10S
        │
        │                              T1
        ├──────────────────────────(SD)──┤
        │                          S5T#20S
        │
        │                              T2
        └──────────────────────────(SD)──┤
                                   S5T#30S
```

程序段4：停止计时

```
   M0.1                              T3
 ───┤├──┬──────────────────────────(SD)──┤
        │                          S5T#10S
        │
        │                              T4
        ├──────────────────────────(SD)──┤
        │                          S5T#20S
        │
        │                              T5
        └──────────────────────────(SD)──┤
                                   S5T#30S
```

图 16-9　OB1 主程序

程序段5：控制M4电动机

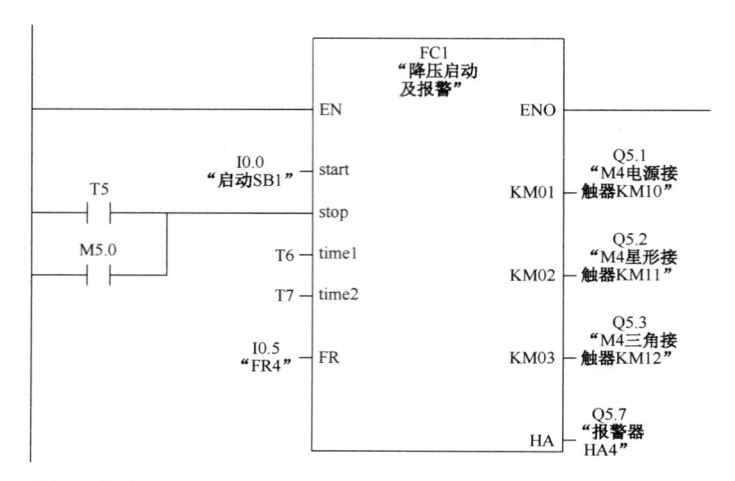

```
         T5
        ─┤├─┐                  ┌──────────────┐
              │                 │     FC1      │
        ─┤├─┤                 │ "降压启动      │
         M5.0                  │   及报警"    │
              │                 │              │
              ├─────────────────┤EN         ENO├──────────
                         I0.0   │                │        Q5.1
                       "启动SB1"│start           │       "M4电源接
                     ───────────┤            KM01├──────触器KM10"
                                │stop            │
                           T6   │                │        Q5.2
                     ───────────┤time1           │       "M4星形接
                           T7   │            KM02├──────触器KM11"
                     ───────────┤time2           │
                          I0.5  │                │        Q5.3
                         "FR4"  │                │       "M4三角接
                     ───────────┤FR          KM03├──────触器KM12"
                                │                │
                                │                │        Q5.7
                                │              HA├──────"报警器
                                │                │        HA4"
                                └──────────────┘
```

程序段6：控制M3电动机

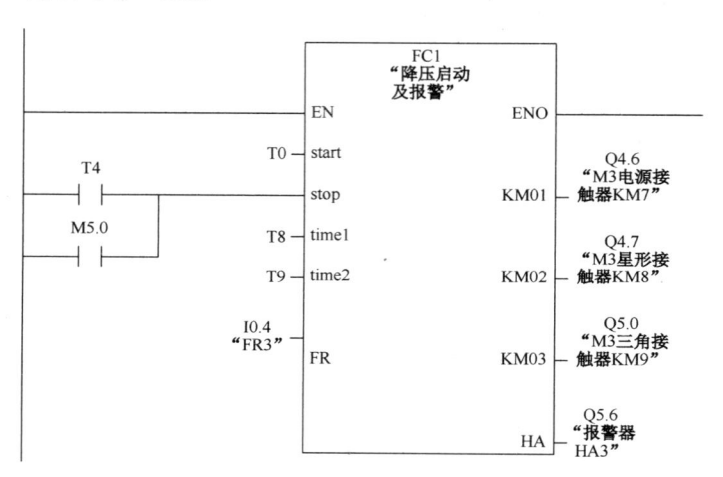

```
         T4
        ─┤├─┐                  ┌──────────────┐
              │                 │     FC1      │
        ─┤├─┤                 │ "降压启动      │
         M5.0                  │   及报警"    │
              ├─────────────────┤EN         ENO├──────────
                           T0   │start           │        Q4.6
                     ───────────┤                │       "M3电源接
                                │stop        KM01├──────触器KM7"
                           T8   │                │        Q4.7
                     ───────────┤time1           │       "M3星形接
                           T9   │            KM02├──────触器KM8"
                     ───────────┤time2           │
                          I0.4  │                │        Q5.0
                         "FR3"  │                │       "M3三角接
                     ───────────┤FR          KM03├──────触器KM9"
                                │                │
                                │                │        Q5.6
                                │              HA├──────"报警器
                                │                │        HA3"
                                └──────────────┘
```

程序段7：控制M2电动机

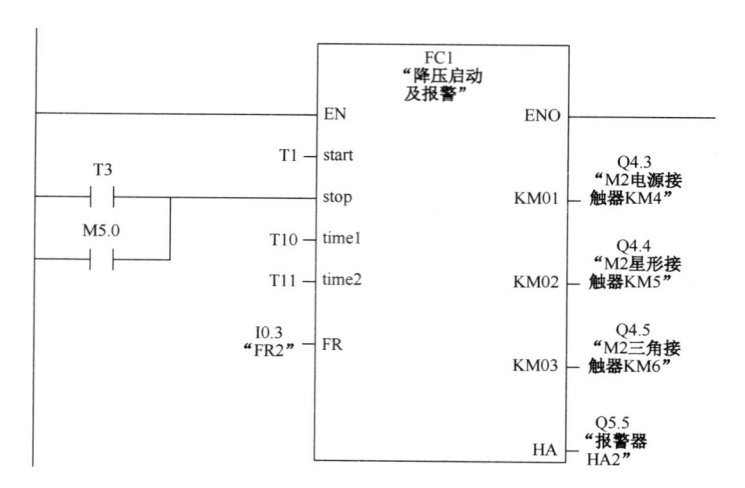

```
         T3
        ─┤├─┐                  ┌──────────────┐
              │                 │     FC1      │
        ─┤├─┤                 │ "降压启动      │
         M5.0                  │   及报警"    │
              ├─────────────────┤EN         ENO├──────────
                           T1   │start           │        Q4.3
                     ───────────┤                │       "M2电源接
                                │stop        KM01├──────触器KM4"
                           T10  │                │        Q4.4
                     ───────────┤time1           │       "M2星形接
                           T11  │            KM02├──────触器KM5"
                     ───────────┤time2           │
                          I0.3  │                │        Q4.5
                         "FR2"  │                │       "M2三角接
                     ───────────┤FR          KM03├──────触器KM6"
                                │                │
                                │                │        Q5.5
                                │              HA├──────"报警器
                                │                │        HA2"
                                └──────────────┘
```

图16-9　OB1主程序（续）

程序段8：控制M1电动机

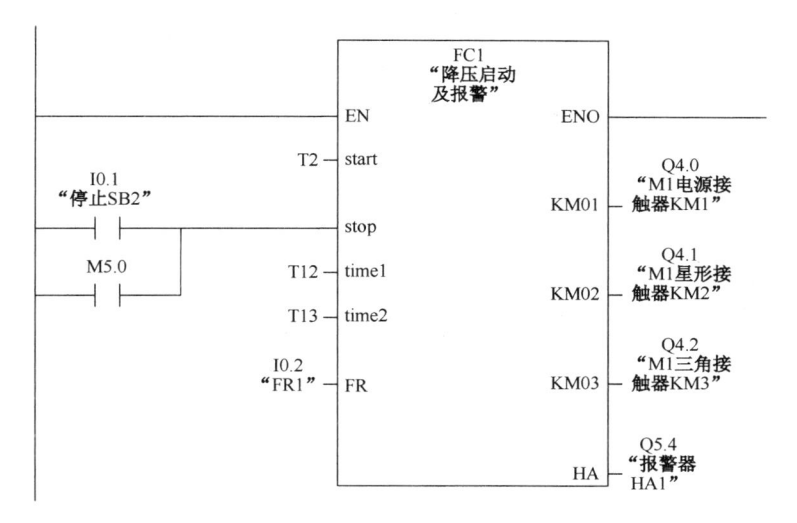

```
         I0.1              FC1
      "停止SB2"          "降压启动
         ┤ ├              及报警"
          │          EN          ENO
         M5.0    T2—start              Q4.0
         ┤ ├                        KM01—"M1电源接
                    —stop              触器KM1"
                T12—time1             Q4.1
                                   KM02—"M1星形接
                T13—time2              触器KM2"
                 I0.2                  Q4.2
               "FR1"—FR         KM03—"M1三角接
                                       触器KM3"
                                       Q5.4
                                   HA—"报警器
                                       HA1"
```

程序段9：过载停止所有电动机

```
   I0.2
  "FR1"                         M5.0
   ┤/├─────────────────────────( )
   I0.3
  "FR2"
   ┤/├
   I0.4
  "FR3"
   ┤/├
   I0.5
  "FR4"
   ┤/├
```

图 16-9　OB1 主程序（续）

步骤 9．S7-PLCSIM 调试程序

调试启动过程：启动按钮 SB1 按下，电动机 M4 启动，然后电动机 M3 启动，如图 16-10 所示。

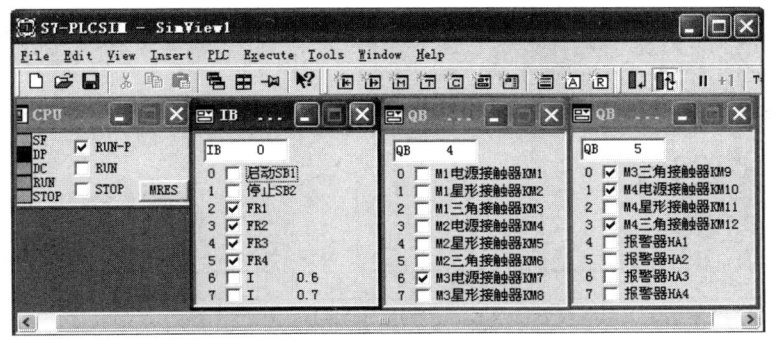

图 16-10　调试启动过程 1

电动机 M2 启动，然后电动机 M1 启动，如图 16-11 所示。

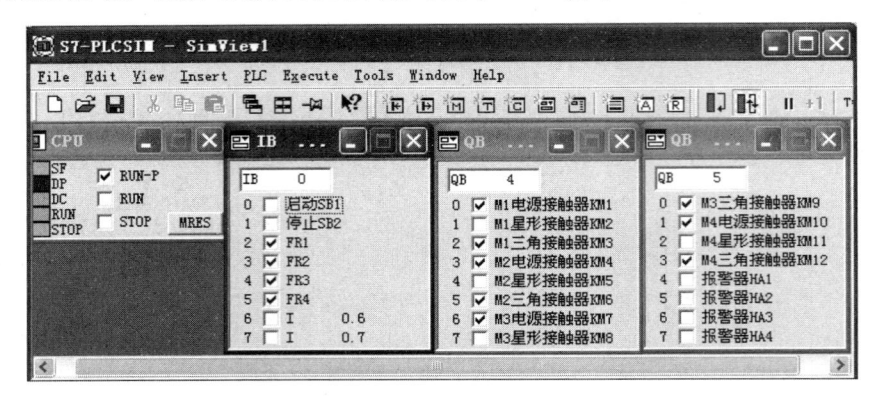

图 16-11　调试启动过程 2

调试停止过程：停止按钮 SB2 按下，传送带 M1 电动机停止，然后 M2 电动机停止，然后 M3 电动机停止，最后 M4 电动机停止，如图 16-12 所示。

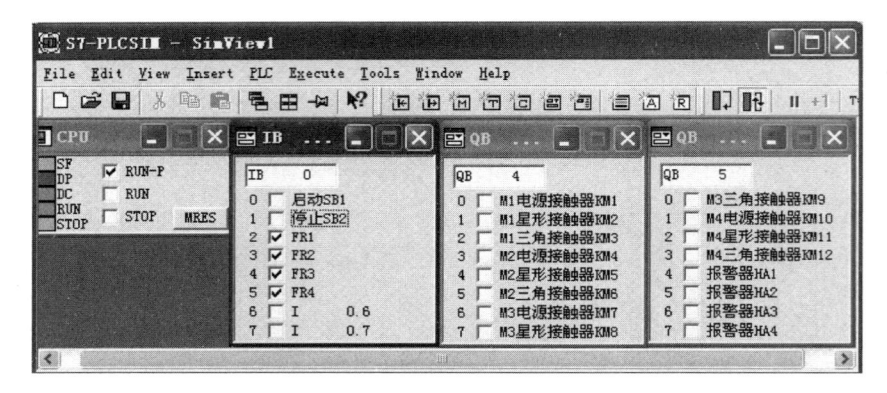

图 16-12　调试停止过程

调试 M2 过载：在系统运行过程中，当电动机 M2 过载时，所有电动机全部停止，并且报警器 HA2 响，如图 16-13 所示。

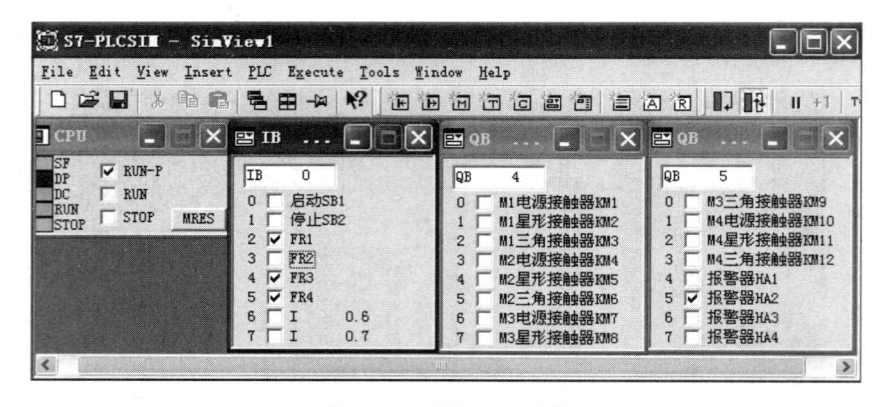

图 16-13　调试 M2 过载

调试 M1 过载：在系统运行过程中，当电动机 M1 过载时，所有电动机全部停止，并且报警器 HA1 响。

调试 M3 过载：在系统运行过程中，当电动机 M3 过载时，所有电动机全部停止，并且报警器 HA3 响。

调试 M4 过载：在系统运行过程中，当电动机 M4 过载时，所有电动机全部停止，并且报警器 HA4 响。

如果满足上述情况，说明仿真调试成功，进入联机调试。如果不满足上述情况，检查原因，修改程序，重新调试，直到仿真调试成功。

步骤 10．联机调试

确保连线正确的情况下，下载硬件组态和程序等到真实 PLC 中（参见 5.3.6 真实 S7-300 PLC 的 PC 适配器下载），然后按下面要求调试。

（1）按下启动按钮 SB1，传送带 M4 电动机启动，10 秒后 M3 电动机启动，10 秒后 M2 电动机启动，10 秒后 M1 电动机启动，即逆序启动。

（2）按下停止按钮 SB2，传送带 M1 电动机停止，10 秒后 M2 电动机停止，10 秒后 M3 电动机停止，10 秒后 M4 电动机停止，即顺序停止。

（3）每台电动机星—三角形（Y-△）降压启动。

（4）任何一台电动机过载时，停止所有电动机且本电动机报警器响。

满足上述要求，说明调试成功。如果不能满足要求，检查原因，修改程序，重新调试，直到满足要求为止。

巩固练习十六

1．编程

请读者用带参数 FC 结构化编程的方法，完成项目 12 的十字路口交通灯控制的结构化编程。

2．病床呼叫器的 PLC 控制

在很多医院住院病房里的每一张床与护士站都需要随时进行联系，通过呼叫器可实现远距离呼叫，以便病人在急需时向医护人员发出求助信号。

某住院病房有 8 个房间，每个房间 4 张病床，病床编号由房间号和床号组成，分别为 011、012、013、014，021、022、023、024…081、082、083、084。每一病床床头均有紧急呼叫按钮，与病床的编号相同，分别为 SB011、SB012、SB013、SB014…SB081、SB082、SB083、SB084。用于病人不适时紧急呼叫；护士站安装蜂鸣器 HA 和呼叫指示灯，每个呼叫指示灯对应一个病床呼叫按钮，其编号为 HL011、HL012、HL013、HL014…HL081、HL082、HL083、HL084。病床呼叫器的 PLC 控制如图 16-14 所示。

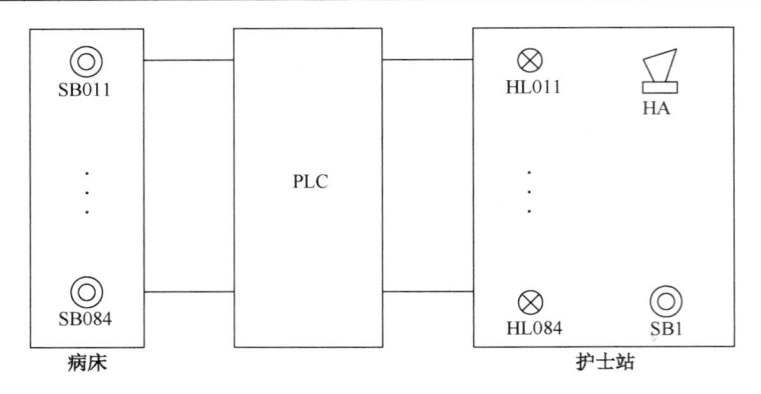

图 16-14 病床呼叫器示意图

控制任务：

（1）当某个病床发出求助信号（按下紧急呼叫按钮）后，护士站的蜂鸣器发出短促音，与呼叫信号对应的指示灯闪烁（闪烁频率自定）。

（2）当医护人员听到呼叫后，可按下呼叫响应按钮 SB0，蜂鸣器停止工作，呼叫指示灯在 20 秒后停止闪烁。

（3）如果同时或者在一段时间内有多个呼叫信号，护士站的蜂鸣器仍发出短促音，与这些呼叫信号对应的那些指示灯均闪烁，医护人员按下呼叫响应按钮后，蜂鸣器停止工作，呼叫指示灯在 20 秒后停止闪烁。

3. 自动售货机的 PLC 控制

一台用于销售矿泉水和汽水的自动售货机，具有硬币识别、币值累加、自动售货、自动找钱等功能，此售货机可接收的硬币为 0.1 元、0.5 元和 1 元。矿泉水的售价为 1.2 元，汽水的售价为 1.5 元。自动售货机如图 16-15 所示。

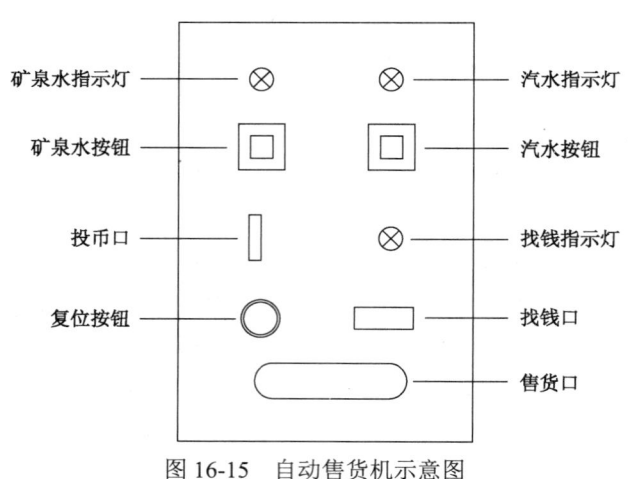

图 16-15 自动售货机示意图

控制任务：

（1）当投入的硬币总值等于或超过 1.2 元时，矿泉水指示灯亮，当投入的硬币总值等于或超过 1.5 元时，矿泉水和汽水的指示灯都亮。

（2）当矿泉水指示灯亮时，按下矿泉水按钮，则矿泉水从售货口自动售出，矿泉水指示灯闪烁（闪烁频率为1Hz），8秒后自动停止。

（3）当汽水指示灯亮时，按下汽水按钮，则汽水从售货口自动售出，汽水指示灯闪烁（闪烁频率为1Hz），8秒后自动停止。

（4）当按下矿泉水按钮或汽水按钮后，如果投入的硬币总值超过所需要的钱数，找钱指示灯亮，售货机自动退出多余的钱，8秒后自动停止。

（5）如果售货口发生故障，或顾客投入硬币后又不想买了（未按下矿泉水按钮或汽水按钮），可按下复位按钮，则售货机可如数退出顾客已投入的硬币。

（6）售货机具有销售数量和销售金额的累加功能。

项目 17　两台 S7-300 PLC 之间的全局数据 MPI 通信

17.1　案例引入和项目要求

讲解全局数据 MPI 通信项目要求

1. 案例引入——标签打印系统

1）标签打印系统运行说明

标签打印系统用于工业、商业、超市、零售业、物流、仓储、图书馆等需要的条形码、二维码等标签的制作，具有准确控制、高速运行、一体制作等特点，如图 17-1 所示。

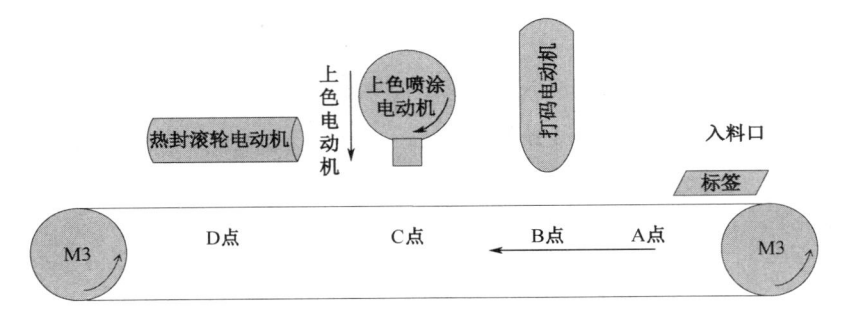

图 17-1　标签打印系统结构示意图

标签打印系统由以下电气控制回路组成：打码电动机 M1 控制回路（M1 为双速电动机，需要考虑过载、联锁保护）。上色电动机 M2 控制回路（M2 为三相异步电动机，不带速度继电器，只进行单向正转运行）。传送带电动机 M3 控制回路（M3 为三相异步电动机，带速度继电器，由变频器进行多段速控制，变频器参数设置：第一段速为 15Hz，第二段速为 30Hz，第三段速为 40Hz、第四段速为 50Hz，加速时间为 0.1 秒，减速时间为 0.2 秒）。热封滚轮电动机 M4 控制回路（M4 为三相异步电动机，不带速度继电器，只进行单向正转运行）。上色喷涂进给电动机 M5 控制回路（M5 为伺服电动机；参数设置如下：伺服电动机旋转一周需要 1000 个脉冲，正转/反转的转速可为 1 圈/秒～3 圈/秒；正转对应上色喷涂电动机向下进给）。电动机旋转以"顺时针旋转为正向，逆时针旋转为反向"。

2）控制系统通信设计要求

本系统可以由三台 S7-300PLC 构成，三台 PLC 分别为甲站、乙站、丙站，可以采用 MPI 通信形式组网。

通过标签打印系统案例可知，在通信方面，此案例与下面项目要求有相似知识点，供读者学习体会。

2．项目要求

由两台 PLC 组成的 MPI 通信网络中，有两个站，2 号站 MPI 地址是 2，3 号站 MPI 地址是 3，要求：

（1）将 2 号站从 MB10 开始的 2 字节发送到 3 号站从 MB200 开始的 2 字节中。
（2）将 3 号站从 MB20 开始的 2 字节发送到 2 号站从 MB100 开始的 2 字节中。
（3）在 2 号站按下启动按钮可以启动 3 号站电动机，按下停止按钮可以停止 3 号站电动机。2 号站指示灯可以监视 3 号站电动机运行状态。
（4）在 3 号站按下启动按钮可以启动 2 号站电动机，按下停止按钮，可以停止 2 号站电动机。3 号站指示灯可以监视 2 号站电动机运行状态。

注：PLC 输出模块为 DO 16×DC 24V/0.5A，输出端子可连接 DC 24V 电源线圈的交流接触器 KM 线圈，也可以连接 DC 24V 电源线圈的中间继电器 KA 线圈，然后 KA 常开触点连接 AC 380V 电源线圈的交流接触器 KM 线圈，本项目选择前一种。

17.2 学习目标

（1）了解 MPI 通信的基础知识并能独立讲述。
（2）掌握 MPI 通信网络组态及参数设置并能独立地边操作边讲述。
（3）掌握 MPI 网络通信程序的编写及调试并能独立地边操作边讲述。

17.3 相关知识

1．MPI 通信简介

MPI 是多点接口（Multi-Point Interface）的简称，MPI 通信对通信速率要求不高，通信数据量不大，是一种简单经济的通信方式。

MPI 接口属于 RS-485 接口标准，MPI 的通信速率为 19.2Kbps～12Mbps，但如果直接连接 S7-200 CPU 通信口的 MPI 网，由于受 S7-200 CPU 最高通信速率的限制，只能选择 19.2Kbps。S7-300 通信速率通常默认为 187.5Kbps。在 MPI 网络上最多可以有 32 个站，一个网段的最长通信距离为 50 米（通信的速率为 187.5Kbps 时），更长的通信距离可以通过 RS-485 中继器扩展。

在 MPI 通信中经常用的是全局数据包通信和无组态的 MPI 通信。当在 S7-300/400 的 PLC 之间进行少量数据通信时，可以采用全局数据包通信。如果在 S7-300、S7-400、S7-200 之间进行通信时，可以采用无组态的 MPI 通信。

连接 MPI 网络时常用到两个网络部件：网络连接器和网络中继器。

网络连接器 DP 头：采用 PROFIBUS RS-485 总线连接器，连接器插头分两种，一种带 PG 接口，一种不带 PG 接口，为了保证网络通信质量，总线连接器和中继器上都设计了终端匹配电阻。

网络中继器：对应 MPI 网络，节点间的连接距离是有限制的，从第一个节点到最后一个节点最长距离仅为 50 米，对于一个要求较大区域的信号传输或分散控制系统，采用两个中继器可以将两个节点的距离增大到 1100 米。

2. GD 通信原理

在 MPI 分支网上实现全局数据共享的两个或多个 CPU 中，至少有一个是数据的发送方，有一个或多个是数据的接收方。发送或接收的数据称为全局数据，或称为全局数。具有相同发送者/接收者（Sender/Receiver）的全局数据可以集合成一个全局数据包（GD Packet）一起发送。每个数据包用数据包号码（GD Packet Number）来标识，其中的变量用变量号码（Variable Number）来标识。参与全局数据包交换的 CPU 构成了全局数据环（GD Circle）。每个全局数据环用数据环号码来标识（GD Circle Number）。

应用 GD 通信，就要在 CPU 中定义全局数据块，这一过程也称为全局数据通信组态。

17.4 项目解决步骤

步骤 1．硬件和软件配置

2 台 CPU 314C-2 DP；2 张 MMC 卡；输入和输出模块各 2 个；电源模块 2 个；1 条 MPI 电缆（也称为 PROFIBUS 电缆）；装有 STEP 7 编程软件的计算机（也称编程器）；1 条编程电缆；2 根导轨；网络连接器（DP 头）2 个；STEP 7 V5.4 及以上版本编程软件。

步骤 2．通信的硬件连接

确保断电接线，将导轨与 PLC 模块安装完毕（参见项目 2）。将 PROFIBUS 电缆两端与带编程口 DP 头连接，将 DP 头插到 2 个 CPU 模块的 MPI 口。因 DP 头处于网络终端位置，DP 头开关设置为 ON，将 PC 适配器 COM 口编程电缆 RS-485 端口插到 2 号站 MPI 口上，也就是 2 号站 DP 头上，另一端插在编程器 COM 口上。

步骤 3．通信区设置

通信区设置如图 17-2 所示。

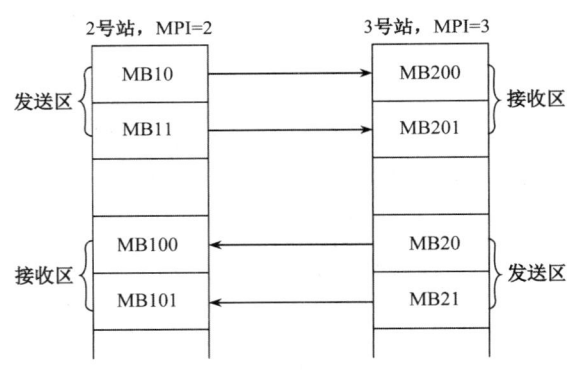

图 17-2 通信区设置

讲解 MPI 通信区设置

步骤 4．网络组态及参数设置

（1）在 SIMATIC Manager 界面新建项目，项目名称为"MPI 通信"，插入 SIMATIC 300 站点 2 个，重命名为 2 号站和 3 号站。根据每个站实际情况配置，分别进行硬件组态，依次

项目 17　两台 S7-300 PLC 之间的全局数据 MPI 通信

插入导轨、电源模块、CPU 模块、输入模块和输出模块，如图 17-3 所示。

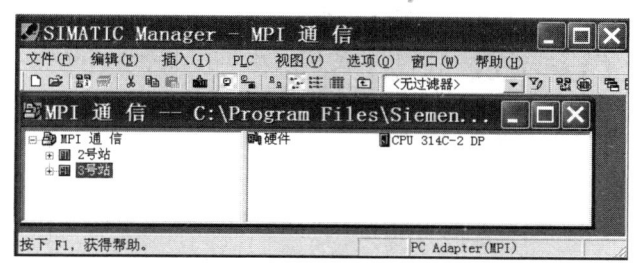

图 17-3　硬件组态及重命名

（2）对于 2 号站 MPI 设置，进入 2 号站硬件组态，双击 CPU 模块中的"CPU 314C-2 DP"，进入 CPU 属性设置界面，单击 MPI 接口的"属性"按钮，如图 17-4 所示。

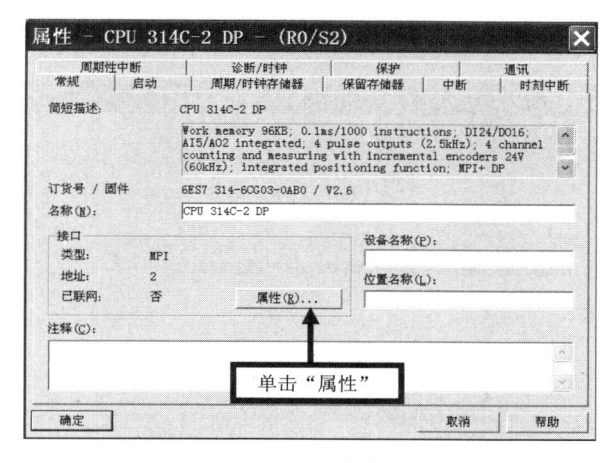

图 17-4　CPU 属性设置界面

（3）进入 MPI 接口属性设置界面，选择 MPI 地址为 2，单击"新建"按钮，如图 17-5 所示。再单击"网络设置"选项卡，选择传输率：187.5Kbps，单击"确定"按钮。如图 17-6 所示。出现如图 17-7 所示界面，单击"确定"按钮。出现 CPU 属性界面，接口类型：MPI；地址：2；已联网：是；2 号站连接到了 MPI 网络中。

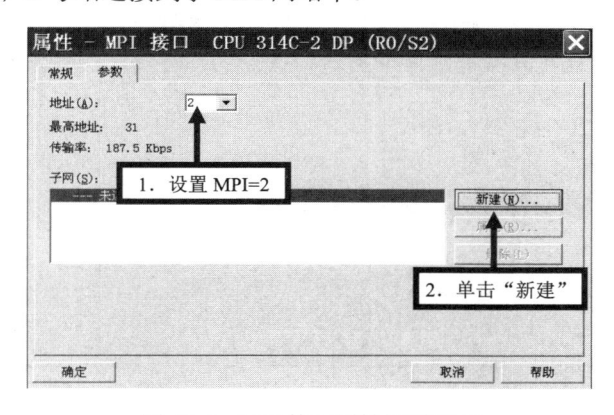

图 17-5　MPI 接口属性设置界面

(4) 单击"保存和编译"按钮,对 2 号站的硬件配置进行保存和编译,然后回到 SIMATIC Manager 界面。

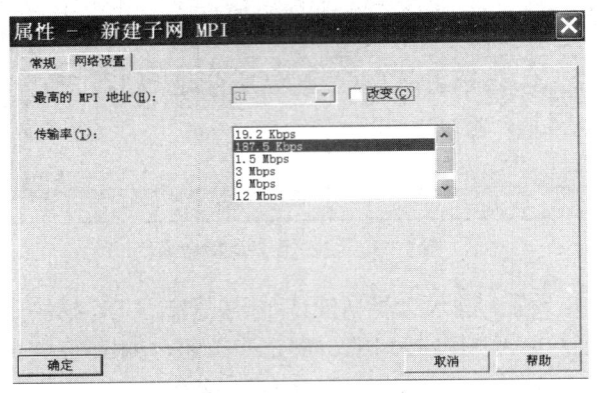

图 17-6 网络设置

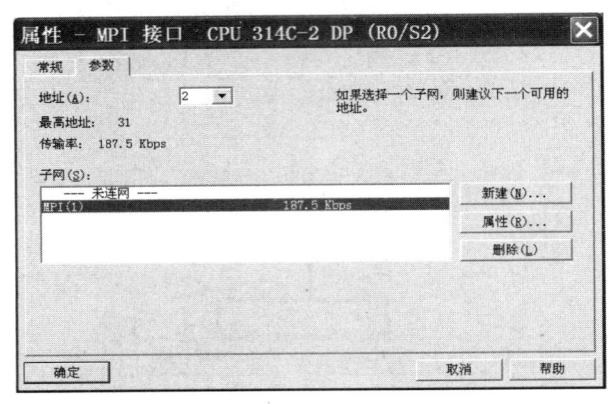

图 17-7 2 号站 MPI 接口属性设置界面

(5)对 3 号站 MPI 地址设定,进入 3 号站硬件组态,双击 CPU 模块的"CPU 314C-2 DP",进入 CPU 属性设置界面,单击接口"属性"按钮,进入 MPI 的属性设置界面,MPI 地址为 3,通信速率为 187.5Kbps,如图 17-8 所示。单击"确定"按钮,出现 CPU 属性界面,显示已联网。

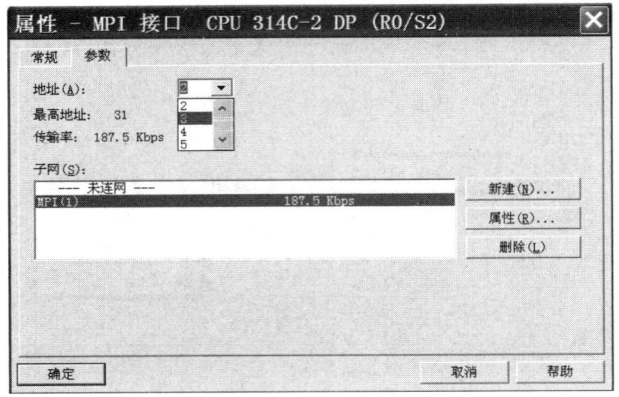

图 17-8 3 号站 MPI 接口属性设置界面

项目 17 两台 S7-300 PLC 之间的全局数据 MPI 通信

（6）将组态好的 3 号站硬件配置保存编译，回到 SIMATIC Manager 界面。

（7）将 2 号站和 3 号站分别下载到各自对应的 PLC 中。

（8）在 SIMATIC Manager 界面中，双击"MPI（1）"进入网络组态 NetPro 界面，如图 17-9 所示。

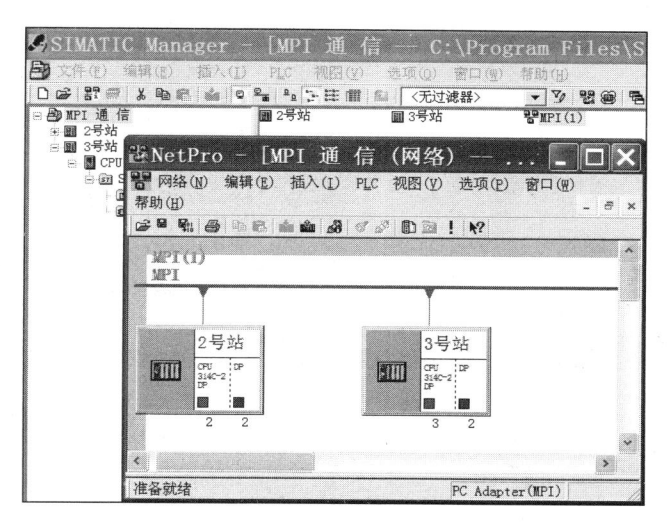

图 17-9 网络组态 NetPro 界面

（9）先选中红色 MPI 网络线，红线变粗，然后在菜单栏中选择"选项"，在下拉菜单中选择"定义全局数据"，进行 MPI 发送区和接收区组态。如图 17-10 所示。

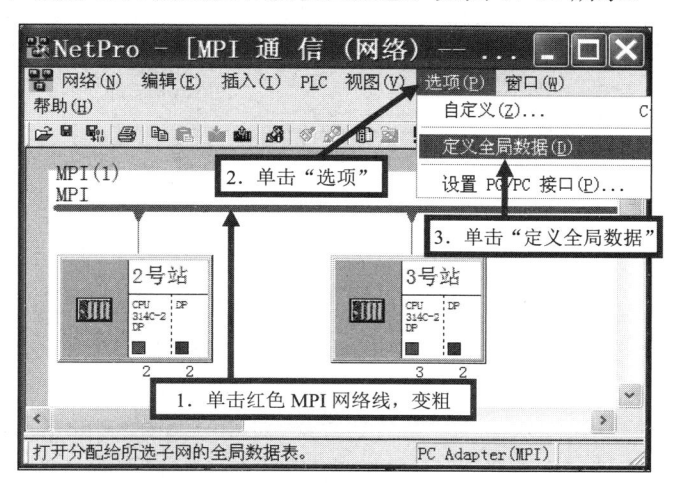

图 17-10 选择定义全局数据库

（10）出现全局数据表，准备进行 MPI 全局数据组态，如图 17-11 所示。

（11）双击图 17-11 中"全局数据（GD）ID"右边第一列，选择要组态的 2 号站及 CPU，如图 17-12 所示，单击"确定"按钮。

（12）用同样的方法，在"全局数据（GD）ID"右边第二列，选择要组态的 3 号站及 CPU，两个要进行 MPI 通信的站出现在全局数据表中，如图 17-13 所示。

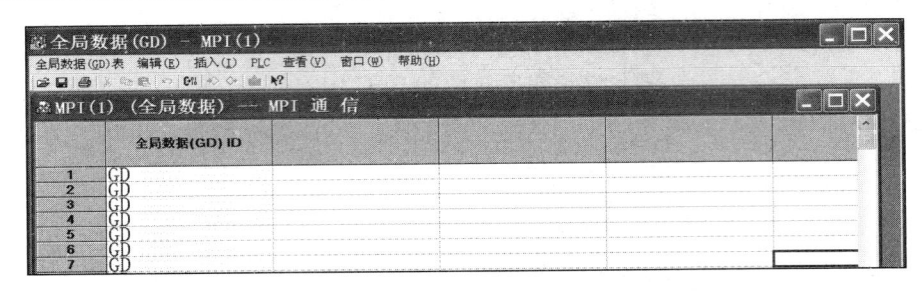

图 17-11 进行 MPI 全局数据组态

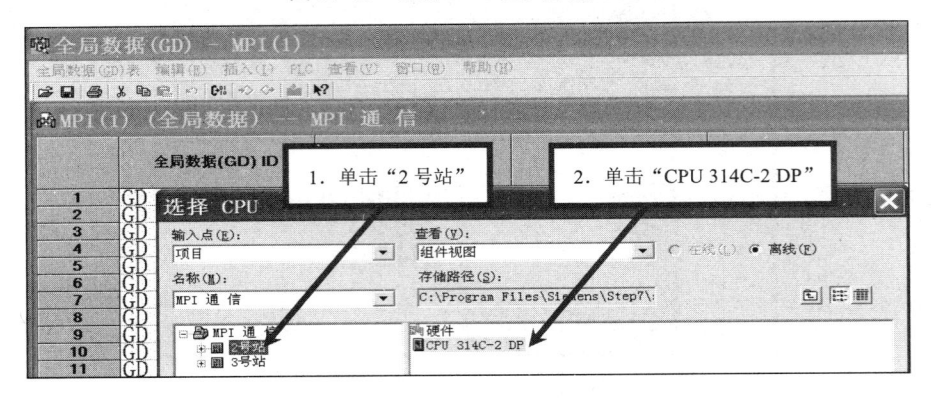

图 17-12 组态 2 号站及 CPU

图 17-13 MPI 通信站

(13) 项目要求中要求将 2 号站从 MB10 开始的 2 字节发送到 3 号站从 MB200 开始的 2 字节。

现在开始组态 2 号站发送区，在"2 号站/CPU 314C-2 DP"列的第一行输入"MB10:2"，按回车键确定，在该单元格上右键单击，打开下拉菜单，选择"发送器"。

组态 3 号站接收区，在"3 号站/CPU 314C-2 DP"列的第一行输入"MB200:2"，按回车键确定，在该单元格上右键单击，打开下拉菜单，选择"接收器"，如图 17-14 所示。

(14) 项目要求中要求将 3 号站 MB20 开始的 2 字节，发送到 2 号站从 MB100 开始的 2 个字节中。

现在开始组态 3 号站发送区，在"3 号站/CPU 314C-2 DP"列的第二行输入"MB20:2"，按回车确定，在该单元格上右键单击，打开下拉菜单，选择"发送器"。

图 17-14 MB10∶2 发送 MB200∶2 接收

组态 2 号站接收区，在"2 号站/CPU 314C-2 DP"列的第二行输入"MB100:2"，按回车键确定，在该单元格上右键单击，打开下拉菜单，选择"接收器"。单击"保存"按钮，单击"编译"按钮进行编译。如图 17-15 所示。

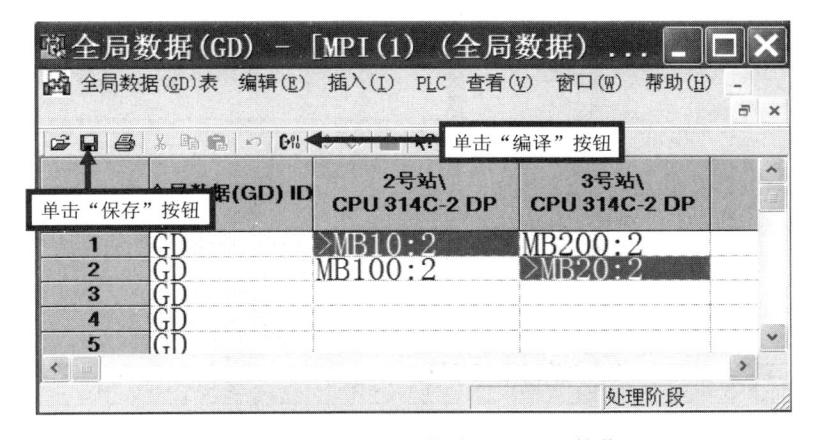

图 17-15 MB20∶2 发送 M100∶2 接收

（15）在发送区和接收区组态完毕，并且保存和编译后，系统自动生成 ID 号，如图 17-16 所示。

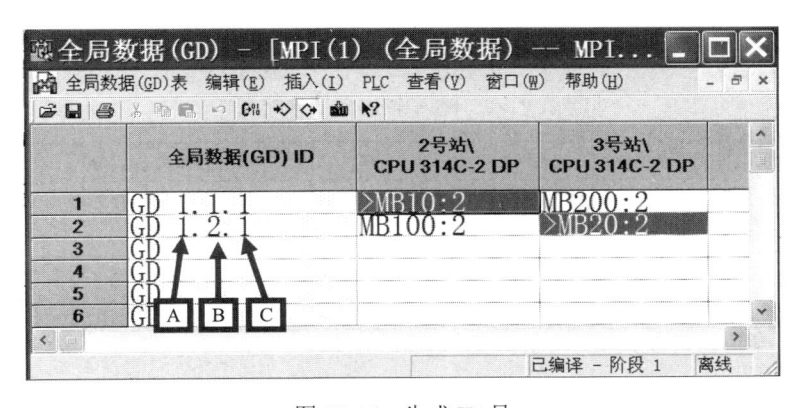

图 17-16 生成 ID 号

每行通信区的 ID 号的格式为：GD A.B.C。
A 是全局数据包的循环数。
B 是在一个循环里的数据包数。
C 是在一个数据包里的数据区。
（16）当网络组态结束后，单击"保存并编译"按钮，用 PC 适配器下载线将各站组态结果分别下载到各自站中（参见 5.3.6 真实 S7-300 PLC 的 PC 适配器下载），在 NetPro 界面中可以看到组态后的 MPI 网络，如图 17-17 所示。

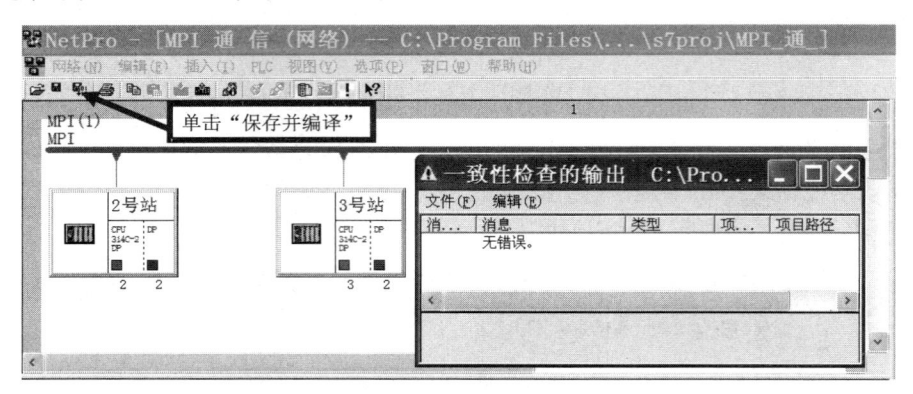

图 17-17　保存并编译

步骤 5．输入/输出地址分配
2 号站输入和输出地址分配如表 17-1 所示。

表 17-1　输入/输出地址分配表

序号	输入信号元件名称	编程元件地址	序号	输出信号元件名称	编程元件地址
1	启动 3 号站电动机按钮 SB1（常开触点）	I0.0	1	2 号站的电动机接触器 KM 线圈	Q4.0
2	停止 3 号站电动机按钮 SB2（常开触点）	I0.1	2	监视 3 号站电动机运行状态指示灯 HL	Q4.1

3 号站输入和输出地址分配如表 17-2 所示。

表 17-2　输入/输出地址分配表

序号	输入信号元件名称	编程元件地址	序号	输出信号元件名称	编程元件地址
1	启动 2 号站电动机按钮 SB1（常开触点）	I0.0	1	3 号站的电动机接触器 KM 线圈	Q4.0
2	停止 2 号站电动机按钮 SB2（常开触点）	I0.1	2	监视 2 号站电动机运行状态指示灯 HL	Q4.1

项目 17 两台 S7-300 PLC 之间的全局数据 MPI 通信

步骤 6．画出接线图

2 号站外设接线如图 17-18 所示。

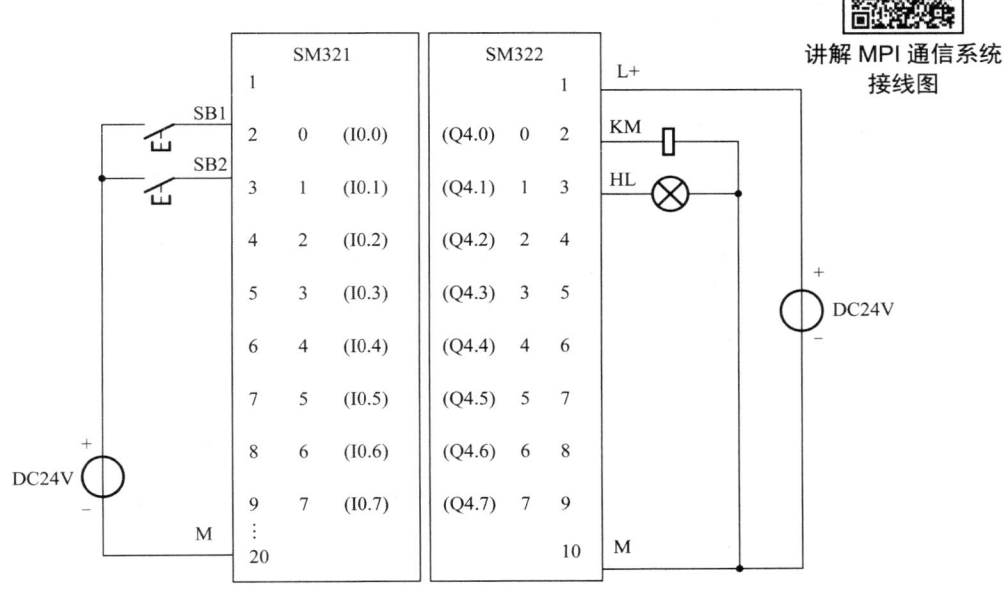

图 17-18 2 号站外设接线图

3 号站外设接线如图 17-19 所示。

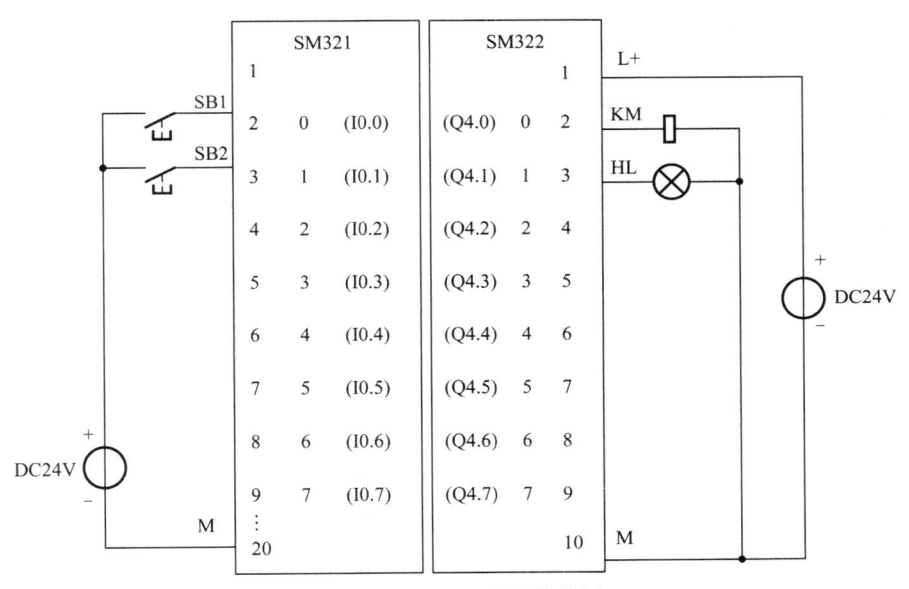

图 17-19 3 号站外设接线图

步骤 7．建立符号表

建立 2 号站的符号表，如图 17-20 所示。
建立 3 号站的符号表，如图 17-21 所示。

图 17-20 2 号站符号表

图 17-21 3 号站符号表

步骤 8．编写通信程序

2 号站为发送区，3 号站为接收区，以 1 字节为例，发送与接收如图 17-22 所示。

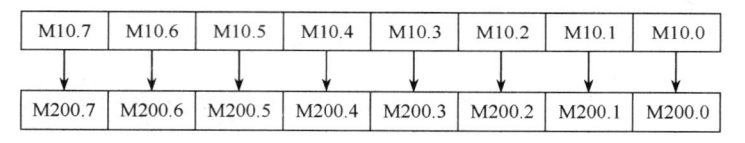

M10.7	M10.6	M10.5	M10.4	M10.3	M10.2	M10.1	M10.0
M200.7	M200.6	M200.5	M200.4	M200.3	M200.2	M200.1	M200.0

图 17-22 2 号站发送 3 号站接收

3 号站为发送区，2 号站为接收区，以 1 字节为例，发送与接收如图 17-23 所示。

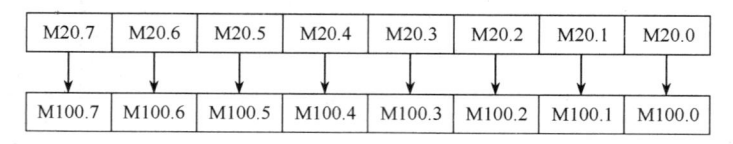

M20.7	M20.6	M20.5	M20.4	M20.3	M20.2	M20.1	M20.0
M100.7	M100.6	M100.5	M100.4	M100.3	M100.2	M100.1	M100.0

图 17-23 3 号站发送 2 号站接收

在 2 号站 OB1 中编写的通信程序如图 17-24 所示。

全局通信 MPI
通信程序讲解

程序段1:2号启动信号发送到3号站

```
   I0.0                                M10.0
 "启动SB1"                          "发送到3号
                                      站启动"
────┤ ├──────────────────────────────( )────
```

程序段2:2号站停止信号发送到3号站

```
   I0.1                                M10.1
 "启动SB2"                          "发送到3号
                                      站停止"
────┤ ├──────────────────────────────( )────
```

程序段3:2号站监视3号站电动机运行

```
   M100.2                              Q4.1
 "接收3号站                         "监视3号站
  电动机状态"                       电动机运行"
────┤ ├──────────────────────────────( )────
```

程序段4:2号站接收3号站启动或者停止

```
   M100.0      M100.1                  Q4.0
 "接收3号站   "接收3号站            "2号站电
   启动"       停止"                   动机"
────┤ ├────────┤/├────────────────────( )────
    │
   Q4.0
 "2号站电
  动机"
────┤ ├────
```

程序段5:2号站电机运行状态发送到3号站

```
   Q4.0                                M10.2
 "2号站电                          "电动机状态
   动机"                             发送"
────┤ ├──────────────────────────────( )────
```

图 17-24 2 号站通信程序

在 3 号站 OB1 中编写的通信程序如图 17-25 所示。

程序段1:3号站启动信号发送到2号站

```
   I0.0                                M20.0
 "启动SB1"                          "发送到2号
                                      站启动"
────┤ ├──────────────────────────────( )────
```

程序段2:3号站停止信号发送到2号站

```
   I0.1                                M20.1
 "启动SB2"                          "发送到2号
                                      站停止"
────┤ ├──────────────────────────────( )────
```

图 17-25 3 号站通信程序

程序段3：3号站接收2号站启动或者停止

```
   M200.0        M200.1                              Q4.0
"接收2号站     "接收2号站                         "3号站电
   启动"          停止"                             动机"
─────┤├────────────┤/├──────────────────────────────( )─
      │
   Q4.0
"3号站电
   机"
─────┤├──
```

程序段4：3号站电动机运行状态发送到2号站

```
   Q4.0                                              M20.2
"3号站电                                         "电动机状
   动机"                                          态发送"
─────┤├──────────────────────────────────────────────( )─
```

程序段5：3号站监视2号站电动机运行

```
  M200.2                                             Q4.1
"接收2号站                                        "监视2号站
电动机状态"                                       电动机运行"
─────┤├──────────────────────────────────────────────( )─
```

图 17-25 3号站通信程序（续）

步骤9．联机调试

确保连线正确，在 SIMATIC 管理器下，将 2 号站和 3 号站的组态和程序分别下载到各自对应的 PLC 中，参见 5.3.6 真实 S7-300 PLC 的 PC 适配器下载。

在 2 号站按下启动按钮 SB1，3 号站电动机启动运行，在 2 号站按下停止按钮 SB2，3 号站电动机停止。2 号站指示灯监视 3 号站电动机运行状态。

在 3 号站按下启动按钮 SB1，2 号站电动机启动运行，在 3 号站按下停止按钮 SB2，2 号站电动机停止。3 号站指示灯监视 2 号站电动机运行状态。

满足上述要求，说明调试成功。如果不能满足要求，检查原因，纠正问题，重新调试，直到满足要求为止。

巩固练习十七

（1）两台 PLC 组成的 MPI 通信网络中，有两个站，2 号站 MPI 地址是 2，3 号站 MPI 地址是 3，要求：

① 将 2 号站从 MB20 开始的 2 字节发送到 3 号站从 MB40 开始的 2 字节中。

② 将 3 号站从 MB80 开始的 2 字节发送到 2 号站从 MB60 开始的 2 字节中。

③ 在 2 号站按下启动按钮可以启动 3 号站水泵，按下停止按钮可以停止 3 号站水泵。2 号站指示灯可以监视 3 号站水泵运行状态。2 号站可以启动和停止本站的风机。

④ 在 3 号站按下启动按钮可以启动 2 号站水泵，按下停止按钮，可以停止 2 号站水泵。

3 号站指示灯可以监视 2 号站水泵运行状态。3 号站可以启动和停止本站风机。

（2）由 3 台 PLC 组成 MPI 网络。甲站 MPI 地址为 2，乙站 MPI 地址为 3，丙站 MPI 地址为 4。控制要求为：

① 甲站向乙站发送 3 字节数据，甲站向丙站发送 3 字节数据。
② 乙站向甲站发送 2 字节数据，丙站向甲站发送 2 字节数据。
③ 甲站完成对乙站设备的启停控制，且对乙站的运行状态进行监视。
④ 甲站完成对丙站设备的启停控制，且对丙站的运行状态进行监视。

项目 18　两台 S7-300 PLC 之间的 PROFIBUS-DP 不打包通信

18.1　案例引入和项目要求

讲解 DP 不打包通信项目要求

1. 案例引入——自动抓棉机系统

1）自动抓棉机系统说明

自动抓棉机是棉花加工的第一道工序设备，具有抓棉、松棉、除去杂质等功能，在棉花加工中起着非常重要的作用。该系统由抓棉装置、抓棉臂、转塔、输棉管道和出棉口等部分组成。

自动抓棉机系统运行过程如下：抓棉臂随着转塔旋转并间歇下降，带动抓棉装置对棉花进行抓取，当转塔旋转一圈时抓棉装置就抓完一圈，抓棉臂下降一定高度，然后再继续抓棉，抓棉装置抓到的棉花经风机抽吸沿输棉管道输送到出棉口，到达下一道工序。

自动抓棉机系统由以下电气控制回路组成：转塔的旋转运动由电动机 M1 驱动，抓棉臂的上下运行由电动机 M2 驱动。抓棉装置抓棉由电动机 M3 驱动，控制不同的抓棉速度（须考虑过载、联锁保护）。风机由三相异步电动机 M4 驱动，可通过选择风机的速度来控制输棉的速度。

2）控制系统通信设计要求

本系统使用三台 PLC 控制，其中一台 PLC 为甲站，承担主控功能，另外两台 PLC 分别为乙站和丙站。主控 PLC 甲站与乙站、丙站通过 PROFIBUS-DP 通信，乙站控制电动机 M1、M2，丙站控制电动机 M3、M4。

通过对此案例的了解可知，在通信方面，此案例与下面项目要求有相似知识点，供读者学习体会。

2. 项目要求

由两台 S7-300 PLC 组成的 PROFIBUS-DP 不打包通信系统中，PLC 的 CPU 模块为 CPU 314C-2 DP。有一个 PLC 是主站，另一个 PLC 是从站，主站 DP 地址为 2，从站 DP 地址为 3。要求：

（1）在主站按下启动按钮 SB1，从站电动机转动，主站指示灯 HL1 亮。在主站按下停止按钮 SB2，从站电动机停止，主站指示灯 HL1 灭。主站指示灯 HL1 用来显示从站电动机转动或停止状态。

（2）当从站电动机过载时，热继电器 FR（常闭触点）动作，该电动机停止，并且主站指示灯 HL2 以 1Hz 频率报警闪烁。

（3）在从站按下启动按钮 SB1，主站电动机转动，从站指示灯 HL1 亮。在从站按下停止按钮 SB2，主站电动机停止，从站指示灯 HL1 灭。从站指示灯 HL1 用来显示主站电动机转动或停止状态。

（4）当主站电动机过载时，热继电器 FR（常闭触点）动作，该电动机停止，并且从站指示灯 HL2 以 5Hz 频率报警闪烁。

注：PLC 输出模块为 DO 16×DC 24V/0.5A，输出端子可连接交流接触器 KM 线圈，（此线圈连接 DC 24V 电源）也可以连接中间继电器 KA 线圈（此线圈连接 DC 24V 电源），然后 KA 常开触点连接交流接触器 KM 线圈（此线圈连接 AC 380V 电源），本项目选择前一种。

18.2 学习目标

（1）理解不打包通信的含义并能独立讲述。
（2）掌握两台 S7-300 PLC 之间 PROFIBUS-DP 不打包通信的硬件、软件配置并能独立讲述。
（3）掌握两台 S7-300 PLC 之间 PROFIBUS-DP 不打包通信的硬件连接并能边操作边讲述。
（4）掌握两台 S7-300 PLC 之间 PROFIBUS-DP 不打包通信的通信区设置并能边操作边讲述。
（5）掌握两台 S7-300 PLC 之间 PROFIBUS-DP 不打包通信网络组态及参数设置并能边操作边讲述。
（6）掌握两台 S7-300 PLC 之间 PROFIBUS-DP 不打包通信网络编程及调试并能边操作边讲述。

18.3 相关知识（不打包通信）

PROFIBUS-DP 通信是通过单个主站依次轮询从站的通信方式进行数据交换的，该方式称为 MS（Master Slave）模式。

PROFIBUS-DP 网络可以采用主从（MS）通信模式和直接数据交换（DX）通信模式。直接数据交换（DX）通信模式在工程实际应用较少，主从通信模式是 PROFIBUS 网络的典型模式。S7-300 PLC 在 PROFIBUS-DP 网络中既可以作为主站，也可以作为从站。

根据数据传输率和数据量等要求，可以组建 PROFIBUS-DP 不打包通信（简称不打包通信）系统或 PROFIBUS-DP 打包通信（简称打包通信）系统。

打包通信需要调用系统功能 SFC，STEP 7 提供了两个系统功能 SFC15 和 SFC14，SFC15 完成数据的打包，SFC14 完成数据解包，可接收/发送大于 4 字节的数据。

不打包通信可以直接利用传送指令实现数据的接收/发送，但是每次最多只能接收/发送 4 字节的数据。

18.4 项目解决步骤

步骤1. 通信的硬件和软件配置
硬件：
（1）电源模块（PS 307 5A）2 个。

（2）紧凑型 S7-300 CPU 模块（CPU 314C-2 DP）2 个。
（3）MMC 卡 2 张。
（4）输入模块（DI16×DC24V）2 个。
（5）输出模块（DO16×DC24V/0.5A）2 个。
（6）DIN 导轨 2 根。
（7）PROFIBUS 电缆 1 根。
（8）DP 头 2 个。
（9）PC 适配器 USB 编程电缆（用于 S7-200/S7-300/S7-400 PLC 下载线）1 根。
（10）装有 STEP 7 编程软件的计算机（也称编程器）。
软件：STEP 7 V5.4 及以上版本编程软件。

步骤 2．通信的硬件连接

确保断电接线。将 PROFIBUS 电缆与 DP 头连接，将 DP 头插到 2 个 CPU 模块的 DP 口。主站和从站的 DP 头处于网络终端位置，所以两个 DP 头开关设置为 ON，将 PC 适配器 USB 编程电缆的 RS485 端口插 CPU 模块的 MPI 口，另一端插在编程器的 USB 口上。不打包通信的硬件连接如图 18-1 所示。

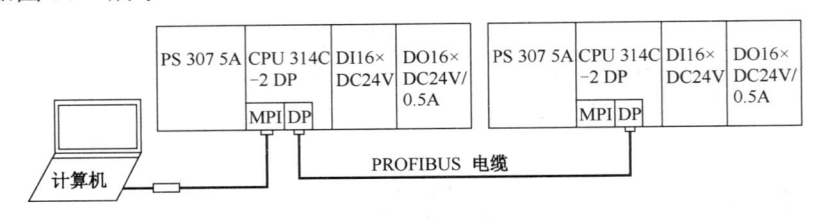

图 18-1 不打包通信的硬件连接

步骤 3．通信区设置

主站与从站的通信区设置如图 18-2 所示。主站输出区（发送区）QB0 对应从站输入区（接收区）IB3。主站输入区（接收区）IB2 对应从站输出区（发送区）QB6。

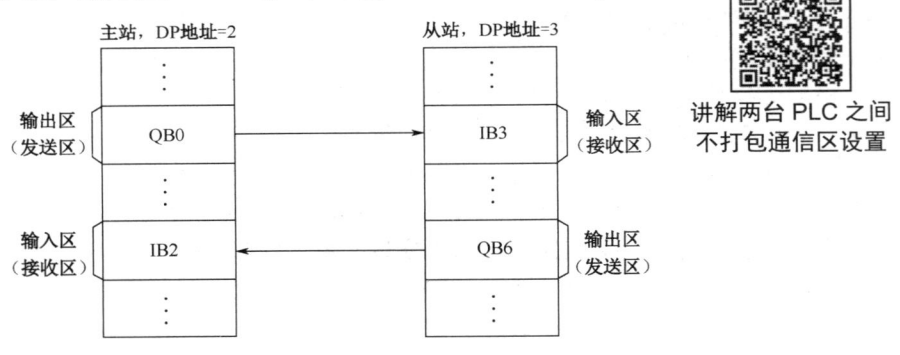

图 18-2 通信区设置

步骤 4．新建项目

新建一个项目，命名为"两台 PLC 之间 DP 不打包通信"，然后插入两个 SIMATIC 300 站点，如图 18-3 所示。

项目 18　两台 S7-300 PLC 之间的 PROFIBUS-DP 不打包通信

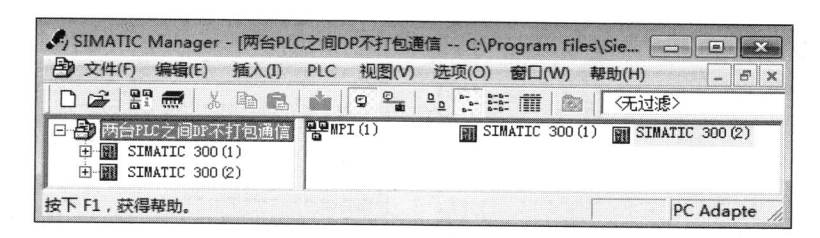

图 18-3　插入两个 SIMATIC 300 站点

分别将两个 SIMATIC 300 站点重命名为"主站"和"从站",如图 18-4 所示。

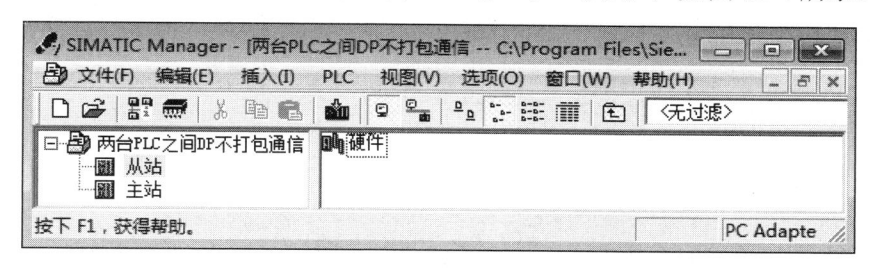

图 18-4　两个 SIMATIC 300 站点的重命名

步骤 5.　从站的网络组态及参数设置

(1) 根据实际使用的硬件配置,通过 STEP 7 编程软件对从站进行组态,注意保证系统模块信息与硬件模块上面印刷的订货号一致。在 SIMATIC Manager 界面中,双击从站的"硬件"图标,通过双击导轨"Rail"插入导轨,在导轨 1 号插槽插入电源模块(PS 307 5A)、2 号插槽插入 CPU 模块(CPU 314C-2 DP,V2.6)、3 号插槽空闲、4 号插槽插入输入模块(DI16×DC24V)、5 号插槽插入输出模块(DO16×DC24V/0.5A),如图 18-5 所示。

图 18-5　从站的组态

在 CPU 314C-2 DP 模块上双击 DP 行,产生如图 18-6 所示 DP 属性界面。单击"属性"按钮。

(2) 设置从站 DP 地址。单击"参数"选项卡,将 DP 地址更改为"3"。单击"新建"按钮,如图 18-7 所示。

(3) 单击"网络设置"选项卡,选择"1.5Mbps"完成传输率选择,单击"DP"完成配置文件选择,单击"确定"按钮,如图 18-8 所示。

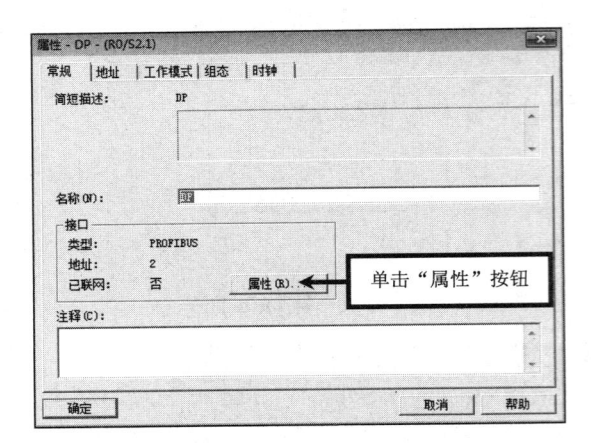

图 18-6　从站属性

图 18-7　将 DP 地址更改为"3"

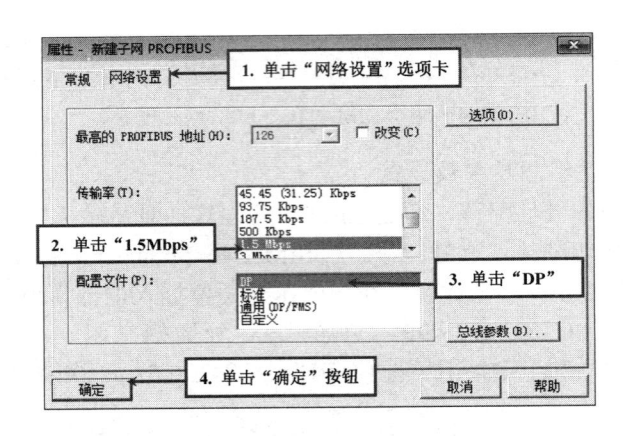

图 18-8　新建 PROFIBUS-DP 网

此时界面如图 18-9 所示，从站 DP 地址为 3，传输率为 1.5Mbps，单击"确定"按钮。

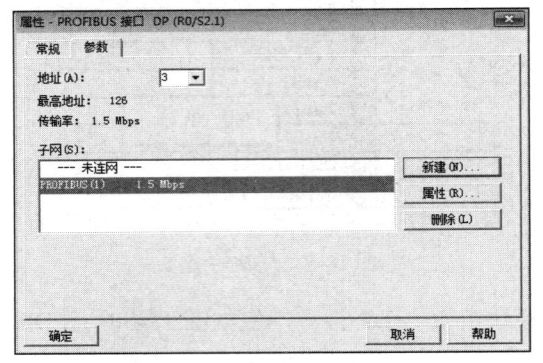

图 18-9　DP 地址与传输率

在属性窗口中单击"常规"选项卡，显示接口类型：PROFIBUS；地址：3；已联网：是，如图 18-10 所示。

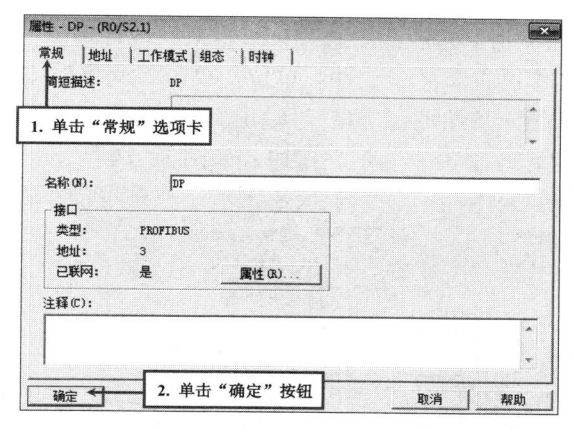

项目 18　两台 S7-300 PLC 之间的 PROFIBUS-DP 不打包通信

图 18-10　属性窗口

（4）单击"工作模式"选项卡，单击"DP 从站"，单击"确定"按钮，如图 18-11 所示。

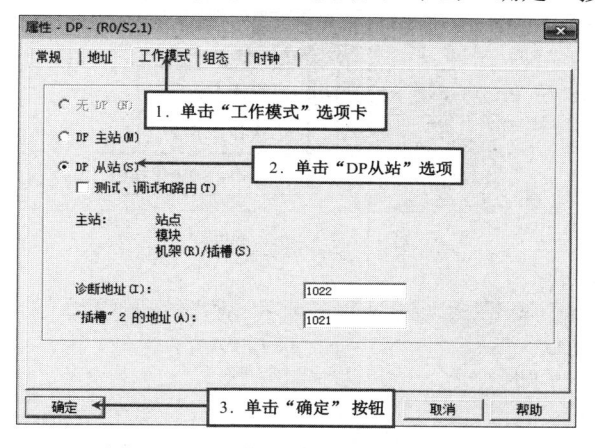

图 18-11　工作模式选择"DP 从站"

（5）单击"组态"选项卡，对输入/输出通信区组态，单击"新建"按钮，如图 18-12 所示。

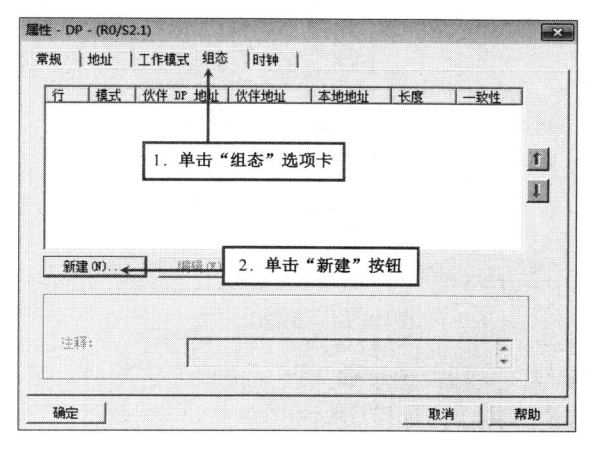

图 18-12　通信区组态

（6）根据本项目解决步骤中的步骤 3 进行设置，从站地址类型："输入"（接收），地址：3，即 IB3；长度：1；单位：字节；一致性：单位，单击"确定"按钮，如图 18-13 所示。

（7）单击"新建"按钮，从站地址类型："输出"（发送），地址："6"，即 QB6，长度：1，单位：字节，一致性：单位，单击"确定"按钮，如图 18-14 所示。

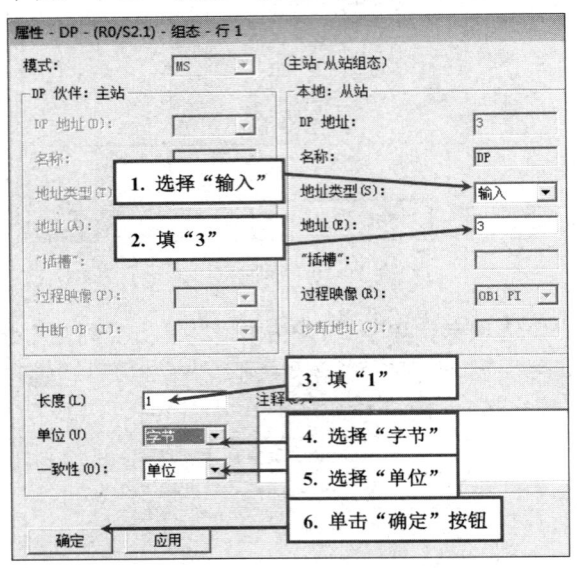

图 18-13　组态接收区

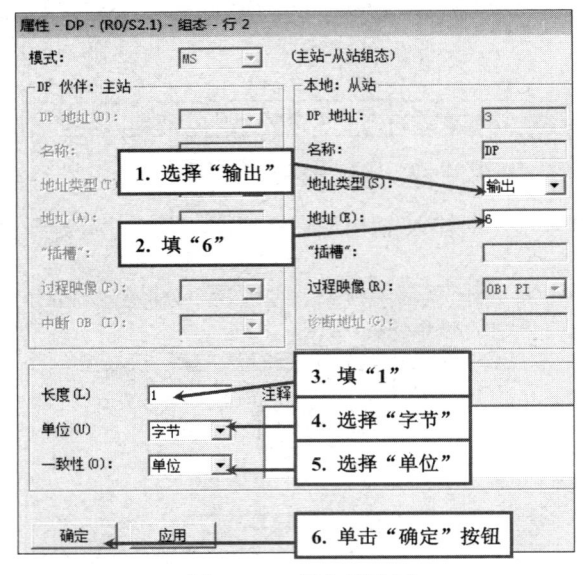

图 18-14　组态发送区

设置后，可以看到本地（从站）地址输入区（接收区）为 I3，即 IB3，输出区（发送区）为 O6 即 QB6，单击"确定"按钮，如图 18-15 所示。

项目 18　两台 S7-300 PLC 之间的 PROFIBUS-DP 不打包通信

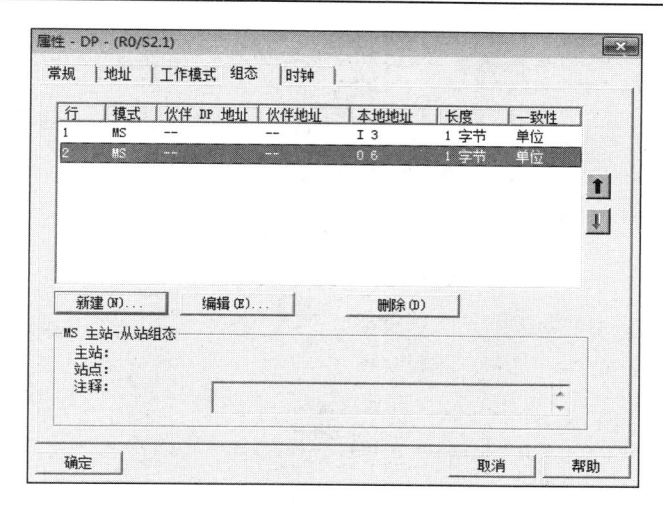

图 18-15　从站的通信组态

注意：O6 第一个字母是 O，不是 0。O6 对应 QB6。

（8）回到从站硬件配置界面，单击"保存并编译"按钮。

说明：从图 18-15 中可知，对从站输入区和输出区进行了组态，输入区（接收区）IB3 用于从站接收主站发送来的信息（如主站发出对从站设备的启动或停止信息）。输出区（发送区）QB6 用于从站向主站发送信息（如从站发出对主站的启动或停止信息）。

输入区与输出区不能跟本站已有模块输入与输出端子地址相冲突，例如，若从站输入区为 IB3，从站输出区为 QB6，则从站本身输入模块和输出模块及 CPU 模块自带的输入和输出端子地址都不能使用 IB3 和 QB6。

伙伴 DP 地址是指主站 DP 地址，这里是 2，若还没有对主站进行设置，则显示虚线。

伙伴地址是指主站通信区地址，是输出区（发送区）和输入区（接收区）的首地址，不能与本站已有模块端子地址相冲突。已有模块端子地址可以通过硬件组态默认值查看。

设置时要选择 MS 模式，即主站与从站模式，不要选择 DX 模式。

单位：本项目仅是一字节的发送或接收，因此选择"字节"。

长度：本项目所需发送或接收的信息少，仅是一字节，因此设定长度为"1"。

一致性：本项目采用不打包通信，因此选择"单位"。打包的方式选择"全部"。

步骤 6．对主站进行网络组态及参数设置

（1）双击"主站"，然后双击"硬件"，如图 18-16 所示。

（2）通过 STEP 7 编程软件对主站进行硬件组态，组态时应确保其结构与实际使用硬件配置一致，以及系统中各模块的信息与硬件模块上面印刷的订货号一致。在硬件组态界面中，通过双击导轨"Rail"插入导轨，在导轨 1 号插槽插入电源模块（PS 307 5A）、2 号插槽插入 CPU 模块（CPU 314C-2 DP，V2.6）、3 号插槽空闲、4 号插槽插入输入模块（DI16×DC24V）、5 号插槽插入输出模块（DO16×DC24V/0.5A）。然后在 CPU 314C-2 DP 模块上双击 DP 行，单击"工作模式"选项卡，选择"DP 主站"选项，如图 18-17 所示。

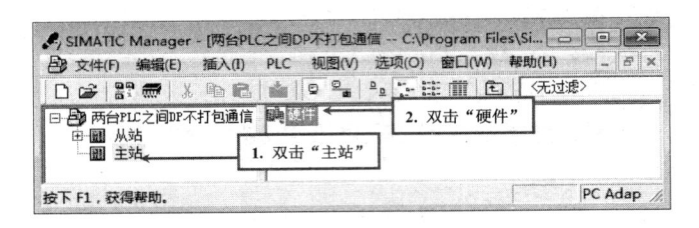

图 18-16 双击"硬件"

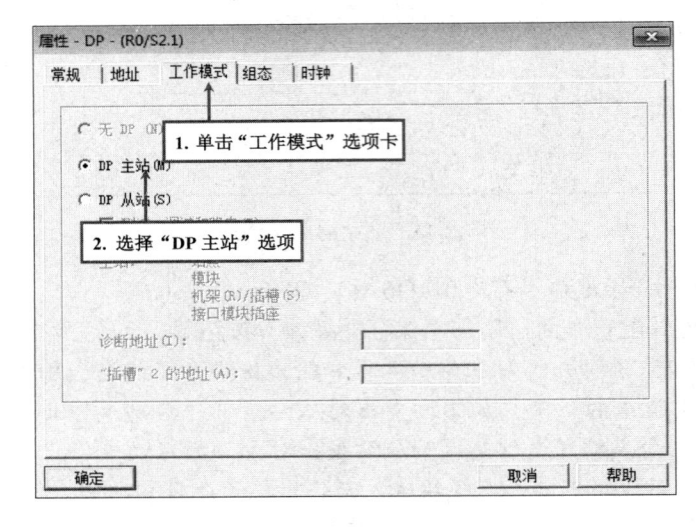

图 18-17 选择"DP 主站"

（3）单击"常规"选项卡，单击"属性"按钮。设定 DP 地址为"2"→单击"新建"按钮→单击"网络设置"按钮→单击传输率"1.5Mbps"和配置文件"DP"，单击"确定"按钮→单击"PROFIBUS 1.5Mbps"→单击"确定"按钮。

完成设置后可看到接口类型：PROFIBUS，地址：2，已联网：是，如图 18-18 所示。

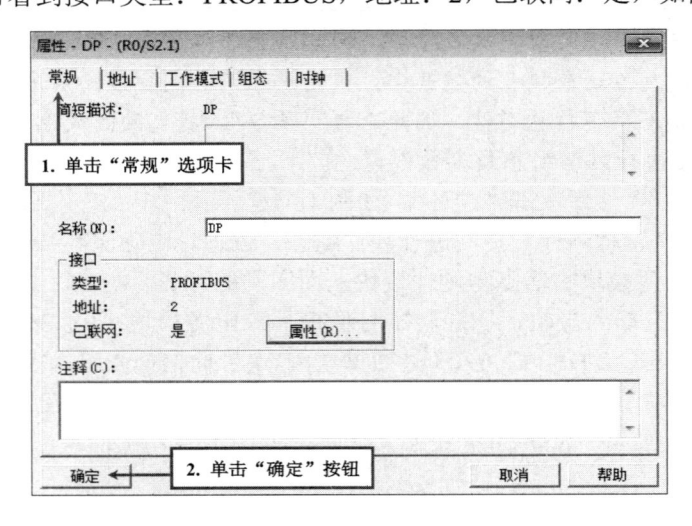

图 18-18 设置后的界面

（4）如图 18-19 所示，依次展开"PROFIBUS DP"和"Configured Stations"，将 CPU 31x 拖到"PROFIBUS（1）：DP 主站系统"网络线上。

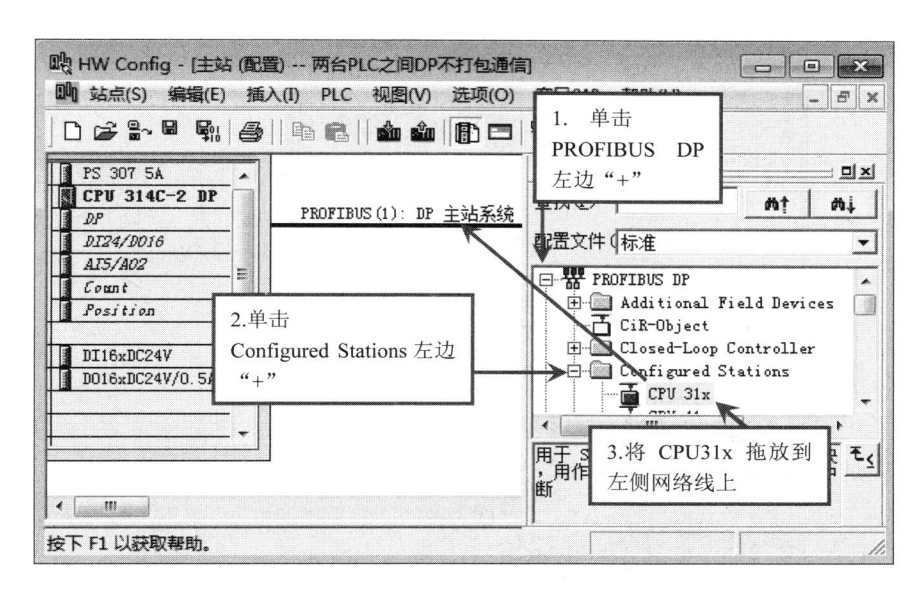

图 18-19 将从站挂到网络上

完成上述步骤后界面如图 18-20 所示，单击"连接"按钮，单击"确定"按钮。

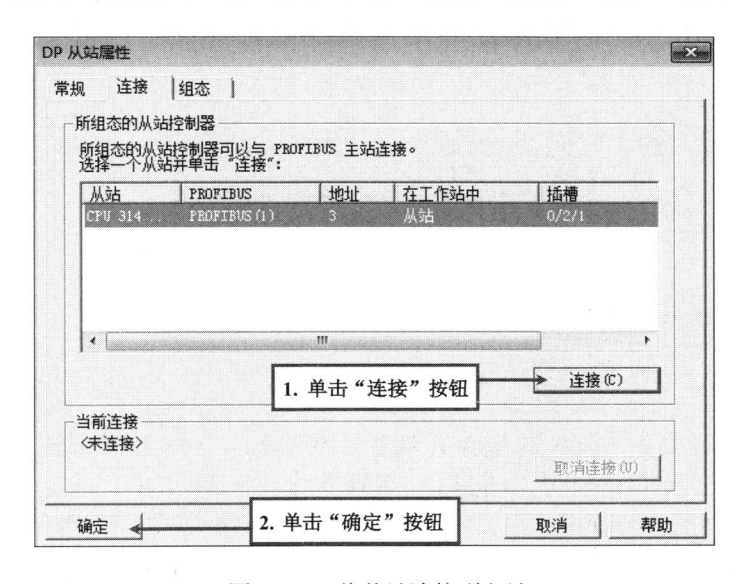

图 18-20 将从站连接到主站

（5）在从站中编辑主站，双击"PROFIBUS：DP 主站系统（1）"网络线下挂的"从站"，如图 18-21 所示。

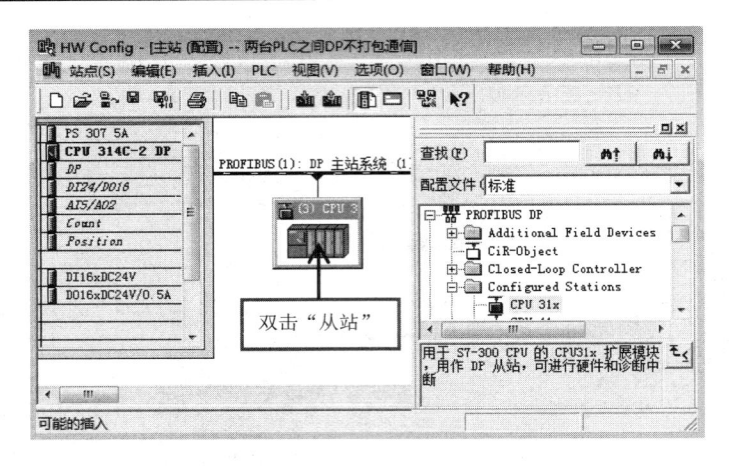

图 18-21 双击"从站"

（6）单击"组态"选项卡，选择第一行，从站的输入区 IB3 已经定下来，主站是输出区（发送区），就是伙伴地址，单击"编辑"按钮，如图 18-22 所示。

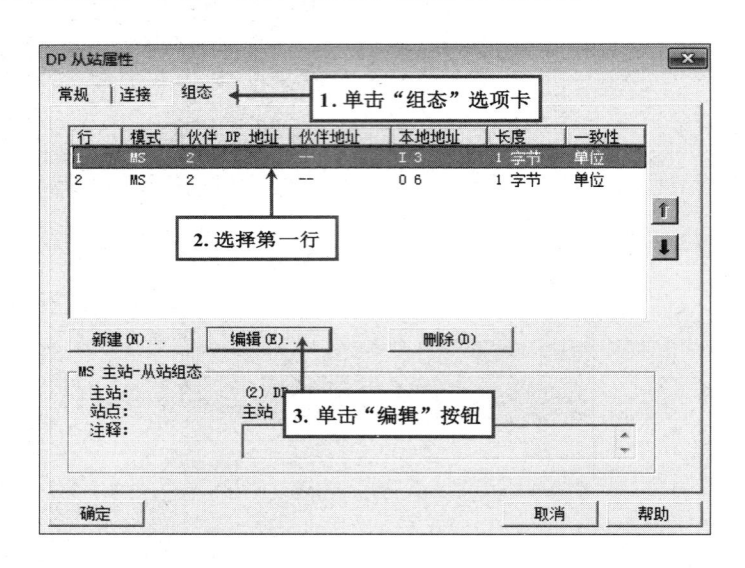

图 18-22 编辑第一行

（7）根据本项目解决步骤中的步骤 3 设置，地址类型：输出，地址：0，即伙伴地址：QB0，QB0 就是输出区（发送区），如图 18-23 所示。

（8）在图 18-22 所示界面中，单击第二行，继续编辑 DP 伙伴：主站。地址类型：输入，地址：2，即伙伴地址：IB2，IB2 就是输入区（接收区），如图 18-24 所示。

组态好的主站与从站通信区如图 18-25 所示，其内容必须与本项目解决步骤中的步骤 3 通信区设置一致。

（9）单击"确定"按钮后，回到主站的硬件配置界面，单击"保存并编译"按钮，退出主站的硬件配置。

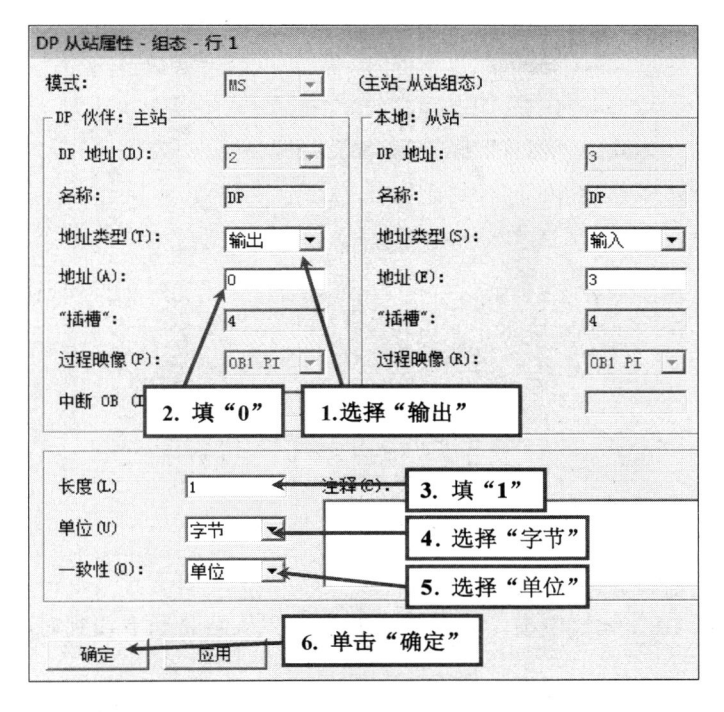

图 18-23　编辑主站输出区

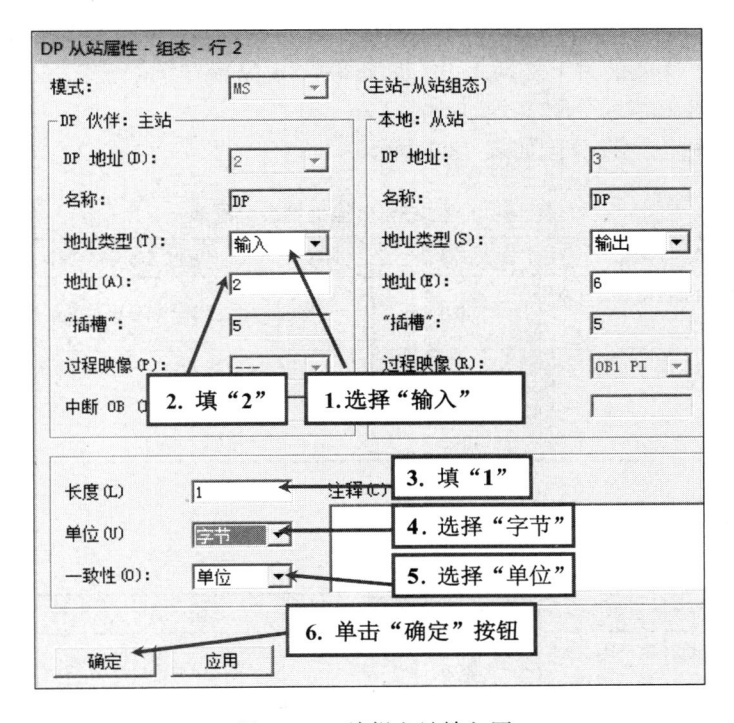

图 18-24　编辑主站输入区

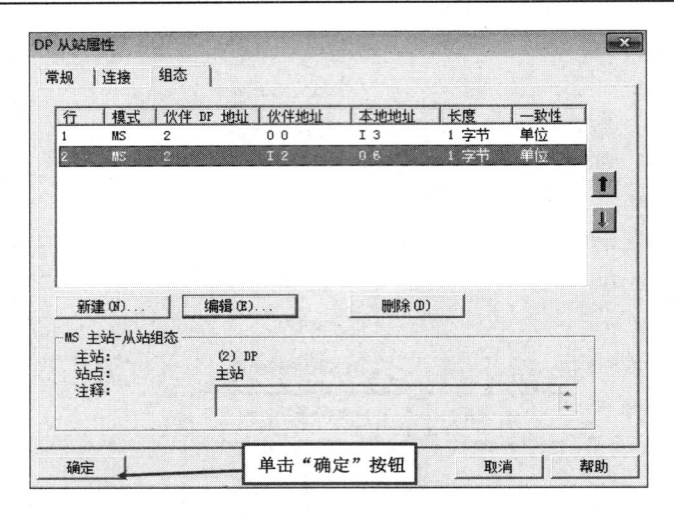

图 18-25 组态好的主站与从站通信区

步骤 7．下载硬件组态与网络组态

通过 PC 适配器 USB 编程电缆，将组态后的主站、从站分别下载到对应的 PLC 中，下载结束后关闭 PLC 电源。

重新打开 PLC 电源，观察 CPU 模块上 SF 和 BF 指示灯是否为红色，如果是红色，说明组态过程中可能存在错误，也可能是通信硬件连接问题等，需要检查，更正后，再保存编译，重新下载。SF 和 BF 指示灯不亮，且 DC5V 和 RUN 指示灯为绿色时，这一步骤就成功结束了。

注意：应在断电情况下拔下与插上 PC 适配器 USB 编程电缆。

步骤 8．输入/输出地址分配

（1）主站输入/输出地址分配如表 18-1 所示。

表 18-1　主站输入/输出地址分配表

序号	输入信号元件名称	编程元件地址	序号	输出信号元件名称	编程元件地址
1	启动从站电动机按钮 SB1（常开触点）	I0.0	1	主站电动机接触器 KM 线圈	Q4.0
2	停止从站电动机按钮 SB2（常开触点）	I0.1	2	监视从站电动机运行状态指示灯 HL1	Q4.1
3	热继电器 FR（常闭触点）	I0.2	3	报警灯 HL2	Q4.2

（2）从站输入/输出地址分配如表 18-2 所示。

表 18-2　从站输入/输出地址分配表

序号	输入信号元件号名称	编程元件地址	序号	输出信号元件名称	编程元件地址
1	启动主站电动机按钮 SB1（常开触点）	I0.0	1	从站电动机接触器 KM 线圈	Q4.0
2	停止主站电动机按钮 SB2（常开触点）	I0.1	2	监视主站电动机运行状态指示灯 HL1	Q4.1
3	热继电器 FR（常闭触点）	I0.2	3	报警灯 HL2	Q4.2

步骤 9．接线图的绘制

主站外设接线图如图 18-26 所示。

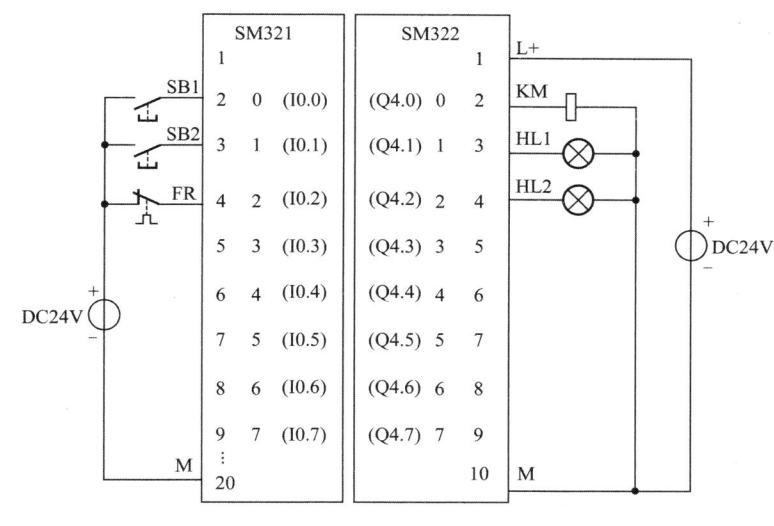

图 18-26　主站外设接线图

从站外设接线图如图 18-27 所示。

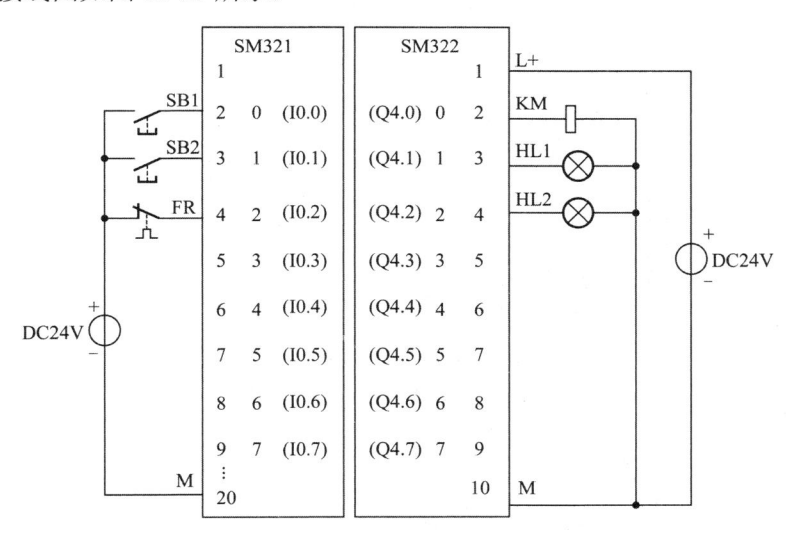

图 18-27　从站外设接线图

步骤 10．主站和从站通信区地址分配

主站发送区（输出区）字节为 QB0，对应从站接收区（输入区）字节为 IB3，Q0.0 对应 I3.0，Q0.1 对应 I3.1……如图 18-28 所示。

从站发送区（输出区）字节为 QB6，对应主站接收区（输入区）字节为 IB2，Q6.0 对应 I2.0，Q6.1 对应 I2.1……如图 18-29 所示。

主站发送区 QB0:

| Q0.7 | Q0.6 | Q0.5 | Q0.4 | Q0.3 | Q0.2 | Q0.1 | Q0.0 |

从站接收区 IB3:

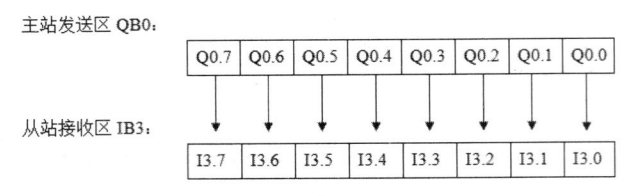

| I3.7 | I3.6 | I3.5 | I3.4 | I3.3 | I3.2 | I3.1 | I3.0 |

图 18-28 主站发送区与从站接收区对应关系

从站发送区 QB6:

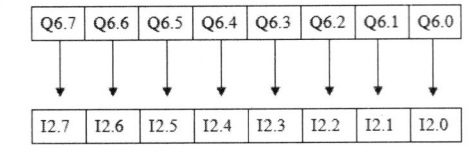

| Q6.7 | Q6.6 | Q6.5 | Q6.4 | Q6.3 | Q6.2 | Q6.1 | Q6.0 |

主站接收区 IB2:

| I2.7 | I2.6 | I2.5 | I2.4 | I2.3 | I2.2 | I2.1 | I2.0 |

图 18-29 从站发送区与主站接收区对应关系

步骤 11. 建立符号表

主站符号表如图 18-30 所示（符号表中各符号名称与上下文中对应元器件名称略有不同）。
从站符号表如图 18-31 所示（符号表中各符号名称与上下文中对应元器件名称略有不同）。

	状态	符号	地址		数据类型
1		启动按钮SB1	I	0.0	BOOL
2		热继电器FR	I	0.2	BOOL
3		停止按钮SB2	I	0.1	BOOL
4		主站电机KM线圈	Q	4.0	BOOL
5		报警灯HL2	Q	4.2	BOOL
6		监视指示灯HL1	Q	4.1	BOOL
7		发送启动从站电机信号	Q	0.0	BOOL
8		发送停止从站电机信号	Q	0.1	BOOL
9		接收从站启动电机信号	I	2.0	BOOL
10		接收从站停止电机信号	I	2.1	BOOL
11		发送主站电机状态信号	Q	0.2	BOOL
12		接收从站电机状态信号	I	2.2	BOOL
13		发送主站电机过载信号	Q	0.3	BOOL
14		接收从站电机过载信号	I	2.3	BOOL

图 18-30 主站符号表

	状态	符号	地址		数据类型
1		启动按钮SB1	I	0.0	BOOL
2		热继电器FR	I	0.2	BOOL
3		停止按钮SB2	I	0.1	BOOL
4		报警灯HL2	Q	4.2	BOOL
5		从站电机KM线圈	Q	4.0	BOOL
6		监视指示灯HL1	Q	4.1	BOOL
7		发送启动主站电机信号	Q	6.0	BOOL
8		发送停止主站电机信号	Q	6.1	BOOL
9		接收主站启动信号	I	3.0	BOOL
10		接收主站停止信号	I	3.1	BOOL
11		发送从站电机状态信号	Q	6.2	BOOL
12		接收主站电机状态信号	I	3.2	BOOL
13		发送从站电机过载信号	Q	6.3	BOOL
14		接收主站电机过载信号	I	3.3	BOOL

图 18-31 从站符号表

项目 18 两台 S7-300 PLC 之间的 PROFIBUS-DP 不打包通信

步骤 12．编写程序

根据项目要求、I/O 地址分配和通信区设置编写程序。

1）主站程序

主站程序如图 18-32 所示。

程序段1：启动从站电动机信号

```
   I0.0                                    Q0.0
"停止按钮                              "发送启动
   SB1"                                从站电动机
                                         信号"
───┤ ├─────────────────────────────────( )───
```

程序段2：停止从站电动机信号

```
   I0.1                                    Q0.1
"停止按钮                              "发送停止
   SB2"                                从站电动机
                                         信号"
───┤ ├─────────────────────────────────( )───
```

程序段3：接收来自从站启动或停止主站电动机信号

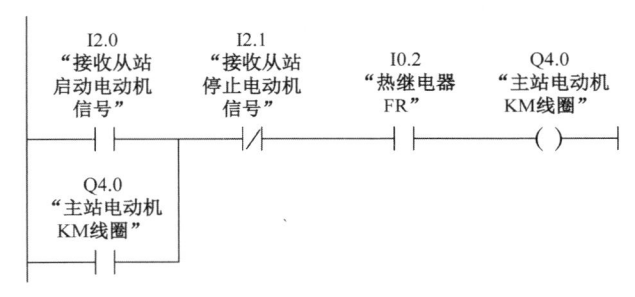

```
   I2.0         I2.1        I0.2          Q4.0
"接收从站    "接收从站
启动电动机   停止电动机    "热继电器    "主站电动机
   信号"        信号"        FR"         KM线圈"
───┤ ├────────┤/├─────────┤ ├───────────( )───
   Q4.0
"主站电动机
   KM线圈"
───┤ ├──
```

程序段4：发送主站电动机状态信号

```
                                            Q0.2
   Q4.0                                  "发送主站
"主站电动机                             电动机状态
   KM线圈"                                 信号"
───┤ ├─────────────────────────────────( )───
```

程序段5：接收来自从站电动机状态信号，指示灯HL1进行监视

```
   I2.2
"接收从站
电动机状态                                  Q4.1
   信号"                                "监视指示灯
                                          HL1"
───┤ ├─────────────────────────────────( )───
```

图 18-32 主站程序

245

程序段6：发送主站电动机过载信号

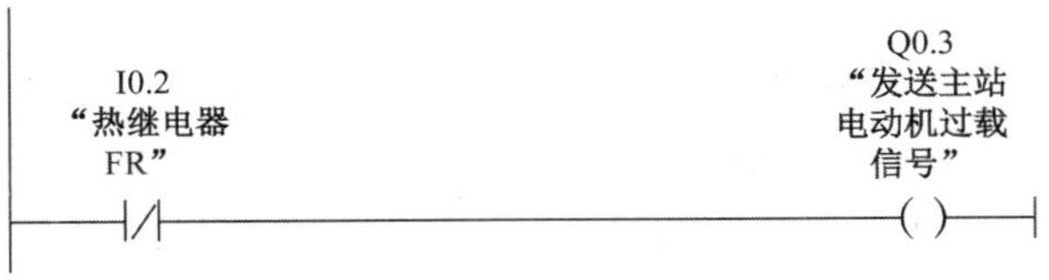

```
  I0.2                                    Q0.3
"热继电器                                "发送主站
  FR"                                   电动机过载
                                          信号"
───┤/├──────────────────────────────────( )───
```

程序段7：接收来自从站的电动机过载信号，报警灯HL2闪烁

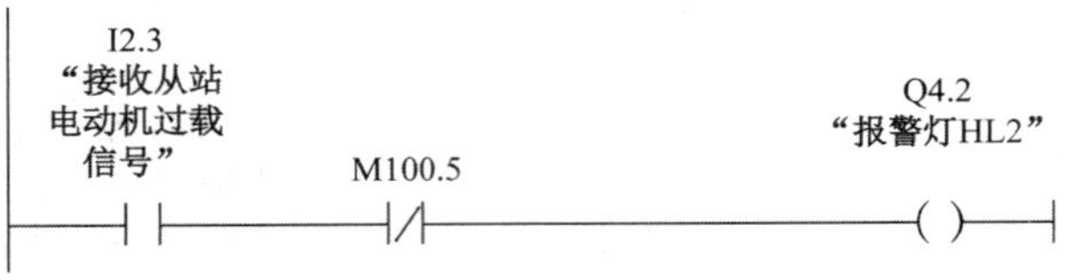

```
  I2.3
"接收从站
电动机过载                                  Q4.2
  信号"          M100.5                 "报警灯HL2"
───┤ ├──────────┤/├────────────────────( )───
```

图 18-32　主站程序（续）

2）从站程序

从站程序如图 18-33 所示。

程序段1：启动主站电动机信号

```
  I0.0                                    Q6.0
"启动按钮                                "发送启动
  SB1"                                  主站电动机
                                          信号"
───┤ ├──────────────────────────────────( )───
```

程序段2：停止主站电动机信号

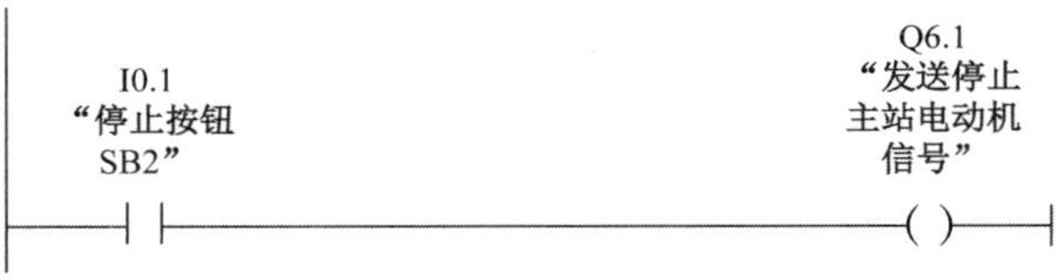

```
  I0.1                                    Q6.1
"停止按钮                                "发送停止
  SB2"                                  主站电动机
                                          信号"
───┤ ├──────────────────────────────────( )───
```

程序段3：接收来自主站启动或者停止从站电动机信号

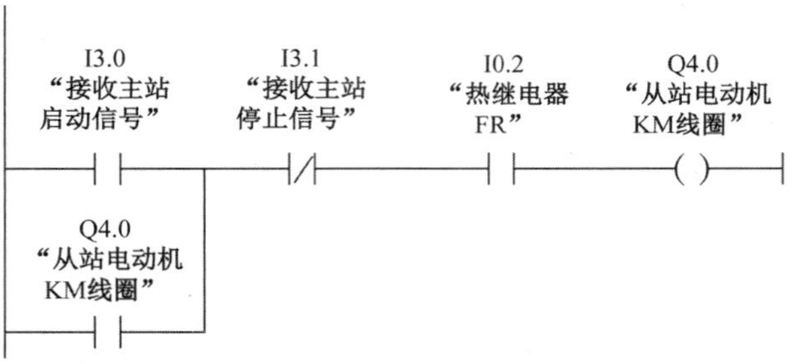

```
   I3.0         I3.1         I0.2          Q4.0
"接收主站    "接收主站     "热继电器     "从站电动机
启动信号"    停止信号"        FR"         KM线圈"
───┤ ├──────┤/├───────────┤ ├───────────( )───
   Q4.0
"从站电动机
 KM线圈"
───┤ ├──────┤
```

图 18-33　从站程序

程序段4：发送从站电动机状态信号

```
    Q4.0                                  Q6.2
"从站电动机                              "发送从站
  KM线圈"                               电动机状态
                                          信号"
────┤ ├──────────────────────────────────( )────
```

程序段5：接收来自主站电动机状态信号，指示灯HL进行监视

```
    I3.2
 "接收主站                                Q4.1
 电动机状态                             "监视指示灯
    信号"                                 HL1"
────┤ ├──────────────────────────────────( )────
```

程序段6：发送从站电动机过载信号

```
    I0.2                                  Q6.3
 "热继电器                              "发送从站
    FR"                                 电动机过载
                                          信号"
────┤/├──────────────────────────────────( )────
```

程序段7：接收来自主站的电动机过载信号，报警灯HL2闪烁

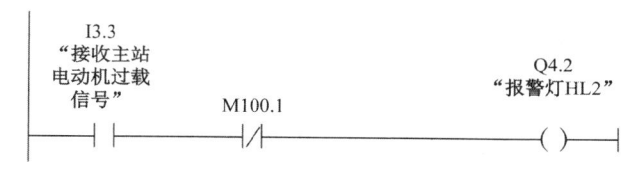

```
    I3.3
 "接收主站
 电动机过载                               Q4.2
    信号"         M100.1               "报警灯HL2"
────┤ ├──────────┤/├─────────────────────( )────
```

图 18-33 从站程序（续）

步骤 13. 中断处理

PROFIBUS-DP 总线所能连接的从站个数与 CPU 类型有关，最多可以连接 125 个从站，若某一个从站掉电或者损坏，系统将产生不同的中断，并且调用相应的组织块，如果在程序中没有建立这些组织块，CPU 将停止运行，以保护人身和设备的安全，因此建立系统时要在主站和从站设置界面中右击"块"，分别插入 OB82、OB86 和 OB122 组织块，以便系统进行相应的中断处理。如果要忽略这些故障让 CPU 继续运行，可以对这几个组织块不编写任何程序，只插入空的组织块。以主站为例，如图 18-34 所示。

步骤 14. 联机调试

首先应确保接线正确，在 SIMATIC 管理器中，将主站和从站的硬件组态、通信组态及程序分别下载到各自对应的 PLC 中。

在主站按下启动按钮 SB1，可以看到从站电动机转动，看到主站指示灯 HL1 亮。在主站按下停止按钮 SB2，可以看到从站电动机停止，看到主站指示灯 HL1 灭。主站指示灯 HL1 显示了从站电动机转动或停止状态。

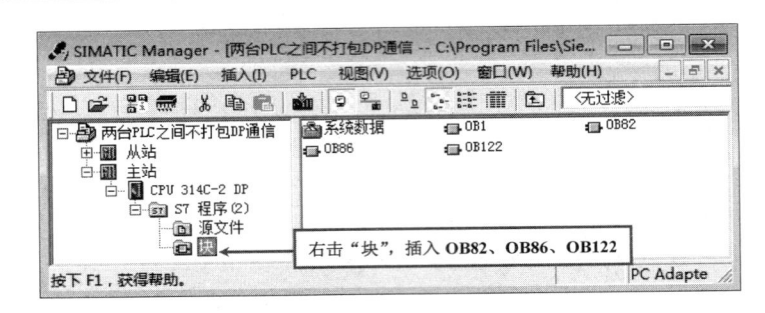

图 18-34 在主站中插入空的组织块

当从站电动机过载时，热继电器 FR（常闭触点）动作，可以看到该电动机停止，并且看到主站指示灯 HL2 以 1Hz 频率报警闪烁。

在从站按下启动按钮 SB1，可以看到主站电动机转动，看到从站指示灯 HL1 亮。在从站按下停止按钮 SB2，可以看到主站电动机停止，从站指示灯 HL1 灭。从站指示灯 HL1 显示了主站电动机转动或停止状态。

当主站电动机过载时，热继电器 FR（常闭触点）动作，可以看到该电动机停止，并且看到从站指示灯 HL2 以 5Hz 频率报警闪烁。

满足上述情况，说明调试成功。如果不能满足，应检查原因，纠正问题，重新调试，直到满足上述情况为止。

18.5 知识拓展（三台 PLC 之间的 PROFIBUS-DP 不打包通信）

由三台 PLC 组成的一主二从 PROFIBUS-DP 不打包通信系统中，PLC 的 CPU 模块为 CPU 314C-2 DP。其中有一个主站，两个从站。主站的 DP 地址为 2，从站 1 的 DP 地址为 3，从站 2 的 DP 地址为 4。控制要求：

在主站按下启动按钮 SB1，从站 1 和从站 2 的电动机转动，主站指示灯 HL1、HL2 亮。在主站按下停止按钮 SB2，从站 1 和从站 2 的电动机停止，主站指示灯 HL1、HL2 灭。

项目解决方法简单介绍如下（参考前文）：

步骤 1. 通信的硬件和软件配置

步骤 2. 通信的硬件连接

确保断电接线。将 PROFIBUS 电缆与 DP 头连接，将 DP 头插到 3 个 CPU 模块的 DP 口。因主站和最后一个从站的两个 DP 头处于网络终端位置，所以将其开关设置为 ON，因另一个 DP 头在中间位置，所以 DP 头的开关设置为 OFF。将 PC 适配器 USB 编程电缆的 RS485 端口插在 CPU 模块的 MPI 口，另一端插在编程器的 USB 口上。通信系统的硬件连接如图 18-35 所示。

项目 18 两台 S7-300 PLC 之间的 PROFIBUS-DP 不打包通信

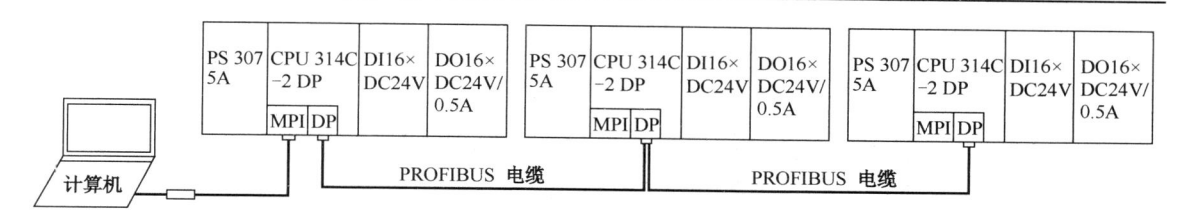

图 18-35 通信系统的硬件连接

步骤 3．通信区设置

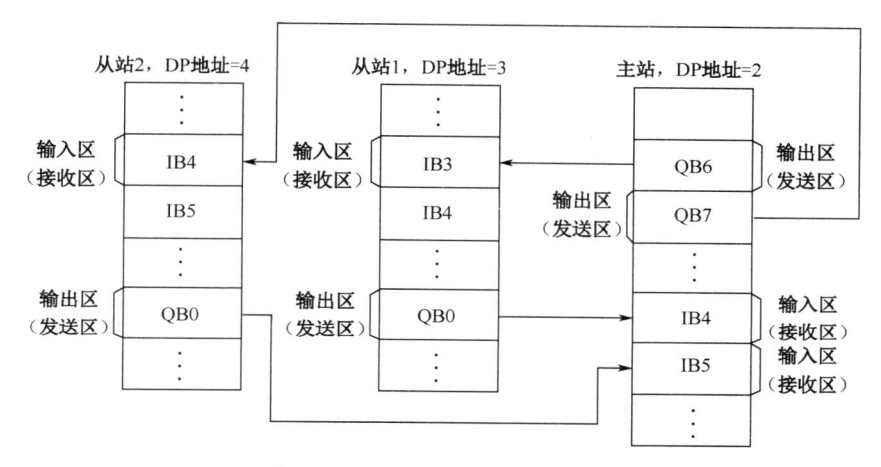

通信区设置如图 18-36 所示。

图 18-36 通信区设置

步骤 4．通信组态过程

1）从站 1 网络组态及参数设置

根据通信区设置，从站 1 通信区设置如图 18-37 所示。

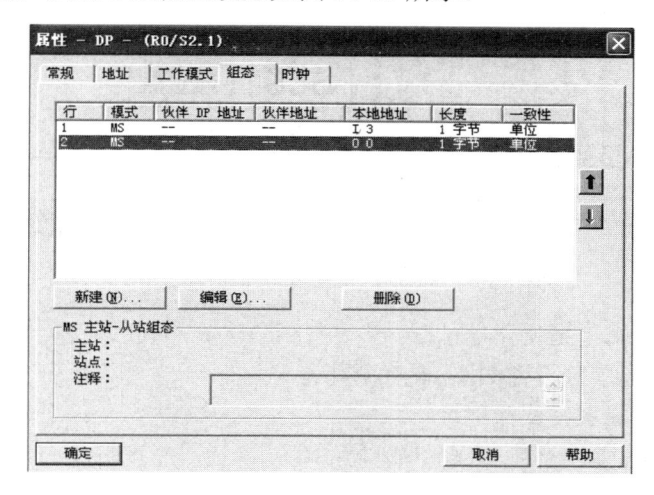

图 18-37 从站 1 通信区设置

2）从站 2 网络组态及参数设置

根据通信区设置，从站 2 通信区设置如图 18-38 所示。

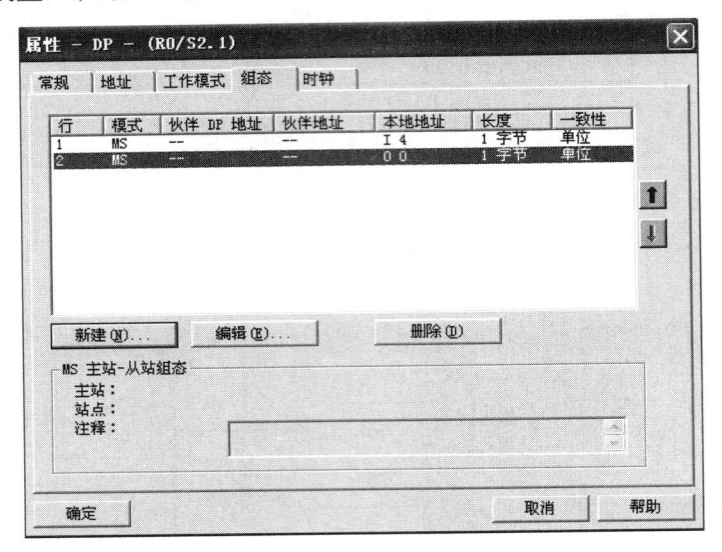

图 18-38　从站 2 通信区设置

3）主站网络组态及参数设置

将从站 1 和从站 2 分别连接到 PROFIBUS DP 主站系统网络线上，如图 18-39 所示。

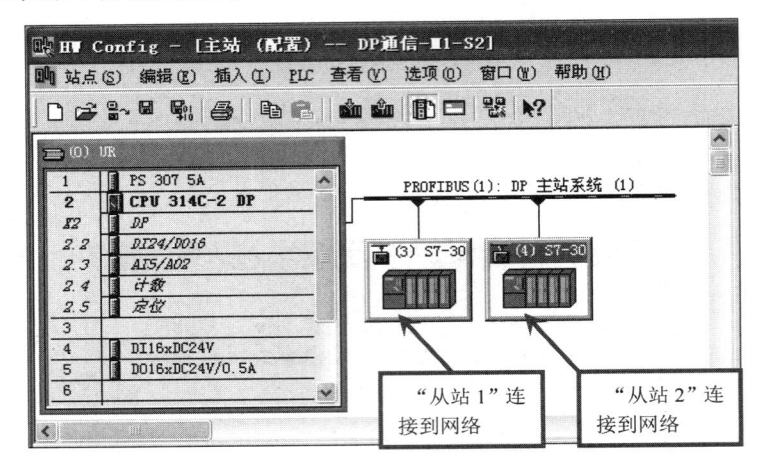

图 18-39　从站 1 和从站 2 已连接到网络

4）在从站 1 中编辑主站伙伴地址

主站与从站 1 的通信区设置如图 18-40 所示。

5）在从站 2 中编辑主站伙伴地址

主站与从站 2 的通信区设置如图 18-41 所示。

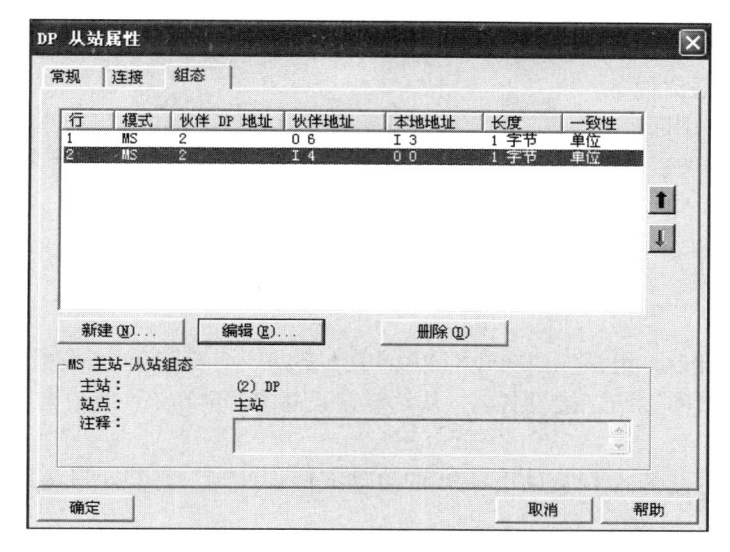

图 18-40　主站与从站 1 的通信区设置

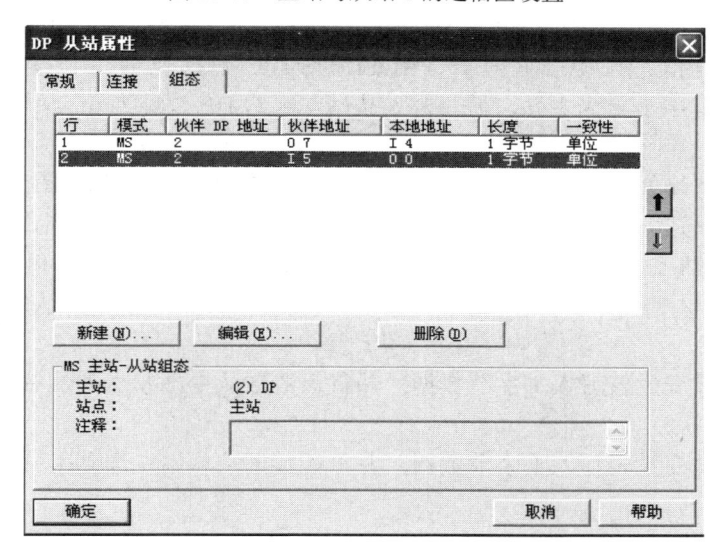

图 18-41　主站与从站 2 的通信区设置

步骤 5. 下载硬件组态与网络组态

通过 PC 适配器 USB 编程电缆，将主站、从站 1、从站 2 的硬件组态和网络组态分别下载到相应站的 PLC 中，下载结束后关闭 PLC 电源。

重新打开 PLC 电源，观察 CPU 模块上 SF 和 BF 指示灯是否为红色。如果是红色，说明组态过程中可能存在错误，也可能是通信硬件配置连接问题等，须检查、更正后，再保存编译，重新下载。SF 和 BF 指示灯不亮，且 DC5V 和 RUN 指示灯为绿色时，这一步骤就成功结束了。

注意： 须在断电情况下，拔下与插上 PC 适配器 USB 编程电缆。

步骤 6. 输入/输出地址分配

步骤 7. 画出输入/输出接线图

步骤 8. 建立符号表
步骤 9. 编写通信程序
步骤 10. 设置中断处理
步骤 11. 联机调试

巩固练习十八

（1）由两台 PLC 组成一主一从 PROFIBUS-DP 不打包通信系统，CPU 模块均为 CPU 314C-2 DP，其中主站连接设备 A，从站连接设备 B，主站 DP 地址为 4，从站 DP 地址为 5。控制要求如下。

① 主站完成对设备 A 及从站设备 B 的启动或停止控制，且能对设备 A 和设备 B 的工作状态进行监视。

② 从站完成对设备 B 及主站设备 A 的启动或停止控制，且能对设备 A 和设备 B 的工作状态进行监视。

（2）由两台 PLC 组成一主一从 PROFIBUS-DP 不打包通信系统，CPU 模块均为 CPU 314C-2 DP，其中一台为主站，另一台为从站，主站 DP 地址为 6，从站 DP 地址为 7。控制要求如下。

① 在主站按下开关 SA1，主站将 1Hz 闪烁信号发送至从站，从站指示灯 HL2 闪烁。

② 在从站按下开关 SA2，从站将 5Hz 闪烁信号发送至主站，主站指示灯 HL1 闪烁。

（3）由两台 PLC 组成一主一从 PROFIBUS-DP 不打包通信系统，CPU 模块均为 CPU 314C-2 DP，其中一台为主站，另一台为从站，主站 DP 地址为 8，从站 DP 地址为 9。控制要求如下。

① 在主站通过变量表写入 1 字节数据，并将该数据从主站发送到从站，从站接收后通过变量表能显示该数据。

② 在从站通过变量表写入 1 字节数据，并将该数据从从站发送到主站，主站接收后通过变量表能显示该数据。

项目 19　两台 S7-300 PLC 之间的 PROFIBUS-DP 打包通信

19.1　案例引入和项目要求

1. 案例引入——PROFIBUS-DP 通信技术在风力发电控制系统中的应用

风力发电机组主要由控制系统、变桨系统、偏航系统、变频系统、发动机系统、液压系统等组成，而每个系统又由几十个甚至上百个不同厂家生产的单元组成。通常，采用 FCS（即现场总线控制系统）来实现控制系统和其他各系统之间的通信，保证风力发电机的安全运行。控制系统利用总线技术来进行数字智能现场装置的现场化信息处理，而 PROFIBUS-DP 通信技术就是其中运行最稳定、最具开放性的总线通信技术。如何更好地将 PROFIBUS-DP 通信技术应用在风力发电技术中已受到越来越多的关注。

PROFIBUS-DP 通信技术在控制系统中的应用：以金风 1.5MW 风力发电机组为例，控制系统采用 PROFIBUS-DP 通信技术。塔基主控制器以倍福控制器为主站，机舱控制柜、变桨控制柜、变频器分别为独立的子站，每个子站又集成了众多 I/O 点。控制系统主要完成以下任务：收集底层传来的数据并进行处理；根据程序设定值进行逻辑判断，对外围相关执行点（I/O 点）发出控制指令；与机舱控制柜和变桨控制柜进行通信并接收信号，与集控站中央监控系统开展通信和信息交互。

其他变桨系统、偏航系统等应用不一一列举。

通过 PROFIBUS-DP 通信技术在风力发电机组控制系统中的应用工程案例可知，在通信方面，此案例与下面项目要求有相似知识点，供读者学习体会。

2. 项目要求

由两台 S7-300 PLC 组成的 PROFIBUS-DP 打包通信系统中，PLC 的 CPU 模块为 CPU 314C-2 DP。有一个 PLC 是主站，另一个 PLC 是从站，主站 DP 地址为 2，从站 DP 地址为 3。

要求：在主站建立变量表，在主站变量表中写入（修改）24 字节数据，该数据被发送到从站，从站接收到该数据后再把它发送到主站。在主站变量表中可以看到接收的该 24 字节数据。

19.2　学习目标

（1）掌握两台 S7-300 PLC 之间的 PROFIBUS-DP 打包通信的硬件、软件配置并能独立叙述。

（2）掌握两台 S7-300 PLC 之间的 PROFIBUS-DP 打包通信的硬件连接并能边操作边讲述。

（3）掌握两台 S7-300 PLC 之间的 PROFIBUS-DP 打包通信的通信区设置并能边操作边讲述。

（4）掌握两台 S7-300 PLC 之间的 PROFIBUS-DP 打包通信的网络组态及参数设置并能边操作边讲述。

（5）掌握两台 S7-300 PLC 之间的 PROFIBUS-DP 打包通信的编程及调试并能边操作边讲述。

（6）掌握 SFC15 和 SFC14 指令的应用并能灵活用其编写程序。

19.3 相关知识

讲解 SFC15 指令

在 PLC 控制系统中，一次传送数据达 4 字节以上，则采用打包方式通信。打包通信须调用系统功能 SFC。STEP 7 提供了两个系统功能（SFC15 指令和 SFC14 指令）来完成数据的打包和解包功能。

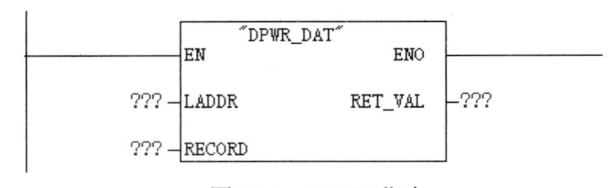

19.3.1 SFC15 指令的应用

SFC15 指令 "DPWR_DAT" 用于写（发送）连续数据。在程序编辑器左侧目录中依次展开库→Standard Library→System Function Blocks，双击 "SFC15 DPWR-DAT DP"，在程序代码编辑区就会出现如图 19-1 所示指令。

图 19-1 SFC15 指令

SFC15 指令的应用如表 19-1 所示。

表 19-1 SFC15 指令的应用

引脚	数据类型	应用说明
EN	BOOL	模块执行使能
LADDR	WORD	本地通信区起始地址，该地址必须为十六进制格式。例如，起始地址十进制 10 表示为 LADDR:=W#16#A
RECORD	ANY	待打包的数据存放区域
RET_VAL	INT	如果在功能激活时出错，则返回值将包含一个错误代码
ENO	BOOL	模块输出使能

19.3.2 SFC14 指令的应用

SFC14 指令 "DPRD_DAT" 用于读（接收）连续数据。在程序编辑器左侧目录中依次展开库→Standard Library→System Function Blocks，双击 "SFC14 DPRD-DAT DP"，在程序代码

编辑区就会出现如图 19-2 所示指令。

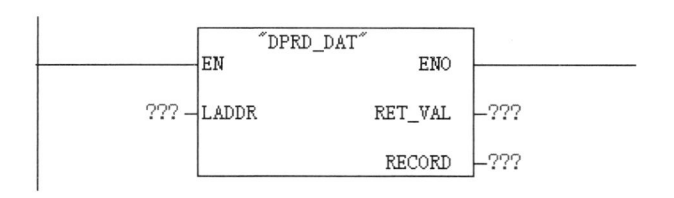

图 19-2　SFC14 指令

SFC14 指令的应用如表 19-2 所示。

表 19-2　SFC14 指令的应用

引脚	数据类型	应用说明
EN	BOOL	模块执行使能
LADDR	WORD	本地通信区起始地址，该地址必须为十六进制格式。例如，诊断地址 10 表示为 LADDR:=W#16#A
RECORD	ANY	解包后数据存放区
RET_VAL	INT	如果在功能激活时出错，则返回值将包含一个错误代码
ENO	BOOL	模块输出使能

19.4　项目解决步骤

步骤 1．硬件和软件配置

硬件：

（1）电源模块（PS 307 5A）2 个。

（2）紧凑型 S7-300 CPU（CPU 314C-2 DP，V2.6）2 个。

（3）MMC 卡 2 张。

（4）输入模块（DI16×DC24V）2 个。

（5）输出模块（DO16×DC24V/0.5A）2 个。

（6）DIN 导轨 2 根。

（7）PROFIBUS 电缆 1 根。

（8）DP 头 2 个。

（9）PC 适配器 USB 编程电缆（用于 S7-200/S7-300/S7-400 PLC 下载线）1 根。

（10）装有 STEP 7 编程软件的计算机（也称编程器）。

软件： STEP 7 V5.4 及以上版本编程软件。

步骤 2．通信的硬件连接

确保断电情况下，接线将 PROFIBUS 电缆与两个 DP 头连接，将 DP 头插到两个 CPU 模块的 DP 口。因主站与从站上 DP 头处于网络终端位置，所以 DP 头的开关设置为 ON，将 PC 适配器 USB 编程电缆的 RS485 端口插入 CPU 模块的 MPI 口，另一端插在编程器的 USB 口上。通信系统的硬件连接如图 19-3 所示。

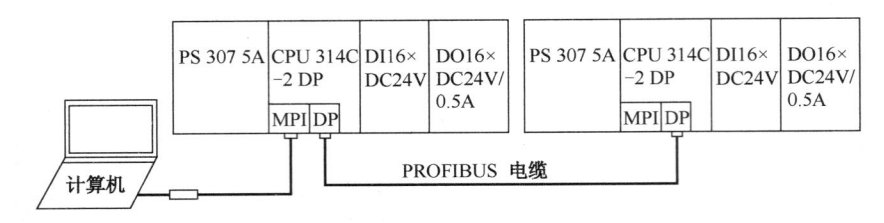

图 19-3 通信系统的硬件连接

步骤 3．通信区设置

主站与从站的通信区设置如图 19-4 所示。主站输出区（发送区）QB8～QB31 对应从站输入区（接收区）IB3～IB26。主站输入区（接收区）IB2～IB25 对应从站输出区（发送区）QB6～QB29。

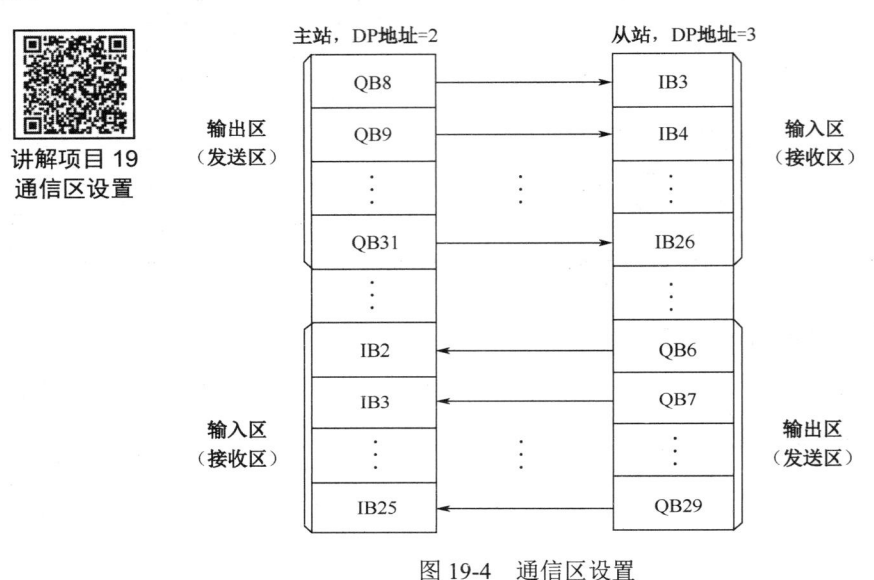

讲解项目 19 通信区设置

图 19-4 通信区设置

步骤 4．新建项目

新建一个项目，命名为"打包一主一从 DP 通信"，然后在项目名称上右击，插入两个 SIMATIC300 站点，并将其分别重命名为"主站"和"从站"，如图 19-5 所示。

步骤 5．从站网络组态及参数设置

（1）对从站进行组态。根据实际使用的硬件配置，通过软件对从站进行硬件组态，注意系统中各模块的相关信息应与硬件模块上面印刷的订货号一致。单击站点"从站"，双击"硬件"图标，然后插入导轨（Rail），在导轨上 1 号插槽插入电源模块（PS 307 5A）、2 号插槽插入 CPU 模块（CPU 314C-2 DP，V2.6）、3 号插槽空闲、4 号插槽插入输入模块 DI16×DC24V、5 号插槽插入输出模块 DO16×DC24V/0.5A，然后在 CPU 314C-2 DP 模块上双击"DP"行，如图 19-6 所示，之后，界面如图 19-7 所示。单击"常规"页签，单击"属性"按钮。

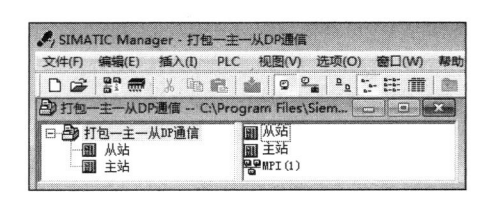

项目 19　两台 S7-300 PLC 之间的 PROFIBUS-DP 打包通信

图 19-5　两个 SIMATIC300 站点的重命名

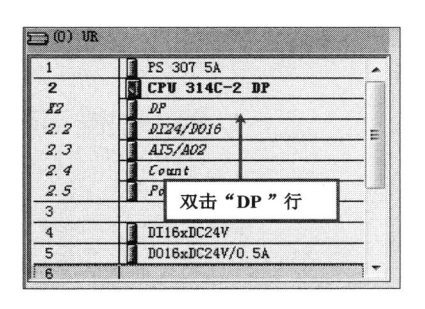

图 19-6　进行从站硬件组态

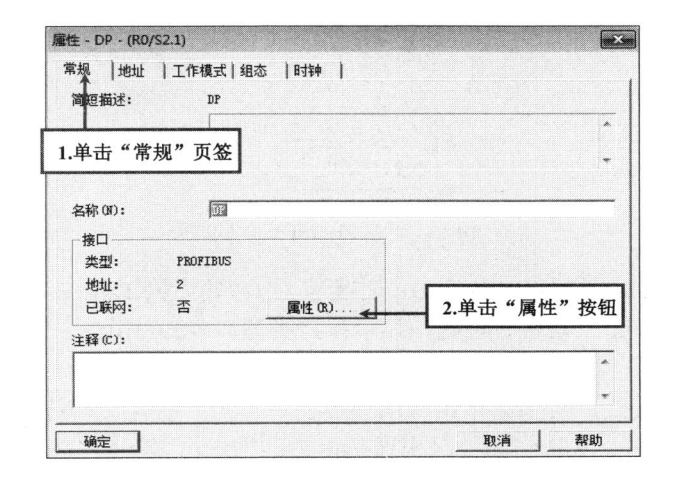

图 19-7　从站属性

（2）项目要求从站地址设置为 3，所以此处将 DP 地址更改为 3。单击"新建"按钮，如图 19-8 所示。

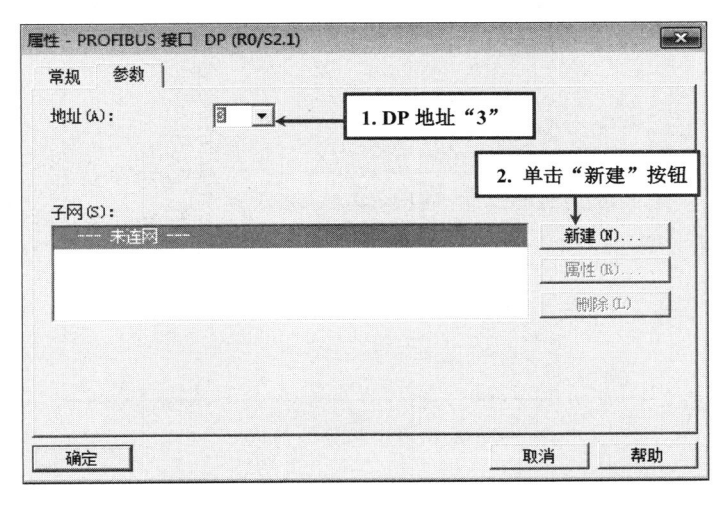

图 19-8　将 DP 地址更改为 3

（3）单击"网络设置"页签，单击"12Mbps"，单击"DP"，单击"确定"按钮，如图 19-9 所示。

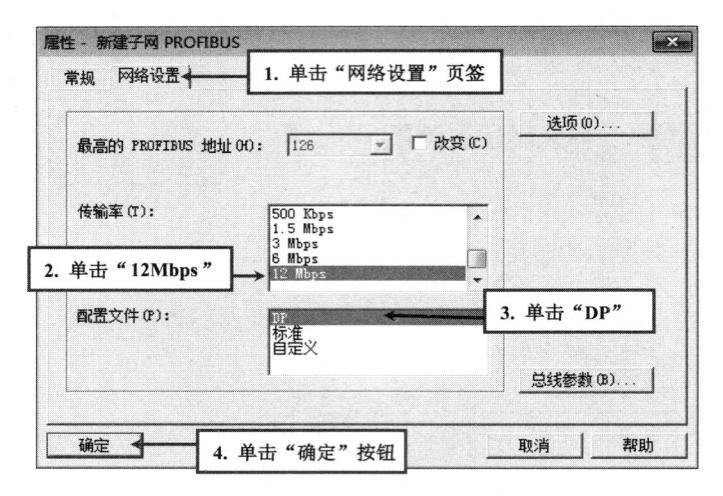

图 19-9　新建 PROFIBUS-DP 网

此时界面应如图 19-10 所示，从站 DP 地址为 3，传输率为 12Mbps，单击"确定"按钮。

在属性设置界面单击"常规"页签，显示接口类型：PROFIBUS；地址：3；已联网：是，如图 19-11 所示。

（4）单击"工作模式"页签，单击"DP 从站"，单击"确定"按钮，如图 19-12 所示。

（5）单击"组态"页签，对输入/输出通信区组态，单击"新建"按钮，如图 19-13 所示。

（6）根据本项目解决步骤中的步骤 3 通信区设置，对输入区进行设置，从站地址类型设为"输入"，地址：3，表示开始地址为 3（即 IB3）；长度：24，表示 24 字节的长度，从 IB3 到 IB26；单位：字节；一致性：全部，而不是单位。单击"确定"按钮，如图 19-14 所示。

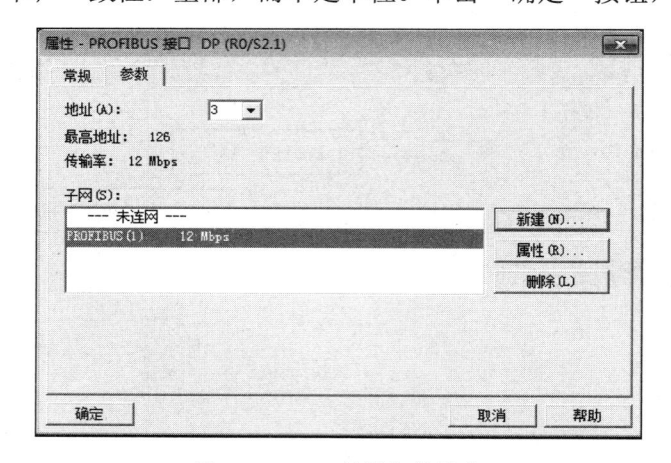

图 19-10　DP 地址与传输率

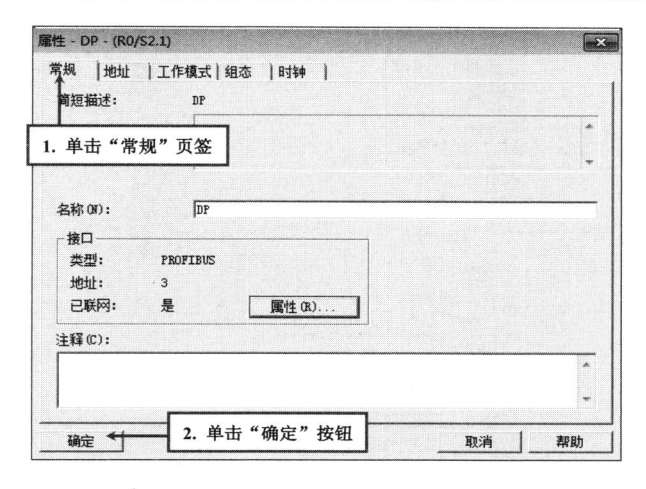

图 19-11 属性窗口

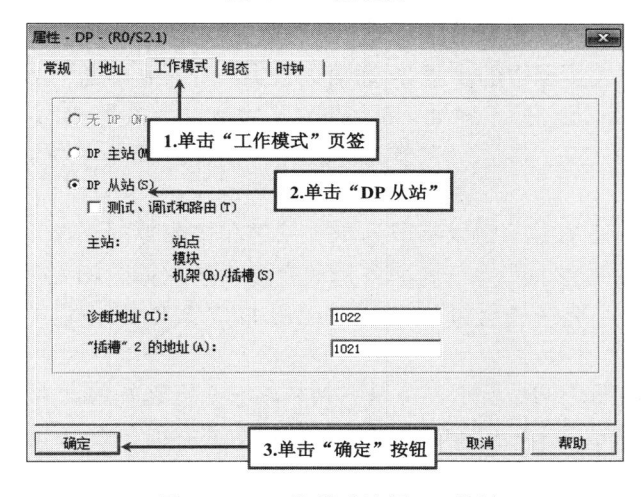

图 19-12 工作模式选择 DP 从站

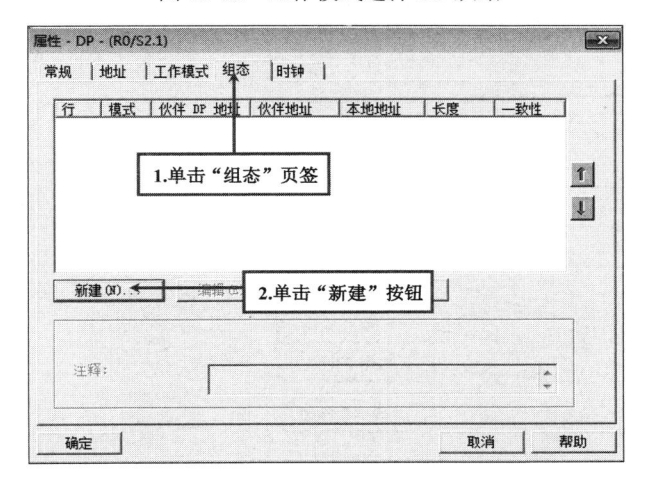

图 19-13 通信区组态

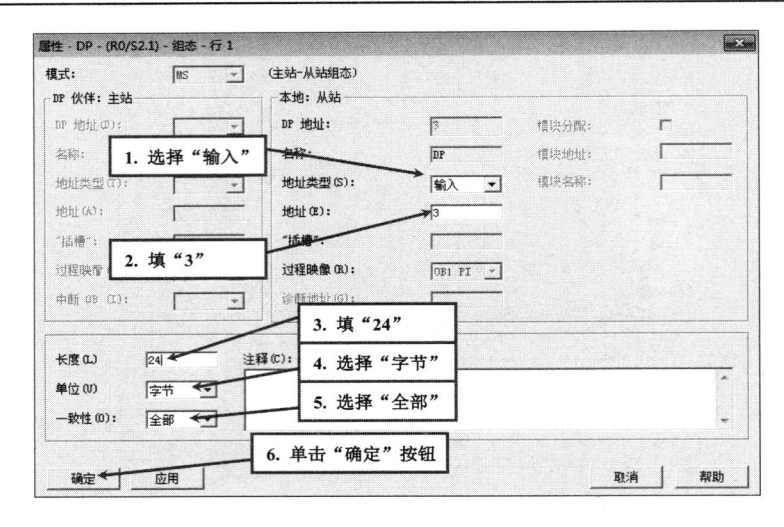

图 19-14 组态输入区

（7）根据本项目解决步骤中的步骤 3 通信区设置，对输出区进行设置，单击"新建"按钮，从站地址类型设为"输出"，地址：6，表示开始地址为 6 即 QB6；长度：24，表示 24 字节长度，从 QB6～QB29；单位：字节；一致性：全部，不是单位。单击"确定"按钮，如图 19-15 所示。

当一致性设为"单位"时，则以字节为单位发送和接收数据，如果数据到达从站输入区不在同一时刻，从站可能会不在同一周期内处理完接收区数据。如果需要从站必须在同一周期内处理完这些数据，可选择"全部"，编程时调用 DPWR-DAT 打包发送，调用 DPRD-DAT 解包接收。

从站通信区组态如图 19-16 所示。可以看到从站输入区起始地址为 I3（即 IB3），长度为 24 字节。输出区起始地址为 O6（即 QB6），长度为 24 字节。

注意：O6 第一个字母是 O，不是 0。

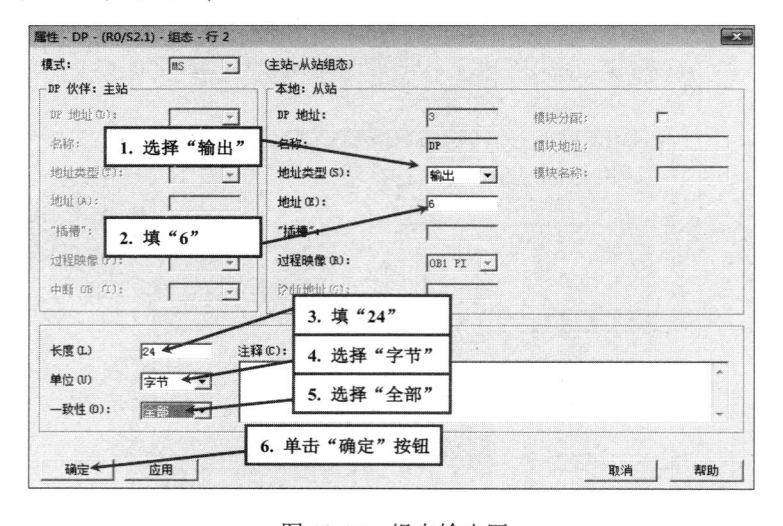

图 19-15 组态输出区

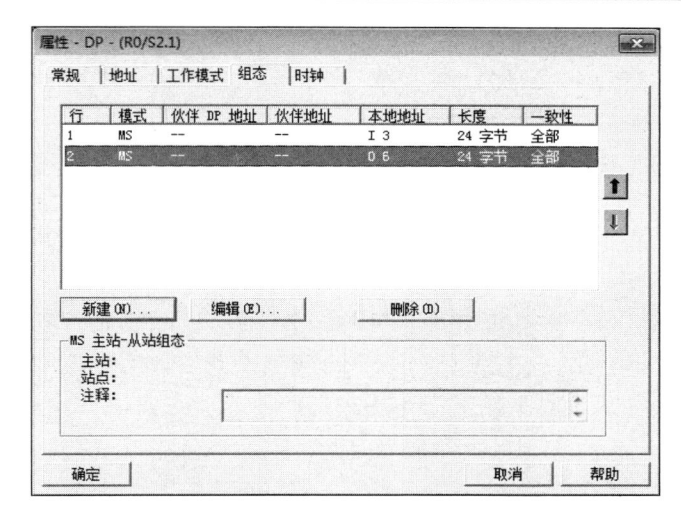

项目 19　两台 S7-300 PLC 之间的 PROFIBUS-DP 打包通信

图 19-16　从站通信区组态

（8）回到从站硬件配置界面，单击"保存并编译"按钮。

说明：从图 19-16 中可知，对从站输入区和输出区进行组态后，输入区（接收区）IB3～IB26 用于从站接收主站发送来的信息，输出区（发送区）QB6～QB29 用于从站向主站发送信息。

输入区与输出区地址不能跟本站已有模块输入与输出端子地址相冲突。

伙伴 DP 地址是指主站 DP 地址，这里是 2，因为还没有对主站设置，所以此时显示虚线。

伙伴地址是指主站地址，是输出区（发送区）和输入区（接收区）的首地址，不能与本站已有模块端子地址相冲突。因为还没有对主站设置，所以此时显示虚线。已有模块端子地址可以通过硬件组态默认值看到。

模式选 MS（主站与从站）模式，不要选择 DX 模式。

步骤 6．对主站进行网络组态及参数设置

（1）双击"主站"，然后双击"硬件"。

（2）根据实际使用的硬件配置，通过软件对主站进行硬件组态，注意系统中各模块相关信息应与硬件模块上面印刷的订货号一致。单击站点"主站"，双击"硬件"图标，然后插入导轨（Rail），在导轨上 1 号插槽插入电源模块（PS 307 5A）、2 号插槽插入 CPU 模块（CPU 314C-2 DP，V2.6）、3 号插槽空闲、4 号插槽插入输入模块 DI16×DC24V、5 号插槽插入输出模块 DO16×DC24V/0.5A，然后在 CPU 314C-2 DP 模块上双击"DP"行，单击"工作模式"页签，单击"DP 主站"，如图 19-17 所示。

（3）单击"常规"页签，单击"属性"按钮，如图 19-18 所示。

单击"参数"页签，将 DP 地址设置为"2"。

单击"新建"按钮，单击"网络设置"按钮，选择传输率"12Mbps"和配置文件"DP"，单击"确定"按钮。

此时界面如图 19-19 所示，DP 地址为"2"，子网为"PROFIBUS（1）　12Mbps"，单击"确定"按钮，此时可以看到接口类型：PROFIBUS；地址：2；已联网：是。

261

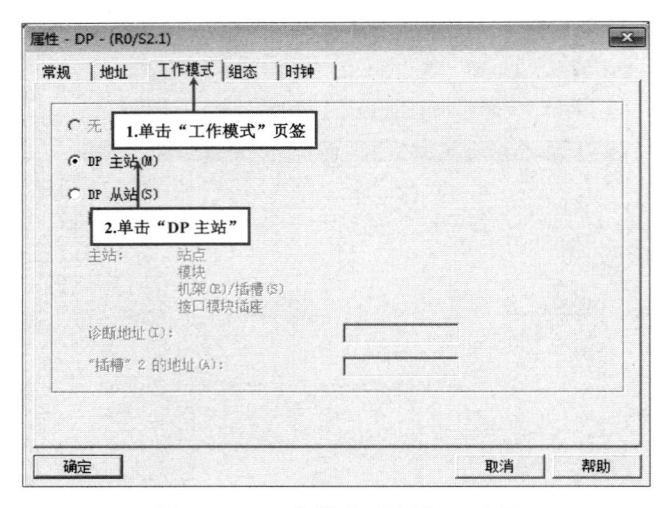

图 19-17 工作模式下选择 DP 主站

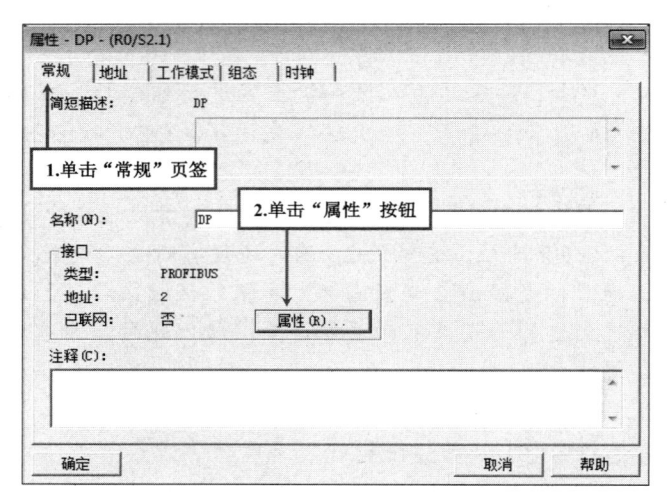

图 19-18 DP 接口

图 19-19 设置好 DP 地址和子网后的界面

项目 19　两台 S7-300 PLC 之间的 PROFIBUS-DP 打包通信

（4）如图 19-20 所示，依次展开 PROFIBUS DP→Configured Stations，将"CPU 31x"拖到"PROFIBUS（1）：DP 主站系统（1）"线上。

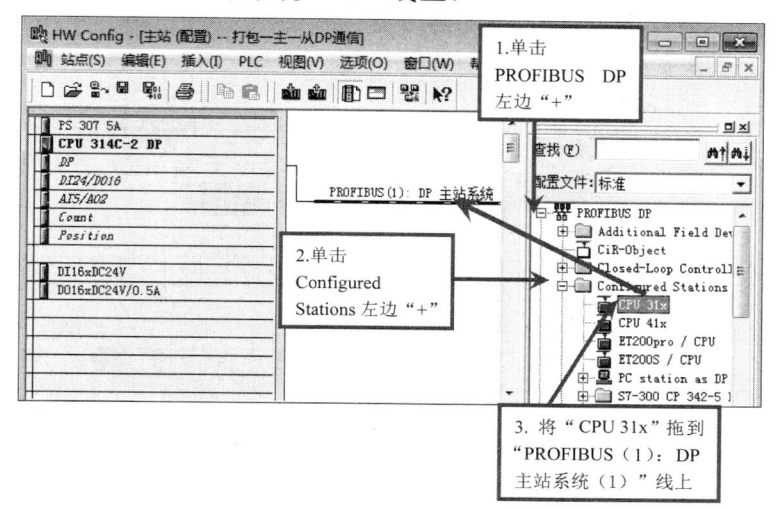

图 19-20　将从站连接到主站

此时界面如图 19-21 所示，单击"连接"按钮，单击"确定"按钮。

（5）在从站中编辑主站，双击"PROFIBUS：DP 主站系统（1）"下挂的从站，如图 19-22 所示。

（6）在从站上编辑主站，单击第一行，从站的输入区 IB3～IB26 已经定下来，主站就是输出区，就是伙伴地址，单击"编辑"按钮，如图 19-23 所示。

（7）编辑伙伴地址。**根据本项目解决步骤中的步骤 3 通信区设置**，地址类型：输出；地址：8；长度：24；单位：字节；一致性：全部。QB8～QB31 就是输出区（发送区），为从 QB8 开始的 24 字节，如图 19-24 所示。

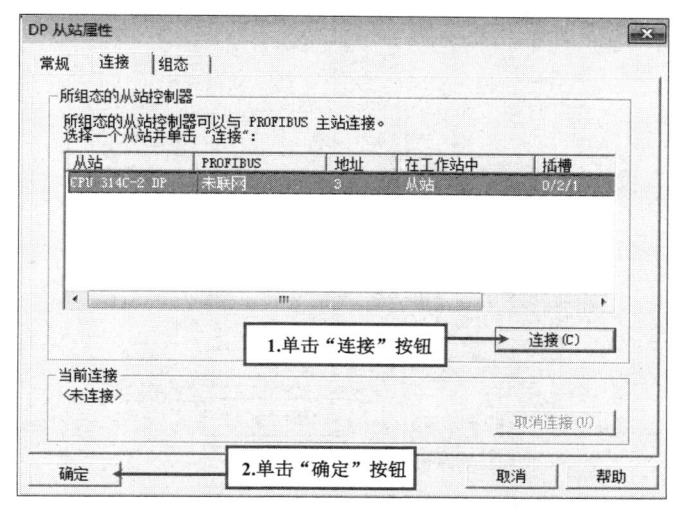

图 19-21　从站连接到主站

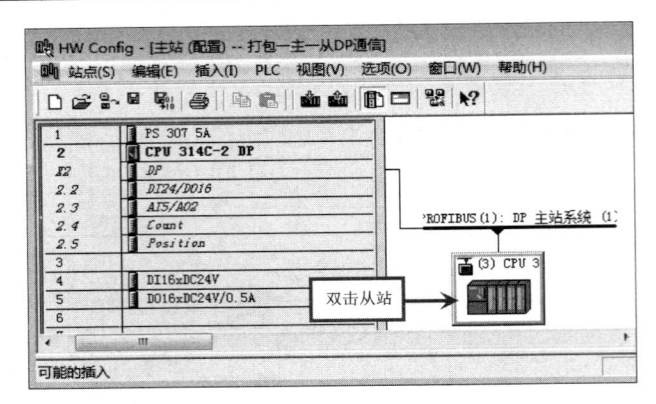

图 19-22　双击从站

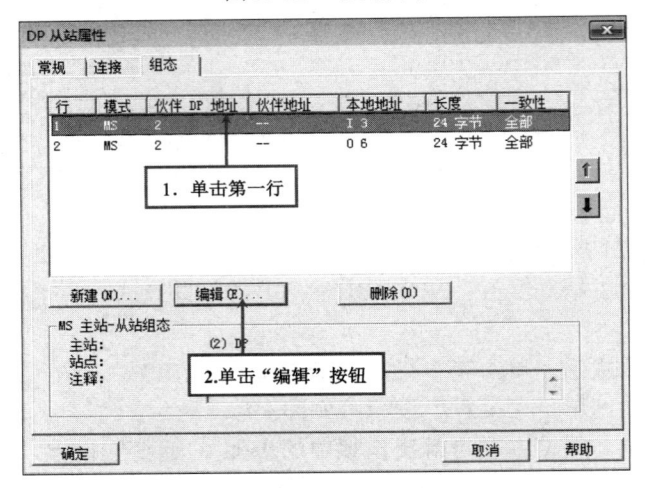

图 19-23　编辑第一行

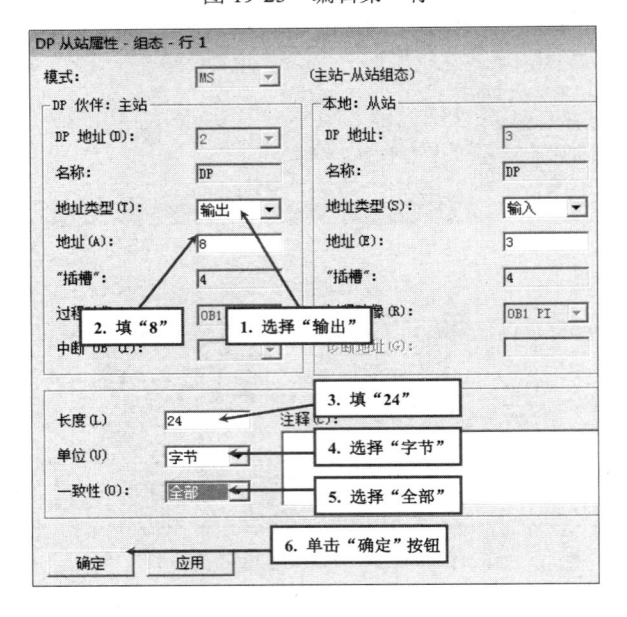

图 19-24　编辑主站输出区

（8）编辑伙伴地址。在图 19-23 所示界面中，单击第二行，单击"编辑"按钮。**根据本项目解决步骤中的步骤 3 通信区设置**，地址类型：输入；地址：2；长度：24；单位：字节；一致性：全部。IB2～IB25 就是输入区（接收区），为从 IB2 开始的 24 字节，如图 19-25 所示。

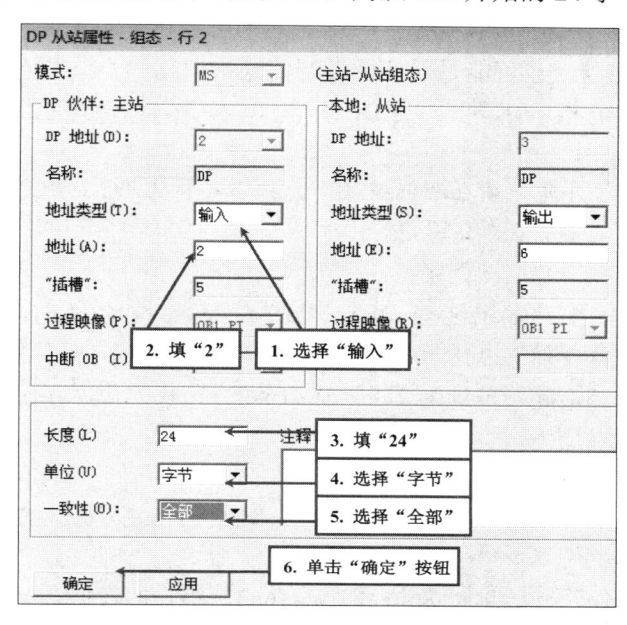

图 19-25　编辑主站输入区

组态好的主站与从站通信区如图 19-26 所示，其内容必须与本项目解决步骤中的步骤 3 通信区设置一致。

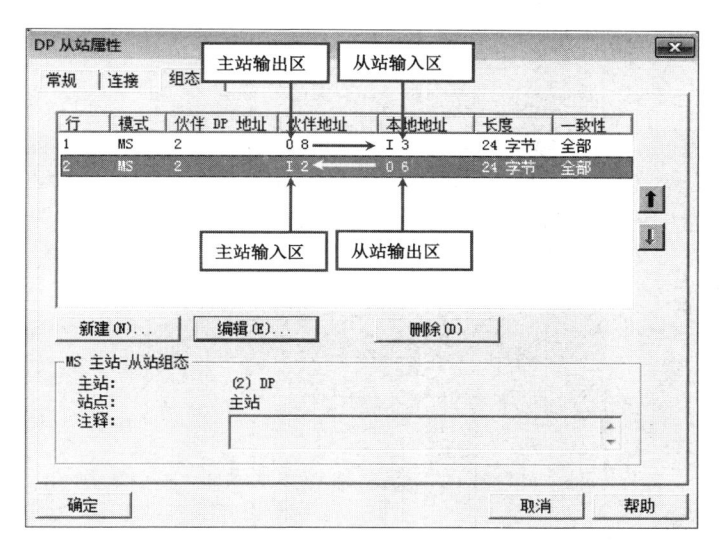

图 19-26　组态好的主站与从站通信区

（9）单击"确定"按钮后回到主站的硬件组态界面，单击"保存并编译"按钮，退出主站的硬件组态。

步骤 7. 下载硬件和网络组态

通过 PC 适配器 USB 编程电缆，将组态后的主站、从站的硬件和网络组态分别下载到相应站的 PLC 中，下载结束后关闭 PLC 电源。

重新打开 PLC 电源，观察 CPU 模块上 SF 和 BF 指示灯是否为红色，如果是红色，说明组态过程中可能存在错误，也可能是通信硬件配置连接问题等，须检查、更正后，再保存编译，重新下载。SF 和 BF 指示灯不亮，且 DC5V 和 RUN 指示灯为绿色时，这一步骤才算成功结束了。

注意：须在断电情况下，拔下与插上 PC 适配器 USB 编程电缆。

步骤 8. 编写通信程序

（1）主站程序：

主站输出区为 QB8～QB31，起始地址为 8，即 W#16#8。发送的数据存储在 MD20～MD40 中。

输入区为 IB2～IB25，起始地址为 2，即 W#16#2。接收的数据存储在 MD50～MD70 中。根据项目要求编写主站程序，如图 19-27 所示。

（2）从站程序：

从站输出区为 QB6～QB29，起始地址为 6，即 W#16#6。发送的数据存储在 MD60～MD80 中。

输入区为 IB3～IB26，起始地址为 3，即 W#16#3。接收的数据存储在 MD60～MD80 中。根据项目要求编写从站程序，如图 19-28 所示。

程序段 1：发送数据

发送的数据存储在MD20~MD40中。
输出区QB8~QB31，起始地址8，即W#16#8。

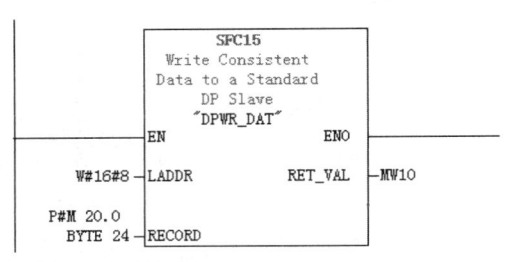

```
            SFC15
         Write Consistent
         Data to a Standard
             DP Slave
            "DPWR_DAT"
          EN        ENO
W#16#8 — LADDR  RET_VAL — MW10
P#M 20.0
BYTE 24 — RECORD
```

程序段 2：接收数据

输入区IB2~IB25，起始地址2，即W#16#2。
接收的数据存储在MD50~MD70中。

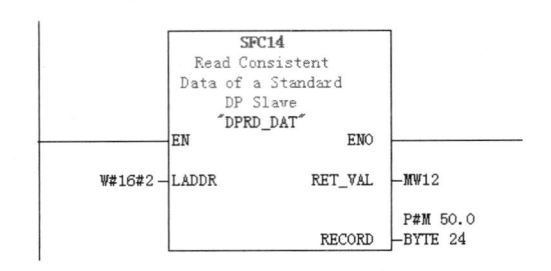

```
            SFC14
         Read Consistent
         Data of a Standard
             DP Slave
            "DPRD_DAT"
          EN        ENO
W#16#2 — LADDR  RET_VAL — MW12
                         P#M 50.0
                 RECORD — BYTE 24
```

图 19-27　主站程序

项目 19 两台 S7-300 PLC 之间的 PROFIBUS-DP 打包通信

程序段 1：接收数据

输入区 IB3~IB35，起始地址 3，即 W#16#3。
接收的数据存储在 MD60~MD80 中。

```
        SFC14
    Read Consistent
    Data of a Standard
        DP Slave
        "DPRD_DAT"
     EN          ENO
W#16#3─LADDR     RET_VAL─MW4
                         P#M 60.0
                 RECORD ─BYTE 24
```

程序段 2：发送数据

发送的数据存储在 MD60~MD80 中。
输出区 QB6~QB29，起始地址 6，即 W#16#6。

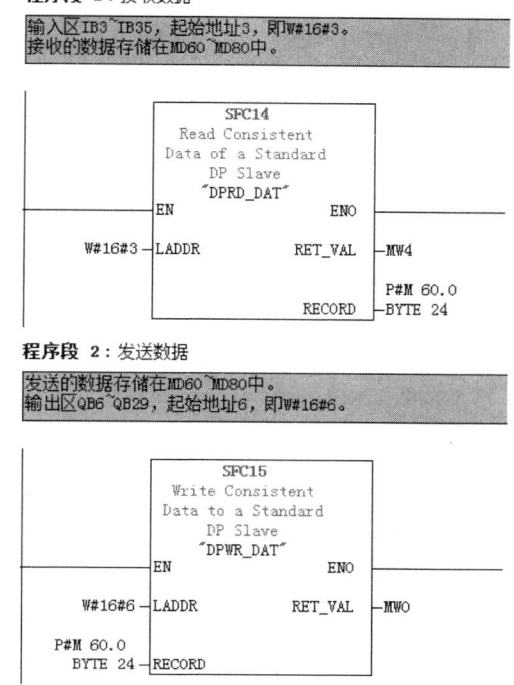

```
        SFC15
    Write Consistent
    Data to a Standard
        DP Slave
        "DPWR_DAT"
     EN          ENO
W#16#6─LADDR     RET_VAL─MW0
P#M 60.0
BYTE 24─RECORD
```

图 19-28 从站程序

步骤 9. 中断处理

采用 PROFIBUS-DP 总线，所能连接从站个数与 CPU 类型有关，最多可以连接 125 个从站，若某一个从站掉电或者损坏，系统将产生不同的中断，并且调用相应的组织块，如果在程序中没有建立这些组织块，CPU 将停止运行，以保护人身和设备的安全，因此在主站和从站设置界面中右击"块"，分别插入 OB82、OB86 和 OB122 组织块，以便进行相应的中断处理。如果忽略这些故障让 CPU 继续运行，可以对这几个组织块不编写任何程序，只插入空的组织块，以主站为例，如图 19-29 所示。

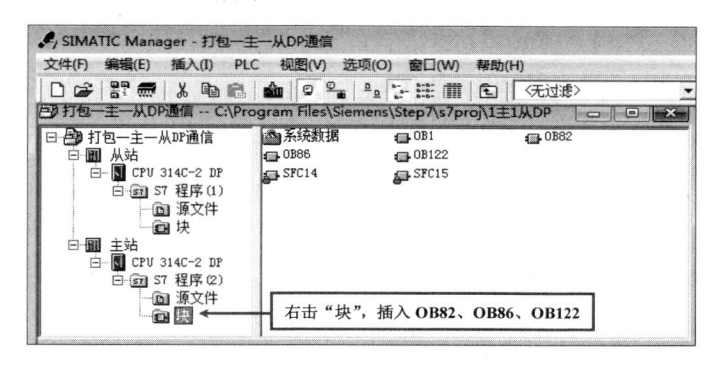

图 19-29 在主站插入空的组织块

步骤 10. 联机调试

确保 PROFIBUS 电缆及其他连线连接正确的情况下，在 SIMATIC 管理器界面中，以站点方式将主站和从站的硬件组态、网络组态和程序分别下载到各自对应的 PLC 中。

在 SIMATIC 管理器界面中，右击"块"，插入变量表，插入注释行，主站发送的数据 "DW#16#77、88、99、AA、BB、CC"存储在 MD20～MD40 中，经 SFC15 发送至从站；从站以 SFC14 接收该数据后送到 MD60～MD80，再经 SFC15 发送该数据至主站；主站以 SFC14 接收到数据 "DW#16#77、88、99、AA、BB、CC"后送至 MD50～MD70。在主站变量表中可以观察到发送的数据和接收的数据是一致的，如图 19-30 所示。

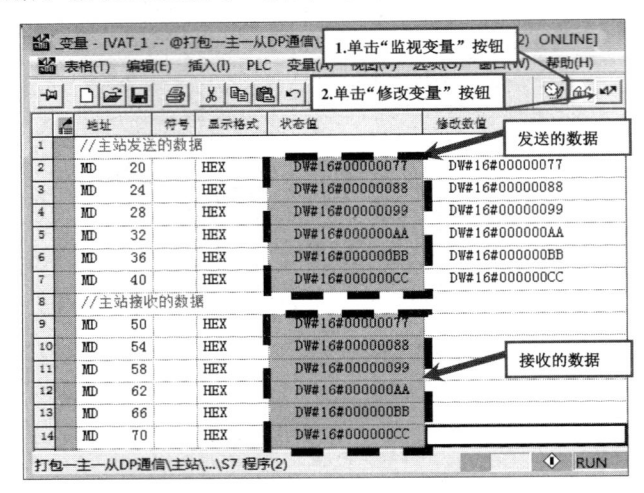

图 19-30 变量表监控

满足上述情况，说明调试成功，如果不能满足，应检查原因，纠正问题，重新调试，直到满足上述情况为止。

巩固练习十九

（1）由两台 PLC 组成一主一从 PROFIBUS-DP 打包通信系统。CPU 模块为 CPU 314C-2 DP，主站 DP 地址为 10，从站 DP 地址为 11。控制要求：

① 主站发送 32 字节数据到从站，从站发送 32 字节数据到主站。

② 通过建立变量表，在主站变量表中修改 32 字节数据，发送到从站，在从站变量表中可以看到该数据。

③ 在从站变量表中修改 32 字节数据，再发送到主站，在主站变量表中可以看到该数据。

（2）由三台 PLC 组成一主二从 PROFIBUS-DP 打包通信系统。CPU 模块为 CPU 314C-2 DP，其中一台为主站，另两台为从站，主站 DP 地址为 10，从站 1 的 DP 地址为 11，从站 2 的 DP 地址为 12。控制要求：

① 主站发送 32 字节数据到从站 1，从站 1 发送 32 字节数据到主站。通过建立变量表，

在主站变量表中修改 32 字节数据，发送到从站 1，在从站 1 变量表中可以看到该数据；在从站 1 变量表中修改 32 字节数据，再发送到主站，在主站变量表中可以看到该数据。

② 主站发送 32 字节数据到从站 2，从站 2 发送 32 字节数据到主站。通过建立变量表，在主站变量表中修改 32 字节数据，发送到从站 2，在从站 2 变量表中可以看到该数据；在从站 2 变量表中修改 32 字节数据，再发送到主站，在主站变量表中可以看到该数据。

项目 20　两台 S7-300 PLC 之间的工业以太网通信（S7 连接）

20.1　案例引入和项目要求

讲解两台 PLC 之间工业以太网通信的项目要求

1. 案例引入——立体仓库系统

1）系统运行说明

立体仓库系统主要由称重区、货物传送带、托盘传送带、机械手、码料小车和仓库区组成，系统俯视图如图 20-1 所示。

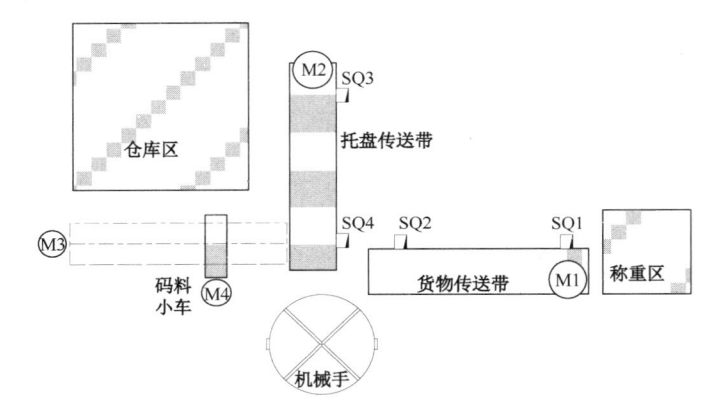

图 20-1　立体仓库系统俯视图

系统运行过程如下：货物首先经过称重区称重，然后经过货物传送带被运送至 SQ2 位置，然后由机械手将货物取至 SQ4 处的托盘上，然后由码料小车将货物连同托盘运送至仓库区，码放至不同的存储位置。其中仓库区的正视图如图 20-2 所示。

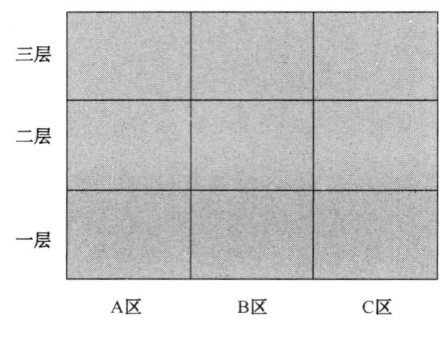

图 20-2　仓库区正视图

仓库区共有 9 个存储位置。已知每个存储位置最多可承受 100kg 的货物，而货物一般重 0～100kg，经称重区称重后，将重量信号转换成 0～10V 电压信号。

立体仓库系统由以下电气控制回路组成：货物传送带由电动机 M1 驱动（M1 为三相异步电动机，由变频器进行多段速控制，变频器参数设置：第一段速为 15Hz，第二段速为 30Hz，第三段速为 45Hz，加速时间为 1.2 秒，减速时间为 0.5 秒，三相异步电动机只进行单向正转运行）。托盘传送带由电动机 M2 驱动（M2 为三相异步电动机，只进行单向正转运行）。码料小车的左右运行由电动机 M3 驱动（M3 为伺服电动机）。码料小车的上下运行由电动机 M4 驱动（M4 为步进电动机）。

电动机旋转以顺时针旋转为正向，逆时针旋转为反向。

2）立体仓库控制系统设计要求

本系统使用三台 PLC 控制，其中 1 台 PLC 为甲站，承担主控功能，另外两台 PLC 分别为乙站和丙站。甲站与乙站、丙站通过工业以太网通信，乙站控制电动机 M1、M2，丙站控制电动机 M3、M4。

通过立体仓库系统案例可知，在通信方面，此案例与下面项目要求有相似知识点，供读者学习体会。

2．项目要求

由两台 S7-300 PLC 组成的工业以太网通信系统中，PLC 的 CPU 模块均为 CPU 314C-2 PN/DP，通过 CPU 集成的 PN 接口连接网络。把两台 PLC 分别命名为甲站、乙站。采用连接方式为 S7 连接。

要求：在甲站向变量表 MB80～MB83 中写入 4 字节的数据，如 "1A" "2B" "3C" "4D"，然后该数据被发送到乙站，在乙站接收到该数据后通过变量表 MB90～MB93 显示该数据。

20.2 学习目标

（1）理解工业以太网定义并能独立讲述。
（2）熟悉工业以太网通信介质并能独立讲述。
（3）了解带 PN 接口的 CPU 模块的应用方法并能独立讲述。
（4）掌握两台 S7-300 PLC 之间的 S7 连接工业以太网通信硬件与软件配置并能独立讲述。
（5）掌握两台 S7-300 PLC 之间的 S7 连接工业以太网通信硬件连接并能边操作边讲述。
（6）掌握两台 S7-300 PLC 之间的 S7 连接工业以太网通信硬件组态及参数设置并能边操作边讲述。
（7）掌握两台 S7-300 PLC 之间的 S7 连接工业以太网通信的编程及调试并能边操作边讲述。
（8）掌握 FB12（BSEND）发送指令和 FB13（BRCV）接收指令的应用并能灵活用其编程。

20.3 相关知识

20.3.1 工业以太网定义及通信介质

1．工业以太网定义

所谓工业以太网一般来讲是指技术上与商用以太网兼容，但在产品设计时，在材质的选用、产品的强度、适用性、实时性、可互操作性、可靠性、抗干扰性和本质安全等方面满足工业现场需要的以太网。

随着技术的发展，以太网以很高的市场占有率，促使工控领域的各大厂商纷纷研发出适合自己工控产品且兼容性强的工业以太网，其中应用最为广泛的工业以太网之一是德国西门子公司研发的工业以太网。它提供了开放的、适用于工业环境下各种控制级别的通信系统。

西门子工业以太网基本类型：10Mbps 工业以太网、100Mbps 快闪以太网。

2．工业以太网通信介质

西门子工业以太网可以采用双绞线、光纤、无线方式进行通信。

四芯双绞线如图 20-3 所示。

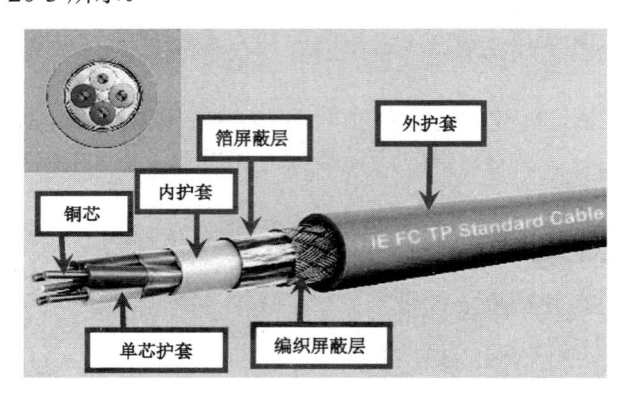

图 20-3 四芯双绞线

20.3.2 四芯双绞线与 RJ45 接头连接过程

（1）在 RJ45 接头上量取四芯双绞线剥皮长度，大约 20 毫米左右，如图 20-4 所示。西门子工业以太网金属水晶接头（RJ45 接头）结构如图 20-5 所示。

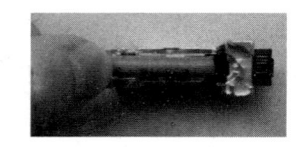

图 20-4 量取四芯双绞线剥皮长度

图 20-5 RJ45 接头结构

（2）四芯双绞线屏蔽层可以缠绕在四根芯线周围，其余剪掉，如图 20-6 所示。

（3）将四根芯线（颜色与水晶头孔上的颜色对应）插入水晶头孔，如图 20-7 所示。

图 20-6　做完的四芯双绞线 　　　　　　　　图 20-7　将芯线插入水晶头孔

（4）按下带有颜色标识的塑料盖，刀口会切破芯线，形成与芯线的金属连接，屏蔽层压在正确金属位置，如图 20-8 所示。

（5）盖上金属盖，旋紧金属端，如图 20-9 所示。

图 20-8　刀口切破芯线与屏蔽层压在正确金属位置 　　　　图 20-9　盖上金属盖并旋紧金属端

20.3.3　带 PN 接口的 CPU 模块外形

以 CPU 314C-2 PN/DP 为例，该 CPU 模块有两个集成 PN 接口，一个 MPI/DP 接口，应用时可通过软件选择使用 MPI 接口或者 DP 接口，其正面外形如图 20-10 所示。

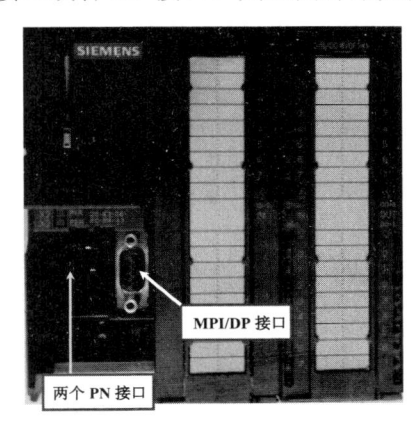

图 20-10　CPU 314C-2 PN/DP 正面外形

20.3.4　FB12（BSEND）发送指令的应用

寻找双边通信功能块 FB12（BSEND）发送指令：在程序编辑器左侧目录中依次展开库→Standard Library→Communication Blocks，双击 "FB12 BSEND CPU_300"，如图 20-11 所示。

讲解 FB12 发送指令

注意：这是 CPU 集成 PN 接口的指令寻找路径。

在程序代码编辑区界面中出现的 FB12（BSEND）发送指令如图 20-12 所示，其中 "???" 位置可改为 "使用数据块"。

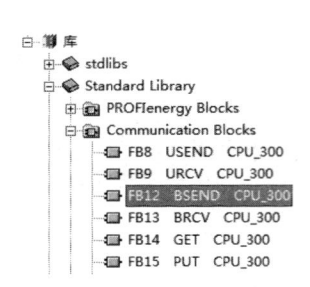

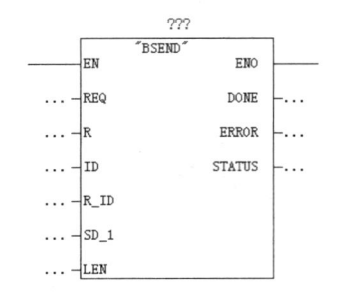

图 20-11　发送指令的指令路径　　　　　图 20-12　FB12（BSEND）发送指令

FB12（BSEND）发送指令的应用如表 20-1 所示。

表 20-1　FB12（BSEND）指令的应用

引脚	数据类型	应用说明
EN	BOOL	模块执行使能，为 1 时，模块准备发送数据
REQ	BOOL	上升沿触发数据发送
R	BOOL	上升沿触发停止数据发送
ID	WORD	连接 ID 号，WORD 型数据
R-ID	DWORD	发送与接收数据包的连接通道号，发送端与接收端功能块指令连接通道号应相同。DWORD 型数据
DONE	BOOL	数据发送作业状态，为"1"时，发送完成，为"0"时，未发送完
ERROR	BOOL	与 STATUS 配合使用，通信的报错状态
STATUS	WORD	用数字表示通信错误类型
SD-1	ANY	发送数据存储区，可使用指针，可用位存储器或数据块
LEN	WORD	发送数据的长度，单位为字节
ENO	BOOL	模块输出使能

20.3.5　FB13（BRCV）接收指令的应用

寻找双边通信功能块 FB13（BRCV）接收指令：在程序编辑器左侧目录中依次展开库→Standard Library→Communication Blocks，双击"FB13 BRCV CPU_300"，如图 20-13 所示。

注意：这是 CPU 集成 PN 接口的指令寻找路径。

在程序代码编辑区界面中出现的 FB13（BRCV）接收指令如图 20-14 所示。指令的"???"处可改为"使用数据块"。

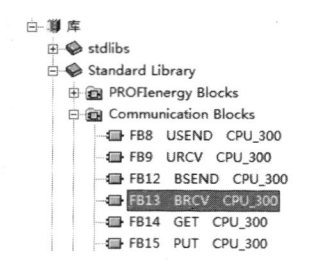

图 20-13　接收指令的指令路径　　　　　图 20-14　FB13（BRCV）接收指令

FB13（BRCV）接收指令的应用如表 20-2 所示。

表 20-2 FB13（BRCV）接收指令的应用

引脚	数据类型	应用说明
EN	BOOL	模块执行使能，为 1 时，模块才能接收数据
EN-R	BOOL	为"1"时，准备接收数据
ID	INT	连接 ID 号
R-ID	DWORD	发送与接收数据包的连接通道号，发送端与接收端功能块指令连接通道号应相同。DWORD 型数据
NDR	BOOL	作业启动与否标志
ERROR	BOOL	与 STATUS 配合使用，表示通信的报错状态
STATUS	WORD	用数字表示通信错误类型
RD-1	ANY	接收数据存储区，可使用指针，可用位存储器或数据块
LEN	WORD	接收到的数据长度
ENO	BOOL	模块输出使能

另外，通信双方的 R-ID 连接通道号必须相同，否则不能通信，这个值可由用户自己设定。通信双方的 ID 号可能相同，也可能不同，取决于通信时采用的是哪一条连接通道，一旦连接通道确定下来，则编程的时候双方的 ID 号就已经定下来了。

20.3.6 真实 S7-300 PLC 的以太网下载

步骤 1. 硬件组态下载

在下载整个项目 SIMATIC 300 站点（包括硬件组态和程序等）之前，最好先下载硬件组态，然后下载整个项目时，系统会默认使用硬件组态时指定的目的站地址进行下载。

（1）四芯双绞线与 RJ45 接头（水晶头）连接完成后，可作为以太网下载线。使用时将其一端插在编程器（计算机）上，另一端插在 PLC 以太网接口（PN 接口）上。

（2）编程器的 IP 地址与 PLC 设定的 IP 地址前三个数相同，最后一个数不同。本例中编程器（计算机）的 IP 为 192.168.127.1，如图 20-15 所示。

（3）在桌面上双击"SIMATIC Manager"软件图标，新建项目，完成硬件组态，在硬件组态（HW Config）界面中，双击"PN-IO"行，如图 20-16 所示。

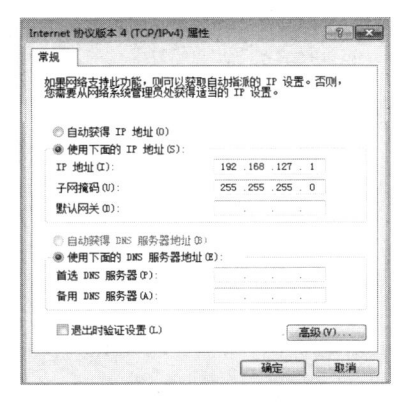

图 20-15 编程器 IP 地址

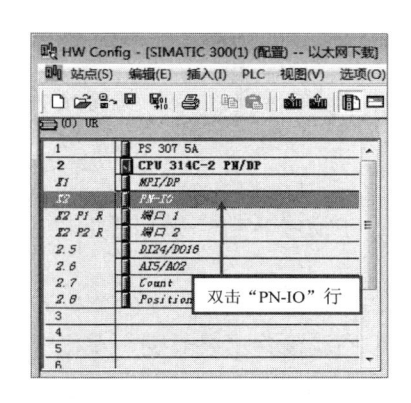

图 20-16 硬件组态界面

（4）在属性界面中，单击"参数"页签，设置 IP 地址为"192.168.127.6"，编程器的 IP 地址为 192.168.127.1，它们的 IP 地址已经是前三个数相同，最后一个数不同。子网掩码为 255.255.255.0，如图 20-17 所示。

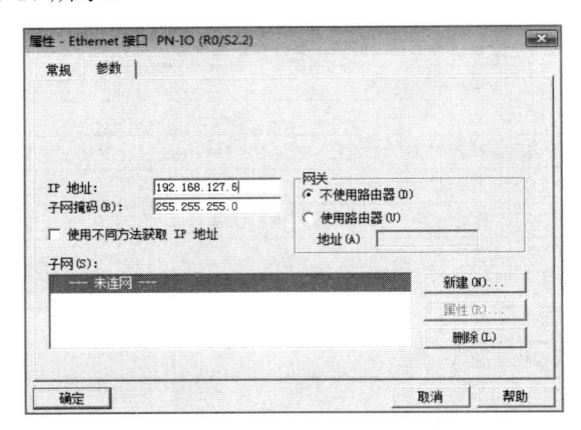

图 20-17　设置 PLC 的 IP 地址

（5）回到 SIMATIC Manager 界面中，单击"选项"，单击"设置 PG/PC 接口"，如图 20-18 所示。

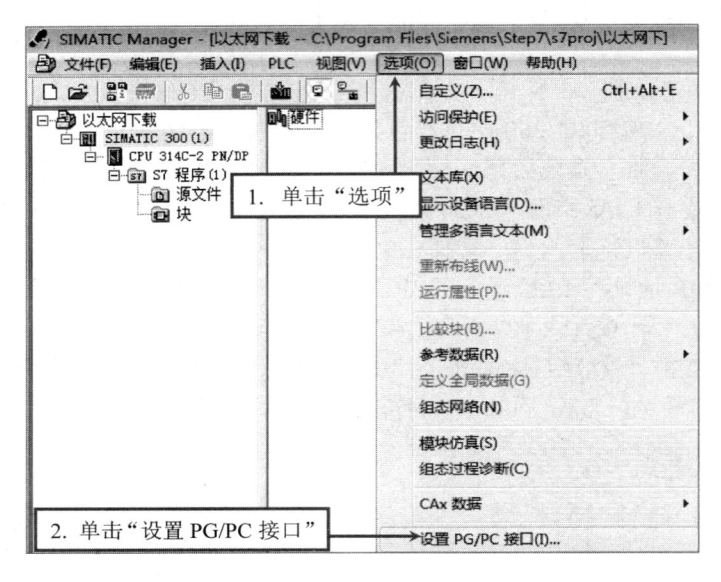

图 20-18　进入设置 PG/PC 接口界面

（6）在设置 PG/PC 接口界面中，单击"TCP/IP（Auto）"，单击"确定"按钮，如图 20-19 所示。

（7）在如图 20-20 所示的警告界面中单击"确定"按钮。

（8）回到硬件组态界面，单击"PLC"，选择"Ethernet"→"编辑 Ethernet 节点"菜单命令，如图 20-21 所示。

项目 20　两台 S7-300 PLC 之间的工业以太网通信（S7 连接）

图 20-19　设置 PG/PC 接口

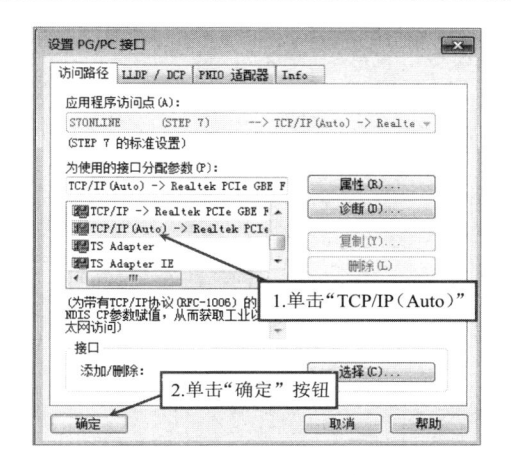

图 20-20　访问路径更改

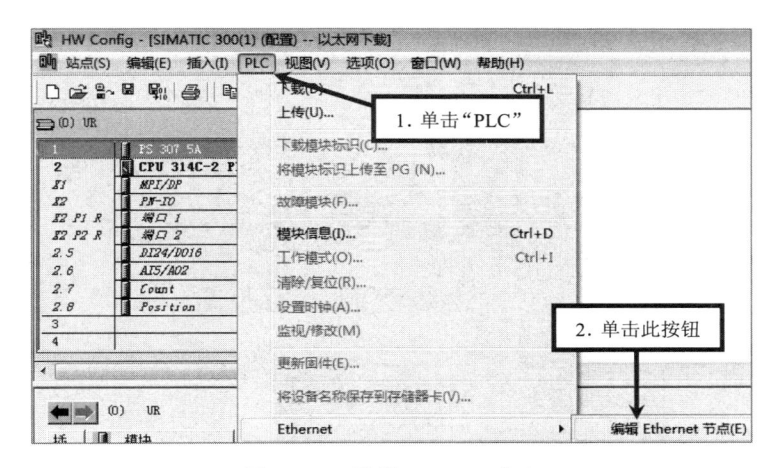

图 20-21　编辑 Ethernet 节点

（9）在编辑 Ethernet 节点界面中，单击"浏览"按钮，搜索到两个可访问的节点，单击选中要下载 PLC 的 MAC 地址"28-63-36-4C-63-C5"（真实 PLC 的 MAC 地址印刷在 CPU 模块上），单击"确定"按钮，如图 20-22 所示。

单击"分配 IP 组态"按钮，在参数已成功传送界面中，单击"确定"按钮，如图 20-23 所示。

（10）回到硬件组态界面中，单击"保存并编译"，单击"下载"，在出现的选择目标块界面中，单击"确定"按钮，如图 20-24 所示。

（11）在出现的选择节点地址界面中，单击"显示"按钮，可显示可访问的节点，如图 20-25 所示。

在选择节点地址界面中，单击可访问节点的 CPU 的 MAC 地址，单击"更新"按钮，如图 20-26 所示。

如果下载到模块界面提示所组态的模块（离线）不同于目标模块（在线），不必在意，这里只是看到的站点名称有变化，即使后面有叹号也没关系，可以单击"确定"按钮，如图 20-27 所示。

277

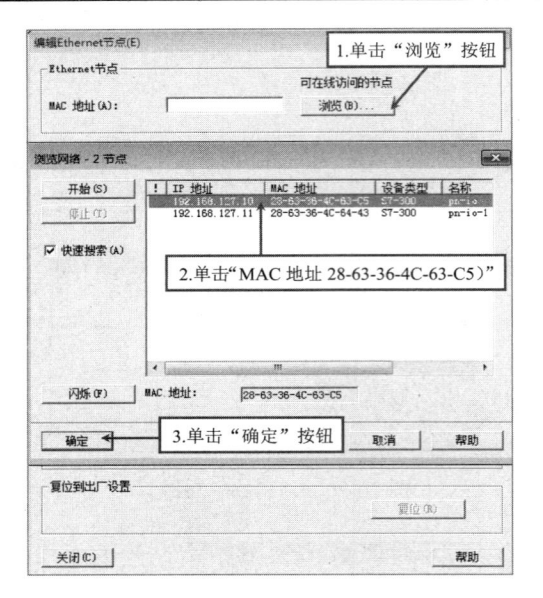

图 20-22　搜索到节点

图 20-23　分配 IP 组态

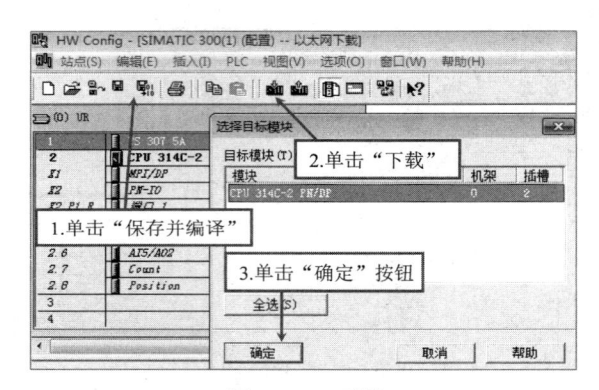

图 20-24　下载

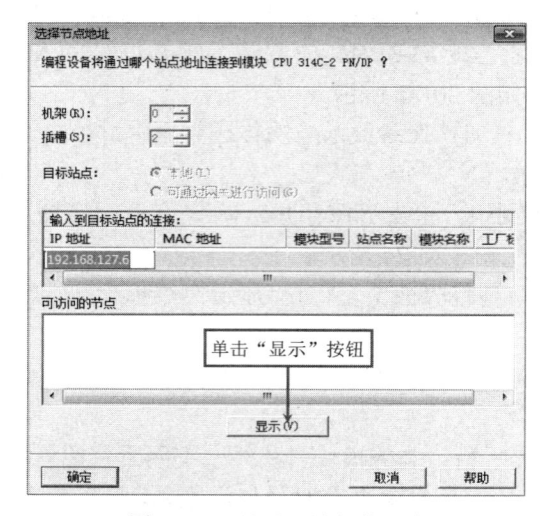

图 20-25　显示可访问的节点

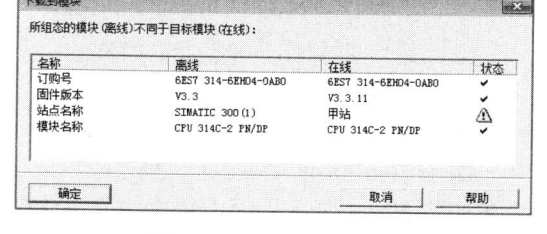

项目20 两台S7-300 PLC之间的工业以太网通信（S7连接）

图20-26 选择节点地址界面

图20-27 下载模块界面

在出现的停止目标模块界面中单击"确定"按钮，如图20-28所示。

在出现的如图20-29所示的提示界面中单击"确定"按钮。至此，硬件组态下载就完成了。

图20-28 停止目标模块界面

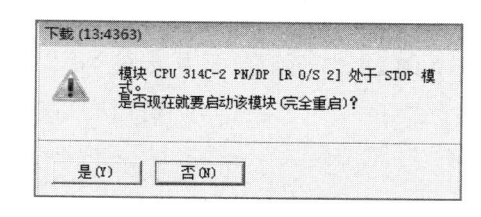

图20-29 提示界面（1）

步骤2．"SIMATIC 300(1)"站点下载

在上面硬件组态下载成功基础上，程序编写完后，可以进行"SIMATIC 300(1)"站点（包含硬件组态、程序等）整个项目的下载。

在SIMATIC Manager界面中，单击"SIMATIC 300(1)"站点，单击"下载"，将整个项目下载到PLC中，如图20-30所示。

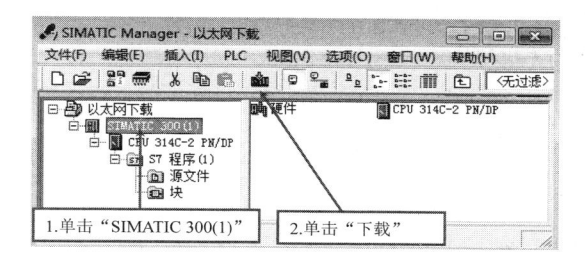

图20-30 SIMATIC 300(1)站点的下载

279

在如图 20-31 所示的提示界面中单击"是"按钮。
在停止目标模块界面中单击"确定"按钮,如图 20-32 所示。

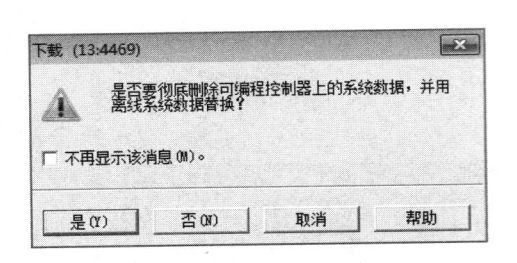

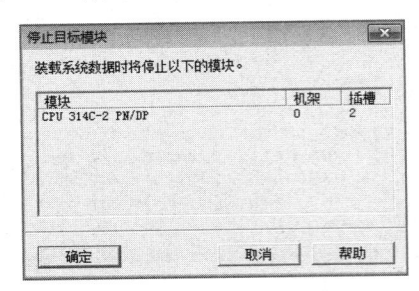

图 20-31　提示界面（2）　　　　图 20-32　停止目标模块界面

在如图 20-33 所示界面中单击"是"按钮。
在如图 20-34 所示界面中单击"是"按钮。

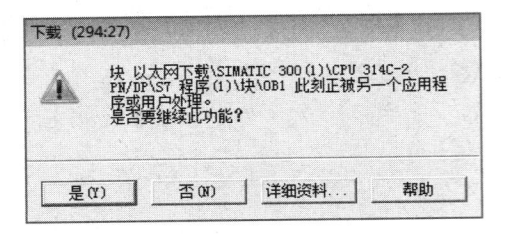

图 20-33　提示界面（3）　　　　图 20-34　提示界面（4）

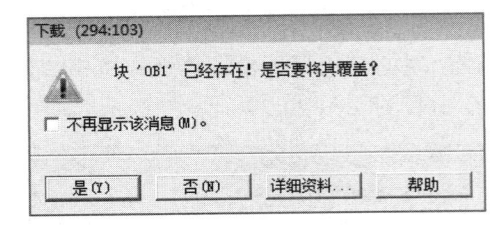

在如图 20-35 所示界面中单击"是"按钮。

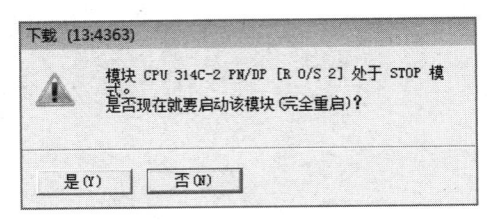

图 20-35　提示界面（5）

"SIMATIC 300(1)"站点下载成功后,就可以进行以太网的监控和联机调试了。如果还需要下载,可继续以上述方式下载。

20.4　项目解决步骤

步骤 1. 通信的硬件和软件配置
硬件:
（1）电源模块（PS307 5A）2 个。
（2）CPU 模块（CPU 314C-2 PN/DP）2 个。
（3）MMC 卡 2 张。

（4）导轨 2 根。
（5）用于组网的带水晶头的四芯双绞线 1 根。
（6）用于以太网下载的带水晶头的四芯双绞线 1 根（也可以选择 PC 适配器 USB 编程电缆 2 根）。
（7）装有 STEP7 V5.4 及以上版本编程软件的计算机 1 台。

软件：STEP7 V5.4 及以上版本编程软件。

步骤 2．硬件连接

确保断电接线。通信系统的硬件连接如图 20-36 所示。

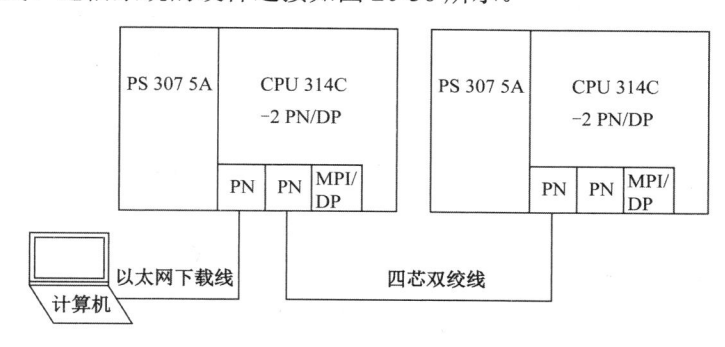

图 20-36　通信系统的硬件连接

步骤 3．新建项目

新建一个项目，命名为"两台-S7 连接双边以太网"，然后在项目名称上右击，插入 SIMATIC300（1）、SIMATIC300（2）站点，分别重新命名为"甲站""乙站"，如图 20-37 所示。

图 20-37　新建项目及重命名

步骤 4．甲站、乙站的硬件组态及参数设置

（1）**甲站的硬件组态及参数设置**。根据实际使用的硬件配置，通过 STEP7 编程软件对甲站进行硬件组态，注意系统中各模块相关信息应与硬件模块上面印刷的订货号一致。在 SIMATIC Manager 界面中，双击甲站的"硬件"图标，插入导轨"Rail"，在导轨 1 号插槽插入电源模块（PS 307 5A）；2 号插槽插入 CPU 模块（CPU 314C-2 PN/DP），此时会弹出一个以太网属性设置界面，单击"参数"页签，设置 IP 地址为"192.168.127.4"，设置子网掩码为"255.255.255.0"，单击"新建"按钮，如图 20-38 所示。

注意：甲站 IP 地址的前三个数与编程器 IP 地址前三个数要相同，最后一个数要不同。可以先查看编程器 IP 地址（本例中编程器 IP 地址前三个数为 192.168.127）。

新建子网，名称为"Ethernet（1）"，单击"确定"按钮。

在以太网属性设置界面中，单击"新建"按钮，单击"Ethernet(1)"，单击"确定"按钮，如图 20-39 所示。

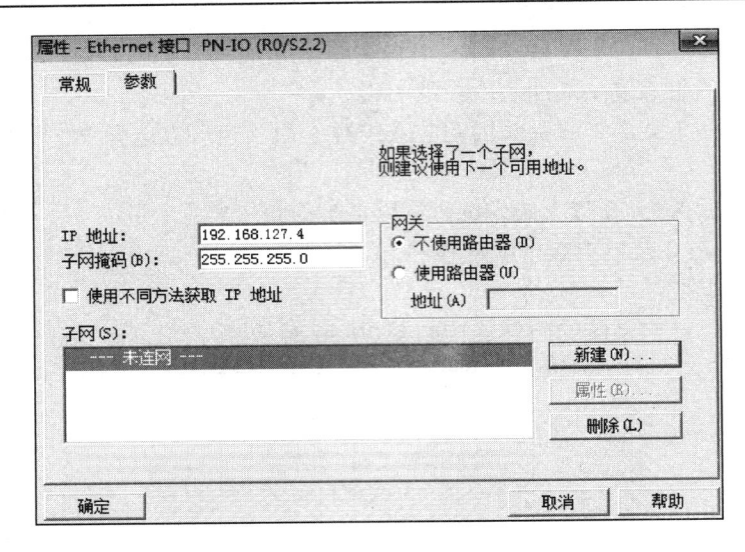

图 20-38　以太网属性设置界面（1）

图 20-39　以太网属性设置界面（2）

回到硬件组态界面，双击"CPU 314C-2 PN/DP"，单击"周期/时钟存储器"图标，勾选"时钟存储器"，修改存储器字节为"100"，单击"确定"按钮。

在硬件组态界面，单击"保存并编译"按钮。

（2）乙站的硬件组态及参数设置。据实际使用的硬件配置，通过 STEP7 编程软件对乙站进行硬件组态，注意系统中各模块的相关信息应与硬件模块上面印刷的订货号一致。在 SIMATIC Manager 界面中，双击乙站的"硬件"图标，插入导轨 Rail，在导轨上 1 号插槽插入电源模块（PS 307 5A）；2 号插槽插入 CPU 模块（CPU 314C-2 PN/DP），会弹出一个以太网属性设置界面，单击"参数"页签，设置 IP 地址为"192.168.127.5"，设置子网掩码为"255.255.255.0"。单击"Ethernet（1）"，单击"确定"按钮，如图 20-40 所示。

注意：乙站 IP 地址的前三个数与编程器 IP 地址前三个数要相同，最后一个数要不同，具体操作参见前文。

图 20-40 以太网属性设置界面（3）

回到硬件组态界面，双击"CPU 314C-2 PN/DP"，单击"周期/时钟存储器"图标，勾选"时钟存储器"，修改存储器字节为"100"，单击"确定"按钮。

在硬件组态界面，单击"保存并编译"按钮。

步骤 5. 组态网络，建立 S7 连接

在 SIMATIC 管理器界面中，单击项目名称"两台-S7 连接双边以太网"，单击"Ethernet(1)"图标，出现如图 20-41 所示界面。

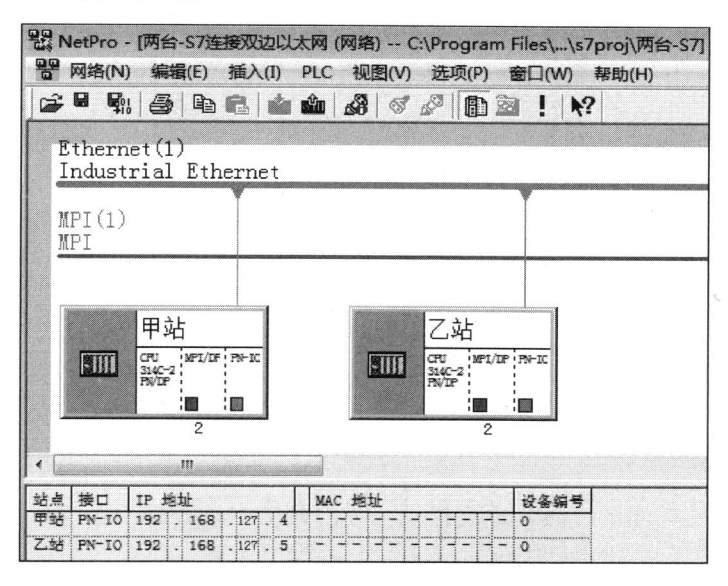

图 20-41 将甲站与乙站连到以太网

在 NetPro 界面中，右击甲站"CPU 314C-2 PN/DP"，单击"插入新连接"，如图 20-42

所示。

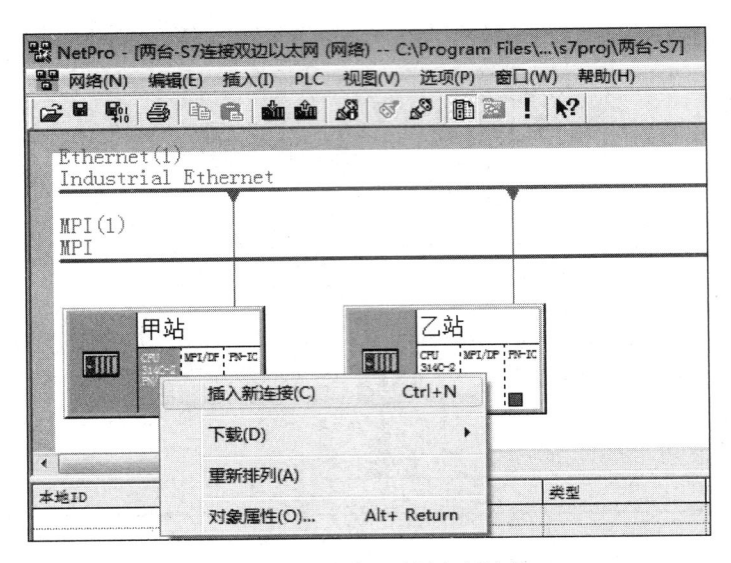

图 20-42 通过甲站插入新连接

在插入新连接界面中显示了乙站的信息，将甲站与乙站连接，单击乙站的"CPU 314C-2 PN/DP"，连接类型选择"S7 连接"，单击"确定"按钮，如图 20-43 所示。

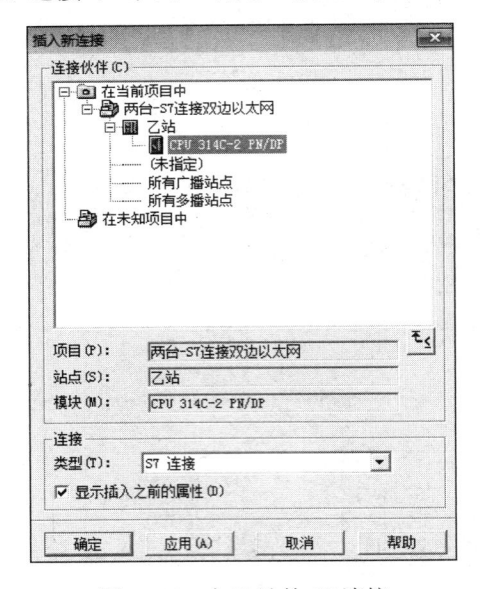

图 20-43 与乙站的 S7 连接

在 S7 连接属性界面中，设本地连接端点为"建立主动连接"，注意"本地 ID（十六进制）"采用默认设置，并且要记住该信息，后面编程要用到。在连接路径中，本地端口为甲站，伙伴端口为乙站，甲站 IP 地址为 192.168.127.4，乙站 IP 地址为 192.168.127.5，单击"确定"按钮，如图 20-44 所示。为了不产生混乱，ID 号以后都采用默认值。

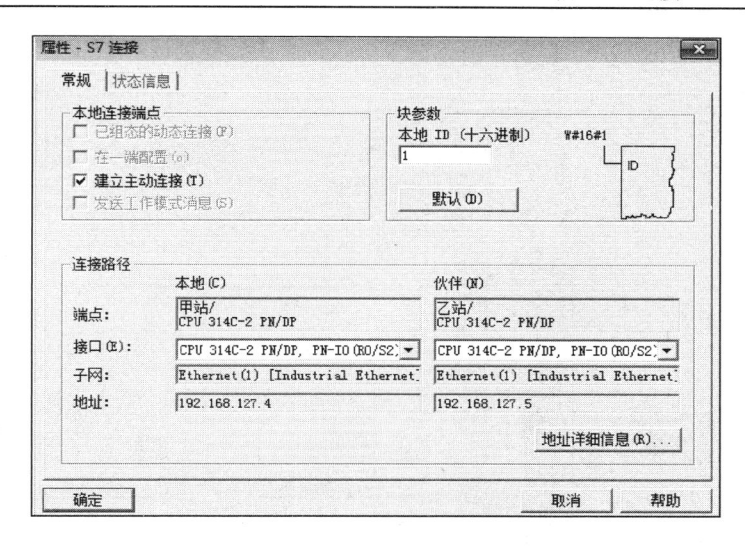

项目 20 两台 S7-300 PLC 之间的工业以太网通信（S7 连接）

图 20-44 S7 连接属性界面

回到 NetPro 界面，单击甲站"CPU 314C-2 PN/DP"，可以显示该站所建立的连接情况，包括 ID 号、通信双方站点、连接类型等。用户可以双击某个连接以修改该连接的参数。

单击"保存并编译"，结果如图 20-45 所示。

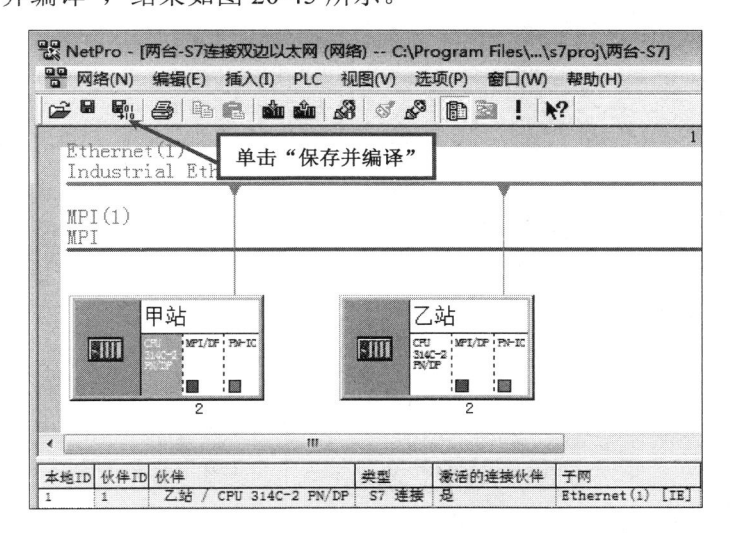

图 20-45 NetPro 界面

到此为止，网络内建立了 1 条连接，相关的关系如表 20-3 所示。

讲解 ID 号与站之间连接关系

表 20-3 ID 号与站之间的连接关系

站名	甲站	乙站
ID 号	本地 ID=1	伙伴 ID=1
站之间连接关系	⟵⟶	
R-ID	甲站与乙站 R-ID 为 1	

285

选择"编译并检查全部",单击"确定"按钮,如图20-46所示。
经一致性检查输出无错误后,关闭该界面,编译结束。编译的结果如图20-47所示。

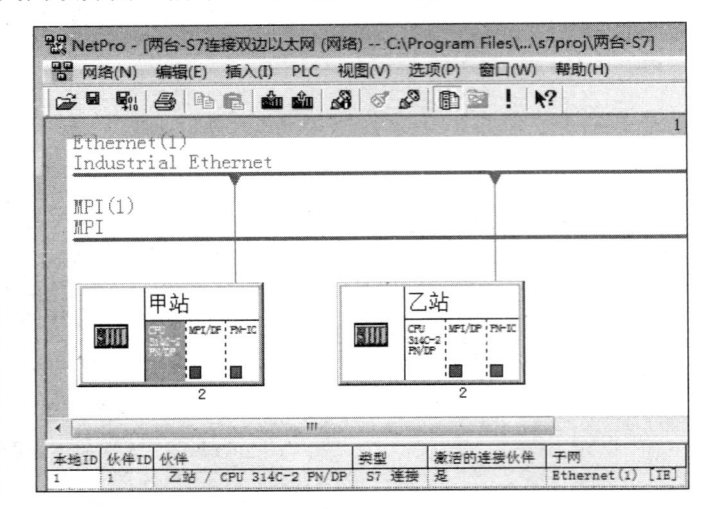

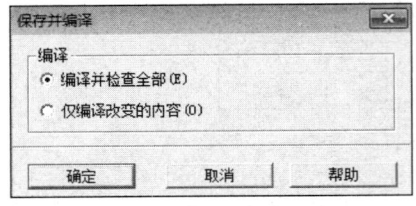

图20-46 保存并编译界面

图20-47 编译的结果

如果编译有错误,则根据报错信息,找出错误所在并改正,直到编译无错误为止。

步骤6. 下载硬件组态与参数(参见以太网下载相关内容)
在硬件组态界面,通过以太网方式下载。

注意:编程器(计算机)IP 地址和 PLC 站的 IP 地址的前三个数相同,最后一个数不同。将组态后的两个站的硬件组态及参数设置分别下载到对应的 PLC 中。

步骤7. 编写通信程序
根据项目要求编写甲站程序,如图20-48所示。

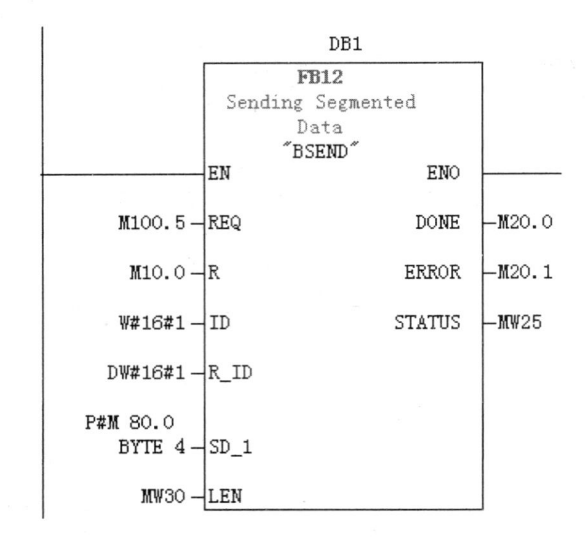

图20-48 甲站程序

根据项目要求编写乙站程序，如图 20-49 所示。

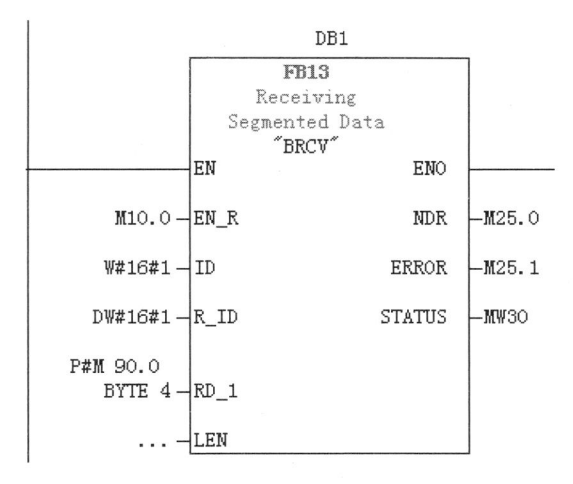

```
                DB1
               FB13
            Receiving
          Segmented Data
              "BRCV"
      ──┤EN            ENO├──
  M10.0──┤EN_R          NDR├──M25.0
 W#16#1──┤ID          ERROR├──M25.1
DW#16#1──┤R_ID       STATUS├──MW30
 P#M 90.0
 BYTE 4 ──┤RD_1
      ...──┤LEN
```

图 20-49　乙站程序

注意：在发送指令中，REQ 端连 M100.5，它可以发出频率为 1Hz 的脉冲，在脉冲的上升沿触发数据发送，而在 EN-R 端用的是常闭触点，或者将其连至存储区使其为"1"，使得系统因 FB13 指令处于准备接收状态。通信双方的 R-ID 必须相同，否则不能通信，这个值可由用户自己设定。通信双方的 ID 号可能相同，也可能不同，ID 号取决于通信时采用的是哪一条连接关系，一旦连接关系定下来，则通信双方的 ID 号就确定下来了。例如，甲站与乙站的连接关系中，甲站 ID 号为 1，乙站 ID 号为 1。

步骤 8. 变量表调试

确保以太网电缆及其他连线连接正确的情况下，在 SIMATIC 管理器界面中，对甲站与乙站分别插入 OB80、OB82、OB85、OB86、OB87、OB121、OB122 及变量表，如图 20-50 所示。

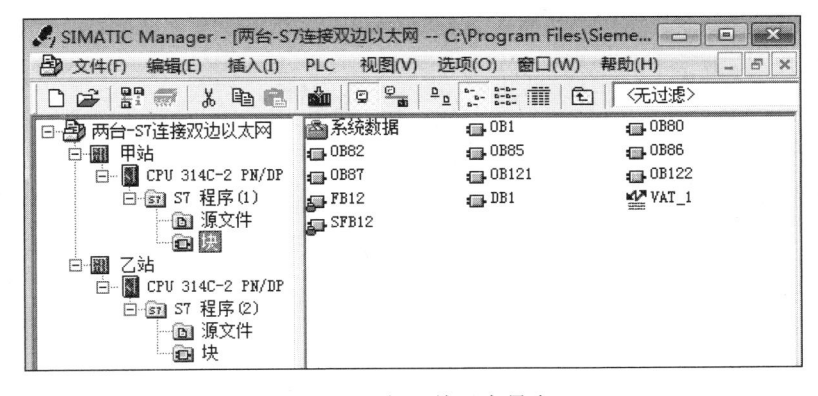

图 20-50　插入块及变量表

通过以太网电缆，用站点方式下载，将甲站、乙站硬件组态、参数和程序等分别下载到各自对应的 PLC 中。

在 SIMATIC 管理器界面中，双击甲站变量表，插入注释行，在甲站通过变量表在 MB80~MB83 中输入 4 字节的数据，分别为"1A""2B""3C""4D"，MW30=W#16#0004。单击"监视变量",单击"修改变量",甲站把 4 字节数据发送到乙站,如图 20-51 所示。

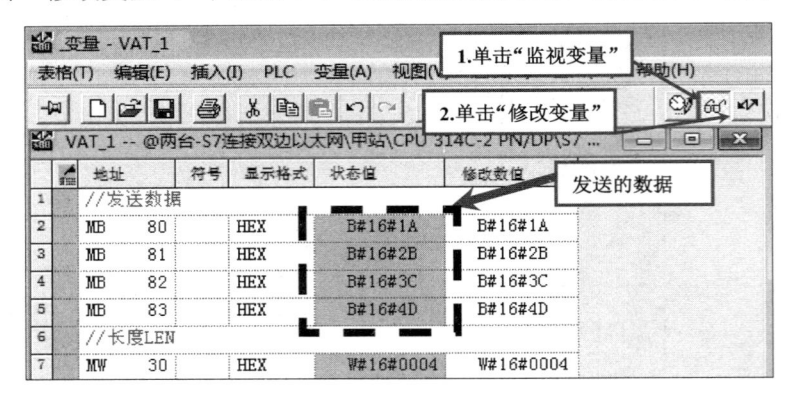

图 20-51 甲站变量表调试

在 SIMATIC 管理器界面中,双击乙站变量表,插入注释行,设置 M10.0=1,单击"监视变量",单击"修改变量",乙站接收到 4 字节数据后,通过变量表在 MB90~MB93 中显示该数据("1A""2B""3C""4D"),如图 20-52 所示。

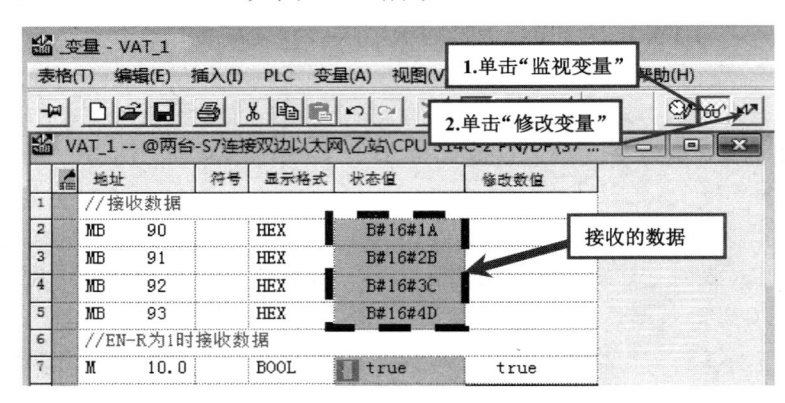

图 20-52 乙站变量表调试

满足上述情况,说明变量表调试成功;如果不能满足,应检查原因,纠正问题,重新调试,直到满足上述情况为止。

讲解 ID 号、站之间连接关系及 R-ID

20.5 知识拓展

由三台 S7-300 PLC 组成的工业以太网通信系统中,PLC 的 CPU 模块均为 CPU 314C-2 PN/DP,通过 CPU 集成的 PN 接口连接网络。把三台 PLC 分别命名为甲站、乙站、丙站,连接方式为 S7 连接。ID 号、站之间连接关系、R-ID 如表 20-4 所示。

表 20-4　ID 号、站之间连接关系及 R-ID

站名	甲站	乙站	丙站
ID 号	本地 ID=1	伙伴 ID=1	
站之间连接关系	←――――――――――→		
R-ID	甲站与乙站 **R-ID** 为 **1**		
ID 号		本地 ID=2	伙伴 ID=1
站之间连接关系		←――――――――――→	
R-ID		乙站与丙站 **R-ID** 为 **2**	
ID 号	伙伴 ID=2		本地 ID=2
站之间连接关系	←――――――――――――――――――→		
R-ID	甲站与丙站 **R-ID** 为 **3**		

巩固练习二十

（1）网上搜索工业以太网通信介质的图片并附上简短说明文字，用于课堂交流。

（2）网上搜索工业以太网通信模块与带 PN 接口 CPU 模块图片并附上简短说明文字，用于课堂交流。

（3）由两台 S7-300 PLC 组成的工业以太网通信系统中，PLC 的 CPU 模块为 CPU 314C-2 PN/DP。其中一台 PLC 命名为甲站，另一台 PLC 命名为乙站，连接方式采用 S7 连接。

要求：在甲站通过变量表写入 8 字节数据，甲站发送该数据至乙站，乙站接收到这个数据后再把它发送至甲站，在甲站通过变量表可以显示该数据。

（4）由两台 S7-300 PLC 组成的工业以太网通信系统中，PLC 的 CPU 模块为 CPU 314C-2 PN/DP。其中一台 PLC 命名为甲站，另一台 PLC 命名为乙站，连接方式采用 S7 连接。

要求：① 在甲站发送 1Hz 闪烁信号到乙站，乙站接收到信号并且指示灯闪烁。

② 在乙站发送 5Hz 闪烁信号到甲站，甲站接收到信号并且指示灯闪烁。

（5）由三台 S7-300 PLC 组成的工业以太网通信系统中，PLC 的 CPU 模块均为 CPU 314C-2 PN/DP，通过 CPU 集成的 PN 接口连接网络。把三台 PLC 分别命名为甲站、乙站、丙站。连接方式为 S7 连接。

要求：在甲站通过变量表在 MB0～MB3 中写入 4 字节的数据，甲站把该数据发送到乙站，乙站接收到该数据后，把它发送到丙站，丙站接收到该数据后把它发送给甲站，甲站通过变量表在 MB90～MB93 中显示该数据。

附录 A PLC 实训参考任务

参考任务 1：报警装置

设计一个具有声光报警功能的装置，当故障发生时，报警灯亮，报警铃响，工作人员知道故障发生后，按故障响应按钮，报警铃停响，报警灯仍然亮，故障解除后，报警灯灭。另外，该装置还设置了测试报警灯和报警铃的按钮，用于平时检测报警灯和报警铃是否正常工作。

参考任务 2：加热器的单按钮功率控制

该系统有 7 个功率调节挡位，分别是 0.5 kW、1 kW、1.5 kW、2 kW、2.5 kW、3 kW 和 3.5 kW，由一个功率调节按钮 SB1 和一个停止按钮 SB2 控制。第一次按下 SB1 时，功率为 0.5 kW，第 2 次按下 SB1 时功率为 1 kW，第 3 次按下 SB1 时功率为 1.5 kW，……，第 8 次按下 SB1 或随时按下 SB2 时，停止加热。Q4.0、Q4.1、Q4.2 分别代表 0.5 kW、1 kW、2 kW 加热器。

参考任务 3：水泵的 PLC 控制

在一个恒压供水系统中，有 4 台水泵，为保持主管道压力在一定范围内保持恒定，可将水泵自动地依次进行切换，如附图 A-1 所示。

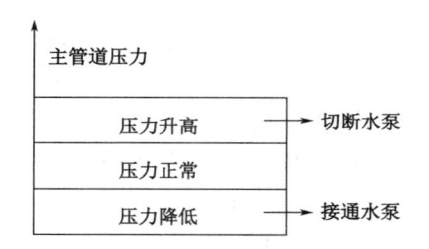

附图 A-1　压力控制示意图

控制要求如下：当主管道压力低于正常压力 5 秒后，接通水泵。当主管道压力高于正常压力 5 秒后，切断水泵。所有水泵的运行时间和接通的频率要尽可能一致。

水泵切换的原则：当需要切断水泵时，总是将运行时间最长的那台水泵先切断；当需要接通水泵时，总是将停止时间最长的那台水泵先接通。

参考任务 4：基于 PLC 技术的自动门控制系统

自动门控制系统由门内光电探测开关 PS1、门外光电探测开关 PS2、开门到位限位开关 PS3、关门到位限位开关 PS4、开门电动机接触器 KM1、关门电动机接触器 KM2 等组成。

自动控制要求：

当有人由内到外或由外到内通过光电检测开关 PS1 或 PS2 时，开门电动机接触器 KM1 动作，电动机正转，到达开门到位限位开关 PS3 位置时，电动机停止运行。

自动门在开门位置停留 8 秒后，自动进入关门过程，关门电动机接触器 KM2 动作，电动机反转，当门移动到关门到位限位开关 PS4 位置时，电动机停止运行。

在关门过程中，当有人员由外到内或由内到外通过光电检测开关 PS2 或 PS1 时，应立即停止关门，并自动进入开门程序。

在门打开后的 8 秒等待时间内，若有人员由外至内或由内至外通过光电检测开关 PS2 或 PS1 时，必须重新开始等待 8 秒后，再自动进入关门过程，以保证人员安全通过。

手动控制要求：手动点动控制开门与关门。

参考任务 5：自动运料小车控制系统

小车由电动机驱动，电动机正转时小车左行，反转时右行，初始时，小车停在最左端，左限位开关 SQ1 压合。

按下启动按钮，小车开始装料，10 秒后装料结束，小车前进至右端，压合右限位开关 SQ2，小车开始卸料。

10 秒后卸料结束，小车后退至左端，压合 SQ1，小车开始装料，重复上述过程，直到按下停止按钮，此时小车将继续完成当前循环，之后，小车停于初始位置，小车具有过载保护，如附图 A-2 所示。

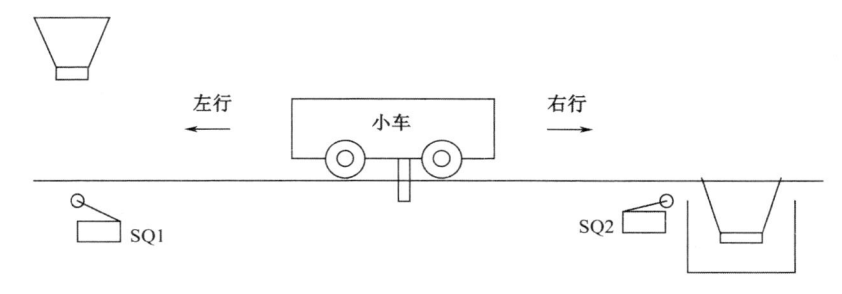

附图 A-2　自动运料小车系统

附录 B PLC 毕业设计参考任务和参考目录

参考任务 1：基于 PLC 的无人控制清洁车

清洁车由 PLC 控制，清洁车前后装有可旋转的清扫设备，并且安装喷水喷头。变频器控制电动机运行，PLC 与变频器相连。PLC 控制继电器，再通过继电器来控制清扫设备，并且 PLC 可自行启动清洁车，使其沿预设轨道移动。控制系统设有紧急停止按钮 SB、行程开关 SQ1 和行程开关 SQ2，以确保清洁车一旦撞墙或撞人就立即停止。整个控制系统所需电能均来自蓄电池，蓄电池由清洁车自动回到预设位置进行充电。

PLC 自动提取系统时间，通过执行程序，自动启动清洁车和清扫设备的工作，沿着设定好的轨迹进行清扫。清扫结束后，PLC 控制清洁车回到指定位置充电，过一段时间后再次自动启动，如此循环往复。这套无人控制系统可以自动启动或者停止清洁车，也可以自动启动或者停止清扫设备，能够做到无接触运行，不需要人为控制，大大减少了人力的消耗。

参考任务 2：基于 PLC 的校园路灯控制系统

（1）校园路灯每天点亮和熄灭的时刻随着季节的更替而变化。夏至当天，路灯点亮的时刻设定在晚上 9:00，熄灭的时刻设定在凌晨 4:00，每隔半个月路灯点亮的时刻提前一次，熄灭的时刻推迟一次，每次改变 15min，直至冬至，冬至当天路灯点亮时刻设为晚上 6:00，熄灭时刻设为凌晨 7:00，从冬至开始，每隔半个月路灯点亮的时刻推迟一次，熄灭的时刻提前一次，每次改变 15min，直至夏至……如此周而复始。

（2）晚上 11:00 以后，马路上的行人已经很少，路灯可以隔一个关闭一个，并且关闭的路灯要轮流关闭（每两天一个周期）。

（3）广告灯与路灯同时点亮，但在晚上 11:00 以后广告灯全部关闭。

（4）彩灯在大型节假日如劳动节、国庆节、春节点亮至当天晚上 11:59。如有其他重大的事件，需要点亮彩灯，可使用手动控制方式进行。

参考任务 3：电梯 PLC 控制系统

电梯的种类很多，按速度分低速电梯、快速电梯、高速电梯；按拖动方式分交流电梯、直流电梯、液压电梯、齿轮齿条电梯等。随着 PLC 控制技术的普及，电梯控制系统的可靠性大大提高，控制装置的体积减小了。

电梯各部件功能简介：

电梯的控制部件分布于电梯轿厢的内部和外部，如附图 B-1 所示，在电梯轿厢内部有 4 个楼层（1 至 4 层）的呼叫按钮（称为内呼按钮）、开门和关门按钮、楼层显示器（指明当前电梯轿厢所处的位置）、上行和下行指示灯（用来显示电梯现在所处的状态，即轿厢是上升还是下降）；在电梯轿厢的外部，控制部件分布在 4 个楼层，每层都有呼叫按钮（乘客用来发出呼叫的工具）、上行和下行指示灯，以及楼层显示器。4 个楼层的外部控制部件中，1 层只有上呼叫按钮，4 层只有下呼叫按钮，其余两层都具有上呼叫和下呼叫按钮，各层的上升、下降指示灯及楼层显示器设置相同。

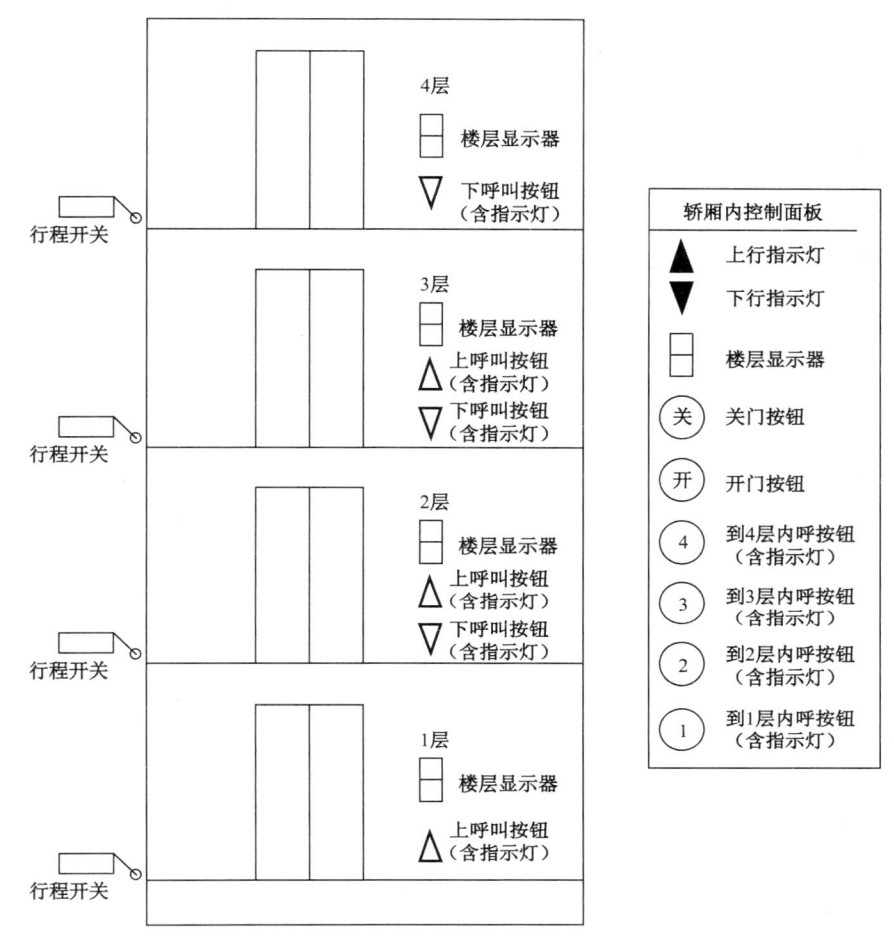

附图 B-1 电梯的控制部件

电梯的控制要求如下：

（1）当轿厢运行到指定位置后，在轿厢内部按下开门按钮，则电梯门打开，按下轿厢内部的关门按钮，则轿厢门关闭。但在轿厢行进期间按下开门按钮，轿厢门是不能打开的。

（2）电梯接受每个呼叫按钮（包括内部与外部的）的呼叫命令，并做出相应的响应。

（3）轿厢停止某层（如 3 层）时，按下该层呼叫按钮（上呼叫或下呼叫），则相当于发出打开轿厢门的命令；若此时轿厢不在该层（在 1/2/4 层），则轿厢关门后按照不换向原则向上或向下运行。

电梯运行的不换向原则：电梯优先响应不改变轿厢当前运行方向的呼叫，直到这些呼叫全部响应完毕后才响应使轿厢反方向运行的呼叫。例如，轿厢当前在 2 层和 3 层之间上行，此时出现了 1 层上呼叫、2 层下呼叫和 3 层上呼叫，则电梯首先响应 3 层上呼叫，然后响应 2 层下呼叫、1 层上呼叫。

（4）电梯的每一层都有一个行程开关，当轿厢碰到某层的行程开关时，表示轿厢已经到达该层。

（5）当按下某个呼叫按钮后，相应的指示灯亮并保持，直到电梯响应该呼叫为止。

（6）当轿厢运行到某层后，楼层显示器显示相应的数字，直到轿厢运行到前方一层时楼层显示器改变显示状态。

设计方案提示：

实际的电梯控制是很复杂的，涉及的内容很多，需要的输入/输出点数也很多，基于电梯控制进行毕业设计时，一般是通过教学用的模型电梯来完成设计的。前面所提的要求只是一般的要求，具体实施时可根据模型电梯的具体功能，增删控制任务。

参考任务 4：基于 PLC 技术的五层电梯系统

本任务以医用电梯为设计内容，通过对特殊功能的使用，充分体现出人性化和个性化的设计特点，以节约时间，满足医院的特殊需求，更利于病人就医。

（1）爱心按钮。当轿厢在 1 层时，此时若门已经关闭但轿厢内乘客看到有人急需进电梯，可按下爱心按钮，则轿厢将停止上升，转而下降，重新到达 1 层并开门。

（2）紧急应用按钮。当出现紧急情况，例如，5 层有病人急需乘电梯。这时在 5 层按下紧急应用按钮，则轿厢会自动上升至 5 层，在此期间即使有人按下其他层的呼叫按钮，轿厢也不会停；再如，当 1 层有病人急需乘电梯，这时按下 1 层紧急应用按钮，则轿厢会自动下降到 1 层，在此期间即使有人按下其他层呼叫按钮，轿厢也不会停。

（3）3 层病人使用电梯特权。为了更好地为病人服务，方便那些不能长时间站立的病人乘坐电梯，在其病房里特意安装了电梯呼叫按钮及提示电梯即将到达的语音提示系统。若按下病房内的呼叫按钮，当轿厢上升至 2 层或者下降至 4 层时，病房内的语音提示系统将发出"电梯即将到达，请到电梯门口等待，谢谢！"的语音提示。

（4）消除误操作。当我们坐电梯的时候，有时会按错楼层按钮，为了避免尴尬，节约时间，当按错楼层按钮时，按下刚才按错的楼层按钮并保持 2 秒，就可以取消此命令。

（5）故障报警。当电梯运行过程中发生故障或者遇到突发状况时，可按下故障报警按钮，则系统会通知电梯维护人员及安保人员。

（6）外呼按钮及语音提示。当有人按下外呼按钮时，电梯动作，响应外呼信号，当到达所呼叫的楼层后，电梯停止运行，开门时系统发出语音提示："注意安全，小心扒手"，当开门到达开门限位时，电梯门延时 3 秒关门，系统发出语音提示："小心夹手，看好财物"。

（7）内呼按钮及语音提示。当有人按下内呼按钮时，电梯动作，响应内呼信号，到达所呼叫楼层后，电梯停止运行，电梯门打开，系统发出语音提示："注意安全，小心扒手"，当开门到达开门限位时，延时 3 秒关门，系统发出语音提示："小心夹手，看好财物"。

（8）当轿厢上升或下降的过程中，对于任何与运行方向相反的外呼信号，电梯均不响应。

（9）电梯具有最远反向响应外呼功能。例如，轿厢停在 1 层，这时分别按下 2 层外呼下、3 层外呼下、4 层外呼下、5 层外呼下的呼叫按钮，则电梯先响应 5 层外呼下，然后根据楼层顺序依次响应其他信号。

（10）当轿厢上升或者下降过程中未到达指定楼层或者没有停稳时，开门按钮和关门按钮均不起作用。仅当平层且电梯停止运行后，开门按钮和关门按钮才起作用。

参考任务 5：基于 PLC 技术的小车控制系统

（1）按下启动按钮，系统开始工作，按下停止按钮，系统停止工作。

（2）系统启动后进入手动状态，按下 1~9 号定位按钮时，小车能运动至指定位置。例如，当小车停止在 3 号位置右侧某处时，按下 3 号定位按钮，小车左行至 3 号位置；当小车停止在 3 号位置左侧某处时，按下 3 号定位按钮，小车右行至 3 号位置。

（3）按下某个定位按钮后，小车运动到对应位置时，数码管显示对应的位置号。

（4）系统具有左行、右行方向指示，按下启动按钮后，系统发出报警信号，提示周围人不要靠近设备，注意安全，报警 5 秒后小车才能左行或右行。

参考任务 6：水箱水位控制系统

有三个储水水箱，如附图 B-2 所示。每个水箱有两个传感器，其中 SL1、SL3、SL5 是用于检测水箱高水位的传感器。SL2、SL4、SL6 是用于检测水箱低水位的传感器。

YV1、YV3、YV5 分别为 3 个水箱的进水电磁阀；YV2、YV4、YV6 分别为 3 个水箱的放水电磁阀。

SB1、SB3、SB5 分别为 3 个水箱放水电磁阀手动开启按钮，SB2、SB4、SB6 分别为 3 个水箱放水电磁阀手动关闭按钮。可以通过人为的方式，按随机的顺序将水箱放空。系统只要检测到水箱空的信号，就自动地向水箱注水，直到检测到高水位信号为止。

水箱的注水顺序与放空的顺序相同，例如，水箱的放空顺序是 2-1-3，则水箱注水的顺序也是 2-1-3。系统每次只能对一个水箱进行注水操作。

水面未淹没传感器（SL1~SL6）时，传感器处于断开状态，淹没传感器后，传感器处于闭合状态。

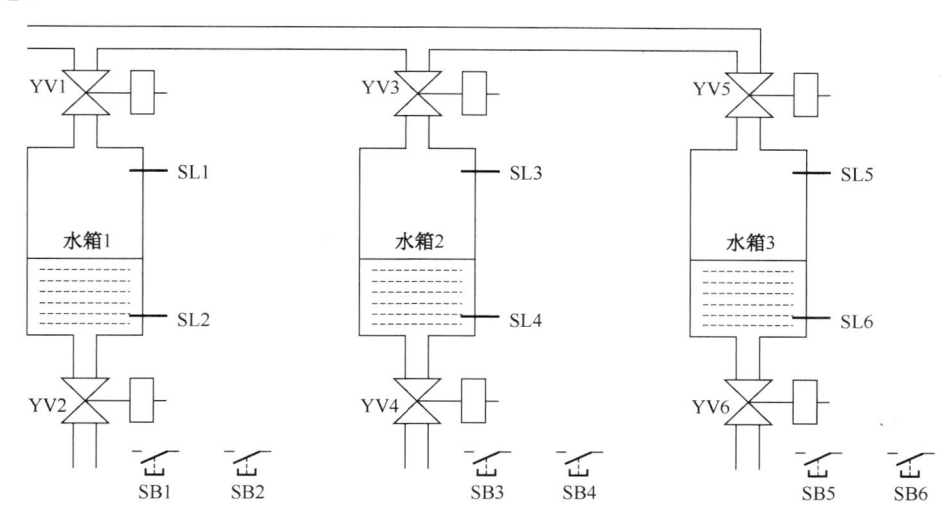

附图 B-2 水箱水位控制系统示意图

下面以《基于无人控制的太阳能全自动消毒装置设计与制作》毕业设计为例，提供 PLC 毕业设计参考目录供大家参考学习。

目 录

第一章 绪论 ·· 1
  1.1 研究背景 ·· 1
  1.2 国内外研究现状 ·· 2
  1.3 发展趋势 ·· 3
  1.4 本设计创新点 ·· 3
  1.5 本设计研究内容及章节安排 ·· 4
第二章 硬件系统设计 ·· 6
  2.1 系统功能及硬件系统设计 ··· 6
  2.2 控制器的选型 ·· 6
  2.3 变频器的选型 ·· 7
  2.4 太阳能电池板、蓄电池、太阳能控制器的选型 ···················· 8
    2.4.1 太阳能电池板的工作原理 ··· 8
    2.4.2 太阳能电池板的优势 ··· 8
    2.4.3 太阳能电池板的选型 ··· 9
    2.4.4 蓄电池的简要介绍 ·· 9
    2.4.5 蓄电池的应用前景 ·· 9
    2.4.6 蓄电池的使用注意事项 ·· 10
    2.4.7 蓄电池的选型 ··· 10
    2.4.8 太阳能控制器的选型 ··· 10
  2.5 太阳能电池板、蓄电池、太阳能控制器的接线 ···················· 10
  2.6 逆变器的选型 ·· 11
    2.6.1 逆变器概述与工作原理介绍 ····································· 11
    2.6.2 逆变器的特点 ··· 11
    2.6.3 逆变器使用的故障排除 ·· 12
    2.6.4 逆变器的选型 ··· 12
  2.7 逆变器的接线 ·· 12
第三章 控制系统软件设计 ·· 14
  3.1 控制系统流程设计 ·· 14
  3.2 硬件组态 ·· 14
  3.3 建立符号表 ··· 15
  3.4 编写控制程序 ·· 15
第四章 调试程序 ·· 17
  4.1 仿真软件 S7-PLCSIM 的使用方法 ·································· 17
  4.2 仿真调试过程 ·· 17
第五章 实物模型制作及联机调试 ·· 21
  5.1 元件的准备及实物模型制作 ··· 21
    5.1.1 元件的准备 ·· 21

  5.1.2 实物模型的制作 ·· 21
 5.2 联机调试 ·· 23
第六章 总结与展望 ··· 28
 6.1 总结 ··· 28
 6.2 展望 ··· 28
参考文献 ·· 29
致谢 ··· 31
附件1（在学期间的研究成果） ·· 32
附件2（本设计程序） ··· 38

附录 C　参考试卷
（可根据实际情况进行修改）

《　　　　　》课程期末考试试卷（A 卷）

班级_____　　姓名_____　　学号_____

大项	一	二	三	四	五	六	七	八	总分	阅卷人
登分										

试设计由 PLC 控制的报警装置：

（1）有 4 个报警检测点开关 K0～K3，用于发出报警信号，报警装置收到某个报警检测点发出的报警信号时，值班室的对应报警灯 HL0～HL3 闪烁，闪烁的频率为 1Hz，同时警铃 HA 响起。

（2）值班人员接到报警后，按下报警响应按钮 SB1，警铃 HA 停止工作，报警灯由闪烁变为常亮，值班人员处理报警事件。

（3）报警解除后，值班人员按下报警解除按钮 SB2，报警灯灭。

（4）在控制程序中编写输入操作和输出显示的 WinCC 变量。

时钟脉冲与存储位的关系如附表 C-1 所示。

附表 C-1　时钟脉冲与存储位的关系

位	7	6	5	4	3	2	1	0
时钟脉冲周期（s）	2	1.6	1	0.8	0.5	0.4	0.2	0.1
时钟脉冲频率（Hz）	0.5	0.625	1	1.25	2	2.5	5	10

一、根据控制任务进行输入/输出分析（11 分）　　　　得分_____

　　1. 输入：　　　　　　　　　　　2. 输出：

二、进行硬件配置（8分）　　　　　　　　　　　　　　　得分

三、完成输入/输出地址分配（11分）　　　　　　　　　得分

　　1．输入：　　　　　　　　　　2．输出：

四、写出在 WinCC 画面上需要操作和显示的 WinCC 变量（11分）　　得分

五、画输入/输出接线图（13分）　　　　　　　　　　　得分

六、编写控制程序（32分）　　　　　　　　　　　　　　得分

七、绘出 WinCC 画面简图（11 分）　　　　　　　　　　　　得分

八、用 S7-PLCSIM 进行程序调试并对调试结果进行分析（3 分）　　得分

（1）是否满足控制要求？（1 分）

（2）存在什么问题？（1 分）

（3）如何改进？（1 分）

参 考 文 献

[1] 胡学林. 可编程控制器原理及应用（第2版）. 北京：电子工业出版社，2012.7.
[2] 童泽. PLC职业技能教程. 北京：电子工业出版社，2011.8.
[3] 张胜宇. 可编程控制器实训项目式教程. 北京：电子工业出版社，2012.7.
[4] 姜新桥，石建华. PLC应用技术项目教程. 北京：电子工业出版社，2010.8.
[5] 向晓汉. PLC控制技术与应用. 北京：清华大学出版社，2010.12.
[6] 郑凤翼. 例说西门子S7-300/400系列PLC. 北京：机械工业出版社，2011.3.
[7] 阳胜峰，吴志敏. 图解西门子S7-300/400PLC编程技术. 北京：中国电力出版社，2010.5.
[8] 胡学林. 可编程控制器教程（提高篇）. 北京：电子工业出版社，2005.8.
[9] 廖常初. 跟我动手学S7-300/400PLC. 北京：机械工业出版社，2010.9.
[10] 刘华波，何文雪，王雪. 西门子S7-300/400PLC编程与应用. 北京：机械工业出版社，2009.10.
[11] 廖常初. S7-300/400PLC应用教程. 北京：机械工业出版社，2011.12.
[12] 金沙，郑凤翼. 轻松看懂PLC控制系统梯形图. 北京：中国电力出版社，2008.
[13] 陈海霞，柴瑞娟，任庆海，孙承志. 西门子S7-300/400PLC编程技术及工程应用. 北京：机械工业出版社，2011.12.
[14] 秦益霖. 西门子S7-300 PLC应用技术. 北京：电子工业出版社，2007.4.
[15] 李海波，徐瑾瑜. PLC应用技术项目化教程（S7-200）. 北京：机械工业出版社，2012.8.
[16] 阳胜峰. S7-300/400PLC技术视频学习教程. 北京：机械工业出版社，2011.4.
[17] 祝福，陈贵银. 西门子S7-200系列PLC应用技术. 北京：电子工业出版社，2011.4.
[18] 向晓汉. 西门子PLC高级应用实例精解. 北京：机械工业出版社，2010.1.
[19] 侍寿永. S7-200PLC编程及应用项目教程. 北京：机械工业出版社，2013.4.
[20] 李长久. PLC原理及应用. 北京：机械工业出版社，2006.8.
[21] 许志军. 工业控制组态软件及应用. 北京：机械工业出版社，2005.6.
[22] 胡学林. 可编程控制器教程（实训篇）. 电子工业出版社，2004.7.
[23] 王阿根. PLC控制程序精编108例. 电子工业出版社，2009.12.
[24] 廖常初. PLC编程及应用 第3版. 机械工业出版社，2008.1.
[25] 李国勇，卫明社. 可编程控制器实验教程. 电子工业出版社，2008.9.
[26] 孙海维. SIMATIC可编程序控制器及应用. 机械工业出版社，2012.1.
[27] 杨育彪，林顺宝. PLC应用技术. 机械工业出版社，2013.3.
[28] 龙志文. SIMATIC S7 PLC原理及应用. 机械工业出版社，2013.1.
[29] 王平，鲁英. PLC应用教程. 中国水利水电出版社，2011.1.
[30] 孙书芳等. 西门子PLC高级培训教程（第二版）. 北京：人民邮电出版社，2011.11.
[31] 郑长山. 现场总线与PLC网络通信图解项目化教程（第2版）. 北京：电子工业出版社，2020.11.
[32] 廖常初. S7-300/400 PLC应用技术 第4版. 北京：机械工业出版社，2016.4.
[33] 吴丽. 西门子S7-300PLC基础与应用. 北京：机械工业出版社，2011.3.
[34] 汤晓华，蒋正炎. 电气控制系统安装与调试项目教程（三菱系统）. 北京：高等教育出版社，2016.5.

[35] 钟苏丽．刘敏．自动化生产线安装与调试．北京：高等教育出版社，2017.11．

[36] 李爽．浅析基于工业以太网的西门子 S7-400 系列 PLC 之间的通信连接与应用．自动化应用，2018(02)．

[37] 张宝珍．Profibus-DP 技术在风力发电控制系统中的应用．电工技术，2017（08）．

[38] 韩高翔．郑竞等．Profibus-DP 在不锈钢渣湿法处理线中的应用．矿山机械，2018(06)．

[39] 童克波．西门子 S7-300 PLC 编程与应用．西安：西安电子科技大学出版社，2018.1

[40] 李志梅，张同苏．自动化生产线安装与调试（西门子 S7-200 SMART 系列）．北京：机械工业出版社，2019.8．

项目 1　认识 PLC 1

1.1　项目要求及学习目标 1
1.2　相关知识 1
1.2.1　PLC 发展史 1
1.2.2　PLC 的主要特点 2
1.2.3　PLC 的主要功能 3
1.2.4　PLC 的分类、应用及发展 4
1.2.5　PLC 应用技术的学习方法 7
1.3　项目解决步骤 7
巩固练习一 7

项目 2　典型 S7-300 PLC 硬件控制系统的安装 9

2.1　项目要求及学习目标 9
2.2　相关知识 9
2.2.1　S7-300 PLC 的硬件结构 9
2.2.2　CPU 模块 10
2.2.3　信号模块（SM） 13
2.2.4　电源（PS）模块 PS307 19
2.2.5　编程器 20
2.2.6　智能 I/O 接口 20
2.2.7　通信模块 21
2.2.8　人机界面 21
2.2.9　S7-300 PLC 结构特点 21
2.2.10　S7-300 PLC 的安装与维护 22
2.3　项目解决步骤 24
巩固练习二 27

项目 3　硬件组态过程 28

3.1　项目要求 28
3.2　学习目标 28
3.3　相关知识 28
3.3.1　STEP 7 标准软件包的组成 28
3.3.2　SIMATIC 管理器 29
3.3.3　硬件组态编辑器 30
3.3.4　程序编辑器（LAD/STL/FBD） 31
3.3.5　符号编辑器 33
3.3.6　通信组态编辑器 34
3.3.7　硬件诊断工具 34

3.3.8　S7-300 PLC 的插槽地址 34
3.3.9　S7-300 PLC 数字量 I/O 模块的组态 34
3.3.10　S7-300 PLC 模拟量 I/O 模块的组态 35
3.4　项目解决步骤 36
巩固练习三 39

项目 4　STEP 7 数据存储及程序结构 40

4.1　项目要求及学习目标 40
4.2　相关知识 40
4.2.1　数制与基本数据类型 40
4.2.2　CPU 的存储区 42
4.2.3　直接寻址 44
4.2.4　STEP 7 中的块 48
4.2.5　STEP 7 的程序结构 50
4.3　项目解决步骤 51
巩固练习四 52

项目 5　电动机启停的 PLC 控制 53

5.1　项目要求 53
5.2　学习目标 53
5.3　相关知识 54
5.3.1　常开触点 54
5.3.2　常闭触点 54
5.3.3　输出线圈 54
5.3.4　PLC 的基本工作原理 55
5.3.5　程序的状态监控 58
5.3.6　真实 S7-300 PLC 的 PC 适配器下载 58
5.3.7　上传 63
5.4　项目解决步骤 63
巩固练习五 73

项目 6　电动机正反转的 PLC 控制 74

6.1　项目要求 74
6.2　学习目标 74
6.3　项目解决步骤 75
6.4　相关知识 79
6.4.1　在 S7-PLCSIM 中使用符号地址 79
6.4.2　用变量表监控和调试程序 81
6.4.3　置位与复位指令 84

6.4.4 触发器	86

     6.4.5   跳变沿检测指令 86
  6.5 项目解决方法拓展 88
  巩固练习六 91

项目 7 小车往复运动的 PLC 控制 93

  7.1 项目要求 93
  7.2 学习目标 93
  7.3 项目解决步骤 94
  7.4 项目解决方法拓展 99
  巩固练习七 101

项目 8 三相异步电动机星—三角形降压启动的 PLC 控制 103

  8.1 项目要求 103
  8.2 学习目标 104
  8.3 相关知识 104
     8.3.1   定时器指令 104
     8.3.2   接通延时定时器 106
  8.4 项目解决步骤 108
  8.5 项目解决方法拓展 112
  巩固练习八 113

项目 9 四节传送带的 PLC 控制 115

  9.1 项目要求 115
  9.2 学习目标 115
  9.3 相关知识：梯形图与电气控制电路的比较 116
  9.4 项目解决步骤 116
  巩固练习九 121

项目 10 液体混合的 PLC 控制 124

  10.1 项目要求 124
  10.2 学习目标 125
  10.3 项目解决步骤 125
  10.4 知识拓展——不带参数功能 FC 的应用（分部式编程）..........................131
  巩固练习十 133

项目 11 WINCC 监控及两地控制 135

  11.1 项目要求 135
  11.2 学习目标 136
  11.3 相关知识 136

11.3.1　WinCC 简介 *136*
11.3.2　WinCC 主要功能 *136*
11.4　项目解决步骤 *137*
巩固练习十一 *145*

项目 12　十字路口交通灯的 PLC 控制及 WINCC 监控 **146**

12.1　项目要求 *146*
12.2　学习目标 *147*
12.3　相关知识 *147*
12.4　项目解决步骤 *148*
巩固练习十二 *156*

项目 13　货物转运仓库的 PLC 控制 **159**

13.1　项目要求 *159*
13.2　学习目标 *159*
13.3　相关知识 *160*
13.3.1　计数器指令 *160*
13.3.2　数据传送与转换指令 *162*
13.3.3　整数运算指令 *165*
13.3.4　浮点数运算指令 *166*
13.3.5　字逻辑运算指令 *167*
13.3.6　比较指令 *168*
13.4　项目解决步骤 *169*
巩固练习十三 *175*

项目 14　机械手的 PLC 控制 **179**

14.1　项目要求 *179*
14.2　学习目标 *180*
14.3　相关知识 *181*
14.3.1　移位和循环移位指令 *181*
14.3.2　移位和循环移位指令举例 *182*
14.4　项目解决步骤 *183*
14.5　知识拓展 *193*
14.5.1　编程界面的查找/替换 *193*
14.5.2　交叉参考与分配的使用 *195*
巩固练习十四 *196*

项目 15　工程数据转换器功能 FC105 的应用 **198**

15.1　项目要求 *198*

15.2 学习目标	198
15.3 相关知识	198
15.3.1 模拟量的检测	198
15.3.2 比例变换块FC105的调用	198
15.4 项目解决步骤	199
巩固练习十五	201

项目 16 运煤输送 PLC 控制系统 202

16.1 项目要求	202
16.2 学习目标	202
16.3 相关知识	203
16.3.1 逻辑块的结构	203
16.3.2 逻辑块的编程	204
16.3.3 带参数功能FC的应用（结构化编程）	205
16.4 项目解决步骤	205
巩固练习十六	213

项目 17 两台 S7-300 PLC 之间的全局数据 MPI 通信 216

17.1 案例引入和项目要求	216
17.2 学习目标	217
17.3 相关知识	217
17.4 项目解决步骤	218
巩固练习十七	228

项目 18 两台 S7-300 PLC 之间的 PROFIBUS-DP 不打包通信 230

18.1 案例引入和项目要求	230
18.2 学习目标	231
18.3 相关知识（不打包通信）	231
18.4 项目解决步骤	231
18.5 知识拓展（三台PLC之间的PROFIBUS-DP不打包通信）	248
巩固练习十八	252

项目 19 两台 S7-300 PLC 之间的 PROFIBUS-DP 打包通信 253

19.1 案例引入和项目要求	253
19.2 学习目标	253
19.3 相关知识	254
19.3.1 SFC15指令的应用	254
19.3.2 SFC14指令的应用	254
19.4 项目解决步骤	255

巩固练习十九 268

项目 20　两台 S7-300 PLC 之间的工业以太网通信（S7 连接） 270

　20.1　案例引入和项目要求 270
　20.2　学习目标 271
　20.3　相关知识 272
　　　20.3.1　工业以太网定义及通信介质 272
　　　20.3.2　四芯双绞线与 RJ45 接头连接过程 272
　　　20.3.3　带 PN 接口的 CPU 模块外形 273
　　　20.3.4　FB12（BSEND）发送指令的应用 273
　　　20.3.5　FB13（BRCV）接收指令的应用 274
　　　20.3.6　真实 S7-300 PLC 的以太网下载 275
　20.4　项目解决步骤 280
　20.5　知识拓展 288
　　巩固练习二十 289

附录 A　PLC 实训参考任务 290

附录 B　PLC 毕业设计参考任务和参考目录 292

附录 C　参考试卷 298

　　《　　　　　》课程期末考试试卷（A 卷） 298
　　参　考　文　献 301